KB181462

Win-Q

공간정보융합
기능사 필기

시대에듀

Always with you

사람이 길에서 우연하게 만나거나 함께 살아가는 것만이 인연은 아니라고 생각합니다.
책을 펴내는 출판사와 그 책을 읽는 독자의 만남도 소중한 인연입니다.
시대에듀는 항상 독자의 마음을 헤아리기 위해 노력하고 있습니다.
늘 독자와 함께하겠습니다.

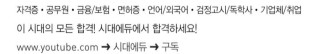

자격증 · 공무원 · 금융/보험 · 면허증 · 언어/외국어 · 검정고시/독학사 · 기업체/취업
이 시대의 모든 합격! 시대에듀에서 합격하세요!
www.youtube.com → 시대에듀 → 구독

머리말

공간정보 분야의 전문가를 준비하는 첫 시작!

자연물, 인공물의 위치에 대한 정보나 이를 활용해 의사결정을 할 때 필요한 정보가 공간정보입니다. 공간정보는 우리가 일상생활이나 특정한 상황에 부딪칠 때 행동이나 태도를 결정하는 중요한 기초정보와 기준을 제시합니다. 또한 다양한 공간정보와 관련 기술이 발전하는 변화를 보이고, 정보통신의 발달과 더불어 지도 제작뿐만 아니라 첨단정보기술과 융합되어 다양한 가치를 창출할 것으로 전망되고 있습니다.

공간정보융합기능사는 2023년 첫 시행된 자격으로 관련 자료들이 많이 부족하여 시험을 준비하는 수험생들은 막막할 것으로 생각됩니다. 이에 본 교재는 수험생들이 공간정보에 대해 좀 더 쉽게 접근할 수 있도록 다음과 같이 구성하였습니다.

- 공간정보융합기능사 필기시험 출제영역 주요항목을 크게 공간정보와 자료, 공간정보처리 및 분석, 공간정보 프로그래밍으로 나누었습니다.
- 이에 따라 단원별로 중요한 핵심이론을 정리하고 핵심예제를 통해 내용을 다시 한번 확인할 수 있도록 구성하였습니다.
- 실전 모의고사를 통해 출제 예상되는 문제를 풀어보고, 이와 관련된 이론들을 다시 복습하는 방법을 추천합니다.

공간정보융합기능사 자격증을 취득하는 데 조금이나마 도움이 되고자 노력하였으나 부족한 부분이 많습니다. 부족한 부분은 차후에 수정·보완할 것을 약속드리며 수험생 모두가 원하는 결과를 얻기를 기원합니다.

심다빈

시험안내

개 요

4차 산업혁명에 따라 정보의 중요성이 증가하고 있으며, 대부분의 정보가 위치정보를 포함한다는 점에서 공간정보가 다양한 정보를 연결하는 사이버 인프라 역할을 하고 있다. 이에 다양한 공간정보를 취득 · 관리 · 활용하고, 부가가치를 창출할 수 있는 공간정보융합전문가 확보의 중요성이 증가함에 따라 해당 분야 전문 인력 양성을 위해 자격이 제정되었다.

수행직무

공간정보 기반의 의사결정과 콘텐츠 융합에 필요한 정보서비스를 제공하기 위하여 공간정보 데이터를 수집 · 가공 · 분석한다.

진로 및 전망

❶ 산업 현황 및 전망 : 국내외에서 공간정보를 중심으로 한 공간정보융합산업 분야의 성장이 지속되고 있고, 전 세계적으로 국가 특성에 부합하는 공간정보서비스를 구축 · 활용하는 추세에 있어 공간정보의 중요성이 점차 증가함에 따라 관련 분야 전문가 확보의 중요성이 커질 것으로 기대된다.

❷ 인력 현황 및 전망 : 공간정보 분야 내에서도 공간정보융합서비스 분야 종사자가 증가하는 추세로, 4차 산업혁명에 따른 공간정보 관련 직업의 분화와 함께 신직업 수요 증가에 따른 공간정보융합 인력의 수요가 증가할 것으로 전망된다.

❸ 정책 동향 : 국가정책으로 공간정보 분야를 대상으로 하는 산업 및 일자리 육성사업이 추진되고 있으며 스마트시티, 가상 국토공간, 드론 등 공간정보를 활용한 성장동력 분야의 유망성이 증가할 것으로 기대된다.

시험일정

구분	필기원서접수 (인터넷)	필기시험	필기합격 (예정자)발표	실기원서접수	실기시험	최종 합격자 발표일
4회	8.20~8.23	9.8~9.12	9.25	9.30~10.4	11.9~11.24	12.11

※ 상기 시험일정은 시행처의 사정에 따라 변경될 수 있으니, www.q-net.or.kr에서 확인하시기 바랍니다.

시험요강

❶ 시행처 : 한국산업인력공단

❷ 관련 학과 : 전문계 고등학교의 공간정보 · 토목 · 측량 · 지적 · 정보과 등

❸ 시험과목
  ㉠ 필기 : 공간정보 자료 수집 및 가공, 분석
  ㉡ 실기 : 공간정보융합 실무

❹ 검정방법
  ㉠ 필기 : 객관식 4지 택일형 60문항(1시간)
  ㉡ 실기 : 필답형(2시간, 100점)

❺ 합격기준
  ㉠ 필기 : 100점을 만점으로 하여 60점 이상
  ㉡ 실기 : 100점을 만점으로 하여 60점 이상

출제기준

필기 과목명	주요항목	세부항목	세세항목
공간정보 자료 수집 및 가공, 분석	공간정보 기초	공간정보의 개념	• 공간정보의 정의/특징　　• 공간정보의 종류와 형태 • 공간정보시스템　　　　• 공간정보융합기술
		공간데이터	• 공간데이터의 종류와 형태　• 공간데이터 구축 • 공간데이터 분석기법
		공간정보 활용	• 공간정보 활용을 위한 주요 기능 • 공간정보 기반분석 유형/기법 • 공간정보 활용 분야
		지도와 좌표계	• 지도의 분류　　　　　　• 좌표계의 정의 • 좌표계의 변환
	공간정보 자료 수집	요구데이터 검토	• 요구사항 확인　　　　　• 데이터 확인
		자료 수집 및 검증	• 자료 수집기법　　　　　• 위치자료와 속성자료 • 수집자료 검증
		공간정보 자료관리	• 공간정보 자료 저장　　　• 공간정보 자료 갱신
	공간정보 편집	공간데이터 확인	• 공간정보 데이터의 종류　• 메타데이터 • open API　　　　　　　• 레이어 중첩
		좌표계 설정	• 지리좌표계　　　　　　• 투영좌표계 • 좌표계 변환
		피처 편집	• 피처(feature)와 피처 클래스의 개념 • 디지타이징　　　　　　• 피처 수정
		속성 편집	• 필드 타입 종류와 특징　　• 기하(geometry) 연산 • 속성필드 업데이트
	공간 영상처리	영상 전처리	• 잡음의 종류와 특징　　　• 잡음의 발생원인 • 잡음 필터링　　　　　　• 방사오차 보정
		기하보정	• 기하오차와 발생원인 • 기준점의 종류와 선점 • 좌표 변환 • 기하보정방법 및 기하오차 수정 • 지도투영법
		영상 강조	• 영상 강조기법　　　　　• 영상 품질 • 히스토그램(histogram)
		영상 변환	• 영상 공간 변환 • 영상 밴드별 특성 및 성분 조정 • 분광해상도 • 정규식생지수(NDVI) • 주성분분석(PCA)

필기 과목명	주요항목	세부항목	세세항목
공간정보 자료 수집 및 가공, 분석	공간정보 처리 · 가공	공간데이터 변환	• 데이터 스키마 • 벡터 타입 변환 • 래스터–벡터데이터 변환
		공간위치보정	• 공간위치보정의 종류와 특징 • 변위 링크 생성, 수정 및 제거 • 보정결과 검토(잔차, 평균제곱근오차)
		위상 편집	• 위상(topology) • 위상관계 규칙 • 위상관계 편집 • 데이터 유효성 검사
	공간정보 분석	공간정보 분류	• 레이어 재분류 • 레이어 피처 병합, 분할 • 셀값 및 속성값 재분류
		공간정보 중첩분석	• 벡터 레이어 공간연산 • 다중 레이어 중첩분석 • 공간개체 간 관계분석
		공간정보 버퍼분석	• 버퍼 및 버퍼 존 생성 • 이용권역 분석 • 근접지역 검색 • 다중 링 버퍼분석
		지형분석	• 수치지형도 • 3차원 공간자료의 특징 • 수치표고모델(DEM) 생성 • TIN 생성 • 3차원 조감도 제작 • 등고선 생성
	공간정보 기초 프로그래밍	프로그래밍 개요	• 프로그래밍 개요 • 프로그래밍 언어 유형
		스크립트 프로그래밍	• 개발환경 구축 • 컴파일러 • 데이터 입력 및 출력 • 라이브러리
		프로그램 검토	• 예외처리 • 프로그램 디버깅 • 단위 테스트

필기 과목명	주요항목	세부항목	세세항목
공간정보 자료 수집 및 가공, 분석	공간정보 UI 프로그래밍	데이터 구조	• 데이터 종류와 특징 • 데이터 저장, 연산, 조건, 반복, 제어 • 정적 메모리와 동적 메모리 • 기반 컴포넌트(COM, .NET, Java)
		객체지향 프로그래밍	• 클래스 • 변수와 메서드 • 접근제어자 • 캡슐화(encapsulation) • 상속 • 오버라이딩 • 추상 클래스와 인터페이스
		이벤트처리	• UI 컴포넌트(패키지) • 레이아웃 • 이벤트처리(핸들링) • 프로그램 오류 및 예외처리
	공간정보 DB 프로그래밍	공간 데이터베이스 환경 구축	• DBMS 특징 및 구성 • DMBS별 환경변수 설정
		공간 데이터베이스 생성	• 공간 데이터베이스 구성 • 데이터베이스 용량 정의 • 데이터베이스 계정 정의
		공간 데이터베이스 오브젝트 생성	• 공간 데이터베이스 객체 구성 • 공간 데이터베이스 객체 정의 • 공간 데이터베이스 객체 편집(생성, 수정, 삭제)
		SQL 작성	• 공간데이터 조회 SQL 명령문 작성 • 공간데이터 분석 SQL 명령문 작성
	공간정보 융합콘텐츠 제작	지도 디자인	• 지도 부호와 색상 • 지도 디자인 샘플
		주제도 작성	• 표준 행정구역 및 주소체계 • 지오코딩 원리와 절차 • 지오코딩 툴의 사용요령 • 주제도 레이어 생성

CBT 응시 요령

기능사 종목 전면 CBT 시행에 따른

CBT 완전 정복!

"CBT 가상 체험 서비스 제공"

한국산업인력공단
(http://www.q-net.or.kr) 참고

01 수험자 정보 확인

시험장 감독위원이 컴퓨터에 나온 수험자 정보와 신분증이 일치하는지를 확인하는 단계입니다. 수험번호, 성명, 생년월일, 응시종목, 좌석번호를 확인합니다.

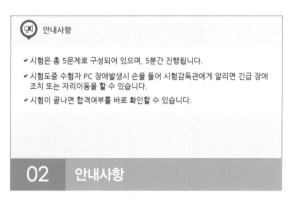

02 안내사항

시험에 관한 안내사항을 확인합니다.

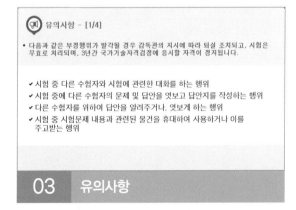

03 유의사항

부정행위에 관한 유의사항이므로 꼼꼼히 확인합니다.

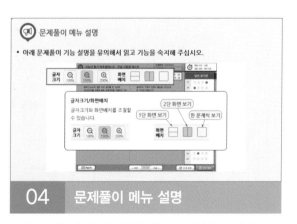

04 문제풀이 메뉴 설명

문제풀이 메뉴의 기능에 관한 설명을 유의해서 읽고 기능을 숙지해 주세요.

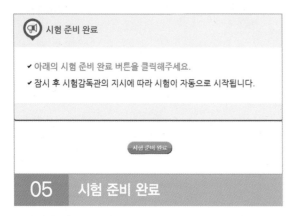

05 시험 준비 완료

시험 안내사항 및 문제풀이 연습까지 모두 마친 수험자는 시험 준비 완료 버튼을 클릭한 후 잠시 대기합니다.

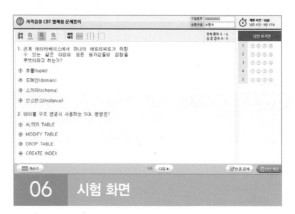

06 시험 화면

시험 화면이 뜨면 수험번호와 수험자명을 확인하고, 글자크기 및 화면배치를 조절한 후 시험을 시작합니다.

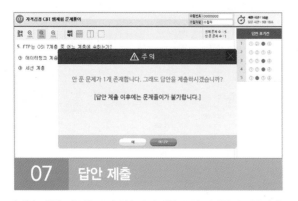

07 답안 제출

[답안 제출] 버튼을 클릭하면 답안 제출 승인 알림창이 나옵니다. 시험을 마치려면 [예] 버튼을 클릭하고 시험을 계속 진행하려면 [아니오] 버튼을 클릭하면 됩니다. 답안 제출은 실수 방지를 위해 두 번의 확인 과정을 거칩니다. [예] 버튼을 누르면 답안 제출이 완료되며 득점 및 합격여부 등을 확인할 수 있습니다.

CBT 완전 정복 Tip

내 시험에만 집중할 것
CBT 시험은 같은 고사장이라도 각기 다른 시험이 진행되고 있으니 자신의 시험에만 집중하면 됩니다.

이상이 있을 경우 조용히 손을 들 것
컴퓨터로 진행되는 시험이기 때문에 프로그램상의 문제가 있을 수 있습니다. 이때 조용히 손을 들어 감독관에게 문제점을 알리며, 큰 소리를 내는 등 다른 사람에게 피해를 주는 일이 없도록 합니다.

연습 용지를 요청할 것
응시자의 요청에 한해 연습 용지를 제공하고 있습니다. 필요시 연습 용지를 요청하며 미리 시험에 관련된 내용을 적어놓지 않도록 합니다. 연습 용지는 시험이 종료되면 회수되므로 들고 나가지 않도록 유의합니다.

답안 제출은 신중하게 할 것
답안은 제한 시간 내에 언제든 제출할 수 있지만 한 번 제출하게 되면 더 이상의 문제풀이가 불가합니다. 안 푼 문제가 있는지 또는 맞게 표기하였는지 다시 한 번 확인합니다.

이 책의 구성과 특징

CHAPTER
01 공간정보와 자료

PART 01 핵심이론 + 핵심예제

제1절 | 공간정보의 기초

1-1. 공간정보의 개념

핵심이론 01 공간정보의 정의 및 특징

① 공간정보의 정의

공간정보(geospatial information)란 지상, 지하, 수상, 수중 등 공간상에 존재하는 자연적 또는 인공적인 객체에 대한 위치정보 및 이와 관련된 공간의 인지 및 의사결정에 필요한 정보로, '자연물, 인공물의 위치에 대한 정보나 이를 활용해 의사결정을 할 때 필요한 정보'를 의미한다.

※ 지적정보 : 한 국가의 토지제도를 유지하고 보호하는 도구로서, 토지 현황을 행정자료로 제공하는 토지관리정보를 의미한다.

[공간정보의 패러다임 변화]

② 공간정보의 역할

㉠ 공간분석, 시뮬레이션 등을 이용하여 과학적인 대안을 제시함으로써 의사결정을 지원한다.

㉡ 고도의 정보화사회에서 필요한 공간데이터를 자연, 사회, 경제, 환경 등의 기반정보로 종합할 수 있다.

㉢ 공간데이터 이용자에게 필요한 정보를 체계적으로 정리·분석하여 제공함으로써 과학적 정보를 제공하는 역할을 한다.

㉣ 공간적 위치관계정보를 증점으로 이용자에게 정보를 시각적으로 쉽게 전달하는 역할을 한다.

㉤ 공간에 대한 관계를 규명하고, 지구 공간부터 우주 공간까지의 공간정보와 정보 수집에 필요한 기술을 제공한다.

③ 공간정보의 특징

㉠ 위치데이터와 속성데이터를 연결하여 정보를 종합적으로 구성한다.

㉡ 복사 및 배포가 용이하고, 파일 형태로 제작되어 신축, 왜곡, 변형 등이 발생하지 않는다.

㉢ 다양한 주제도를 이용한 증첩분석을 통하여 의사결정에 필요한 자료를 제공한다.

㉣ 공간객체의 시간에 따른 변화를 기록하여 다양한 시점에서 정보 획득이 가능하다.

㉤ 공간정보산업은 타 산업과 연계범위가 매우 넓어 생산 유발 및 고용창출효과가 높다.

2 ■ PART 01 핵심이론 + 핵심예제

핵심이론 02 데이터 확인

① 데이터 검증

원천시스템의 데이터를 목적시스템의 데이터로 전환하는 과정이 정상적으로 수행되었는지의 여부를 확인하는 과정이다.

㉠ 데이터 확인 : 사용자 입장에서 고객 요구사항에 부합하는지의 여부를 확인한다.

㉡ 데이터 검증 : 개발자 입장에서 제품 명세서 완성의 여부를 확인한다.

㉢ 데이터 전환 : 기존 정보시스템에 있는 데이터를 '추출'하고, '변환'한 후 새로운 정보 시스템에 '적재'하는 과정이다.

② 검증방법에 따른 분류

로그 검증	기본 항목 검증	응용프로그램 검증	응용데이터 검증	값 검증
추출, 전환, 적재 로그 검증	별도로 요청 받은 검증	응용프로그램을 통해 데이터 전환의 정합성 검증	업무규칙을 기준으로 정합성 검증	숫자 항목, 코드데이터의 범위, 속성변경 검증

③ 검증단계에 따른 분류

추출	전환	DB 적재	DB 적재 후	전환 완료 후
원천시스템 데이터에 대한 정확성 확인	매핑 정의서 오류 확인	SAM 파일 적재과정에서의 오류 확인	적재 완료 후 정합성 확인	추가 검증과정을 통한 정합성 확인
	로그 검증		기본 항목 검증	응용프로그램 검증, 응용데이터 검증

④ 오류데이터 측정 및 정제

㉠ 절차

- 데이터 품질분석 : 원천 및 목적시스템 데이터의 정합성 여부를 확인한다.
- 오류데이터 측정 : 데이터 품질분석을 기반으로 정상데이터와 오류데이터의 수를 측정하여 오류관리 목록을 작성한다.
- 오류데이터 정제 : 오류관리 목록을 분석하여 원천데이터를 정제하거나 전환프로그램을 수정한다.

㉡ 오류 상태

Open	오류를 보고한다.
Assigned	오류분석을 위해 개발자에게 전달한다.
Fixed	오류를 수정한다.
Closed	수정한 오류를 테스트했을 때 오류가 발견되지 않았다.
Deferred	오류 수정을 연기한다.
Classified	보고된 오류를 확인한 결과 오류가 아니라고 확인된다.

핵심예제

2-1. 데이터 검증방법에 따른 분류에 관한 설명으로 옳지 않은 것은?

① 값 검증 : 숫자 항목 합계, 코드데이터 범위, 속성 변경에 따른 검증을 수행한다.

② 기본 항목 검증 : 데이터 전환과정에서 작성하는 추출, 전환, 적재 로그를 검증한다.

③ 응용데이터 검증 : 사전에 정의된 업무규칙을 기준으로 데이터 전환의 정합성을 검증한다.

④ 응용프로그램 검증 : 응용프로그램을 통한 데이터 전환의 정합성을 검증한다.

2-2. 데이터 추출, 전환, DB 적재단계에서 사용하는 검증방법은?

① 값 검증

② 로그 검증

③ 기본 항목 검증

④ 응용데이터 검증

해설

2-1

검증방법에 따른 분류

- 로그 검증 : 추출, 전환, 적재 로그 검증
- 기본 항목 검증 : 별도로 요청된 검증 항목 검증
- 응용프로그램 검증 : 응용프로그램을 통해 데이터 전환의 정합성 검증
- 응용데이터 검증 : 업무규칙을 기준으로 정합성 검증
- 값 검증 : 숫자 항목, 코드데이터의 범위, 속성 변경 검증

정답 2-1 ② 2-2 ②

CHAPTER 01 공간정보와 자료 ■ 23

핵심이론

필수적으로 학습해야 하는 중요한 이론들을 각 과목별로 분류하여 수록하였습니다.
시험과 관계없는 두꺼운 기본서의 복잡한 이론은 이제 그만!
시험에 꼭 나오는 이론을 중심으로 효과적으로 공부하십시오.

핵심예제

출제기준을 중심으로 출제빈도가 높은 기출문제와 필수적으로 풀어보아야 할 문제를 핵심이론당 1~2문제씩 선정했습니다.
각 문제마다 핵심을 찌르는 명쾌한 해설이 수록되어 있습니다.

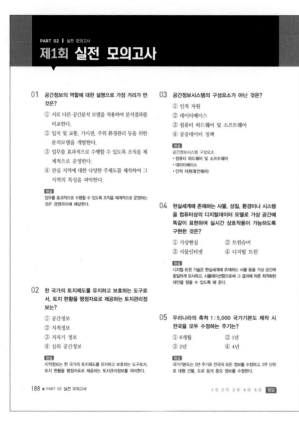

제1회 실전 모의고사

01 공간정보의 역할에 대한 설명으로 가장 거리가 먼 것은?
① 서로 다른 공간분석 모델을 적용하여 분석결과를 비교한다.
② 입지 및 교통, 가시권, 주위 환경관리 등을 위한 분석모델을 개발한다.
③ 업무를 효과적으로 수행할 수 있도록 조직을 체계적으로 운영한다.
④ 관심 지역에 대한 다양한 주제도를 제작하여 그 지역의 특성을 파악한다.

해설
업무를 효과적으로 수행할 수 있도록 조직을 체계적으로 운영하는 것은 경영관리에 해당한다.

02 한 국가의 토지제도를 유지하고 보호하는 도구로서, 토지 현황을 행정자료로 제공하는 토지관리정보는?
① 공간정보
② 지적정보
③ 지자기 정보
④ 실외 공간정보

해설
지적정보는 한 국가의 토지제도를 유지하고 보호하는 도구로서, 토지 현황을 행정자료로 제공하는 토지관리정보를 의미한다.

03 공간정보시스템의 구성요소가 아닌 것은?
① 인적 자원
② 데이터베이스
③ 컴퓨터 하드웨어 및 소프트웨어
④ 공공데이터 정책

해설
공간정보시스템 구성요소
• 컴퓨터 하드웨어 및 소프트웨어
• 데이터베이스
• 인적 자원(휴먼웨어)

04 현실세계에 존재하는 사물, 성질, 환경이나 시스템을 컴퓨터상의 디지털데이터 모델로 가상 공간에 똑같이 표현하여 실시간 상호작용이 가능하도록 구현한 것은?
① 가상현실
② 트윈슈머
③ 사물인터넷
④ 디지털 트윈

해설
디지털 트윈 기술은 현실세계에 존재하는 사물 등을 가상 공간에 동일하게 모사하고, 시뮬레이션함으로써 그 결과에 따른 최적화된 대안을 찾을 수 있도록 해 준다.

05 우리나라의 축척 1 : 5,000 국가기본도 제작 시 전국을 모두 수정하는 주기는?
① 6개월
② 1년
③ 2년
④ 4년

해설
국가기본도는 2년 주기로 전국의 모든 정보를 수정하고, 2주 단위로 대형 건물, 도로 등의 정보를 수정한다.

1 ③ 2 ② 3 ④ 4 ④ 5 ③ 정답

2023년 제4회 최근 기출복원문제

01 벡터데이터와 래스터데이터를 비교 설명한 내용으로 옳지 않은 것은?
① 벡터데이터의 구조는 간단하다.
② 벡터데이터는 현상적 자료구조의 표현 및 이해가 용이하다.
③ 래스터데이터는 지도중첩에 용이하다.
④ 래스터데이터는 첨단기술이나 고가의 장비를 사용하지 않아도 된다.

해설
벡터데이터의 자료구조는 복잡하고, 래스터데이터의 자료구조는 간단하다.

02 다음 Java 프로그램이 실행되었을 때의 결과는?

```
public class Soojebi{
    public static void main(String[] args){
        int x=5, y=0, z=0;
        y = x++;
        z = --x;
        System.out.println(x +","+y+","+z);
    }
}
```

① 5, 5, 5
② 5, 6, 5
③ 6, 5, 5
④ 5, 6, 4

해설

int x=5, y=0, z=0;	x = 5, y = 0, z = 0	
y = x++;	x를 먼저 y에 대입한 후에 x가 1 증가됨(x = 6, y = 0)	
z = --x;	x를 1 감소시킨 후에 z에 대입(x = 5, y = 5, z = 5)	
System.out.println (x +","+y+","+z)	출력 5, 5, 5	

03 등고선의 성질에 대한 설명으로 옳지 않은 것은?
① 절벽은 등고선이 서로 만나는 곳에 존재한다.
② 등고선은 도면 내외에서 폐합하는 폐곡선이다.
③ 지표면상의 경사가 급한 경우 간격이 넓고, 완경사지는 좁다.
④ 등고선 사이의 최단 거리 방향은 그 지표면의 최대 경사 방향을 향한다.

해설
등고선은 경사가 급할수록 간격이 좁고, 완만할수록 간격이 넓다.

04 다음 중 우선순위가 가장 높은 연산자는?
① *
② >>
③ &
④ =

해설
연산자는 단항, 산술, 시프트, 관계, 비트, 논리, 조건, 대입연산자 순으로 우선순위가 낮아진다. 따라서 산술연산자인 ' * '이 우선순위가 가장 높다.

1 ① 2 ① 3 ③ 4 ① 정답

실전 모의고사

출제기준과 이론을 철저히 분석하여 꼭 풀어봐야 할 문제로 실전 모의고사를 구성하였습니다. 중요한 이론을 최종 점검하고 실전에 출제되는 문제에 대비할 수 있습니다.

최근 기출복원문제

최근에 출제된 기출문제를 복원하여 가장 최신의 출제경향을 파악하고 새롭게 출제된 문제의 유형을 익혀 처음 보는 문제들도 모두 맞힐 수 있도록 하였습니다.

이 책의 목차

빨리보는 간단한 키워드

빨간키

합격의 공식 시대에듀 www.sdedu.co.kr

당신의 시험에 빨간불이 들어왔다면!
최다빈출키워드만 쏙쏙! 모아놓은
합격비법 핵심 요약집 "빨간키"와 함께하세요!
당신을 합격의 문으로 안내합니다.

01 공간정보와 자료

▌ 공간정보의 정의

공간정보(geospatial information)란 지상, 지하, 수상, 수중 등 공간상에 존재하는 자연적 또는 인공적인 객체에 대한 위치정보 및 이와 관련된 공간적 인지 및 의사결정에 필요한 정보이다.

▌ 공간정보의 종류

- 위치정보 : 공간상의 절대적·상대적 위치를 나타내는 정보로 점, 선, 면 등을 이용하여 2차원이나 3차원으로 위치를 지도나 영상 위에 나타낸다.
- 속성정보 : 장소나 지리현상의 자연적 특성 및 사회적·경제적 특성을 나타내는 정보로, 지도 형상의 특성, 질, 관계와 지형적 위치를 설명한다.

▌ 공간데이터의 종류와 형태

- 벡터데이터 : 다양한 대상물이나 현상을 점(point), 선(line), 다각형(polygon)을 사용하여 표현하는 것이다. 또한 점, 선, 면을 이루는 모든 점은 좌표정보가 담긴 형태로 저장되고, 벡터데이터는 위상구조를 가지고 있다는 특성이 있다.
  예 CAD 파일(.dwg, .dxf 등), Shapefile(.shp, .shx, .dbf 등), DLG 파일 등
- 래스터데이터 : 실세계의 객체를 그리드(grid), 셀(cell) 또는 픽셀(pixel)의 형태로 나타내고, 각 셀에 속성값을 입력하고 저장하여 연산하는 구조이다. 도면자료를 스캐닝한 자료, 항공사진, 인공위성을 통해 받은 영상자료들이 대표적인 래스터데이터이다.
- 벡터데이터와 래스터데이터의 장단점

구분	벡터데이터	래스터데이터
장점	• 위상관계의 정의 및 분석이 가능하다. • 고해상도 자료의 공간적 정확성이 높다. • 실세계 묘사가 가능하며 시각적 효과가 높다. • 저장 공간을 적게 차지한다.	• 데이터 구조가 단순하다. • 다양한 모델링 작업이 용이하다. • 공간 분석기능을 쉽고 빠르게 처리한다. • 원격탐사 영상자료와 연계가 용이하다.
단점	• 데이터 구조가 복잡하다. • S/W의 비용이 고가이다. • 래스터데이터보다는 관리와 수정이 어렵다. • 공간연산이 상대적으로 어렵고 시간이 많이 소요된다.	• 벡터데이터에 비해서 각 셀의 용량이 크고, 해상도가 낮다. • 저장 공간이 많이 필요하다. • 시각적 효과가 떨어진다. • 공간적 부정확성 및 해당 위치에 대한 정확한 정보 전달이 미흡하다.

▌ 공간데이터 수집방법

- 사진 측량 : 사진의 영상을 이용하여 피사체의 위치를 결정하는 정량적 해석과 특성을 파악하는 정성적 해석을 동시에 수행할 수 있다.
- 원격탐사 : 지상이나 항공기 및 인공위성 등의 탐측기를 이용하여 지표, 지상, 지하, 우주 공간에서 반사되는 전자기파를 탐지하고, 정보를 얻어 해석하는 기법이다.
- 지도 입력 : 지도 입력방법에는 디지타이저에 의한 수동 입력과 스캐너에 의한 자동·반자동 입력이 있다.
- 지상 측량 : 지형 해석, 토지 이용, 지구 형상 측량, 지구의 운동 및 변형 측량 등을 위하여 지상에서 실시하는 트래버스 측량, 삼각 측량, 스타디어 측량, 평판 측량 등을 총칭한다.

▌ GIS의 분석기능을 분류하는 방법

- 측정, 질의, 분류의 기능
  - 측정 : 거리, 길이, 면적, 위치 등을 계산하는 기능이다.
  - 질의 : 도형정보의 공간특성 또는 속성에 따른 질문에 답을 찾는 기능이다.
  - 분류 : 속성값에 따라 자료를 재그룹화하는 기능이다.
  - 일반화(재분류) : 상위 개념으로 일반화하는 기능이다.
- 중첩기능 : 한 레이어에 다른 레이어를 이용하여 두 주제 간의 관계를 분석 및 처리하는 기능이다.
- 근접분석기능
  - 보간 : 근처의 알고 있는 지점의 값을 이용하여 모르는 지점의 값을 예측하는 기능이다.
  - 버퍼 : 특정 구간 주변을 일정한 거리 등에 따라 정의하는 기능이다.
  - 탐색 : 특정 탐색기능 내의 피처들을 찾는 기능이다.
  - 등고선 생성 : 지형에서 경사도 분석과 같이 주변 셀값을 이용하여 특정 공간의 특성을 결정하는 기능이다.
- 연결성 분석기능
  - 가시권 분석 : 지형분석에서 특정지점으로부터 가시권 내 포함되는 지역 찾기 기능이다.
  - 인접성 측정 : 주변 셀의 특징을 분석하고, 서로 연결된 공간의 특성을 평가하는 기능이다.
  - 네트워크 분석 : 네트워크를 이루는 연결된 선의 특징을 분석하는 기능으로 도로나 교통로, 전선, 상하수도관망 등이 네트워크가 될 수 있다.

▌ GIS의 주요기능

- 모든 정보를 수치 형태로 표현한다.
- 다량의 자료를 컴퓨터 기반으로 구축한다.
- 공간분석 수행과정을 활용한다.
- 도형자료와 속성자료의 종합적인 분석을 할 수 있는 환경을 제공한다.

▍ 공간분석을 위한 연산

- 논리적 연산(logical operation) : 개체 사이의 크기나 관계를 비교하는 연산으로, 일반적으로 논리연산자 또는 불연산자를 통해 처리한다.
- 산술연산(arithmetic operation) : 속성자료뿐 아니라 위치자료의 처리에도 적용하며 일반적으로 사칙연산자 (+, −, ×, ÷)와 지수, 제곱, 삼각함수연산자 등을 사용하여 처리한다.
- 통계연산(statistical operation) : 주로 속성자료를 이용하는 연산으로 합, 최댓값, 최솟값, 평균, 표준편차 등의 일반적인 통계 계산을 수행한다.
- 기하연산(geometric operation) : 위치자료에 기반을 두어 거리, 면적, 부피, 방향, 면형 객체의 중심점 등을 계산한다.

▍ 공간분석의 유형

- 근접분석(근린분석, neighborhood analysis, proximity analysis) : 주어진 특정지점을 둘러싸고 있는 것으로 주변 지역의 특성을 평가하는 기능이다.
- 지형분석(topographic analysis) : DEM이나 TIN을 이용하여 지형을 분석한다. 경사도(slope) 분석, 경사면의 방향(aspect) 분석, 단면도(cross-section) 분석, 3차원 지형 표현에 의한 음영분석, 시계분석(가시구역, 비가시 구역) 등에 관한 분석을 수행한다.
- 하계망분석(drainage network analysis) : 물은 중력 방향으로 흐르기 때문에 배수시스템, 유역분지 또는 유역 면적, 분수령 또는 배수 분할, 분기점, 하계망 구조와 흐름 방향의 분석, 하천과 유역 경계분석, 한천수로 추출 등에 관한 분석을 시행한다.
- 네트워크 분석(network analysis) : 서로 연관되어 연결된 선형 형상물의 연결성과 경로를 분석하는 것이다.

▍ 지도의 분류

- 목적에 따른 분류
  - 일반도(general map) : 기본도라고도 하며, 전 영토에 대해 통일된 축척으로 국가가 제작하는 지도이다.
  - 주제도(thematic map) : 특정한 주제 표현을 목적으로 작성된 지도로, 색채와 기호 등이 다르게 표시된다.
  - 특수도(specific map) : 특수한 목적으로 사용하기 위하여 제작된 지도로 교통지도, 지질도, 해도, 항공도, 기후도 등이 있다.
- 축척에 따른 분류
  - 대축척지도 : 보통 1/5,000 이상의 축척이 큰 지도
  - 중축척지도 : 1/100,000~1/10,000 축척의 지도
  - 소축척지도 : 보통 1/100,000 미만의 축척이 작은 지도
- 제작기법에 따른 분류
  - 실측도 : 평판 측량, 항공사진 측량으로 직접 지형을 측량하여 얻은 측량 원도에서 작성하는 지도이다.
  - 편집도 : 중축척 이하의 축척은 대부분 편집도이다.

- 사진지도 및 집성지도 : 사진지도는 지도와 영상을 합성한 것이고, 집성지도는 여러 장의 사진을 합쳐 제작한 지도이다.
- 수치지도 : 수치지도는 종이지도를 대체하는 디지털지도이다.

▌ 좌표계의 정의 : 공간상에서 점들 간의 기하학적 관계와 위치를 수학적으로 나타내기 위한 체계로서, 지리적 위치를 표시한다.

▌ 좌표계의 분류
- 지리좌표계(경도와 위도) : 지구상에 위치를 좌표로 표현하기 위해 3차원의 구면을 이용하는 좌표계이다. 한 지점은 경도(longitude)와 위도(latitude)로 표현하며, 단위는 도(degree)로 표시한다.
  - GRS80: 국제측지학협회와 국제측지학 및 지구물리학연합에서 채택한 지구 타원체이다.
  - WGS84: 미 국방성이 군사 및 GPS 운용을 목적으로 구축한 지구 타원체이다.
- 투영좌표계 : 3차원 위경도 좌표를 2차원 평면상으로 나타내기 위해 투영이라는 과정을 걸쳐 투영된 좌표이다.

▌ 좌표계의 종류
- 경위도좌표계 : 경도는 본초자오선을 기준으로 동서쪽으로 0°~180°로 구분하고, 위도는 적도를 기준으로 남북쪽으로 0°~90°로 구분한다.
- 평면직교좌표계 : 주로 측량범위가 넓지 않은 일반 측량에 사용한다. 좌표원점에서 X축(N : 북+)은 북쪽 방향, Y축(E : 동+)은 동쪽 방향을 표현한다.
- 극좌표계 : 거리 r과 방향 θ로 측점의 위치를 표시하는 것으로 상대적인 위치 표시에 용이하다.
- UTM(Universal Transverse Mercator) 좌표계 : UTM 투영법(국제 횡축 메르카토르 도법)에 의하여 표현되는 좌표계로 적도를 횡축, 자오선을 종축으로 선을 그어 나눈다.
- UPS(Universal Polar Stereography) 좌표계 : UTM 좌표계가 표현하지 못하는 남위 80°부터 남극까지, 북위 80°부터 북극까지의 양극 지역좌표를 표시하는 좌표계이다.
- 3차원 직교좌표계 : 입체삼각 측량으로 지표상의 위치를 결정하는 방법으로 인공위성이나 관측용 천체를 이용한 측량에서 서로 다른 기준 타원체 간의 좌표 변환 시에 많이 사용된다.

▌ 요구사항(requirement) : 어떤 문제를 해결하거나 특정의 목적을 위하여 사용자가 필요로 하는 조건이나 능력이다.

▌ 요구사항의 점검
- 유효성 점검 : 요구사항이 사용자가 원하는 요구를 실제로 반영하고 있는지를 점검한다.
- 요구사항 정의 문서에 있는 각 요구사항들은 서로 일관되어야 한다.

- 완전성 점검 : 요구사항 정의서는 사용자가 원하는 모든 기능을 정의하고, 사용자가 의도한 제약조건 등도 모두 포함해야 한다.
- 실현성 점검 : 존재하는 기술을 이용해 실제로 요구사항이 시스템으로 구현될 수 있는지를 점검한다.
- 증명 가능성 점검 : 나중에 구현되는 시스템이 정의된 요구사항과 일치하는지를 검증할 수 있도록 요구사항이 정의되어야 한다.

■ **요구사항 개발 프로세스** : 개발 대상에 대한 요구사항을 체계적으로 도출하고 분석한 후 명세서에 정리한 후 확인 및 검증하는 일련의 구조화된 활동이다(도출 → 분석 → 명세 → 확인).

■ **공간데이터 수집방법**

- 도형자료(위치, 도형, 영상정보) 취득방법

구분	기존 자료 활용방법	새로운 자료 취득방법
개념	• 국가기본도(지도), 기존 영상(항공사진)을 통해 자료를 취득한다.	• 측량 및 원격탐사를 통해 새로운 자료를 취득한다.
장점	• 신속성이 확보된다. • 자료를 취득하는 데 경제성이 있다.	• 자료의 갱신도 및 정확도가 확보된다.
단점	• 자료의 갱신도가 저하된다.	• 자료 취득 비용과 시간이 많이 소요된다.
방법	• 스캐닝 : 래스터자료 생성 • 디지타이징 : 벡터자료 생성 • 벡터라이징	• 지상 측량에 의한 방법 • 항공사진 측량에 의한 방법 • 원격탐사에 의한 방법

- 속성자료 취득방법 : 서류, 보고서, 기관 전산망 등을 활용한다.

■ **공간자료 검증**

- 토지 피복 변화를 관찰할 때는 동일한 시점에서의 대면적 공간데이터가 주기적으로 확보되어야 한다.
- 원격탐사 데이터를 활용할 때도 동일한 시점대의 영상이 확보된 것인지 확인한다.

■ **공간자료 검증의 요소**

- 속성오류 : 조사데이터에 명칭을 작성하는 속성데이터에 오타가 있을 수 있다.
- 위치오류 : 위치 정확도는 공간데이터 사상들의 지리좌표가 실세계 지리좌표와 얼마나 일치하는가를 측정하는 것이다.
- 위상오류 : 위상(位相, topology)이란 인접성, 포함성, 연결성 등 공간객체의 속성에 대한 수학적인 특성이다.
- 시간적 오류 : 시간 정확도는 지리공간 데이터베이스가 얼마나 최근의 정보로 갱신되었는지를 일컫는 것으로, 정확도가 높을수록 오류 발생은 줄어든다.
- 생태적 오류에 의한 해석 오류 : 지역 내의 모든 관측치가 특정한 속성에 대해 동일하거나 유사한 값을 보인다고 믿는 것이다.

▌ **공간데이터의 메타데이터** : 메타데이터(metadata)는 데이터(data)에 대한 데이터이다. 즉, 부가적 정보를 추가하기 위해 그 데이터 뒤에 함께 따라가는 정보이다.

- 메타데이터에 포함되는 정보
  - 데이터를 수집한 사람
  - 수집된 데이터의 내용
  - 데이터의 수집 장소
  - 데이터의 수집시간
  - 데이터를 수집한 이유
  - 데이터 수집방법
  - 데이터의 축척
  - 데이터에 적용된 변환방법 또는 기타 알고리즘
- 메타데이터의 요소
  - 공간데이터 구조(래스터 또는 벡터)
  - 투영법 및 좌표계
  - 데이텀 변환(예 NAD27에서 NAD83)
  - 데이터의 공간적 범위
  - 데이터 생산자
  - 원데이터의 축척
  - 데이터의 생성시간
  - 데이터의 수집방법
  - 데이터베이스(속성정보)의 열(column) 이름과 그 값들
  - 데이터 품질(오류 및 오류에 대한 기록)
  - 데이터 수집에 사용된 도구(장비)의 정확도와 정밀도

▌ **오픈 API(Open API ; Open Application Programming Interface)** : API 중에서 플랫폼의 기능 또는 콘텐츠를 외부에서 웹 프로토콜(HTTP)로 호출해 사용할 수 있게 개방(open)한 API이다.

▌ **레이어 중첩의 개념**

- 둘 이상의 레이어를 하나의 단일 레이어로 결합하는 것이다.
- 여러 맵을 포개어 모든 정보를 포함하는 단일 맵을 생성하는 작업을 중첩이라고 한다.
- 중첩은 단순히 라인작업의 병합이 아닌 중첩에 참여하는 피처들의 모든 특성이 최종 결과물까지 그대로 유지된다.

❚ 레이어 중첩방법(중첩도구)

중첩방법		설명
인터섹션(교차)	input / output / intersect feature	입력 피처와 중첩되는 중첩 내 피처나 피처의 일부분이 유지되며, 입력 및 피처 기하는 같아야 한다.
이레이징(지우기)	input / erase feature / output	중첩 레이어의 피처와 겹치지 않는 입력 레이어의 피처 또는 피처의 일부가 결과에 작성된다.
유니언(결합)	input / output	입력 레이어와 중첩 레이어의 기하학적 유니언이 결과에 포함되고, 모든 피처와 해당 속성이 레이어에 작성된다.
아이덴티티(동일성)	input / output / identity feature	입력 피처와 중첩 피처의 피처 또는 일부가 결과에 포함된다. 입력 레이어와 중첩 레이어에 겹치는 피처 또는 피처의 일부가 결과 레이어에 작성된다.
대칭 차집합	input / output	중첩되지 않는 입력 레이어와 중첩 레이어의 피처 또는 피처의 일부가 포함된다.

❚ **지리좌표계**(GCS ; Geographic Coordinate Systems) : 지구상에서 한 지점의 수평 위치는 경도와 위도로 나타내며, 경도와 위도로 지구상에서 한 지점의 좌표를 나타낸다.

❚ **지구의 형상**
• 물리학적 지표면 : 지구의 실제 형태는 적도 반지름이 극반지름보다 약간 길고, 그 표면은 육지나 해양 등의 자연 상태로 굴곡져 있다.
• 지오이드(geoid) : 지구의 평균 해수면과 일치하는 등퍼텐셜면(위치에너지가 같은 면)을 육지까지 연장하여 지구 전체를 덮어 싸고 있다고 가정한 가상의 면이다.
• 지구 타원체 : 지구 형상에 가장 가까운 굴곡 없는 면의 형태인 회전 타원체이다.
 – Bessel : 독일의 Bessel이 1841년에 지구의 크기와 형상을 산출한 타원체
 – GRS80 : 국제측지학협회와 국제측지학 및 지구물리학연합에서 채택한 지구 타원체
 – WGS84 : 미 국방성이 군사 및 GPS 운용을 목적으로 구축한 지구 타원체(GPS 측량기준)

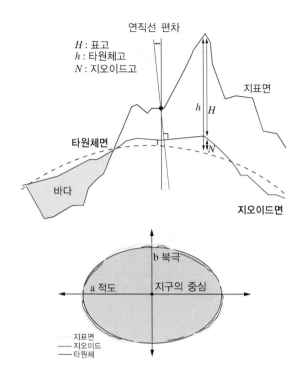

H : 표고
h : 타원체고
N : 지오이드고

연직선 편차

지표면

타원체면

바다

지오이드면

b 북극
a 적도
지구의 중심

지표면
지오이드
타원체

▋ 경도와 위도

- 경도 : 본초자오선(지구의 경도를 결정하는 데 기준이 되는 자오선)에서 특정지점을 지나는 경선까지의 각도이다.
- 위도 : 적도에서 특정지점을 지나는 위선까지의 각도이다.
- 위도의 종류 : 측지(지리)위도, 천문위도, 지심위도, 화성위도

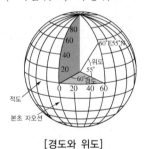

[경도와 위도]

▋ 투영좌표계(PCS ; Projected Coordinate System)

- 3차원의 지구 타원체를 2차원 평면상에 투영한 좌표계이다.
- 다양한 방식으로 3차원 좌표를 2차원으로 투영할 수 있으며, 경도와 위도가 직각 형태가 되기도 한다.
- 투영법에 의해 지구상의 한 점이 지도에 표현될 때, 가상의 원점을 기준으로 해당 지점까지의 동서 방향과 남북 방향으로의 거리를 좌표로 표현한다.
- 우리나라 중·대축척 지형도 제작에는 주로 등각투영을 사용한다.

■ **지도투영법** : 3차원 지구를 2차원 평면지도로 변환하는 체계적인 방법이다.

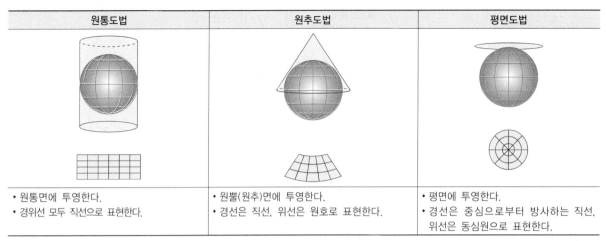

원통도법	원추도법	평면도법
• 원통면에 투영한다. • 경위선 모두 직선으로 표현한다.	• 원뿔(원추)면에 투영한다. • 경선은 직선, 위선은 원호로 표현한다.	• 평면에 투영한다. • 경선은 중심으로부터 방사하는 직선, 위선은 동심원으로 표현한다.

[투영면의 형태에 따른 도법]

(a) 정적 원통투영법
• 정적도법
• 넓이가 정확하게 나타나는 도법

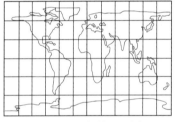

(b) 정거(남북) 원통투영법
• 정거도법
• 거리가 정확하게 나타나는 도법

(c) 정형 원통투영법(메르카토르 투영법)
• 정형(정각)도법
• 경선과 위선간의 각도 관계가 정확하게 나타나는 도법

[투영 성질에 따른 도법]

정축도법	횡축도법	사축도법
투영면을 자오선 방향에 수직한 평면 위에 배치하여 투영한다.	투영면을 적도선 방향과 수직인 평면 위에 배치하여 투영한다.	투영면의 중심을 임의의 지표면으로 이동하여 투영한다.

[투영축에 따른 도법]

▌ 피처(feature)

- 실세계의 객체를 벡터 형태의 공간데이터로 표현하는 것이다.
- 표현해야 할 대상물인 피처는 속성에 따라 점, 선, 면 형태로 저장한다.

▌ 점, 선, 면의 피처

- 점 : 속성정보는 스프레드시트 형태의 데이터베이스 자료이고, 도형정보는 각 포인트의 종횡좌표로 구성된다.
- 선 : 도형정보는 각 포인트가 종횡좌표로 구성된 테이블 형태 및 각 선형 피처의 출발점, 경유점, 도착점이 표시된 별도의 테이블로 구성된다.
- 면 : 도형정보는 각 포인트가 종횡좌표로 구성된 테이블 형태, 각 라인을 구성하는 출발점, 경유점, 도착점이 표시된 테이블, 각 면을 구성하는 라인 정보가 포함된 테이블 등으로 구성된다.

▌ 피처 클래스

- 동일한 공간 표현과 속성 열의 공통집합이 모여 있는 피처들의 집합이다.
- 가장 일반적으로 사용되는 피처 클래스는 점, 선, 면 및 주석(지도 텍스트에 대한 용어)이다.

▌ 디지털 자료 변환

- 아날로그 지도와 사진은 GIS에서 사용할 수 있는 디지털 자료로 변환하는 과정을 디지털화라고 한다.
- 디지타이저 : 컴퓨터에 그림이나 도형의 위치관계를 부호화하여 입력하는 장치이다.
- 디지타이저에 지도를 부착하고, 지도 각 모서리의 좌표를 구하여 디지타이저의 기계좌표로부터 지도좌표계로 변환한다.
- 디지털 자료의 변환과정 : 자료 획득 → 편집(자료 정리, 가공) → 형식화, 변환(자료를 GIS의 특정 DB 포맷으로 변환) → 연결(그래픽 자료를 속성자료에 연결)

▌ 디지타이징의 오류 : 아크(arc) 누락, 오버슈트(overshoot), 언더슈트(undershoot), 댕글(dangle), 슬리버(sliver)

▌ 속성 필드 : 속성정보는 피처의 수만큼 존재하고, 벡터 피처의 개수만큼 레코드(record)를 갖는다. 각 레코드는 필드에 대한 정보를 갖는다.

▌ 속성데이터의 종류 : 명목데이터, 서열데이터, 등간데이터, 비율데이터

▌ **속성 필드의 생성** : 속성 필드를 생성하려면 먼저 속성 필드의 타입을 고려해야 한다.

- short integer : 2바이트 정수
- long integer : 4바이트 정수
- float : 실수(4바이트)
- double : 배정도 실수(8바이트)
- text : 텍스트(길이 지정 필요)
- date : 날짜

▌ **공간연산(spatial operation)** : 공간 데이터베이스에 원하는 데이터를 추출하는 기본연산으로 2차원 공간연산, 3차원 공간연산, 시공간연산자, 위상연산자 등이 있다.

- 공간 데이터베이스 : x, y 좌표로 구성된 공간데이터를 저장하고 연산할 수 있는 기능을 제공해 주는 데이터베이스이다.
- 공간데이터 타입(spatial data type)

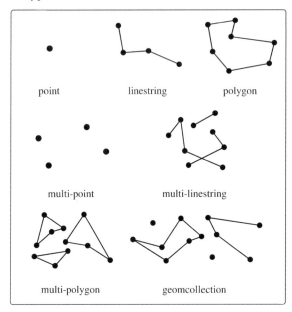

▌ **공간관계함수(spatial relation functions)** : 두 공간객체 간의 관계를 일반 데이터 타입(boolean 또는 숫자)으로 반환해 주는 함수이다.

▌ **공간연산함수(spatial operator functions)** : 두 공간 객체의 연산결과로 새로운 공간객체를 반환해 주는 함수이다.

▌ **속성 필드 업데이트** : 속성 데이터베이스를 수정 가능한 상태로 변경한 후 속성데이터를 업데이트하는 방법과 기존 속성 데이터베이스와는 별개의 데이터베이스를 불러들여 데이터베이스를 조인(join)하는 방법이 있다.

02 공간정보처리 및 분석

▌ **영상 전처리** : 최적의 영상 상태에 있도록 왜곡을 제거하고, 영상 보정 및 영상 개선 등의 과정을 전처리 (preprocessing) 과정이라고 한다.

▌ **잡음(노이즈)** : 영상의 내부와 외부로부터 입력 영상신호 성분 이외의 신호, 영상의 픽셀값에 추가되는 원치 않는 형태의 신호를 의미한다.

▌ **잡음의 종류**

- 영상의 노이즈
  - 가우시안(gaussian) 노이즈 : 정규분포를 갖는 통계적인 잡음으로, 영상의 픽셀값으로부터 불규칙적으로 벗어나지만 뚜렷하게 벗어나지 않는다.
  - 임펄스(impulse) 노이즈 : 영상의 픽셀값과는 뚜렷하게 다른 픽셀값에 의한 잡음이다.
  - 소금 및 후추 노이즈 : 영상 내에 검은색 또는 흰색 점의 형태로 발생하는 잡음이다.
  - 균일(uniform) 노이즈 : 균일한 발생 형태(분포)를 보이는 잡음이다.
- 방사오차 : 지표면 영상 수집과정 중 탐측기에 의해 관측되는 전자기파는 탐측기와 지표물체 사이의 여러 원인에 의해 왜곡이 발생한다. 발생원인에는 대기효과, 기하학적 관계, 지형의 경사와 향, 그림자 효과 등이 있다.
- 기하오차 : 탐측기 기하 특성에 의한 내부 왜곡으로 영상이 실제 지형과 정확히 일치하지 않는 오차가 발생한다.

▌ **센서로 인한 오류** : 영상자료의 취득, 변환 및 전송과정에서 혼입되는 입력신호 이외의 모든 전기신호이다.
- 오류 형태에 따른 분류 : drop line, 줄무늬현상
- 오류분포에 따른 분류 : 광역적 노이즈, 국소적 노이즈, 주기적 노이즈

▌ **필터링** : 영상에서 원하는 정보만 통과시키고 나머지는 걸러내어 영상을 수정하거나 향상시키기 위한 기법이다.

▌ **합성곱(convolution)** : 특정한 크기의 필터를 사용하여 이미지의 각 픽셀을 지나가며 필터의 위치에 해당하는 픽셀을 모두 곱한 후 그 곱한 값을 모두 더하여 현재 중앙 픽셀값에 넣어 주는 것이다.

▌ **필터링 방법** : edge detector, convolutions, filtered의 기법이 있으며, 일반적으로 공간 필터링(spatial filtering)이라고 한다.

▌ **방사오차 보정** : 왜곡을 수정하여 지상의 지형지물에 대한 순수한 반사값을 구하는 작업으로, 복사휘도와 관련된 각종 왜곡을 제거하여 보정한다. 복사량 보정(radiometric correction), 복사오차 보정이라고도 한다.

▌ **기하오차** : 인공위성 영상이나 항공기 등에서 영상자료를 취득할 때 탐지 대상물과 탑재체, 센서의 상대적인 운동, 센서 특성 그리고 탑재된 기기제어의 한계 등으로 인하여 취득된 영상에서 공간적인 왜곡이 발생하는 것이다.

▌ **기하오차의 발생원인**

- 위성의 자세에 의한 기하오차
- 지구 곡률에 의한 기하오차
- 지구 자전에 의한 기하오차
- 관측기기 오차에 의한 기하오차

▌ **지상기준점(ground control point)의 개념**

- 영상좌표계와 지도좌표계 사이에 상호 매칭되는 점을 의미한다.
- 기본 측량 및 공공 측량에 의하여 위치를 표시한 삼각점 또는 지적 도근점 등이다.
- 원격탐사에서 영상좌표계와 지도좌표계 사이의 좌표 변환식을 구하기 위해 사용하는 기준점이다.
- 절대표정에 사용하는 이미 알고 있는 좌표점이다.

▌ **지상기준점의 선점**

- 기하 보정을 수행하기 위한 필수조건은 위성 영상과 지상의 충분한 위치점의 개수와 정확한 기준점의 선택이다.
- 기하 보정에 사용되는 영상의 공간 해상도를 감안하여 지상기준점의 위치가 시간이나 계절에 영향을 적게 받는 도로의 교차점, 제방의 끝, 인공구조물 등을 선점해야 한다.
- 지상기준점은 영상에서 골고루 분포되도록 선점해야 지상기준점의 지역 편중으로 인한 왜곡을 방지할 수 있다.

▌ **지상기준점의 위치**

- 가능한 한 영상 전체에 고르게 분포하도록 선정해야 한다.
- 모양과 크기 변화가 없는 지형지물이어야 한다.
- 일반적으로 교차로, 인공구조물, 교량 등이 선택되며, 이때 영상의 공간 해상도를 고려해야 한다.

- 공간 해상도별 지상기준점의 위치

항목	고해상도(1m 이하)	중·저해상도(2m 이상)
지상기준점 위치	• 도로 교차점 • 소운동장의 중앙 또는 코너 • 소도로의 정지선 • 운동장의 중앙 또는 코너 • 테니스장의 중앙 또는 코너 • 교량의 끝점 • 논, 밭 등의 농사용 도로 등	• 다차선 도로의 교차점 • 댐의 좌우 코너 • 학교 운동장 중앙 • 교량 중앙 • 산복도로 등

■ **등각사상 변환(conformal transform)** : 기하적인 각도를 그대로 유지하면서 좌표를 변환하는 방법으로 기본적인 위치 이동, 확대 및 축소, 회전 등과 이들의 조합된 변환방법 등을 고려할 수 있다.

■ **부등각사상 변환(affine transform)**

- 선형 변환과 이동 변환을 동시에 지원하는 변환으로서, 변환 후에도 변환 전의 평행성과 비율을 보존한다.
- 2차원 아핀 변환으로 위치 이동, 원점 기반의 크기 변형과 회전, 축 방향으로의 전단(shear) 변환, 원점 혹은 축 방향 기준의 반사(reflection) 변환 등이 있다.

■ **투영 변환(projection transformation)**

- 큰 차원 공간의 점들을 작은 차원의 공간으로 매핑하는 변환으로, 3차원 공간을 2차원 평면으로 변환하는 것이다.
- 원근 투영 변환 : 근경의 물체는 크게, 원경의 물체는 작게 보이게 하는 원근법을 적용한 변환법이다.
- 직교 투영 변환 : 투영 평면에 수직한 평행선을 따라 Z축 값을 모두 같은 평면에 투영한 변환법이다.
- 일반적으로 아핀 변환 후 투영 변환을 실시한다.

■ **기하 보정의 절차**

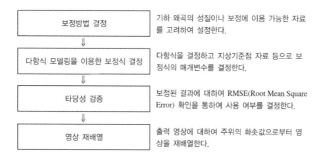

보정방법 결정	기하 왜곡의 성질이나 보정에 이용 가능한 자료를 고려하여 설정한다.
다항식 모델링을 이용한 보정식 결정	다항식을 결정하고 지상기준점 자료 등으로 보정식의 매개변수를 결정한다.
타당성 검증	보정된 결과에 대하여 RMSE(Root Mean Square Error) 확인을 통하여 사용 여부를 결정한다.
영상 재배열	출력 영상에 대하여 주위의 화솟값으로부터 영상을 재배열한다.

■ **보간방법**

- 이웃 화소 보간법 : 가장 가까운 위치에 있는 화솟값을 참조하는 방법이다.
- 양선형 보간법 : 실수좌표로 계산된 4개의 화솟값에 가중치를 곱한 값들의 선형 합으로 결과 영상의 화솟값을 결정한다.

- 3차 회선 보간법 : 고차 다항식을 이용한 보간법에서는 가중치 함수를 정의하고 원본 영상의 주변 화솟값에 가중치를 곱한 값을 모두 합하여 화솟값을 계산한다.

▋ 영상 품질관리

- 자동 독취가 완료된 영상은 명암 등을 조정하기 위한 영상 오류 수정작업을 해야 하며, 자동 독취된 영상이 다음의 요소를 만족시키지 못하는 경우에는 재독취해야 한다(정사 영상 제작작업 및 성과에 관한 규정 제36조).
  - 독취범위 및 대상 지역
  - 사진지표 및 사진의 선명도
  - 항공사진의 축척에 따른 지형지물의 판독
- 정사 영상의 품질관리는 다음과 같이 실시해야 한다(정사 영상 제작작업 및 성과에 관한 규정 제37조).
  - 지상기준점의 선점
  - 수치표고 모형의 제작
  - 정사 영상 제작
  - 영상 집성·융합·분할
  - 수치지도 레이어 추출
  - 영상/벡터 중첩
  - 난외주기 제작

▋ 영상강조(image enhancement) : 영상을 가공해서 원영상에서 정보를 추출하는 것보다 정보 추출이 쉽도록 영상을 변환하는 것이다.

- 선형 대조 강조기법 : 최대-최소 강조기법, 백분율 강조기법, 단계별 강조기법, density slicing 강조기법
- 비선형 대조 강조기법 : 히스토그램 균등화, 히스토그램 매칭

▋ 변환(transformation) : 영상처리 자료의 정량화에 중점을 두고 다른 형태로 변환시키는 과정이다.

- 공간 변환 : 선형 필터, 통계적 필터, 기울기 필터, 휴리에 변환
- 파장 변환 : 다중파장대에 근거한 각 영상소 값의 변환에 의한 영상향상기법으로 주성분 분석, 식생지수, tasseled cap, 컬러영상 등
- 웨이블릿 변환 : 웨이블릿 분해 및 합성

▋ 전자기 스펙트럼

- 가시광선(visible light) 영역 : 사람의 눈에 보이는 전자기파 범위를 가진 빛이다.
- 적외선 영역 : 파장이 길고 에너지가 낮은 편이라 자외선처럼 화학적, 생물학적 반응은 잘 일으키지 못한다.

▌ 영상의 색조합

- true color(천연색) 조합
- pseudo color(의사 색채, 가색) 조합

▌ 원격탐사의 자료 해상도

- 분광 해상도(spectral resolution) : 원격탐사장비가 감지하는 가장 작은 크기의 파장영역으로서, 미세한 파장 간격을 정의할 수 있는 센서의 능력이다.
- 방사 해상도, 복사 해상도(radiometric resolution) : 원격탐사시스템의 센서가 아주 작은 신호의 크기 차이를 구별할 수 있는 능력이다.
- 시간 해상도, 주기 해상도(temporal resolution) : 특정 지역에 대하여 얼마나 자주 영상자료를 획득할 수 있는지를 나타낸다.
- 공간 해상도(spatial resolution) : 영상이나 사진에서 지표물을 인식하고 분류할 수 있는 기본 척도로, 공간적으로 아주 가까운 별도의 물체를 구분할 수 있는 최소의 거리이다.

▌ 식생지수(vegetation index) : 녹색 식물의 상대적 분포량과 엽록소의 활동성(광합성 작용, 활력 등)을 나타낸다.

▌ 정규화 식생지수(NDVI ; Normalized Difference Vegetation Index)

- 식생활력지수라고도 하며, 원격탐사장비로 얻은 영상을 이용하여 식물의 분포상황을 파악하고 대상 식생의 활력을 지수로 나타낸 것이다.

$$NDVI = \frac{NIR - VIS}{NIR + VIS}$$

여기서, NIR : 근적외선 영역에서 얻은 분광반사율(관측치)

VIS : 가시광선 영역에서 얻은 분광반사율(관측치)

▌ 주성분 분석(PCA ; Principal Component Analysis) : 자료 사이의 상관관계를 이용하여 가능한 정보를 상실하지 않고, 많은 측정치를 적은 개수의 종합지표로 요약·축소해서 나타내는 분석방법이다.

▌ 스키마의 정의

- 데이터베이스의 구조와 제약조건에 관한 전반적인 명세를 기술한 메타데이터의 집합이다.
- 사용자의 관점에 따라 외부 스키마, 개념 스키마, 내부 스키마로 나눠진다.

▌ 스키마의 특징

- 데이터 사전(data dictionary)에 저장되며, 메타데이터라고도 한다.
- 현실세계의 특정한 한 부분의 표현으로서 특정 데이터 모델을 이용해서 만든다.
- 시간에 따라 불변인 특성을 갖는다.
- 데이터의 구조적 특성을 의미하며, 인스턴스에 의해 규정된다.

▌ 내삽(보간) : 관측을 통하여 얻은 지점값을 이용하여 관측하지 않은 지역의 값을 보간함수를 적용하여 추정하는 것이다.

▌ 가장 유용하게 사용되는 보간기법

- 최근린(nearest neighbor)기법 : 쿼리지점에 가장 가까운 입력 샘플 부분집합을 넣고 비례영역을 기반으로 가중치를 적용하여 값을 보간한다.
- 역거리가중치(IDW ; Inverse Distance Weighting)기법 : 가까이 있는 실측값에 더 큰 가중값을 주어 보간하는 방법이다. 사용자가 생성하고자 하는 알려지지 않은 포인트로부터 멀어질수록 해당 포인트의 영향력이 다른 포인트에 상대적으로 낮아지도록 샘플 포인트에 가중치를 부여한다.
- 크리깅(kriging)기법 : 관심 있는 지점에서 특성치를 알기 위해 이미 그 값을 알고 있는 주위의 값들의 선형조합으로 그 값을 예측하는 지구통계학적 기법이다.
- 스플라인(spline)기법 : 전체적인 표면 곡률을 최소화하는 수학적인 함수를 사용하여 값을 추정해 입력지점을 정확히 통과하는 매끄러운 표면을 만드는 보간법이다.

▌ 공간위치 보정의 종류와 특징

- 변환(transformation) : 입력 레이어의 전체 피처에 동일하게 영향을 미치는 방법으로, 평균 제곱근 오차값이 계산되어 산출된 변환의 정확도를 판단할 수 있다.
- 러버시트(rubbersheet) : 레이어 전체를 대상으로 하거나 레이어 내 선택된 일부 피처에 적용되는 변환으로 오차를 계산하지 않는다.
- 에지 스냅(edge snap) : 에지 일치라고도 하며, 러버시트를 레이어의 가장자리만 적용한 것으로 오차를 계산하지 않는다.

▌ 변위 링크(displacement link)

- 변환할 데이터와 기준 데이터의 공간 위치 보정을 위해 생성하는 것이다.
- 변환할 위치에서 기준 위치 방향으로 화살표 형태로 표현한다.

▌ 링크 테이블(link table) : 공간데이터의 공간 위치 보정을 위해 생성한 변위 링크를 좌표로 보여 주는 테이블이다.

■ **잔차(residual, 추정오차)** : 변환 매개변수는 이동할 보정점과 기준 보정점 사이의 최적의 맞춤을 나타낸다.

■ **평균 제곱근 오차(RMSE ; Root Mean Square Error)**
- 실행된 각각의 변환에 의해 계산하며, 변환이 얼마나 잘 이루어졌는지를 나타낸다.

$$\text{RMS error} = \sqrt{\frac{e_1^2 + e_2^2 + e_3^2 + \cdots + e_n^2}{n}}$$

- 기준 보정점과 변환된 보정점의 위치 사이에서 측정한다.
- 그 변환은 최소 사각형들을 사용하여 계산하며, 이에 따라 여러 개의 링크가 필요하다.

■ **위상(topology)** : 연속된 변형작업에도 왜곡되지 않는 객체의 속성에 대한 수학적인 연구로 GIS에서 포인트, 라인, 폴리곤과 같은 벡터데이터의 인접이나 연결과 같은 공간적 관계를 표현한다.

■ **위상관계 규칙**
- 위상관계 규칙을 적용하는 것은 벡터데이터에 의해 적용되며, 몇 가지의 규칙으로 위상을 확인하는 과정이다.
- 피처에 적용하는 위상관계는 'cover(둘러싸는)', 'covered by(둘러싸인)', 'intersect(연결된)', 'overlap(오버랩)', 'touch(닿아 있는)'와 같은 것들이며, 벡터데이터에 맞게 적절한 위상관계 규칙을 적용한다.
- 실세계에서 위상의 예

한 개의 데이터	두 개의 데이터
• 우편번호 지역은 겹치지 않는다.	• 지적은 바다와 겹치지 않는다.
• 상하수도는 끊어지지 않는다.	• 지적 안에는 반드시 지번이 있어야 한다.
• 지적은 틈새를 가지지 않는다.	• 건물은 도로와 겹치지 않는다.

■ **위상관계를 이용한 편집**
- 정의 : 공유객체, 일치하는 피처 간의 위상관계를 편집하고 생성하는 것이다.
- 방법 : 서로 다른 라인이나 포인트가 동일한 것으로 처리되기 위해서 어느 정도의 톨러런스 안에 있어야 하는지를 설정할 수 있다.

■ **데이터 유효성 검사** : 위상관계 규칙에서 벗어나는 객체 및 오류를 확인하여 수정하거나 예외로 지정하는 등의 과정을 실시하는 작업이다.

■ **벡터데이터의 재분류 및 재부호화**
- 재부호화(recode) : 속성자료의 범주를 변화시키는 과정으로 재분류과정에 필수적인 기법이다.
- 재분류(reclassification) : 재부호화 후 개체들을 병합하는 과정으로, 속성데이터 범주의 수를 줄여 데이터베이스를 간략화하는 기능이다.

■ 래스터데이터의 재분류
- 각각의 셀에 입력된 원래의 값을 새로운 값으로 치환하는 재부호화방식이다.
- 대체 필드를 사용하여 한 번에 하나의 값 또는 값의 그룹을 재분류할 수 있으며, 지정된 간격 또는 영역별 등의 기준에 따라 재분류할 수 있다.

■ 병합(merge) : 각 구역을 통합하여 큰 지역으로 형상을 합치는 작업으로, 두 개의 피처 레이어를 결합하여 하나의 결과 레이어를 만든다.

■ 디졸브(dissolve) : 재분류 이후 동일한 속성을 지닌 경계 공유 및 겹치는 영역을 삭제하여 하나로 합치는 것이다.

■ 분할(split) : 입력 레이어의 필드를 기반으로, 입력 레이어를 개별 레이어 여러 개로 분할한다.

■ 분류 : 속성값에 따라 재그룹화하는 기능이다.

■ 속성값 재분류의 유형
- 자연분류(natural break)방법
- 등간격(equal interval)방법
- 등분위(quantile)방법
- 표준편차(standard deviation) 방법

■ 중첩 : 두 개의 입력 레이어를 이용하여 새로운 결괏값을 갖는 레이어를 생성하는 과정으로, 기본적으로 동일한 위치의 두 개 입력데이터의 값을 비교하여 산출 레이어의 값을 지정하는 개념이다.

■ 중첩의 유형
- 점 레이어와 면 레이어의 중첩(point-in-polygon overlay)
- 선 레이어와 면 레이어의 중첩(line-in-polygon overlay)
- 면 레이어와 면 레이어의 충접(polygon-on-polygon overlay)

■ 벡터자료에서 중첩 유형과 연산 기능 : 첫 번째 레이어를 입력 레이어, 두 번째 레이어를 기반 레이어라고 하며, 결과 레이어에 중첩한 결과가 나타난다.
- 자르기(clip) : 기반 레이어의 외곽 경계를 이용하여 입력 레이어를 자른다.
- 지우기(erase) : 기반 레이어를 이용한 입력 레이어의 일부분을 지운다.
- 교차(intersect) : 두 개의 레이어를 교차시켜 서로 교차하는 범위의 모든 면을 분할하고, 각각에 해당하는 모든 속성을 포함한다. 공간 조인과 같은 기능이다.

- 결합(union) : 두 개의 레이어를 교차하였을 때 중첩된 모든 지역을 포함하고, 모든 속성을 유지한다.
- 동일성(identity) : 입력 레이어의 모든 형상은 그대로 유지되지만, 기반 레이어의 형상은 첫 번째 레이어의 범위에 있는 형상만 유지된다.
- 형상학적 차이(symmetrical difference) : 두 레이어 간 중첩되지 않는 부분만을 결과 레이어로 산출하며, 두 레이어의 속성은 모두 산출 레이어에 포함된다.
- 분할(split) : 기반 레이어의 특성을 이용하여 입력 레이어를 몇 개의 작은 데이터로 나누는 것이다.

▌ **버퍼** : 공간 형상의 둘레에 특정한 폭을 가진 구역을 구축하는 것으로, 버퍼를 생성하는 과정을 버퍼링이라고 한다.

▌ **버퍼의 유형**
- 점 버퍼 : 점 주변에 특정한 반경을 가진 원으로 버퍼가 형성된다.
- 선 버퍼 : 선의 굴곡과 일치하면서 선의 양쪽으로 특정거리만큼 밴드 모양으로 버퍼가 형성된다.
- 폴리곤 버퍼 : 폴리곤 둘레의 형상을 따라 폴리곤의 변 주변으로 일정거리만큼 영역이 형성된다.

▌ **이용권역 분석** : 생성된 버퍼 구역 내의 접근성, 시설물의 분포 등 다양한 요인을 분석하여 이용 가능성과 영역의 범위를 파악한다.

▌ **근접성(proximity)** : 특정거리나 위치 내에 존재하는 대상물들 간의 관계를 의미한다.

▌ **근접성 분석(proximity analysis)**
- 개념 : 선정된 위치와 그 주변 사이의 공간적 관련성을 결정하는 데 사용되는 분석적 기술로, 특정 대상으로부터 일정한 거리 내에 있는 대상을 분석한다.
- 분석 유형
  - 버퍼(buffer zone generation) : 점, 선, 면 모든 객체로부터 일정거리 내의 영역을 표시하는 기능으로, 버퍼링 결과는 폴리곤으로 표현한다.
  - 티센 폴리곤 생성(thiessen polygon generation) : 일련의 점데이터가 주어졌을 때, 각 위치에 어떤 점의 값을 할당해야 하는지를 결정할 때 유용하게 활용한다.

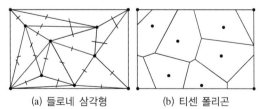

(a) 들로네 삼각형   (b) 티센 폴리곤

■ **인접성 분석** : 주변 셀의 특징을 분석하는 것으로, 공간상에서 주어진 지점과 주변의 객체들이 얼마나 가까운가를 파악하는 데 활용한다.

■ **실세계 현상과 표면 모델링** : 지형이나 기온, 강수량 등은 지표상에 연속적으로 나타나는 실세계 현상들로 표면 모델링으로 표현한다.

■ **수치지형데이터의 취득** : 야외조사, 사진 측량, GPS, 기존 지도로부터 디지타이징 등의 방법을 통해 취득하고 구조화할 수 있다.

■ **수치지형데이터 획득을 위한 표본추출방법**
- 계통적 표본추출방법(systematic sampling) : 대상 지역의 표본지점을 규칙적인 간격으로 추출하여 수치지형데 이터를 제작하는 방식으로, 표고값들이 행렬을 이룬다.
- 적응적 표본추출방법(adaptive sampling) : 지형을 잘 표현하기 위해 표본을 선택적으로 채택하여 수치지형모델 을 제작하는 방식이다.

■ **수치지형도** : 지표면상의 위치와 지형 및 지명 등 여러 공간정보를 좌표데이터로 나타내어 정보시스템에서 분석, 편집 및 입출력할 수 있도록 전산화된 지도이다.

■ **3차원 공간정보 활용** : 3차원 공간정보를 활용한 디지털 트윈 기술로 실시간 모니터링과 시뮬레이션이 가능하다.
예 홍수 시뮬레이션, 탄소 배출량, 산사태 위험분석, 무인 이동체 시뮬레이션, 토공량 분석, 에너지 사용량

■ **3차원 공간정보의 기대효과**
- 환경, 재난, 교통, SOC 등 도시문제에 대응할 수 있다.
- 드론, 자율주행자동차 등 신산업의 엔진 역할을 한다.
- 5G 통신망, 배달 및 교통 등 위치기반서비스 산업이 활성화된다.

■ **수치모델의 생성** : 지형을 수치적 또는 수학적으로 표현하는 것으로, 연속적으로 변화하는 지형의 기복과 지표면의 변화를 효율적으로 표현한다.

■ **수치모델의 종류**
- 수치표고모델(DEM ; Digital Elevation Model)
- 수치지형모델(DTM ; Digital Terrain Model)
- 수치표면모델(DSM ; Digital Surface Model)

■ **불규칙 삼각망(TIN ; Triangulated Irregular Network)** : 불규칙적으로 존재하는 일련의 삼각형을 생성하여 배열한 것이다. 표면은 표본 추출된 표고점들을 선택적으로 연결시켜 형성된 겹치지 않는 부정형 삼각형으로 이루어진 모자이크식으로 표현한다.

■ **등고선** : 평균 해수면으로부터 같은 고도를 갖고 있는 여러 점을 이은 선으로 등치선도에 해당된다.

■ **등고선의 성질**
- 같은 등고선 위의 모든 점은 높이가 동일하다.
- 한 등고선은 반드시 도면 안이나 밖에서 폐합되며(폐곡선), 도중에 없어지지 않는다.
- 높이가 다른 두 등고선은 동굴이나 절벽의 지형이 아닌 곳에서는 교차하지 않는다.
- 등고선의 간격은 조밀하면 급경사, 간격이 넓으면 완경사 지형을 의미한다.
- 등고선 간 최단거리 방향은 그 지표면의 최대 경사 방향을 가리키며 등고선의 수직 방향이다.

■ **등고선의 종류**
- 계곡선
- 주곡선
- 간곡선
- 조곡선

03 공간정보 프로그래밍

▌ **프로그래밍(programming)** : 프로그래밍 언어를 통해서 정보 처리를 하기 위한 프로그램을 만드는 것으로, 수식이나 작업을 컴퓨터에 알맞도록 정리해서 순서를 정하고 컴퓨터 특유의 명령코드로 고쳐 쓰는 작업을 총칭한다.

▌ **프로그래밍 언어의 분류**

- 기계어(machine language) : 컴퓨터의 CPU가 명령을 처리할 때 사용하는 언어로 0과 1의 이진화된 숫자(2진법)로 구성되어 있다.
- 어셈블리어(assembly language) : add, sub, mul 등 인간이 직관적으로 이해할 수 있는 문자와 기호를 이용한 프로그래밍 언어로, 명령이 기계어와 1 : 1로 대응한다.
- 고급 언어(high-level language) : 사람들이 이해하기 편하게 만든 프로그래밍 언어로, C, C++, C#, Java, Python 등이 있다.

▌ **프로그래밍 실행방법**

- 컴파일 기법 : 원시프로그램, 고급언어로 작성된 언어를 처리하여 컴퓨터가 사용할 수 있는 기계어로 해석하는 작업방식이다.
- 인터프리트 기법 : 컴파일 방식과 다르게 프로그램을 한 줄씩 번역하면서 실행하는 작업방식이다.
- 하이브리드 기법 : 컴파일 방식과 인터프리트 방식의 장점을 합친 언어이다.

▌ **프로그래밍 언어** : 컴퓨터를 이용해 특정 문제를 해결하기 위한 프로그램을 작성하기 위해 사용되는 언어이다.

▌ **프로그래밍 언어의 구분**

- 레벨에 따른 구분

구분	프로그래밍 언어	번역기	특징
저레벨 언어	기계어, 어셈블리어	어셈블러	• 기계가 이해하기 쉽게 작성된 언어이다. • 실행속도가 빠르다. • 배우기 어렵다. • 기계마다 기계어가 상이하여 호환성이 없다. • 유지·관리가 어렵다.
고레벨 언어	C, C++, Java, Fortran 등	컴파일러, 인터프리터	• 사람이 이해하기 쉽게 작성된 언어이다. • 실행속도가 느리다. • 저레벨 언어에 비해 배우기 쉽다. • 번역과정이 필요하다.

• 번역방법에 따른 구분

구분	프로그래밍 언어	번역기	특징
컴파일 기법	C, C++, Fortran 등	컴파일러	• 전체 파일을 스캔하여 한 번에 번역한다. • 초기 컴파일된 실행파일을 처리하므로 실행속도가 빠르다. • 메모리 효율이 낮다.
인터프리트 기법	JavaScript, Python, Basic 등	인터프리터	• 프로그램 명령문(한 줄) 단위로 번역·실행한다. • 실행할 때마다 번역과 실행을 처리하므로 실행속도가 느리다. • 메모리 효율이 높다.
하이브리드 기법	Java, C#	컴파일러/인터프리터	• 실행 플랫폼에 독립적인 개발이 가능하다.

• 설계방식에 따른 구분

구분	프로그래밍 언어	특징	장단점
절차적 프로그래밍 언어	C, Fortran 등	문제해결을 위한 과정에서 함수를 활용하여 순차적으로 설계한다.	• 프로그램 작성이 용이하다. • 실행속도가 빠르다. • 유지·보수가 어렵다. • 디버깅이 어렵다.
객체지향 프로그래밍 언어	C++, Java, Python 등	데이터와 기능을 하나의 덩어리로 구성하여 설계한다.	• 코드 재활용성이 높다. • 처리속도가 느리다. • 설계하는 데 오랜 시간이 소요된다. • 디버깅이 쉽다.

▌ **개발환경** : 프로그램 개발에 필요한 컴파일러, 통합개발도구(IDE), 서버 런 타임, 편집기 및 유틸리티 등을 개발 컴퓨터에 세팅하는 것이다.

▌ **개발환경 구축** : 응용 소프트웨어 개발을 위해 개발 프로젝트를 이해하고, 소프트웨어 및 하드웨어 장비를 구축하는 것을 의미한다.

▌ **개발환경 구축 순서**

• 요구사항 분석 : 요구사항을 분석하여 시스템 구현에 적합한 개발도구를 파악한다.
• 필요도구 설계 : 구현도구, 빌드도구, 테스트 도구, 형상관리 도구 등 요구사항에 맞는 시스템을 구축하기 위해 최적의 개발환경을 설계한다.
• 개발언어 선정 : 개발 대상에 적합한 언어를 선정한다.
• 구현도구 구축 : 개발언어와 하드웨어를 고려한 구현도구를 구축한다.
• 빌드와 테스트 도구 구축 : 개발자의 친밀도, 숙련도, 호환 가능성을 고려하여 도구를 선정한다.

▌ **컴파일러** : 고급 프로그래밍 언어는 컴파일러나 인터프리터를 이용하려 컴퓨터가 이해할 수 있는 기계어 코드로 번역을 수행한다.

▌ 데이터 입력 및 출력
- 소프트웨어의 기능 구현을 위해 데이터베이스에 데이터를 입력하거나 데이터베이스의 데이터를 출력하는 작업을 의미한다.
- 단순 입력과 출력뿐만 아니라 데이터를 조작하는 모든 행위를 의미하며, 이와 같은 작업을 위해 SQL을 사용한다.

▌ SQL(Structured Query Language) : 국제 표준 데이터베이스 언어로, 많은 회사에서 관계형 데이터베이스를 지원하는 언어로 채택한다.

▌ 데이터 접속(data mapping) : 소프트웨어의 기능 구현을 위해 프로그래밍 코드와 데이터베이스의 데이터를 연결(mapping)하는 것으로, 관련 기술에는 SQL mapping과 ORM이 있다.

▌ 트랜잭션(transaction) : 데이터베이스의 상태를 변환시키는 하나의 논리적 기능을 수행하기 위한 작업의 단위 또는 한꺼번에 모두 수행되어야 할 일련의 연산을 의미한다.

▌ 라이브러리 : 프로그램을 효율적으로 개발할 수 있도록 자주 사용하는 함수나 데이터들을 미리 만들어 모아 놓은 집합체이다.

▌ 표준 라이브러리와 외부 라이브러리
- 표준 라이브러리 : 프로그래밍 언어에 기본적으로 포함된 라이브러리로, 여러 종류의 모듈이나 패키지 형태이다.
- 외부 라이브러리 : 개발자들이 필요한 기능들을 만들어 인터넷 등에 공유해 놓은 것으로, 외부 라이브러리를 다운받아 설치한 후 사용한다.

▌ 예외처리
- 예외(exception)는 프로그램의 정상적인 실행을 방해하는 조건이나 상태를 의미한다.
- 예외가 발생했을 때 프로그래머가 해당 문제에 대비해 작성해 놓은 처리 루틴을 수행하도록 하는 것을 예외처리(exception handling)라고 한다.

▌ 디버그(debug) : 컴퓨터 프로그램상의 오류(버그)를 찾아내어 바로잡는 과정을 뜻하며, 디버깅(debugging)이라고도 한다. 디버깅은 오류 수정작업을 의미하고, 디버거(Debugger)는 오류 수정 소프트웨어를 의미한다.

▌ 데이터 타입(data type)

- 데이터 타입은 변수(variable)에 저장될 데이터의 형식을 나타내는 것이다. 변수는 컴퓨터가 명령을 처리하는 도중 발생하는 값을 저장하기 위한 공간으로, 변할 수 있는 값을 의미한다.
- 변수에 값을 저장하기 전에 문자형, 정수형, 실수형 등 어떤 형식의 값을 저장할지 데이터 타입을 지정하여 변수를 선언해야 한다.

▌ 데이터 타입의 유형

- 정수 타입(integer type)
- 부동 소수점 타입(floating point type)
- 문자 타입(character type)
- 문자열 타입(character string type)
- 불리언 타입(boolean type)
- 배열 타입(array type)

▌ 데이터 연산

- 산술연산자는 사칙연산 등의 산술 계산에 사용되는 연산자이다.
- 관계(비교)연산자 : 두 수의 관계를 비교하여 참(true) 또는 거짓(false)을 결과로 얻는 연산자이다.
- 비트연산자 : 비트별(0, 1)로 연산하여 결과를 얻는 연산자이다.
- 논리연산자 : 두 개의 논리값을 연산하여 참 또는 거짓을 결과로 얻는 연산자이다. 관계연산자와 마찬가지로 거짓은 0, 참은 1이다.
- 대입연산자 : 연산 후 결과를 대입하는 연산식을 간략하게 입력할 수 있도록 대입연산자를 제공한다.
- 조건(삼항)연산자 : 조건에 따라 서로 다른 수식을 수행한다.

▌ 메모리의 구조

- 프로그램이 실행되기 위해서는 먼저 프로그램이 메모리에 로드(load)되어야 하고, 프로그램에서 사용되는 변수들을 저장할 메모리도 필요하다.
- 할당하는 메모리영역은 코드영역, 데이터영역, 스택영역, 힙영역으로 구분할 수 있다.
- 정적 할당은 컴파일 단계에서 필요한 메모리 공간을 할당하고, 동적 할당은 실행단계에서 공간을 할당한다.

▌ 정적 메모리(static memory) : 코드나 데이터가 저장되는 영역이다.

▌ 동적 메모리(dynamic memory) : 동적 메모리 할당 또는 메모리 동적 할당은 컴퓨터 프로그래밍에서 실행시간 동안 사용할 메모리 공간을 할당하는 것이다.

▌ **컴포넌트(component)의 정의**
- 독립적인 기능(서비스)을 제공하는 단위 소프트웨어 모듈을 의미한다.
- 하드웨어 플랫폼, 운영체계, 소프트웨어 등의 환경에 제약받지 않고 분산환경에서 개별적·독립적으로 실행될 수 있으며, 재사용이 가능한 소프트웨어의 조각 단위이다.

▌ **객체지향(object-oriented)** : 현실세계의 개체를 기계의 부품처럼 하나의 객체로 만들어 소프트웨어를 개발할 때 객체들을 조립해서 작성할 수 있도록 한 프로그래밍 기법이다.

▌ **객체(object)** : 데이터(속성)와 이를 처리하기 위한 연산(메서드)을 결합시킨 실체이다.

▌ **클래스(class)** : 두 개 이상의 유사한 객체들을 묶어서 하나의 공통된 특성을 표현하는 요소이다. 즉, 공통된 특성과 행위를 갖는 객체의 집합이다.

▌ **메서드(method)** : 특정 작업을 수행하는 일련의 문장들을 하나로 묶은 것으로, 어떤 값을 입력하면 이 값으로 작업을 수행해서 결과를 반환한다.

▌ **접근제어자 개요** : 멤버 또는 클래스에 사용되어 해당하는 멤버 또는 클래스를 외부에서 접근하지 못하도록 제한하는 역할을 한다.

▌ **캡슐화** : 데이터(속성)와 데이터를 처리하는 함수를 하나로 묶는 것을 의미한다.

▌ **상속** : 기존의 객체를 그대로 유지하면서 기능을 추가하는 방법으로, 기존 객체의 수정 없이 새로운 객체가 만들어지는 것이다.

▌ **오버로딩과 오버라이딩**

구분	오버로딩(overloading)	오버라이딩(overriding)
개념	• 같은 이름의 메서드를 여러 개 가지면서 매개변수의 유형과 개수를 다르게 하는 기술이다. • 상속과 무관하다. • 하나의 클래스 안에 선언되는 여러 메서드 사이의 관계를 정의한다.	• 부모 클래스로부터 상속받은 메서드를 자식 클래스에서 재정의하는 것이다. • 상속관계이다. • 두 클래스 내 선언된 메서드의 관계를 정의한다.
조건	• 리턴값만 다른 것은 오버로딩을 할 수 없다는 것을 주의한다.	• 자식 클래스에서는 오버라이딩하고자 하는 메서드의 이름, 매개변수, 리턴값이 모두 같아야 한다.
메서드	• 메서드 이름이 같다.	• 메서드 이름이 같다.
매개변수	• 데이터 타입, 개수 또는 순서를 다르게 정의한다.	• 매개변수 리스트, 리턴 타입이 동일하다.
modifier	• 제한이 없다.	• 같거나 더 넓을 수 있다.

▌ **추상 클래스(abstract class)** : 하위 클래스들이 공유하는 공통된 메소드나 변수를 유지하는 상위 클래스이다.

▌ **인터페이스** : 의미상으로 떨어져 있는 객체를 서로 연결해 주는 규격이다.

▌ **사용자 인터페이스(UI ; User Interface)** : 사용자와 시스템 간의 상호작용이 원활하게 이뤄지도록 도와주는 장치나 소프트웨어를 의미한다.

▌ **기본원칙**
- 유연성 : 사용자의 요구사항을 최대한 수용하고 실수를 최소화해야 한다.
- 유효성 : 사용자의 목적을 정확하고 완벽하게 달성해야 한다.
- 직관성 : 누구나 쉽게 이해하고, 사용할 수 있어야 한다.
- 학습성 : 누구나 쉽게 배우고, 익힐 수 있어야 한다.

▌ **레이아웃 관리**
- 배치관리자(layout manager)는 인터페이스에 들어갈 컴포넌트의 위치를 맞추거나 크기를 재조정할 때 사용한다.
- 컴포넌트 배치는 사용자 인터페이스를 조직하는 객체인 레이아웃 매니저를 사용한다.

▌ **이벤트(event)**
- 사용자가 어떤 상황에 의해 일어나는 조건에 대한 상대적인 반응이다.
- GUI 환경에서의 이벤트는 버튼을 클릭하거나 키 동작 시에 프로그램을 실행하게 만들어서 컴퓨터와 사용자가 상호작용으로 발생시키는 것이다.

▌ **이벤트 핸들러(event handler)**
- 웹 페이지에서는 수많은 이벤트가 계속 발생하는데, 특정요소에서 발생하는 이벤트를 처리하기 위해서는 이벤트 핸들러라는 함수를 작성하여 연결해야 한다.
- 이벤트 핸들러가 연결된 특정요소에서 지정된 타입의 이벤트가 발생하면, 웹 브라우저는 연결된 이벤트 핸들러를 실행한다.

▌ **데이터베이스(database)** : 여러 사람이 공유하고 사용할 목적으로 통합·관리되는 정보의 집합이다.

▌ **데이터베이스 관리시스템(DBMS ; DataBase Management System)** : 데이터베이스를 조작하는 별도의 소프트웨어로, DBMS를 통해 데이터베이스를 관리하여 응용프로그램들이 데이터베이스를 공유하고, 사용할 수 있는 환경을 제공한다.

▌ DBMS의 필수기능

- 정의(definition)
- 조작(manipulation)
- 제어(control)

▌ 환경변수(environment variable) : 시스템의 속성을 기록하고 있는 변수로, 프로세스가 컴퓨터에서 동작하는 방식에 영향을 미치는 동적인 값들이다.

▌ 환경변수의 종류

- 사용자 변수 : OS 내의 사용자별로 다르게 설정 가능한 환경변수
- 시스템 변수 : 시스템 전체에 모두 적용되는 환경변수

▌ 공간데이터 모델 : 전통적인 공간데이터 모델은 연속적인 속성값으로 표현하는 필드 기반 모델과 점의 집합객체로서 표현하는 개체 기반 모델이 있다.

▌ 공간 데이터베이스 : 문자나 숫자 등으로 표현되는 비공간데이터와 공간객체의 좌푯값 등으로 표현되는 공간데이터의 집합이다.

▌ 데이터베이스 객체(database object) : 데이터를 저장하는 기능을 가진 가장 기본적인 테이블부터 뷰, 인덱스, 시퀀스, 저장 프로시저 등 그 용도에 따라 여러 가지가 존재한다.

▌ 데이터베이스의 종류

구분	내용
TABLE	데이터를 담고 있는 객체
VIEW	하나 이상의 테이블을 연결해서 마치 테이블인 것처럼 사용하는 객체
INDEX	테이블에 있는 데이터를 바르게 찾기 위한 객체
SYNONYM(동의어)	데이터베이스 객체에 대한 별칭을 부여한 객체
SEQUENCE	일련번호 채번을 할 때 사용되는 객체
FUNCTION	특정 연산을 하고 값을 반환하는 객체
PROCEDURE	함수와 비슷하지만 값을 반환하지 않는 객체
PACKAGE	용도에 맞게 함수나 프로시저 하나로 묶어 놓은 객체

▌ 트리거(trigger)

- 데이터베이스 시스템에서 데이터의 삽입(insert), 갱신(update), 삭제(delete) 등의 이벤트(event)가 발생할 때마다 관련 작업이 자동으로 수행되는 절차형 SQL이다.
- 트리거는 데이터베이스에 저장되며, 데이터 변경 및 무결성 유지, 로그 메시지 출력 등의 목적으로 사용된다.

▋ **지도** : 대상물을 일정한 표현방식으로 축소하여 평면에 그려 놓은 것이다.

▋ **지도의 구성요소**
  - 제목
  - 축척
  - 기호와 범례
  - 방위
  - 자료의 출처
  - 제작자와 제작시기

▋ **지도의 기호** : 지표 위의 건물, 도로, 하천 등 지형과 지물을 지도상에 표시하기 위하여 편의적으로 정한 여러 가지 기호이다.

▋ **지도 제작(map making)** : 표현하고자 하는 주제와 관련된 자료를 수집, 분석, 지도 설계, 지도 디자인, 편집을 통해 최종 제작하는 일련의 기술적 과정을 포괄한다.

▋ **지도 제작과정의 단계**
  - 선택(selection) : 표출될 대상에 대한 선별 및 결정을 한다.
  - 분류화(classification) : 동일하거나 유사한 대상을 그룹으로 묶어서 표현한다.
  - 단순화(simplication) : 분류화 과정을 거쳐 선정된 형상들 중에서 불필요한 부분을 제거하고 매끄럽게 한다.
  - 기호화(symbolization) : 한정적 지면의 크기와 가독성을 고려해 기호를 통해 대상물을 추상적으로 표현한다.

▌주소체계

- 주소는 인간이 살고 있는 장소를 뜻하며, 인간의 사회·경제, 정치활동을 원활하고 편하게 하기 위해 지역 명칭에 숫자를 더해 만든 식별화된 부호체계이다.
- 주소는 기본적으로 '지역명+숫자'로 되어 있지만, 주소의 중심축을 이루는 법정동, 행정동, 도로명이 각기 다른 부호체계와 쓰임새를 갖는다.
- 지역명은 자연 상태에 존재하는 산, 하천, 호수, 고개, 바다 등을 고려하여 명칭을 정하기도 하지만, 인간이 만든 인공 건축물인 사찰, 행정관청, 랜드마크 등도 참조하여 그 명칭을 정하기도 한다.
- 대한민국에는 지번 주소, 도로명 주소, 동(洞) 등 3가지 종류의 주소체계가 있다.

▌지오코딩(geocoding)의 주요 개념

- 주소를 지리좌표로 변환하는 과정(프로세스)이다.
- 고유 명칭(주소나 산, 호수의 이름 등)으로 위도와 경도의 좌푯값를 얻는 것이다.
- 일반적으로 지도상의 좌표는 위도, 경도의 순서로 좌푯값을 가지지만 GeoJSON처럼 경도, 위도의 순서로 좌푯값을 표현하는 경우도 있다.

▌비공간정보 지오코딩 작업의 절차

비공간데이터를 획득한다. → 비공간데이터를 정제한다. → 주소정보를 이용하여 지리적 좌푯값을 도출한다. → 지오코딩 후 처리한다.

▌역(易)지오코딩(reverse geocoding)

- 지오코딩과 반대로, 경위도 등의 지리좌표를 사람이 인식할 수 있는 주소정보로 변환하는 프로세스이다.
- 위도와 경도값으로부터 고유 명칭을 얻는다.

▌지오태깅(geotagging)

- 사진기에 GPS를 내장하고 있어 디지털사진에 위치정보를 기록하는 작업이다.
- 지오태깅하는 방법은 카메라 제조사 전용 앱을 이용하거나 지오태깅 앱을 이용한다.

▌주제도 작성(thematic mapping) : 주제의 등급이나 값을 표현하기 위해 지도 지형을 그리거나 상징화함으로써 토지 이용, 지질학 또는 인구 분산 같은 지리적 변수나 주제를 기술하는 것이다.

▌주제도의 유형(통계지도) : 주제도는 표현하고자 하는 내용에 따라 적합한 형식을 취하는 것이 중요한데, 대표적인 유형으로 점묘도, 도형표현도, 단계구분도, 등치선도, 유선도 등이 있다.

합격의 공식 SD EDU 시대에듀

교육은 우리 자신의 무지를 점차 발견해 가는 과정이다.

– 윌 듀란트 –

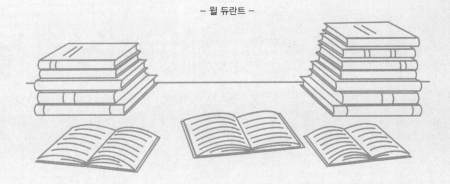

Win- Q

공간정보융합기능사

PART 1

핵심이론 + 핵심예제

공간정보와 자료

제1절 | 공간정보의 기초

1-1. 공간정보의 개념

핵심이론 01 공간정보의 정의 및 특징

① 공간정보의 정의

공간정보(geospatial information)란 지상, 지하, 수상, 수중 등 공간상에 존재하는 자연적 또는 인공적인 객체에 대한 위치정보 및 이와 관련된 공간적 인지 및 의사결정에 필요한 정보로, '자연물, 인공물의 위치에 대한 정보나 이를 활용해 의사결정을 할 때 필요한 정보'를 의미한다.

※ 지적정보 : 한 국가의 토지제도를 유지하고 보호하는 도구로서, 토지 현황을 행정자료로 제공하는 토지관리정보를 의미한다.

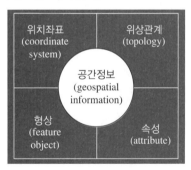

[공간정보의 패러다임 변화]

② 공간정보의 역할

㉠ 공간분석, 시뮬레이션 등을 이용하여 과학적인 대안을 제시함으로써 의사결정을 지원한다.

㉡ 고도의 정보화사회에서 필요한 공간데이터를 자연, 사회, 경제, 환경 등의 기반정보로 종합할 수 있다.

㉢ 공간데이터 이용자에게 필요한 정보를 체계적으로 정리·분석하여 제공함으로써 과학적 정보를 제공하는 역할을 한다.

㉣ 공간적 위치관계정보를 중점으로 이용자에게 정보를 시각적으로 쉽게 전달하는 역할을 한다.

㉤ 공간에 대한 관계를 규명하고, 지구 공간부터 우주 공간까지의 공간정보와 정보 수집에 필요한 기술을 제공한다.

③ 공간정보의 특징

㉠ 위치데이터와 속성데이터를 연결하여 정보를 종합적으로 구성한다.

㉡ 복사 및 배포가 용이하고, 파일 형태로 제작되어 신축, 왜곡, 변형 등이 발생하지 않는다.

㉢ 다양한 주제도를 이용한 중첩분석을 통하여 의사결정에 필요한 자료를 제공한다.

㉣ 공간객체의 시간에 따른 변화를 기록하여 다양한 시점에서 정보 획득이 가능하다.

㉤ 공간정보산업은 타 산업과 연계범위가 매우 넓어 생산 유발 및 고용창출효과가 높다.

1-1. 다음 보기에서 설명하는 정보는?

┌ 보기 ┐

지상, 지하, 수상, 수중 등 공간상에 존재하는 자연적 또는 인공적인 객체에 대한 위치정보 및 이와 관련된 공간적 인지 및 의사결정에 필요한 정보이다.

① 가상정보 ② 공간정보
③ 생태정보 ④ 토지정보

1-2. 공간정보의 역할로 옳지 않은 것은?

① 의사결정 시 공간분석과 시뮬레이션 등을 이용하여 과학적인 대안을 제시한다.
② 공간데이터 이용자에게 필요한 정보를 체계적으로 정리·분석하여 제공한다.
③ 공간정보 연구범위를 지구 공간 내로 제한하여 정보 수집에 필요한 기술을 연구한다.
④ 이용자에게 공간적 위치관계정보를 시각적으로 쉽게 전달하는 역할을 한다.

|해설|

·1-1
공간정보 : 공간상에 존재하는 자연적 또는 인공적인 객체에 대한 위치정보 및 이와 관련된 공간적 인지 및 의사결정에 필요한 정보로, '자연물, 인공물의 위치에 대한 정보나 이를 활용해 의사결정을 할 때 필요한 정보'를 의미한다.

1-2
공간정보는 지구 공간부터 우주 공간까지의 공간정보와 정보 수집에 필요한 기술을 제공한다.

정답 1-1 ② 1-2 ③

핵심이론 02 공간정보의 종류와 형태

① 공간정보의 종류

㉠ 위치정보 : 공간상의 절대적·상대적 위치를 나타내는 정보이다. 점, 선, 면 등을 이용하여 지도나 영상 위에 2차원이나 3차원으로 위치를 나타내며, 이를 기초로 다각형이나 대상물 등 복잡한 지형을 표현한다.

• 상대위치정보 : 모형 공간 내에서의 위치정보로, 특정 공간 안에서 상대적 위치를 결정하고 위상 관계를 부여하는 기준이 된다. 임의의 지역에 기준을 정하고 그 위치를 기준으로 하여 대상물이 그 기준 위치로부터 얼마나 떨어져 있는지를 표현한다.

• 절대위치정보 : 실제 지구 공간상에서의 위치정보를 의미한다. 전 지구를 하나로 연결하여 지표, 지하, 해양, 공간 등 지구 및 우주 공간의 위치를 기준으로 표현한다.

㉡ 속성정보 : 장소나 지리현상의 자연적 특성 및 사회적·경제적 특성을 나타내는 정보로, 지도 형상의 특성, 질, 관계와 지형적 위치를 설명한다. 속성, 지형 참조자료, 지형 색인, 공간관계가 포함된다.

ID	번지	용도	소유주	면적(m²)	지가(천 원)
1	23	주택	A	100	22,000
2	24	주택	B	100	20,000
3	25	주택	B	100	19,000
4	26	상가	C	250	60,000
5	27	주택	D	150	25,000
6	28	상가	D	300	75,000

위치정보   속성정보

위치정보와 속성정보는 서로 연결되어 있어 위치정보를 선택하면 속성정보를, 속성정보를 선택하면 위치정보를 알 수 있다.

[위치정보와 속성정보의 연관성]

② 공간정보의 형태(도형정보)

    ㉠ 위치정보 : 어떤 대상의 위치를 나타내는 정보로 점, 선, 면, 영상소, 격자 셀 등을 이용하여 지도나 영상 위에 2차원이나 3차원으로 위치를 표현한다.

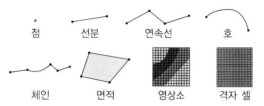

    ㉡ 속성정보 : 대상물의 자연, 인문, 사회, 행정, 경제, 환경적 특성을 나타내는 정보이다. 문자와 숫자가 조합된 구조로 행렬의 형태로 저장된다.

핵심예제

2-1. 공간정보의 종류가 아닌 것은?

① 위상정보
② 위치정보
③ 속성정보
④ 절대위치정보

2-2. 속성정보를 나타내는 형태로 옳은 것은?

① 점
② 격자 셀
③ 면적
④ 문자

|해설|

2-1
공간정보는 위치정보와 속성정보로 구분하며, 위치정보는 상대위치정보와 절대위치정보로 구분한다.

2-2
점, 선, 면, 영상소, 격자 셀 등은 위치정보를 나타내는 형태이다.

정답 2-1 ①   2-2 ④

핵심이론 03 공간정보시스템

① 지리정보시스템의 정의

지리정보시스템(GIS ; Geographic Information System)이란 지구, 지표, 공간 등 인간이 활동하는 모든 공간의 지리공간정보를 디지털화하여 수치지도로 작성하고, 이를 컴퓨터에 입력하여 연계적으로 처리하는 시공간적 분석을 통해 자료의 효율성을 극대화시키는 정보시스템이다. 정보시스템이란 의사결정에 필요한 정보를 생성하기 위한 제반과정이다. 정보를 수집, 관측, 측정하고 컴퓨터에 입력하여 저장·관리하며, 저장된 정보를 분석하여 의사결정에 반영할 수 있는 시스템이다.

② 지리정보시스템의 구성요소

    ㉠ 하드웨어 : GIS가 운영되는 기본 토대로서 자료의 입출력장치 등이 포함된다. 데이터를 저장하고 자료를 처리 및 관리하는 데스크톱 PC, 워크스테이션, 프린터, 플로터 등이 있다.

    ㉡ 소프트웨어 : GIS 데이터의 구축과 조작, 다양한 분석기능들이 GIS 소프트웨어를 통해 이루어진다. 일반적인 기능으로는 입력, 데이터베이스 관리시스템(DBMS), 출력, 통계적 기능 등이 있다. 마이크로소프트, UINIX, LINUX 등과 같은 표준 운영체제를 사용한다.

    ㉢ 휴먼웨어(인적 자원) : 시스템의 구축과 유지·관리, 활용단계 등의 다양한 업무를 수행하는 데이터 제작자, 시스템 관리자, 프로그래머, 시스템 엔지니어, GIS 분석가, 사용자 등의 특성과 능력을 의미한다.

    ㉣ 데이터베이스 : 가장 중요한 구성요소로서 공간데이터, 속성데이터, 기타 유형의 데이터로 구분한다. 공간데이터는 공간사상의 위치 및 관련 정보 등으로 구성되며, 속성데이터는 공간사상에 대한 실세계 정보로 구성되어 있다. 기타 유형으로는 실시간 정보, 멀티미디어 정보 등이 있다.

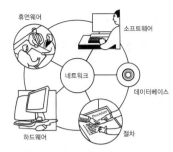

[GIS의 6가지 구성요소]

③ 지리정보시스템 정보의 종류

GIS의 정보는 크게 위치정보와 특성정보로 분류한다. 위치정보는 상대위치정보와 절대위치정보로 구분하고, 특성정보는 도형정보, 영상정보, 속성정보로 구분한다.

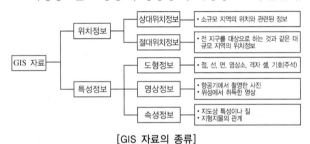

[GIS 자료의 종류]

핵심예제

3-1. 다음 보기에서 설명하는 시스템은?

| 보기 |

전 국토의 지리공간정보를 디지털화하여 수치지도(digital map)로 작성하고, 다양한 정보통신기술을 통해 재해, 환경, 시설물, 국토 공간의 관리와 행정서비스에 활용하고자 하는 첨단정보시스템

① OS
② MIS
③ GIS
④ GNSS

3-2. 지리정보시스템의 구성요소가 아닌 것은?

① 하드웨어
② 휴먼웨어
③ 소프트웨어
④ 인프라웨어

|해설|

3-2
지리정보시스템 구성요소 : 하드웨어, 소프트웨어, 휴먼웨어(인적 자원), 데이터베이스

정답 3-1 ③ 3-2 ④

핵심이론 **04** 공간정보 융합기술

① 텔레매틱스(telematics)

통신(telecommunication)과 정보과학(informatics)의 합성어이다. 유무선을 이용한 음성 및 데이터 통신과 인공위성을 이용한 위치정보시스템을 기반으로 교통정보, 응급상황 대처, 원격 차량 진단, 인터넷 이용 등 각종 편의를 제공하는 융합서비스이다.

② 위치기반서비스(LBS ; Location Based Service)

통신망이나 GPS로 확인한 단말기의 위치를 기반으로 위치추적서비스, 공공 안전서비스, 위치기반정보서비스 등 위치와 관련된 각종 정보를 제공하는 서비스이다. 측위기술, 이동통신기술, 콘텐츠서비스가 융합되어 이루어진다.

③ 유비쿼터스(ubiquitous)

사용자가 컴퓨터나 네트워크를 의식하지 않고 장소에 상관없이 네트워크에 접속할 수 있는 환경으로, 언제 어디서나 단말기의 영향을 받지 않고 각종 정보나 서비스를 자유자재로 이용할 수 있다. 유비쿼터스 환경에서 취득된 정보는 대부분 공간정보 형태로 처리·분석되며, 유비쿼터스 서비스의 많은 부분도 공간정보의 형태로 제공된다.

④ 빅데이터(big data)

데이터의 생성 양·주기·형식 등이 기존 데이터에 비해 너무 크고 다양하기 때문에 기존 방법으로는 수집·저장·검색·분석이 어려운 방대한 데이터이다. 즉, 과거보다 데이터의 용량이 크고(volume), 형태가 다양하며(variety), 생성되는 속도가 매우 빠른(velocity) 데이터를 의미한다. 빅데이터를 이용하여 가치 있는(value) 정보를 생산하기 위해 방대한 양의 데이터를 수집·처리 및 저장하여 사용자가 원하는 정보로 가공하는 빅데이터 관련 산업이 최근 주목받고 있다.

┌───┐
빅데이터와 공간정보를 결합한 사례
• 공공 부문 : 서울시 심야버스 노선 선정, 지리적 프로파일링 시스템 등
• 민간 부문 : 상권분석시스템, 금융 및 유통업 분야(소비자 패턴분석, 신규 점포 신설)
└───┘

⑤ 클라우드(cloud)

데이터를 인터넷과 연결된 중앙컴퓨터에 저장해서 인터넷 접속이 가능한 곳이라면 언제 어디서든 저장한 파일을 불러올 수 있는 기술이다. 또한, 저장할 수 있는 공간도 USB와 같은 저장매체보다는 동영상, 사진, 문서 등 파일의 형태나 크기를 가리지 않고 대용량의 파일도 저장할 수 있다.

⑥ 인공지능(AI ; Artificial Intelligence)

인간의 인지·추론·판단 등의 능력을 컴퓨터로 구현하기 위한 기술 또는 컴퓨터프로그램으로, 특정 업무의 GIS 운영 의사결정을 돕는다. 또한, 거대한 공간정보의 효율적 관리를 위한 전문가 체계기법을 제공하며, 지도의 특성을 일반화시키고 지도자동설계기능을 제공한다.

⑦ 증강현실(AR ; Augmented Reality)

사용자가 눈으로 보는 현실세계에 가상물체를 겹쳐 보여 주는 기술이다. 가상현실은 자신(객체)과 배경, 환경이 모두 현실이 아닌 가상의 이미지를 사용하는 데 반해, 증강현실은 현실의 이미지나 배경에 3차원 가상이미지를 겹쳐서 하나의 영상으로 보여 주는 기술이다.

⑧ 도심항공모빌리티(UAM ; Urban Air Mobility)

공간정보기술이 융·복합될 수 있는 기술로, 지상과 항공을 연결하는 3차원 도심 항공교통체계이다. 항공기를 활용하여 사람과 화물을 운송할 수 있고, 도심 상공을 새로운 교통 통로로 이용할 수 있어 도심의 이동 효율성을 높일 수 있는 차세대 교통체계이다.

핵심예제

4-1. 공간정보를 활용한 융합기술이 아닌 것은?

① 빅데이터
② 나노기술
③ 유비쿼터스
④ 텔레매틱스

4-2. 빅데이터와 공간정보를 결합하여 의사결정에 도움을 준 사례로 옳지 않은 것은?

① 인구구조, 매출정보를 활용한 상권분석시스템
② 유동인구 분석을 통한 버스 노선 선정
③ RFID 태그를 이용한 가로수 관리시스템
④ 범죄 예방을 위한 지리적 프로파일링 시스템

| 해설 |

4-1
② 나노기술 : 1/10억 수준의 정밀도를 요구하는 극미세가공 과학기술로, 주로 생명공학에서 응용한다.
① 빅데이터 : 과거보다 데이터의 용량이 크고, 형태가 다양하며, 생성되는 속도가 매우 빠른 데이터이다.
③ 유비쿼터스 : 사용자가 컴퓨터나 네트워크를 의식하지 않고 장소에 상관없이 네트워크에 접속할 수 있는 환경으로, 언제 어디서나 단말기의 영향을 받지 않고 각종 정보나 서비스를 자유자재로 이용할 수 있다.
④ 텔레매틱스 : 유무선을 이용한 음성 및 데이터 통신과 인공위성을 이용한 위치정보시스템을 기반으로 교통정보, 응급상황 대처, 원격 차량 진단, 인터넷 이용 등 각종 편의를 제공하는 융합서비스이다.

4-2
RFID는 Radio Frequency IDentification의 약자로 극소형 칩에 정보를 저장하여 무선으로 데이터를 송신하는 유비쿼터스 기술의 예시이다.

정답 4-1 ② 4-2 ③

1-2. 공간데이터

핵심이론 01 공간데이터의 종류와 형태

① 벡터데이터

다양한 대상물이나 현상을 점(point), 선(line), 다각형(polygon)을 사용하여 표현하는 것으로, 벡터데이터의 구조는 객체들의 지리적 위치를 방향성과 크기로 나타낸다. 벡터데이터는 점과 각 점의 좌표 연결인 노드(node) 또는 버텍스(vertex)로 구성된 선, 3개 이상의 점과 선이 닫힌 형태로 연결된 다각형으로 공간객체를 묘사한다. 또한 점, 선, 면을 이루는 모든 점은 좌표정보가 담긴 형태로 저장되고, 벡터데이터는 위상구조를 가지고 있다는 특성이 있다.

예 CAD 파일(.dwg, .dxf 등), Shapefile(.shp, .shx, .dbf 등), DLG 파일 등

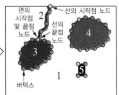

[벡터데이터의 개념]

② 래스터데이터

실세계의 객체를 그리드(grid), 셀(cell) 또는 픽셀(pixel)의 형태로 나타내고, 전체 면을 일정 크기의 셀로 분할하여 각 셀에 속성값을 입력하고 저장하여 연산하는 구조이다. 도면자료를 스캐닝한 자료, 항공사진, 인공위성을 통해 받은 영상자료들이 대표적인 래스터데이터이다.

예 TIFF, GeoTIFF, BMP, JPEG, GIF, PNG 등

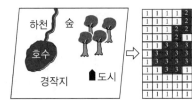

[래스터데이터의 공간객체 표현방식]

③ 벡터데이터와 래스터데이터의 장단점

구분	벡터데이터	래스터데이터
장점	• 위상관계의 정의 및 분석이 가능하다. • 고해상도 자료의 공간적 정확성이 높다. • 실세계 묘사가 가능하며 시각적 효과가 높다. • 저장 공간을 적게 차지한다.	• 데이터 구조가 단순하다. • 다양한 모델링 작업이 용이하다. • 공간 분석기능을 쉽고 빠르게 처리한다. • 원격탐사 영상자료와 연계가 용이하다.
단점	• 데이터 구조가 복잡하다. • S/W의 비용이 고가이다. • 래스터데이터보다는 관리와 수정이 어렵다. • 공간연산이 상대적으로 어렵고 시간이 많이 소요된다.	• 벡터데이터에 비해서 각 셀의 용량이 크고, 해상도가 낮다. • 저장 공간이 많이 필요하다. • 시각적 효과가 떨어진다. • 공간적 부정확성 및 해당 위치에 대한 정확한 정보 전달이 미흡하다.

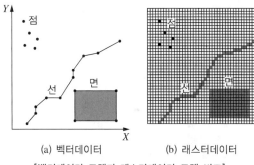

(a) 벡터데이터　(b) 래스터데이터

[벡터데이터 모델과 래스터데이터 모델 비교]

1-1. 다음 보기에서 설명하는 시스템은?

┌보기├
실세계의 객체를 그리드(grid), 셀(cell) 또는 픽셀(pixel)의 형태로 나타내고, 전체 면을 일정 크기의 셀로 분할하여 각 셀에 속성값을 입력하고 저장하여 연산하는 구조이다.
└─

① 벡터데이터
② 래스터데이터
③ 메타데이터
④ TIN데이터

1-2. 벡터데이터의 장점으로 옳지 않은 것은?

① 데이터 구조가 단순하다.
② 저장 공간을 적게 차지한다.
③ 결과물에 대한 상세 표현이 가능하다.
④ 실세계 묘사가 가능하며 시각적 효과가 높다.

|해설|

1-1
① 벡터데이터 : 다양한 대상물이나 현상을 점, 선, 다각형을 사용하여 표현하는 것으로, 벡터데이터의 구조는 객체들의 지리적 위치를 방향성과 크기로 나타낸다.
③ 메타데이터 : 데이터에 대한 데이터로, 부가적인 정보를 추가하기 위해 그 데이터 뒤에 함께 따라가는 정보이다. 데이터에 관한 구조화가 되어 있고, 다른 데이터를 설명해 주는 데이터이다.

1-2
벡터데이터는 래스터데이터보다 데이터 구조가 복잡하다.

정답 1-1 ② 1-2 ①

공간데이터를 수집하는 방법에는 사진 측량, 원격탐사, 지도 입력, 지상 측량 등이 있다.

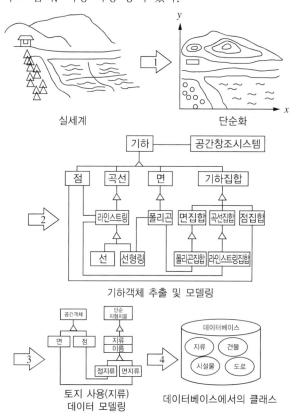

[공간 데이터베이스 구축과정]

① 사진 측량

사진의 영상을 이용하여 피사체의 위치를 결정하는 정량적 해석과 특성을 파악하는 정성적 해석을 동시에 수행할 수 있다.

㉠ 항공사진을 이용하는 방법은 항공기나 기구 등에 의해 촬영된 항공사진을 스캐너를 사용하여 디지털 영상으로 변환하고, 변환 후에 3차원 특정을 수행한다.

㉡ 디지털카메라를 이용하는 방법은 영상을 직접 취득하는 것으로, 영상을 취득하고 3차원 측량을 수행한다.

② 원격탐사

지상이나 항공기 및 인공위성 등의 탐측기를 이용하여 지표, 지상, 지하, 우주 공간에서 반사되는 전자기파를 탐지하고, 정보를 얻어 해석하는 기법으로, 광학센서의 다중 밴드 영상, 흑백 스테레오 영상, 레이더 등이 이용된다. 광학센서의 다중 밴드 영상은 주제도 작성에 이용되며, 흑백 스테레오 영상은 지형도 작성에 이용된다.

③ 지도 입력

지도 입력방법에는 디지타이저에 의한 수동 입력과 스캐너에 의한 자동·반자동 입력이 있다. 스캐너를 이용하는 경우, 지도의 화질 및 소프트웨어의 성능에 따라 성과가 달라질 수 있다. 자동 입력방식의 경우, 완전한 자동화는 불가능하기 때문에 오류가 발생하거나 오차가 생길 수 있는데, 이때는 수동으로 수정작업을 해야 한다.

④ 지상 측량

지형 해석, 토지 이용, 지구 형상 측량, 지구의 운동 및 변형 측량 등을 위하여 지상에서 실시하는 트래버스 측량, 삼각 측량, 스타디어 측량, 평판 측량 등을 총칭한다. 측량방법에는 전자평판 측량, GPS 측량, 모바일 매핑시스템 등이 있다.

㉠ 전자평판 측량 : 토털 스테이션과 펜 컴퓨터를 조합하여 측량하고자 하는 대상물의 좌표, 거리, 각도 등을 측정할 수 있다.

㉡ GPS 측량 : 키너매틱(kinematic) GPS와 노트북을 휴대하여 측정하고자 하는 점에 안테나를 설치하면 위치 및 높이가 측정된다.

㉢ 모바일 매핑시스템(MMS ; Mobile Mapping System) : 차량, 항공기 등에 공간데이터를 수집할 수 있는 디지털카메라, GPS, INS(Inertial Navigation System, 관성항법장치), 컴퓨터를 탑재하고 주행하면서 주변의 지형을 3차원 좌표로 취득하고, 수치표고모델(DEM ; Digital Elevation Model) 및 영상을 제작하여 3차원 정밀지도를 제작하기 위해 개발된 신기술이다.

2-1. 공간데이터를 구축하기 위한 데이터 수집방법이 아닌 것은?

① 사진 측량　　　　　② 지상 측량
③ 원격탐사　　　　　④ 화학탐사

2-2. 다음 보기에서 설명하는 시스템은?

┤보기├

차량이나 항공기, 드론 등에 GNSS/INS, DMI, LiDAR, CCD 카메라 등 여러 센서를 조합하고, 탑재기에 탑재하여 이동하면서 도로 및 주변의 지형을 3차원 좌표로 취득하고, DEM 및 영상을 제작하여 3차원 정밀지도를 제작하기 위해 개발된 신기술이다.

① MMS　　　　　② UIS
③ MIS　　　　　④ GIIS

|해설|

2-1
공간데이터를 수집하는 방법에는 사진 측량, 원격탐사, 지도 입력, 지상 측량 등이 있다.

정답 2-1 ④　2-2 ①

GIS의 분석기능을 분류하는 방법에는 측정, 질의, 분류, 중첩, 근접분석, 연결성 분석기능 등이 있다.

① 측정, 질의, 분류의 기능

㉠ 측정 : 거리, 길이, 면적, 위치 등을 계산하는 기능이다.

㉡ 질의 : 도형정보의 공간 특성 또는 속성에 따른 질문에 답을 찾는 기능이다.

㉢ 분류 : 속성값에 따라 자료를 재그룹화하는 기능이다.

㉣ 일반화(재분류) : 상위 개념으로 일반화하는 기능이다.

② 중첩기능

한 레이어에 다른 레이어를 이용하여 두 주제 간의 관계를 분석 및 처리하는 기능이다.

(a) 벡터데이터 레이어 A

(b) 벡터데이터 레이어 B

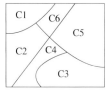

(c) 벡터데이터 레이어 C

C	A	B
C1	A1	B1
C2	A1	B2
C3	A2	B4
C4	A2	B2
C5	A2	B3
C6	A1	B3

C에는 A와 B 레이어의 모든 속성이 유지된다.

[폴리곤 중첩연산의 예]

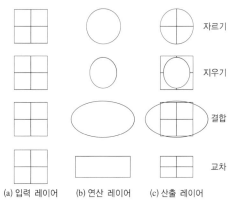

자르기

지우기

결합

교차

(a) 입력 레이어   (b) 연산 레이어   (c) 산출 레이어

[폴리곤 중첩연산의 유형]

㉠ 벡터데이터의 중첩

• 자르기 : 두 번째 레이어의 외곽 경계를 이용하여 첫 번째 레이어를 자른다.

• 지우기 : 두 번째 레이어를 이용하여 첫 번째 레이어의 일부분을 지운다.

• 결합 : 두 개의 레이어를 교차했을 때 중첩된 모든 지역을 포함하고, 속성을 유지한다.

• 교차 : 두 개의 레이어를 교차하여 서로 교차하는 범위 내의 모든 면을 분할하고, 각각 해당하는 모든 속성을 포함한다.

㉡ 래스터데이터의 중첩 : 래스터데이터에서 산술적 연산을 통한 중첩과정을 지도대수기법이라고 한다. 동일한 셀 크기를 가지는 래스터데이터를 이용하여 덧셈, 뺄셈, 곱셈, 나눗셈 등 다양한 수학연산자를 사용해 새로운 셀값을 계산하는 방법이다.

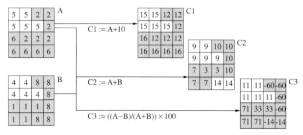

[래스터데이터 중첩연산의 예]

③ 근접분석기능

㉠ 보간 : 근처의 알고 있는 지점의 값을 이용하여 모르는 지점의 값을 예측하는 기능이다.

㉡ 버퍼 : 특정 구간의 주변을 일정한 거리 등에 따라 정의하는 기능이다.

㉢ 탐색 : 특정 탐색기능 내의 피처를 찾는 기능이다.

㉣ 등고선 생성 : 지형에서 경사도 분석과 같이 주변의 셀값을 이용하여 특정 공간의 특성을 결정하는 기능이다.

④ 연결성 분석기능

⑦ 가시권 분석 : 지형분석에서 특정지점으로부터 가시권 내 포함되는 지역 찾기 기능이다.

ⓒ 인접성 측정 : 주변 셀의 특징을 분석하고, 서로 연결된 공간의 특성을 평가하는 기능이다.

ⓒ 네트워크 분석 : 네트워크를 이루는 연결된 선의 특징을 분석하는 기능으로 도로나 교통로, 전선, 상하수도관망 등이 네트워크가 될 수 있다. 최단 경로 찾기나 특정거리 내 모든 지점 찾기, 출발지점으로부터 배분하는 지점 찾기 등을 분석한다.

핵심예제

3-1. 다음 중 GIS 분석기능이 아닌 것은?

① 질의 ② 측정
③ 중첩 ④ 연결

3-2. 벡터데이터의 중첩기능 중 두 개의 레이어를 교차했을 때 중첩된 모든 지역을 포함하고, 속성을 유지하는 것은?

① 교차 ② 결합
③ 자르기 ④ 지우기

|해설|

3-1
GIS의 분석기능을 분류하는 방법으로 측정, 질의, 분류, 중첩, 근접분석, 연결성 분석기능 등이 있다.

3-2
결합은 입력 레이어 내부에서 피처들 사이의 중첩을 검사하고, 중첩하는 피처에 두 레이어의 속성값을 담는다.

정답 3-1 ④ 3-2 ②

1-3. 공간정보 활용

핵심이론 01 공간정보 활용을 위한 주요기능

① GIS의 주요기능

⑦ 모든 정보를 수치 형태로 표현 : 모든 지리정보의 수가 수치데이터의 형태로 저장되어 사용자가 원하는 정보를 선택하여 필요한 형식에 맞추어 출력할 수 있다. 3차원 이상의 동적인 지리정보 제공이 가능하다.

ⓒ 다량의 자료를 컴퓨터 기반으로 구축 : 정보를 빠르게 검색할 수 있으며 도형자료와 속성자료를 쉽게 결합시키고, 통합분석 환경을 제공한다.

ⓒ 공간분석 수행과정의 활용 : 다양한 계획이나 정책 수립을 위한 시나리오의 분석, 의사결정 모형의 운영, 변화 탐지 및 분석기능에 활용한다.

ⓒ 도형자료와 속성자료의 종합적인 분석 : 수많은 데이터 파일에서 필요한 도형이나 속성정보를 추출·결합하여 종합적인 정보를 분석·처리할 수 있는 환경을 제공한다.

② 공간정보의 활용

구분	자연	사회	경제
지방자치 단체	방재 감시	도시계획 및 지역계획, 공공시설 관리, 행정창구 서비스, 경찰 및 소방 서비스	부동산세 관리
지역권	빙산 감시, 황사 감시	대륙 규모 대기오염 및 해양오염감시, 핵오염 감시	지역 간 고속도로 및 철도계획, 국제 하천유역 개발 및 관리
국가	환경·자연자원 관리, 대규모 재해 대책	치안 및 국가안전 계획, 각종 기본 지도 작성	사회기반정비사업계획, 국토계획
전 세계	지구환경 감시, 엘니뇨·사막화·오존층 파괴·산림 파괴 감시	세계 총인구 예측, 전 세계 토지이용계획	전 세계적 곡물 예측
민간기업	-	-	주택지도, 택배서비스, 상업 입지, 권역별 마케팅, 관광 안내서비스, 차량자동항법장치 (car navigation)

GIS의 주요기능으로 옳지 않은 것은?

① 3차원 이상의 동적인 지리정보 제공이 가능하다.
② 도형자료와 속성자료를 쉽게 결합시킬 수 있다.
③ 정책 수립을 위한 시나리오 분석기능에 활용한다.
④ 모든 정보가 수치의 형태로 저장되지만 출력은 어렵다.

|해설|

GIS는 모든 지리정보가 수치데이터의 형태로 저장되어 사용자가
원하는 정보를 선택하여 필요한 형식에 맞추어 출력할 수 있다.

정답 ④

핵심이론 02 공간정보 기반분석의 유형 및 기법

① 공간분석을 위한 연산

ㄱ 논리적 연산(logical operation) : 논리적 연산은
개체 사이의 크기나 관계를 비교하는 연산으로,
일반적으로 논리연산자 또는 불연산자를 통해 처
리한다.

ㄴ 산술연산(arithmetic operation) : 속성자료뿐 아
니라 위치자료의 처리에도 적용하며 일반적으로
사칙연산자(+, -, ×, ÷)와 지수, 제곱, 삼각함수
연산자 등을 사용하여 처리한다.

ㄷ 통계연산(statistical operation) : 주로 속성자료
를 이용하는 연산으로 합, 최댓값, 최솟값, 평균,
표준편차 등의 일반적인 통계 계산을 수행한다.

ㄹ 기하연산(geometric operation) : 위치자료에 기
반을 두어 거리, 면적, 부피, 방향, 면형 객체의
중심점 등을 계산한다.

② 공간분석의 유형

ㄱ 근접분석(근린분석, neighborhood analysis, pro-
ximity analysis) : 주어진 특정지점을 둘러싸고
있는 것으로, 주변 지역의 특성을 평가하는 기능이
다. 공간상에서 주어진 지점과 주변의 객체들이
얼마나 가까운지를 파악한다. 근접분석을 위해서
는 목표지점의 설정, 목표지점의 근접 지역에 대한
명시, 근접 지역 내에서 수행되어야 할 기능이 명
시되어야 한다.

ㄴ 지형분석(topographic analysis) : DEM이나 TIN을
이용하여 지형을 분석한다. 경사도(slope) 분석, 경
사면의 방향(aspect) 분석, 단면도(cross-section)
분석, 3차원 지형 표현에 의한 음영분석, 시계분석
(가시구역, 비가시구역) 등을 수행한다.

ㄷ 하계망 분석(drainage network analysis) : 물은
중력 방향으로 흐르기 때문에 배수시스템(물이 시
작되는 지점에서 하구까지 물이 흘러가는 통로),

유역 분지 또는 유역 면적(물이 배수구로 흘러가는 전체 영역), 분수령 또는 배수 분할(두 유역 분지 사이의 경계), 분기점(주하천 수로가 만나는 지점), 하계망 구조와 흐름 방향 분석, 하천과 유역 경계분석, 한천수로 추출 등에 관한 분석을 시행한다.

ㄹ 네트워크 분석(network analysis) : 서로 연관되어 연결된 선형 형상물의 연결성과 경로를 분석하는 것이다. 고속도로, 철도, 도로 등의 교통망이나 하천, 전기, 상하수도 등의 관망과 같이 서로 연결된 형상의 경로를 분석하는 데 유용하다. 주로 벡터위상데이터를 기반으로 하며, 특정 사물의 이동성 또는 흐름의 방향성을 제공한다.

핵심예제

2-1. 공간분석의 기법이 아닌 것은?

① 근린분석
② 지형분석
③ 중력분석
④ 네트워크분석

2-2. 하계망 분석에서 주하천 수로가 만나는 지점은?

① 배수로
② 유역 분지
③ 분수령
④ 분기점

|해설|

2-1
공간분석기법에는 근접분석, 지형분석, 하계망 분석, 네트워크 분석이 있다.

2-2
하계망 분석 : 물은 중력 방향으로 흐르기 때문에 배수시스템(물이 시작되는 지점에서 하구까지 물이 흘러가는 통로), 유역 분지 또는 유역 면적(물이 배수구로 흘러가는 전체 영역), 분수령 또는 배수 분할(두 유역 분지 사이의 경계), 분기점(주하천 수로가 만나는 지점), 하계망 구조와 흐름 방향 분석, 하천과 유역 경계분석, 한천수로 추출 등에 관한 분석을 시행한다.

정답 2-1 ③ 2-2 ④

핵심이론 03 공간정보 활용 분야

① 커뮤니케이션 부문

ㄱ 지도를 활용한 여행정보 활용 : 모바일이나 웹에서 사용자가 가고자 하는 여행지로 가상 여행을 해 봄으로써 효과적인 여행계획이 가능하다.

ㄴ 페이스북 플레이스 : 사용자가 자신의 위치를 다른 사람들과 공유하고 근처에 다른 사용자가 있는지를 파악할 수 있다. 페이스북(facebook)의 '플레이스(place)'를 통해 특정 장소를 '체크인'하면 주변 매장의 정보를 얻을 수 있고, 할인 쿠폰 등도 제공받을 수 있다.

ㄷ 포스웨어 투표지도 화면 : 공간정보와 SNS를 결합한 서비스로, 선거나 정치활동에 소셜미디어와 공간정보를 이용할 수 있다.

예 미국 중간선거(2010.11.2.)에서 포스퀘어(Foursquare)는 투표 장소에 체크인한 이용자에게 '투표했습니다(I voted)' 배지(온라인 배지)를 배포하고, 체크인한 이용자 수를 지도에 표시하여 투표를 독려하였다.

ㄹ NIKE + GPS : 스마트폰에서 사용자가 운동한 거리, 속도, 연소한 열량을 계산·측정하고, 사용자 간 정보 공유를 통해 효과적으로 운동할 수 있는 환경과 여건을 제공한다.

② 산업 부문(민간 부문)

ㄱ 상권분석시스템 : GIS는 상권분석, 지역에 따른 차별화된 고객서비스 등을 목표로 금융 및 유통업 분야에서 활용되고 있다. 유통업계나 통신업계 등을 대상으로 GIS에 기반한 공간분석 및 비즈니스 컨설팅 서비스를 제공한다.

ㄴ 모바일 텔레매틱스 : 전자칩을 활용한 근거리 무선통신(NFC ; Near Field Communication)을 이용하여 키(key), 티켓 구매, 카드 결제 등 다양한 서비스로 확장이 가능하다. 자동차를 원격으로 진단

및 제어하고, 디지털 콘텐츠를 자동차에 제공하여 길 안내 및 위치정보 등을 모바일 텔레매틱스로 구현할 수 있다.

ⓒ 엔콜(Ncall 트럭)모델 : 공간정보를 이용하여 현장 근무 및 물류체계를 개선하여 에너지 절감효과를 기대할 수 있다.

　　예 엔콜 트럭시스템은 위치기반서비스와 업무지 원시스템, 모바일 기기를 이용한 쌍방향 통신 시스템을 이용해 실시간 차량과 화물의 정보를 제공하여 물류체계 개선 및 유류에너지 절감효 과를 준다.

ⓓ UVIS 차량정보시스템 : 클라우드와 실시간 교통 정보를 이용하여 차량 운행상황을 효과적으로 관 리하여 비용 절감의 효과가 있다. 구글 맵 스트리 트 뷰를 통해 관제센터에서 해당 차량이 위치한 도로의 상황을 실시간으로 받아볼 수 있으며, 위치 파악 외에도 운행 상태, 과속, 충격 등 차량 이상 상태를 즉시 확인할 수 있다.

③ 공공 부문

ⓐ U-통합관제시스템 : 광명시에서는 실시간으로 상 황을 점검하고 문제 발생 시 즉각 대처하는 종합시 스템인 U-통합관제시스템을 구축하여 시설물 관 리, 교통정보 수집, 어린이 보호, 재난재해관리를 체계적으로 실시하고 있다.

ⓑ 국토공간계획지원체계(KOPSS) : 국토공간계획 지 원을 위해 각종 데이터를 구축하고, 이를 기반으로 공간분석기법을 활용하여 국토정책 및 공간계획 수립을 지원하고 있다. 지원체계는 지역계획, 토지 이용계획, 도시재정비계획, 도시기반시설, 경관계 획으로 5가지 분석 모형을 제공한다.

ⓒ 서울시의 심야버스 정책 : 빅데이터와 GIS를 연계 하여 서울시의 교통데이터를 통합·분석하여 버 스 노선 선정 및 운행시간 조정에 활용하고, 정책 서비스를 제공한다.

ⓓ 서울도시철도공사의 STnF(Smart Talk and Flash) : 스마트폰 기반 지하철 유지관리시스템으 로, 스마트폰을 활용하여 시설물 고장 신고부터 현장 조치의 결과 입력은 물론 이력 조회 및 분석, 예방점검계획까지 처리하는 시스템이다.

ⓔ 미국의 원유 유출방제 애플리케이션 : 유출된 석유 의 GPS 좌표를 캡처하여 해당 정보를 산타로사 (Santa Rosa) 카운티의 응급지원센터로 전송함으 로써 유출된 석유가 근방의 수로 및 강어귀로 이동 하기 전에 석유 방제작업을 할 수 있다.

ⓕ 3차원 가상도시 플랫폼 : 3D 공간정보 플랫폼을 기반으로 공공기관 보유데이터 및 일반 시민들로 부터 얻는 클라우드 소싱데이터를 통합·활용하 여 데이터를 구축한다. 재난상황 시뮬레이션이나 도시계획, 에너지 잠재력분석 등에 사용 빈도가 높 으며, 이를 통해 신속하고 효과적인 의사결정을 수행한다.

ⓖ 정보 제공을 위한 웹서비스 : 국토포털사이트, 산림 청 산사태정보시스템, 한국교통공사 ROADPLUS, 한국토지주택공사 SEE : REAL 등

3-1. 공간정보 활용 분야 중 공공 부문에 해당하는 것은?

① U-통합관제시스템
② 페이스북 플레이스
③ 엔콜(Ncall 트럭)모델
④ 차량자동항법장치(car navigation)

3-2. 전자칩을 활용한 근거리 무선통신(NFC ; Near Field Communication)을 이용하여 키(key), 티켓 구매, 카드 결제 등 다양한 서비스로 확장 가능한 기술은?

① 3차원 가상도시 플랫폼
② 모바일 텔레메틱스
③ STnF(Smart Talk and Flash)
④ IoT(Internet of Things)

|해설|

3-1
U-통합관제시스템 : 실시간으로 상황을 점검하고 문제 발생 시 즉각 대처하는 종합시스템을 구축한 것으로 시설물 관리, 교통정보 수집, 어린이 보호, 재난재해관리 등을 체계적으로 실시하고 있다.

3-2
② 모바일 텔레매틱스 : 전자칩을 활용한 근거리 무선통신을 이용하여 키(key), 티켓 구매, 카드결제 등 다양한 서비스로 확장이 가능하다. 자동차를 원격으로 진단 및 제어하고, 디지털 콘텐츠를 자동차에 제공하여 길 안내 및 위치정보 등을 모바일 텔레매틱스로 구현할 수 있다.
① 3차원 가상도시 플랫폼 : 3D 공간정보 플랫폼을 기반으로 공공기관 보유데이터 및 일반 시민들로부터 얻는 클라우드 소싱데이터를 통합·활용하여 데이터를 구축한다. 재난상황 시뮬레이션이나 도시계획, 에너지 잠재력분석 등에 사용 빈도가 높으며, 이를 통해 신속하고 효과적인 의사결정을 수행한다.
③ STnF(Smart Talk and Flash) : 스마트폰 기반 지하철 유지관리시스템으로, 스마트폰을 활용하여 시설물 고장 신고부터 현장 조치의 결과 입력은 물론 이력 조회 및 분석, 예방점검계획까지 처리하는 시스템이다.

정답 3-1 ① 3-2 ②

1-4. 지도와 좌표계

핵심이론 01 지도의 분류

① 목적에 따른 분류

　㉠ 일반도(general map) : 기본도라고도 하며, 전 영토에 대해 통일된 축척으로 국가가 제작하는 지도이다. 지형, 토지 이용, 수계, 도로, 철도, 취락과 각종 공작물 등 지표면의 형태와 그 위에 분포하는 자연과 인문의 일반적인 사항 등을 공통으로 표현한다. 지세도, 지형도, 지방도, 대한민국 전도 등이 있다.

　㉡ 주제도(thematic map) : 특정한 주제 표현을 목적으로 작성된 지도로 색채와 기호 등이 다르게 표시되며, 특수도라고도 한다. 토지이용현황도, 토지특성도, 도시계획도 등 기본도 이외에 특정목적에 사용되는 내용을 표시한 지도와 통계도, 인구분포도, 교통망도, 산업분포도, 관광 여행도, 버스 노선도, 지하철 노선도 등 특정현상의 분포나 형태를 나타내기 위한 지도가 있다.

　㉢ 특수도(specific map) : 특수한 목적으로 사용하기 위하여 제작된 지도로 교통지도, 지질도, 해도, 항공도, 기후도 등이 있다.

② 축척에 따른 분류

　㉠ 대축척지도 : 보통 1/5,000 이상의 축척이 큰 지도이다. 실측도로서 평판, 항공사진 측량 등으로 만들며, 도시계획용 및 공사용 등 구체적 설계에 이용한다.

　㉡ 중축척지도 : 1/100,000~1/10,000 축척의 지도로 지역계획에 이용된다. 1 : 50,000, 1 : 25,000, 1 : 10,000 등이 있다.

　㉢ 소축척지도 : 보통 1/100,000 미만의 축척이 작은 지도이다. 비교적 넓은 지역을 간략하게 표현한 것으로, 실제거리의 축소율이 커서 넓은 지역을 관찰하거나 국토계획에 이용된다. 대한민국 전도와 세계전도 등이 있으며, 전 국토를 효율적으로 개발할 때 많이 이용한다.

③ 제작기법에 따른 분류

　㉠ 실측도 : 평판 측량, 항공사진 측량의 방법으로 지형을 직접 측량하여 얻은 측량 원도에서 작성하는 지도이다. 우리나라의 경우 항공사진 측량을 토대로 제작한 1 : 1,000과 1 : 5,000 지형도가 있다.

　㉡ 편집도 : 중축척 이하의 축척은 대부분 편집도이다. 국토지리정보원 발행의 지도 중 1/50,000 지형도, 1/250,000 지세도, 1/500,000 지방도가 편집도에 해당한다.

　㉢ 사진지도 및 집성지도 : 사진지도는 지도와 영상을 합성한 것이고, 집성지도는 여러 장의 사진을 합쳐 제작한 지도이다. 현재 인터넷에서 많이 사용되는 사진지도는 집성사진지도라고 할 수 있다.

　㉣ 수치지도 : 수치지도는 종이지도를 대체하는 디지털지도로, 현재 우리나라에서 제작되는 지도는 대부분 수치지도로 제작된다. 이는 과거의 종이지도보다 지도의 활용성을 크게 향상시켰다.

④ 대상 지역에 따른 분류

세계도, 대륙도, 국토전역도, 지방도, 군도, 시가도 등으로 분류한다.

핵심예제

1-1. 지도 제작기법에 따라 분류한 지도가 아닌 것은?
① 실측도
② 편집도
③ 수치지도
④ 주제도

1-2. 기본도라고도 하며, 전 영토에 대해 통일된 축척으로 국가가 제작하는 지도는?
① 편집도
② 일반도
③ 사진지도
④ 집성지도

|해설|

1-1
제작기법에 따라 분류한 지도로는 실측도, 편집도, 사진지도 및 집성지도, 수치지도가 있다.

1-2
일반도 : 기본도라고도 하며, 특정목적에 치우치지 않고 누구나 사용하며 가장 널리 사용되는 지도이다. 지세도, 지형도, 지방도, 대한민국 전도 등이 있다.

정답 1-1 ④　1-2 ②

① **좌표계의 정의**

공간상에서 점들 간의 기하학적 관계와 위치를 수학적으로 나타내기 위한 체계로서, 지리적 위치를 표시한다. 지구의 좌표계는 경위도좌표계, 평면직교좌표계, 극좌표계, UTM 좌표계, UPS 좌표계, 3차원 직교좌표계 등 6개로 나눌 수 있다.

② **좌표계의 분류**

㉠ 지리좌표계(경도와 위도) : 지구상의 위치를 좌표로 표현하기 위해 3차원의 구면을 이용하는 좌표계이다. 한 지점은 경도(longitude)와 위도(latitude)로 표현하며, 단위는 도(degree)로 표시한다. 과거에는 국가마다 서로 다른 지구 타원체를 사용하였으나 최근에는 GRS80 타원체를 널리 이용한다. 대한민국은 세계기준계인 ITRF2000 지구중심좌표계와 GRS80 타원체를 사용한다. GPS의 경우 WGS84 타원체를 기준 타원체로 사용한다.

 • GRS80 : 국제측지학협회와 국제측지학 및 지구물리학연합에서 채택한 지구 타원체이다.
 • WGS84 : 미 국방성이 군사 및 GPS 운용을 목적으로 구축한 지구 타원체이다.

㉡ 투영좌표계 : 3차원 위경도 좌표를 2차원 평면상으로 나타내기 위해 투영이라는 과정을 걸쳐 투영된 좌표로, 평면상의 모든 점에 대해 2개의 좌표(x와 y)를 부여한다.

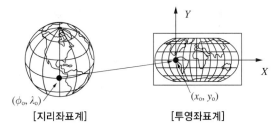

[지리좌표계]　　　　[투영좌표계]

③ **좌표계의 종류**

㉠ 경위도좌표계 : 지구상의 절대적 위치를 표시하는 데 일반적으로 가장 널리 이용된다. 경도는 본초자오선을 기준으로 동서쪽으로 $0°\sim180°$로 구분하고, 위도는 적도를 기준으로 남북쪽으로 $0°\sim90°$로 구분한다.

㉡ 평면직교좌표계 : 주로 측량범위가 넓지 않은 일반측량에 사용한다. 좌표원점에서 X축(N : 북+)은 북쪽 방향, Y축(E : 동+)은 동쪽 방향을 표현한다.

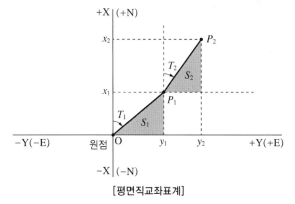

[평면직교좌표계]

㉢ 극좌표계 : 거리 r과 방향 θ로 측점의 위치를 표시하는 것으로 상대적인 위치 표시에 용이하다.

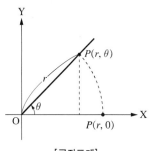

[극좌표계]

㉣ UTM(Universal Transverse Mercator) 좌표계 : UTM 투영법(국제 횡축 메르카토르 도법)에 의하여 표현되는 좌표계로 적도를 횡축, 자오선을 종축으로 선을 그어 나눈다. 지구를 회전 타원체로 가정하고 본초자오선과 적도의 교점을 원점으로 하여 원통도법인 TM 투영법으로 등각투영한다.

ⓜ UPS(Universal Polar Stereographic) 좌표계 : UTM 좌표계가 표현하지 못하는 남위 80°부터 남극까지, 북위 80°부터 북극까지의 양극 지역좌표를 표시하는 좌표계이다.

ⓗ 3차원 직교좌표계 : 입체삼각 측량으로 지표상의 위치를 결정하는 방법이다. 인공위성이나 관측용 천체를 이용한 측량에서 서로 다른 기준 타원체 간의 좌표 변환 시에 많이 사용된다.

핵심예제

2-1. 다음 보기에서 설명하는 좌표계는?

┌─보기├─────────────────────────────┐
│ 지구상에 위치를 좌표로 표현하기 위해 3차원의 구면을 │
│ 이용하는 좌표계를 의미한다. 한 지점은 경도(longitude) │
│ 와 위도(latitude)로 표현되며 이 단위는 도(degree)로 │
│ 표시된다. │
└──────────────────────────────────┘

① 지리좌표계　　　　　② 직각좌표계
③ 투영좌표계　　　　　④ UPS 좌표계

2-2. GPS 운용을 목적으로 구축한 지구 타원체는?

① GRS80　　　　　　② WGS84
③ BESSEL　　　　　④ WG572

│해설│

2-1

지리좌표계(경도와 위도) : 지구상의 위치를 좌표로 표현하기 위해 3차원의 구면을 이용하는 좌표계이다. 한 지점은 경도와 위도로 표현하며, 단위는 도로 표시한다. 대한민국은 세계기준계인 ITRF2000 지구중심좌표계와 GRS80 타원체를 사용한다. GPS의 경우 WGS84 타원체를 기준 타원체로 사용한다.

• GRS80 : 국제측지학협회와 국제측지학 및 지구물리학연합에서 채택한 지구 타원체
• WGS84 : 미 국방성이 군사 및 GPS 운용을 목적으로 구축한 지구 타원체

2-2

GPS는 미 국방성이 군사 및 GPS 운용을 목적으로 구축한 WGS84 타원체를 기준으로 사용한다.

정답 2-1 ① 2-2 ②

핵심이론 03 좌표계의 변환

① **좌표 변환**

점의 위치를 나타낸 하나의 좌표계에서 다른 좌표계로 바꾸는 과정으로, 변환식은 2개의 좌표계 간 기하학적인 관계로 결정된다. 지리좌표계 또는 투영좌표계에서의 좌표 변환은 기하학적으로 고려해야 할 사항이 많으며, 복잡한 좌표 변환식이 요구된다. 특히, 지구좌표계에서의 변환은 2차원에서 3차원으로 또는 3차원에서 2차원으로의 변환이 필요하며, 연속적인 좌표 변환이 요구되는 경우도 있다. 좌표 변환의 과정은 각기 다른 좌표를 가진 자료층을 동일 좌표계로 등록시킨다고 하여 등록(registration)이라고도 한다.

② **좌표 변환의 예**

ⓐ 직교좌표계를 사용하여 표현된 점의 좌표를 극좌표계에서 사용하는 좌푯값으로 변환하는 경우

ⓑ 기하학적 왜곡을 가진 사진이나 원격탐사 영상을 지도좌표계로 합친 지역코드화된(geocoded) 영상으로 변환하는 경우

ⓒ 디지타이저를 사용하여 입력한 지도에 신축 등의 왜곡이 있거나 디지타이저 테이블의 기울어짐을 보정하는 경우

③ **평면좌표 변환식**

ⓐ 헬머트(helmert) 변환 : 회전 이동, 축척의 보정

ⓑ 아핀(affine) 변환 : 이동, 축척, 비대칭 왜곡의 보정

ⓒ 의사(pseudo)아핀 변환 : 사변형 왜곡 보정

ⓓ 2차 변환 : 방사형 왜곡 보정

ⓔ 3차 변환 : 사변형 왜곡 보정

ⓕ 투영 변환 : 항공사진의 편위 수정

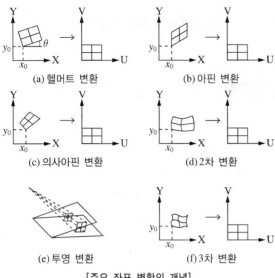

(a) 헬머트 변환   (b) 아핀 변환

(c) 의사아핀 변환   (d) 2차 변환

(e) 투영 변환   (f) 3차 변환

[주요 좌표 변환의 개념]

핵심예제

3-1. 좌표계 변환에 관한 설명으로 옳지 않은 것은?

① 기본적인 2차원 직교좌표계는 극좌표와 평면직교좌표로 쉽게 변환된다.
② 지구좌표계에서의 변환은 연속적인 좌표 변환이 발생하지 않는다.
③ 지리좌표계 또는 투영좌표계에서의 좌표 변환은 기하학적으로 고려해야 할 사항이 많다.
④ 하나의 좌표계에서 다른 좌표계로 바꾸는 과정이다.

3-2. 평면좌표 변환식에 관한 설명으로 옳지 않은 것은?

① 2차 변환 : 방사형 왜곡 보정
② 3차 변환 : 사변형 왜곡 보정
③ 아핀(affine) 변환 : 항공사진의 편위 수정
④ 헬머트(helmert) 변환 : 회전 이동, 축척의 보정

|해설|

3-1
지구좌표계에서의 변환은 2차원에서 3차원으로 또는 3차원에서 2차원으로의 변환이 필요하며, 연속적인 좌표 변환이 요구되는 경우도 있다.

3-2
아핀(affine) 변환 : 이동, 축척, 비대칭 왜곡을 보정할 때 사용되는 변환식

정답 3-1 ② **3-2** ③

---

① 측량의 기준

㉠ 위치는 세계측지계에 따라 측정한 지리학적 경위도와 높이로 표시한다.

㉡ 측량의 원점은 대한민국 경위도원점 및 수준원점으로 한다.

• 경위도원점 : 지구의 위도와 경도를 이용하여 지구상 절대적 위치를 표시하는 기준원점이다.
  – 대한민국 경위도원점 : 경기도 수원시 영통구 월드컵로 92(국토지리정보원) / 동경 127° 03분 14.8913초, 북위 37° 16분 33.3659초

• 수준원점 : 우리나라 국토의 높이 등 지형을 측정할 때 쓰는 기준점이다.
  – 소재지 : 인천광역시 남구 인하로 100(인하공업전문대학)
  – 수치 : 인천만 평균 해수면상의 높이로부터 26.6871m 높이

② 국가기준점

국토에 대한 측량의 정확도를 확보하고 그 효율성을 높이기 위하여 전 국토를 대상으로 주요 지점마다 설치한 측량의 기본이 되는 기준점이다.

㉠ 우주측지기준점 : 전 세계 초장거리간섭계와 연결하여 정한 기준점이다.

㉡ 위성기준점 : 지리학적 경위도, 직각좌표 및 지구중심직교좌표의 측정기준으로 사용하기 위하여 대한민국 경위도원점을 기초로 정한 기준점이다.

㉢ 통합기준점 : 공간적 위치를 통합으로 관측하기 위해 수평 위치, 높이값, 중력값을 같이 측정해 놓은 다기능 국가측량기준점이다.

㉣ 지자기점 : 지구자기 측정의 기준으로 사용하기 위하여 정한 기준점이다.

㉤ 삼각점 : 지리학적 경위도, 직각좌표 및 지구중심직교좌표 측정의 기준으로 사용하기 위하여 기초로 정한 기준점이다.

ⓗ 수준점 : 높이 측정의 기준으로 사용하기 위하여 대한민국 수준원점을 기초로 정한 기준점이다.

ⓢ 중력점 : 중력 측정의 기준으로 사용하기 위하여 정한 기준점이다.

핵심예제

4-1. 다음 중 국가기준점에 해당하지 않는 것은?

① 삼각점
② 지적삼각점
③ 위성기준점
④ 통합기준점

4-2. 다음 보기에서 설명하는 국가기준점은?

┤보기├

개별적으로 설치 · 관리되어 온 국가기준점 기능을 통합하여 편의성 등 측량 능률을 극대화하기 위해 구축한 새로운 기준점이다. 같은 위치에서 GNSS 측량(평면), 직접수준측량(수직), 상대중력측량(중력) 성과를 제공하기 위해 2007년 시범사업을 통해 설치를 시작하였다.

① 위성기준점
② 중력기준점
③ 통합기준점
④ 우주측지기준점

|해설|

4-1
국가기준점은 우주측지기준점, 위성기준점, 통합기준점, 지자기점, 삼각점, 수준점, 중력점으로 구분한다.

4-2
③ 통합기준점 : 공간적 위치를 통합으로 관측하기 위해 수평위치, 높이값, 중력값을 같이 측정해 놓은 다기능 국가측량기준점이다.
① 위성기준점 : 지리학적 경위도, 직각좌표 및 지구중심직교좌표의 측정기준으로 사용하기 위하여 대한민국 경위도원점을 기초로 정한 기준점이다.
② 중력기준점 : 중력 측정의 기준으로 사용하기 위하여 정한 기준점이다.
④ 우주측지기준점 : 전 세계 초장거리간섭계와 연결하여 정한 기준점이다.

정답 4-1 ② 4-2 ③

2-1. 요구데이터 검토

핵심이론 01 요구사항 확인

① 요구사항(requirement)의 정의
  ㉠ 어떤 문제를 해결하거나 특정의 목적을 위하여 사용자가 필요로 하는 조건이나 능력이다.
  ㉡ 계약을 수행하거나, 표준에 맞추거나, 시방을 만족시키기 위해 시스템의 전체 또는 일부가 갖추어야 하는 조건이나 능력으로, 요구의 총체는 시스템의 장래 발전의 기반이 된다.

② 요구사항의 점검
  ㉠ 유효성 점검 : 요구사항이 사용자가 원하는 요구를 실제로 반영하고 있는지를 점검한다. 시스템의 결과는 사용자가 예상하는 결과와 일치해야 한다.
  ㉡ 요구사항 정의 문서에 있는 각 요구사항들은 서로 일관되어야 한다. 서로 상충(모순)되는 것이 있으면 안 된다.
  ㉢ 완전성 점검 : 요구사항 정의서는 사용자가 원하는 모든 기능을 정의하고, 사용자가 의도한 제약조건 등도 모두 포함해야 한다.
  ㉣ 실현성 점검 : 존재하는 기술을 이용해 실제로 요구사항이 시스템으로 구현될 수 있는지를 점검한다.
  ㉤ 증명 가능성 점검 : 나중에 구현되는 시스템이 정의된 요구사항과 일치하는지를 검증할 수 있도록 요구사항이 정의되어야 한다.

③ 요구사항 품질의 특성

품질 특성	내용	적용 여부
완전성 (completeness)	요구사항 명세서상에 식별된 요구사항 중 사용자가 제시한 요구사항에서 누락된 기능 요구사항이 존재하는지의 여부	우선
정확성 (correctness)	요구사항 명세서상에 식별된 요구사항 중 논리적으로 정확하게 기술한 명세의 작성 비율	우선
명확성 (unambiguousness)	요구사항 산출물에 기술한 용어가 이해당사자들에게 모호하지 않고 명확하게 의미가 전달되는지의 여부	–
일관성 (consistency)	요구사항 명세서의 식별된 요구사항 항목 중 요구사항 명세서와 관련된 산출물 항목의 연관 및 종속관계가 있는 항목 간에 불일치가 존재하는지의 여부	–
특이성 (peculiarity)	요구사항 명세서 내에 중요도, 난이도 및 변경 가능성(옵션 여부)을 표기하였는지의 여부	–
검증 가능성 (verifiability)	요구사항 명세서상에 명세에 대한 검증기준 및 방법을 제시하였는지의 여부	우선
수정 용이성 (modifiability)	요구사항 명세 항목이 쉽게 식별되고 원하는 수정이 용이하게 반영되며, 수정에 대한 영향도 분석이 용이하게 이루어지는지의 여부	–
추적성 (traceability)	요구사항 명세서의 식별된 요구사항 항목 및 요구사항 명세서와 관련된 산출물 항목의 연관 및 종속관계가 있는 항목 간에 추적관계를 식별하였는지의 여부	우선
이해 가능성 (understandability)	요구사항 산출물에 기술한 문장이 표준형식을 따르고 있으며, 다중 문장을 배제하여 용이하게 이해 가능한지의 여부	–

④ 요구사항의 분류

　　㉠ 기능적 요구사항(functional requirements) : 소프트웨어를 구성하는 기능이 무엇인지 정의한다.

　　　• 시스템에서 필요한 기능 동작, 행위를 직접적으로 기술한 요구사항이다.

　　　• 기능적 사용자 요구사항 : 사용자에 의해 이해될 수 있는 추상적 방법으로 설명한다.

　　　• 기능적 시스템 요구사항 : 시스템 기능, 입력, 출력, 예외사항 등

　　㉡ 비기능적 요구사항(non-functional requirements) : 기능적 요구사항이 소프트웨어가 제공하는 기능이라면, 비기능적 요구사항은 수행 가능한 환경, 품질, 제약사항이다.

　　　• 성능, 가용성, 보안, 유지 보수성, 데이터 정합성 등 비기능적 요구사항

제품 요구사항 (product requirement)	사용성(usability) : 사용자가 소프트웨어를 어떻게 쉽게 사용할 수 있을지를 기술한다.	
	효율성 (efficiency)	성능(performance) : 특정한 기능이 특정한 시간 내에 실행되어야 함을 의미한다.
		공간(space) : 특정한 기능을 수행할 때 메모리를 최대 얼마까지 사용할 수 있을지를 정한다.
	신뢰성(reliability) : 특정한 기능을 실행할 때 실패할 가능성이 몇 %보다 낮아야 한다.	
	이식성(portability) : 소프트웨어가 다양한 플랫폼에서 작동하기 위해 필요한 것들을 포함한다.	
조직 요구사항 (organizational requirement)	배포(delivery) : 소프트웨어를 어떻게 배포할 것인가?	
	구현(implement) : 소프트웨어 구현과 관계된 요구사항으로 어떤 프로그래밍 언어를 사용할 것인지 등	
	표준(standard) : 소프트웨어에 영향을 미치는 외부에 대한 비기능적 요구사항	
외부 요구사항 (external requirement)	상호 운용성(interoperability) : 구현할 소프트웨어가 다른 소프트웨어와 어떻게 연동할지를 정의하기 위함이다.	
	윤리적(ethical) : 소프트웨어 내용의 윤리적인 범위를 정하기 위함이다.	
	법적 (legislative)	사생활(privacy) : 사용자의 사생활을 보호하기 위함이다.
		안전성(safety) : 소프트웨어에 저장된 자료들은 외부의 침입으로부터 안전해야 한다.

⑤ 요구사항 개발 프로세스

개발 대상에 대한 요구사항을 체계적으로 도출하고 분석한 후 명세서에 정리한 후 확인 및 검증하는 일련의 구조화된 활동이다(도출 → 분석 → 명세 → 확인).

※ 요구공학 : 무엇을 개발해야 하는지 요구사항을 정의하고, 분석 및 관리하는 프로세스를 연구하는 학문이다.

㉠ 요구사항 도출
• 시스템, 사용자, 개발자 등 시스템 개발에 관련된 사람들이 서로 의견을 교환하여 요구사항을 어떻게 수집할 것인지 식별하고 이해하는 과정이다.
• 개발자와 고객 사이에 관계가 만들어지고, 이해관계자가 식별한다.
• 소프트웨어 개발 생명주기(SDLC) 동안 지속적으로 반복한다.
• 주요기법 : 청취와 인터뷰, 설문, 브레인스토밍, 워크숍, 프로토타이핑, 유스케이스

㉡ 요구사항 분석
• 개발 대상에 대한 사용자의 요구사항 중 명확하지 않거나 모호하여 이해되지 않는 부분을 발견하고 이를 걸러내기 위한 과정으로 타당성을 판단한다.
• 요구사항 분석에 사용되는 대표적인 도구 : 자료흐름도(DFD), 자료사전(DD)

㉢ 요구사항 명세
• 분석된 요구사항을 바탕으로 모델을 작성하고 문서화하는 것을 의미한다.
• 기능 요구사항을 빠짐없이 기술한다.
• 비기능 요구사항은 필요한 것만 기술한다.

• 요구사항 명세기법

구분	정형 명세기법	비정형 명세기법
기법	• 수학적 원리기반, 모델기반	• 상태 / 기능 / 객체중심
작성 방법	• 수학적 기호, 정형화된 표기법	• 일반, 명사, 동사 등의 자연어를 기반으로 서술 또는 다이어그램으로 작성한다.
특징	• 일관성이 있으므로 완전성 검증이 가능하다. • 요구사항을 정확하고 간결하게 표현할 수 있다. • 명세 오류 및 모호성 파악이 용이하다.	• 일관성이 떨어지고 해석이 달라질 수 있다. • 내용을 이해하기 쉬워 의사소통이 용이하다.
언어 종류	• VDM, Z, Petri-net, CSP 등	• FSM, Decision Table, ER 모델링, State Chart 등

㉣ 요구사항 확인(검증)
• 개발 자원을 요구사항에 할당하기 전에 요구사항 명세서가 정확하고 완전하게 작성되었는지 검토하는 활동이다.
• 형상관리를 수행해야 한다.

핵심예제

1-1. 요구사항 개발 프로세스 단계로 옳은 것은?

① 확인 → 분석 → 명세 → 도출
② 도출 → 분석 → 명세 → 확인
③ 분석 → 명세 → 도출 → 확인
④ 도출 → 명세 → 확인 → 분석

1-2. 요구사항 명세기법에 대한 설명으로 옳지 않은 것은?

① 정형 명세기법은 수학적인 원리와 표기법을 이용하여 표현한다.
② 정형 명세기법은 비정형 명세기법에 비해 표현이 간결하다.
③ 비정형 명세기법은 표현할 때 자연어를 기반으로 서술한다.
④ 비정형 명세기법은 Z비정형 명세기법을 사용한다.

|해설|

1-2
비정형 명세기법은 FSM, Decision Table, ER모델링, State Chart 등을 사용한다. Z비정형 명세기법을 사용하는 것은 정형 명세기법이다.

정답 1-1 ② 1-2 ④

① 데이터 검증

원천시스템의 데이터를 목적시스템의 데이터로 전환하는 과정이 정상적으로 수행되었는지의 여부를 확인하는 과정이다.

㉠ 데이터 확인 : 사용자 입장에서 고객 요구사항에 부합하는지의 여부를 확인한다.

㉡ 데이터 검증 : 개발자 입장에서 제품 명세서 완성의 여부를 확인한다.

㉢ 데이터 전환 : 기존 정보시스템에 있는 데이터를 '추출'하고, '변환'한 후 새로운 정보 시스템에 '적재'하는 과정이다.

② 검증방법에 따른 분류

로그 검증	기본 항목 검증	응용프로그램 검증	응용데이터 검증	값 검증
추출, 전환, 적재 로그 검증	별도로 요청된 검증 항목 검증	응용프로그램을 통해 데이터 전환의 정합성 검증	업무규칙을 기준으로 정합성 검증	숫자 항목, 코드데이터의 범위, 속성 변경 검증

③ 검증단계에 따른 분류

추출	전환	DB 적재	DB 적재 후	전환 완료 후
원천시스템 데이터에 대한 정확성 확인	매핑 정의서 오류 확인	SAM 파일 적재과정에서의 오류 확인	적재 완료 후 정합성 확인	추가 검증과정을 통한 정합성 확인
로그 검증			기본 항목 검증	응용프로그램 검증, 응용데이터 검증

④ 오류데이터 측정 및 정제

㉠ 절차

• 데이터 품질분석 : 원천 및 목적시스템 데이터의 정합성 여부를 확인한다.

• 오류데이터 측정 : 데이터 품질분석을 기반으로 정상데이터와 오류데이터의 수를 측정하여 오류관리 목록을 작성한다.

• 오류데이터 정제 : 오류관리 목록을 분석하여 원천데이터를 정제하거나 전환프로그램을 수정한다.

㉡ 오류 상태

Open	오류를 보고한다.
Assigned	오류분석을 위해 개발자에게 전달한다.
Fixed	오류를 수정한다.
Closed	수정한 오류를 테스트했을 때 오류가 발견되지 않았다.
Deferred	오류 수정을 연기한다.
Classified	보고된 오류를 확인한 결과 오류가 아니라고 확인된다.

2-1. 데이터 검증방법에 따른 분류에 관한 설명으로 옳지 않은 것은?

① 값 검증 : 숫자 항목 합계, 코드데이터 범위, 속성 변경에 따른 검증을 수행한다.

② 기본 항목 검증 : 데이터 전환과정에서 작성하는 추출, 전환, 적재 로그를 검증한다.

③ 응용데이터 검증 : 사전에 정의된 업무규칙을 기준으로 데이터 전환의 정합성을 검증한다.

④ 응용프로그램 검증 : 응용프로그램을 통한 데이터 전환의 정합성을 검증한다.

2-2. 데이터 추출, 전환, DB 적재단계에서 사용하는 검증방법은?

① 값 검증

② 로그 검증

③ 기본 항목 검증

④ 응용데이터 검증

|해설|

2-1

검증방법에 따른 분류

• 로그 검증 : 추출, 전환, 적재 로그 검증

• 기본 항목 검증 : 별도로 요청된 검증 항목 검증

• 응용프로그램 검증 : 응용프로그램을 통해 데이터 전환의 정합성 검증

• 응용데이터 검증 : 업무규칙을 기준으로 정합성 검증

• 값 검증 : 숫자 항목, 코드데이터의 범위, 속성 변경 검증

정답 2-1 ② 2-2 ②

2-2. 자료 수집 및 검증

① 공간데이터 수집방법

　㉠ 도형자료(위치, 도형, 영상정보) 취득방법

구분	기존 자료 활용방법	새로운 자료 취득방법
개념	• 국가 기본도(지도), 기존 영상(항공사진)을 통해 자료를 취득한다.	• 측량 및 원격탐사를 통해 새로운 자료를 취득한다.
장점	• 신속성이 확보된다. • 자료를 취득하는 데 경제성이 있다.	• 자료의 갱신도 및 정확도가 확보된다.
단점	• 자료의 갱신도가 저하된다.	• 자료 취득 비용과 시간이 많이 소요된다.
방법	• 스캐닝 : 래스터자료 생성 • 디지타이징 : 벡터자료 생성 • 벡터라이징	• 지상 측량에 의한 방법 : 전자평판 측량(토털 스테이션과 펜컴퓨터의 조합), GNSS 측량(3차원 위치 결정), 차량 매핑시스템, 토털 스테이션 측량 등 • 항공사진 측량에 의한 방법 : 디지털카메라로 영상 취득, 정사 영상, 드론 또는 무인비행기(UAV) • 원격탐사에 의한 방법 : 광학센서의 다중 밴드 영상을 이용하여 주제도 작성, 흑백 스테레오 영상 지형도 작성, 레이더를 이용한 빙산·파도·해상풍 조사

　㉡ 속성자료 취득방법 : 서류, 보고서, 기관 전산망 등을 활용한다.

② 공간데이터의 입력

　㉠ 계획, 조직

　　• 공간데이터를 디지털 형태로 입력하는 절차를 거쳐야 한다.

　　• 공간데이터의 활용목적에 따라 입력계획을 세운다.

　㉡ 공간데이터 입력(디지타이징)

　　• 기존의 지도 등을 디지털화하여 공간데이터를 입력하기도 한다.

　　• 종이 형태의 지도는 스캐닝하거나 디지타이징 등의 과정을 거쳐 디지털화되고 컴퓨터를 통하여 분석할 수 있는 공간데이터로 활용된다.

　㉢ 편집과 수정

　　• 벡터데이터의 경우 다각형은 폐합, 연결관계, 기하학적 관계가 잘 형성되어 있는가 등을 확인한다.

　　• 래스터데이터의 경우 각 셀의 크기, 셀에 입력된 값 등에 대한 사항을 점검한다.

　　• 오류 발견 시 적절한 수정을 진행한다.

　㉣ 지리 참조와 투영

　　• 실세계의 좌푯값을 포함하며 적절한 좌표계와 투영방법을 선택하여 공간데이터에 입력한다.

　㉤ 데이터 변환

　　• 원격탐사를 통하여 취득된 데이터는 래스터 형태, 디지타이징을 통하여 취득된 데이터는 벡터데이터의 구조를 가진다.

　　• 각각 다양한 포맷으로 변환된다.

　㉥ 데이터베이스 구축

　　• 분석 대상이 되는 공간데이터는 도형데이터와 속성데이터가 함께 존재한다.

　　• 도형데이터를 입력하고, 이에 따라 속성데이터를 구축한다.

　㉦ 속성 부여

　　• 디지털화된 도형데이터와 데이터베이스를 연계하는 속성 부여과정이다.

　　• 공간데이터의 입력과정을 거친 후 용도에 맞는 파일 형태로 저장한다.

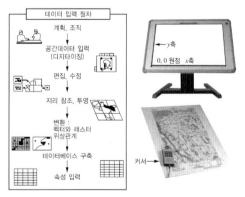

[공간데이터의 입력 절차]

1-1. 기존의 자료를 활용하는 데이터 취득방법은?

① 스캐닝
② GNSS
③ MMS
④ 원격탐사

1-2. 공간데이터 취득 시 새로운 자료를 취득하는 방법의 장점은?

① 신속성 확보
② 자료 취득의 경제성
③ 자료 취득 비용이 적음
④ 자료의 정확도 확보

|해설|

1-1
기존 자료 활용방법
• 스캐닝 : 래스터자료 생성
• 디지타이징 : 벡터자료 생성
• 벡터라이징

1-2
새로운 자료 취득방법의 장점과 단점
• 장점 : 자료의 갱신도 및 정확도가 확보된다.
• 단점 : 자료 취득 비용과 시간이 많이 소요된다.

정답 1-1 ① 1-2 ④

핵심이론 02 위치자료와 속성자료

① GIS 정보의 종류

ㄱ 위치정보 : 점, 선, 면 등을 이용하여 지도나 영상 위에 2차원이나 3차원으로 위치를 표현한다.
  • 상대위치정보 : 모형 공간에서의 상대적 위치정보 또는 위상관계를 부여하는 기준이다.
  • 절대위치정보 : 실제 공간에서의 위치정보를 의미하며 전 지구를 대상으로 하는 것과 같은 대규모 지역의 위치정보이다.

ㄴ 특성정보
  • 도형정보 : 지도에 표현된 수치적 설명으로 특정한 지도요소를 의미한다. 점, 선, 면, 영상소, 격자셀, 기호(주석)와 같은 형태로 입력 및 표현된다.
  • 영상정보 : 인공위성에서 취득한 영상이나 항공기에서 촬영한 항공사진을 수치화하여 컴퓨터에 입력하는 자료이다.
  • 속성정보 : 지도 형상의 특성, 질, 관계와 지형적 위치를 설명하는 자료이다.

[GIS 자료의 종류]

② 위상구조

공간관계를 정의하는 데 사용하는 수학적 방법으로, 입력자료의 위치를 좌푯값으로 인식하여 각각의 자료 정보를 상대위치로 저장하고, 선의 방향, 특성들 간의 관계, 인접성, 연결성, 포함성 등을 정의하는 데 사용한다.

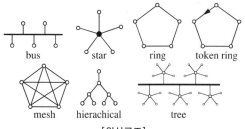

bus   star   ring   token ring

mesh   hierachical   tree

[위상구조]

③ 벡터자료와 래스터자료

   ㉠ 벡터자료

- 실세계에서 나타나는 다양한 대상물이나 현상을 점, 선, 다각형을 사용하여 표현하는 것으로, 벡터데이터의 구조는 객체들의 지리적 위치를 방향성과 크기로 나타낸다.
- 실세계를 모델링할 때 해당 지역은 분석의 목적에 맞게 여러 개의 레이어로 구성하며 하나의 레이어는 점, 선, 다각형 등 계통적으로 분석목적에 따라 데이터를 구축한다.
- 가능한 한 정확하게 대상물을 표시한다.

   ㉡ 래스터자료

- 실세계의 객체를 그리드, 셀 또는 픽셀이라고 하는 '최소 지도화 단위'의 집합으로 나타낸다.
- 셀 위치 자체가 지리적 위치에 대한 정보를 가진다.
- 실세계를 규칙적인 모양으로 공간 분할하여 나타낸다.

[벡터데이터와 래스터데이터 모델의 장단점 비교]

구분	벡터데이터의 모델	래스터데이터의 모델
장점	• 위상관계 표현이 가능하다. • 저장 공간을 적게 차지한다. • 시각적 효과가 높으며, 실세계 묘사가 가능하다. • 결과물에 대한 상세한 표현이 가능하다. • 공간객체에 속성정보의 추출, 일반화, 갱신이 용이하다.	• 데이터 구조가 단순하다. • 공간 분석기능을 쉽고 빠르게 처리한다. • 다양한 모델링 작업이 용이하다. • 영상자료를 GIS 데이터화하기 용이하다.
단점	• 데이터 구조가 복잡하며, 래스터데이터보다 관리가 어렵다. • 데이터의 수정이 래스터데이터보다 어렵다. • 공간연산이 상대적으로 어렵고, 시간이 많이 소요된다.	• 시각적 효과가 떨어지며, 공간적으로 부정확하다. • 벡터데이터와 비교 시 상대적 해상력이 낮다. • 저장 공간이 많이 필요하다.

2-1. GIS 정보 중 특성정보가 아닌 것은?

① 도형정보
② 속성정보
③ 영상정보
④ 위치정보

2-2. 벡터데이터의 장점으로 옳지 않은 것은?

① 위상관계 표현이 가능하다.
② 저장 공간을 많이 차지한다.
③ 결과물에 대한 상세한 표현이 가능하다.
④ 시각적 효과가 높다.

|해설|

2-1
GIS 정보는 특성정보와 위치정보로 구분되며, 특성정보는 도형정보, 영상정보, 속성정보로 구분된다.

2-2
벡터데이터의 장점
- 위상관계 표현이 가능하다.
- 저장 공간을 적게 차지한다.
- 시각적 효과가 높으며, 실세계 묘사가 가능하다.
- 결과물에 대한 상세한 표현이 가능하다.
- 공간객체에 속성정보의 추출, 일반화, 갱신이 용이하다.

정답 2-1 ④ 2-2 ②

① 공간자료 검증

공간자료의 취득, 입력, 저장과정을 거친 후에는 저장된 자료의 신뢰성을 보장하기 위한 수집자료의 편집과 검수작업이 수행되어야 한다. 자료 검증 시 시간적 특성 고려사항은 다음과 같다.

㉠ 토지 피복 변화를 관찰할 때는 동일한 시점에서의 대면적 공간데이터가 주기적으로 확보되어야 한다.

㉡ 원격탐사 데이터를 활용할 때도 동일한 시점대의 영상이 확보된 것인지 확인한다.

② 공간자료 검증의 요소

㉠ 속성오류

• 조사데이터의 명칭을 작성하는 속성데이터에 오타가 있을 수 있다.

• 데이터가 빈 레코드로 처리될 수 있다.

• 면적의 단위가 각 조사자의 파일에 따라 다르게 작성될 수도 있다.

㉡ 위치오류

• 위치 정확도는 공간데이터 사상들의 지리좌표가 실세계 지리좌표와 얼마나 일치하는가를 측정하는 것이다.

• 위치정보가 정확해야 이후에 이루어지는 중첩이나 근접성 분석 등의 공간분석 결과를 신뢰할 수 있다.

• 공간데이터에서 위치정보 또는 좌표정보는 가장 중요한 요소이다.

• 일반적으로 대축척 공간데이터는 소축척 공간데이터보다 위치 정확도가 높다.

㉢ 위상오류

• 위상(位相, topology)이란 인접성, 포함성, 연결성 등 공간객체의 속성에 대한 수학적인 특성이다.

• 위상관계를 통하여 공간데이터의 오류를 발견하고 편집·수정할 수 있다.

• 종류

– 닫혀 있지 않은 다각형

– 중첩된 선(슬리버)

– 다각형 밖으로 뻗어 나간 선(스파이크)

– 다각형 내부에서 잘못 디지타이징된 선

– 라인 사이에 틈이 존재(언더슈트)

– 라인이 접해야 할 다른 라인 너머에서 끝남(오버슈트)

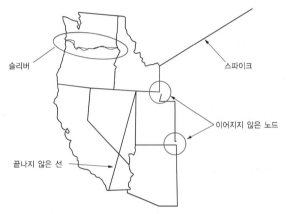

㉣ 시간적 오류 : 시간 정확도는 지리공간 데이터베이스가 얼마나 최근의 정보로 갱신되었는지를 의미하므로, 정확도가 높을수록 오류 발생은 줄어든다.

㉤ 생태적 오류에 의한 해석오류 : 생태적 오류는 지역 내의 모든 관측치가 특정한 속성에 대해 동일하거나 유사한 값을 보인다고 믿는 것이다.

3-1. 공간자료의 검증요소가 아닌 것은?

① 속성오류
② 위치오류
③ 위상오류
④ 형태오류

3-2. 위상오류의 유형으로 옳지 않은 것은?

① 언더슈트
② 오버슈트
③ 인슈트
④ 슬리버

|해설|

3-1
공간자료의 검증요소 : 속성오류, 위치오류, 위상오류, 시간적 오류 등

3-2
위상오류의 유형
• 닫혀 있지 않은 다각형
• 중첩된 선(슬리버)
• 다각형 밖으로 뻗어 나간 선(스파이크)
• 다각형 내부에서 잘못 디지타이징된 선
• 라인 사이에 틈이 존재(언더슈트)
• 라인이 접해야 할 다른 라인 너머에서 끝남(오버슈트)

정답 3-1 ④ 3-2 ③

2-3. 공간정보 자료의 관리

핵심이론 01 공간정보 자료의 저장

① 공간데이터의 저장
  ㉠ 취득·구축된 공간데이터를 저장할 때는 자료의 효율적인 관리와 분석을 위하여 별도의 데이터베이스 관리시스템을 적용해야 한다.
  ㉡ 특정목적을 위하여 수집·정제된 자료의 집합을 데이터베이스라고 하며, 데이터베이스 관리시스템(DBMS)을 통하여 데이터베이스를 효율적으로 저장·접근하고 관리할 수 있다.
  ㉢ 공간데이터는 일반적인 데이터베이스와 구조가 달라서 공간 데이터베이스 관리시스템을 통하여 저장·관리한다.
  ㉣ 공간 데이터베이스 관리시스템에서는 데이터의 위상관계 정의, 인덱싱* 등이 가능하도록 체계화한다.
  *인덱싱 : 정보 검색을 위하여 보조기억장치에 들어 있는 파일에 대해 찾아보기 파일을 만드는 것

② 공간데이터의 저장 절차
  ㉠ 데이터베이스 설계 : 공간자료 및 속성자료를 도출하고, 속성자료 항목을 결정한다.
  ㉡ 공간자료 데이터베이스 구축 : 공간데이터를 입력하고, 위상관계를 설정하며, 공간자료를 수정 및 편집한다.
  ㉢ 속성자료 데이터베이스 구축 : 데이터베이스 설계 과정에서 결정된 항목과 유형에 적합하도록 정리하고, 데이터베이스 테이블을 작성하고, 데이터베이스에 자료를 입력한다.
  ㉣ 공간자료와 속성자료의 연계 : 공간자료 레코드와 속성자료 레코드 사이에 상호 식별 가능한 공통 항목이 존재하는데, 이를 이용해 공간자료와 속성자료를 조회하거나 통합하여 새로운 정보를 산출한다.

③ 데이터베이스 표준화와 오픈 API
  ㉠ 웹이 일반화되기 이전에는 데이터베이스 시스템이 독립적인 형태였으나 '공유'라는 개념이 확산되면서 데이터베이스 시스템에서도 변화가 나타났다.

ⓛ 데이터의 저장과 관리에서도 공유에 따른 표준화가 필요해졌고, 이를 통하여 많은 사용자가 효율적으로 작업을 할 수 있게 되었다.

ⓒ 맵 서버를 통하여 데이터베이스 자료를 웹에서 처리할 수 있는 형태로 발전하였다.

ⓡ 오픈 API(open Application Programming Interface)가 가능하여 많은 사용자가 공간데이터에 접근하고 분석할 수 있는 기반을 마련하였다.

ⓜ 오픈 API는 일반 사용자가 직접 공간데이터에 접근하여 분석함으로써 양질의 자료를 공유할 수 있고, 공간데이터가 일반 사용자에게 더 친숙하게 다가갈 수 있도록 도와준다.

핵심예제

1-1. 공간데이터 저장 절차에 대한 설명으로 옳지 않은 것은?

① 데이터베이스를 설계할 때는 자료의 개념적 모델을 기초로 데이터베이스를 정의한다.
② 공간자료 데이터베이스 구축 시 공간데이터를 입력한다.
③ 속성자료 데이터베이스 구축 시 데이터베이스 테이블을 작성하고 자료를 입력한다.
④ 공통 항목을 이용하여 공간자료와 속성자료를 조회하거나 통합한다.

1-2. 정보 검색을 위하여 보조기억장치에 들어 있는 파일에 대해 찾아보기 파일을 만드는 것은?

① 파일링
② 위상관계
③ 인덱싱
④ 데이터베이스

|해설|

1-1
데이터베이스 설계 시 공간자료 및 속성자료를 도출하고, 속성자료 항목을 결정한다.

1-2
인덱싱은 정보 검색을 위하여 보조기억장치에 들어 있는 파일에 대해 찾아보기 파일을 만드는 것으로, 인덱싱 파일은 대부분 키 필드의 값과 그 레코드의 위치를 나타내는 조합으로 이루어진다.

정답 1-1 ① 1-2 ③

핵심이론 02 공간정보 자료의 갱신

① 공간정보 자료의 갱신

ⓐ 지형 공간데이터의 갱신, 유지, 관리는 사용자들에게 신뢰성 높은 정보를 제공하여 의사결정을 돕기 위한 필수과정이다.

ⓛ 갱신된 결과물을 사용자에게 제공할 경우, 갱신된 사항들에 대한 정보를 제공하여 사용자의 이해를 돕고 그들의 의사결정을 도울 수 있다.

ⓒ 갱신에 주어지는 정보는 사용자에게 판단의 기준이 될 수 있는 항목들을 포함해야 한다.

ⓡ 갱신의 유무, 갱신 위치, 갱신 일시, 갱신 항목, 갱신범위 등에 대한 정보를 제공할 수 있어야 한다.

② 수치지도의 수정 갱신 현황

ⓐ 국내
- 우리나라의 지도제작기관은 국토정보지리원이며, 축척 1/5,000, 1/25,000 및 1/50,000 국가기본도를 제공한다.
- 국가지리정보체계(NGIS)의 1단계 NGIS 기본계획에서 지형도를 기반으로 수치지도를 제작하였다.
- 2단계 NGIS 기본계획에서는 추가적 가공과 중복된 가공을 최소화할 수 있는 기본지리정보(framework database)를 지리정보시스템에 구축하는 작업이 이루어졌다.
- 3차 NGIS 사업부터 대도시 2년, 기타 지역 4년을 주기로 하여 일괄 갱신과 수시(실시간) 갱신을 병행한다.

ⓛ 미국
- 미국의 지도제작기관은 USGS(United States Geological Survey)이고, 국가기본도는 축척 1/24,000 지형도이다.
- USGS는 지표면과 지역 특징에 대한 기본적인 정보를 구축한다.

- 경제와 지역의 개발, 국토와 천연자원의 관리, 비상사태 및 환경보전과 같은 분야에 활용된다.
- 미국의 경우, 지형도의 갱신은 기본적으로 정사항공사진을 이용하며, 크게 표준 갱신(standard update)방식과 부분 갱신(limited update)방식으로 구분한다.
- 표준 갱신은 모든 지형정보에 대한 전반적 갱신을 의미하며, 부분 갱신은 변화요인에 대한 부분적 갱신을 의미한다. 기본적인 갱신주기는 부분 갱신의 경우 1년이다.
© 영국
- 영국의 국가지도 제작기관은 Ordnance Survey로, 다양한 지도를 제작·관리 및 배포한다.
- 영국은 사용자중심, 규칙적이고 명백한 주기 확립, 제작비용과 수입금의 적정성 등의 사항들을 고려하여 새로운 갱신전략을 수립하였다.
- 지도에 대한 갱신은 축척 1/25,000의 경우 최대 2년마다 갱신 여부를 검토하며, 최소 5년마다 갱신한다.
- 축척 1/50,000의 경우 주요 지형지물의 변화요인에 대해서는 Ordnance Survey의 정기갱신프로그램(CRP)을 통해 6개월에 1회 정도 집적 측량에 의한 방식으로 부분 갱신을 실시하고, 5년마다 전반적으로 갱신한다.
② 일본
- 일본의 지도 제작기관은 건설성 국토지리원으로, 축척 1/25,000 지형도를 국가기본도로 채택하여 전 국토에 대한 기본도 제작을 완료하였다.
- 국토지리원은 축척 1/25,000 지형도에 대해 래스터자료에 기초한 갱신방법을 채택하였으며, 갱신주기는 도심지 3년, 교외지 5년, 산악지 10년으로 규정한다.
- 일본 사가미하라시의 경우, GIS 도면을 항공사진 측량이 아닌 지상 측량방법으로 수정·갱신한다.

③ 갱신정보의 항목

갱신정보의 항목에 포함될 내용은 기존의 자료에서 손쉽게 획득되어야 하고, 갱신된 사항들에 대한 기본적인 정보를 제공해야 한다.

㉠ 갱신 여부 : 갱신 유무에 대한 정보를 가지는 속성이다.

㉡ 갱신 일시 : 갱신이 발생한 일시에 대한 정보를 가지는 속성이다.

㉢ 갱신 지역 및 위치 : 갱신이 발생한 위치에 대한 3차원 정보와 포함된 지역에 대한 정보를 가지는 속성이다.

㉣ 갱신 항목 : 갱신이 발생한 항목에 대한 레이어 정보를 가지는 속성이다.

㉤ 갱신범위 : 갱신이 발생한 범위에 대한 갱신된 항목의 개수 또는 면적정보를 가지는 속성이다.

2-1. 공간정보 자료 갱신에 대한 설명으로 옳지 않은 것은?

① 지형 공간데이터의 갱신, 유지, 관리는 사용자들에게 신뢰성 높은 정보를 제공한다.
② 갱신된 사항들에 대한 정보를 제공하여 사용자의 의사결정을 도울 수 있다.
③ 갱신 일시, 갱신범위에 대한 정보는 제공하지 않아도 된다.
④ 갱신에 주어지는 정보는 사용자에게 판단의 기준이 될 수 있는 항목들을 포함해야 한다.

2-2. 갱신정보 항목에 관한 설명으로 옳지 않은 것은?

① 갱신정보의 항목에 포함될 내용은 기존의 자료에서 손쉽게 획득될 수 있어야 한다.
② 갱신 여부는 갱신 유무에 대한 정보를 가지는 속성이다.
③ 갱신범위는 갱신이 발생한 범위에 대한 항목의 개수 또는 면적정보를 가지는 속성이다.
④ 갱신 지역 및 위치는 갱신이 발생한 항목에 대한 레이어 정보를 가지는 속성이다.

|해설|

2-1
공간정보 자료 갱신은 갱신 유무, 갱신 위치, 갱신 일시, 갱신 항목, 갱신범위 등에 대한 정보를 제공할 수 있어야 한다.

2-2
갱신 지역 및 위치는 갱신이 발생한 위치에 대한 3차원 정보와 포함된 지역에 대한 정보를 가지는 속성이다.

정답 2-1 ③ 2-2 ④

제3절 | 공간정보 편집

3-1. 공간데이터 확인

핵심이론 01 공간정보 데이터의 종류

① 공간정보 데이터

공간정보 소프트웨어에서 사용되는 공간정보 관련 데이터의 종류는 다양하며, 소프트웨어마다 고유한 포맷의 파일형식이 있다. 캐드와 같은 벡터 도형정보, tif나 jpg와 같은 래스터 도형정보, 스프레드시트 형태의 속성정보를 사용한다.

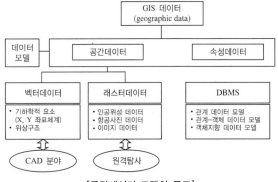

[공간데이터 모델의 구조]

㉠ 범용 공간정보 소프트웨어 파일 포맷 : 범용 공간정보 소프트웨어 중 많이 사용되는 ArcGIS 소프트웨어는 고유한 파일 포맷이 있다. 이 중 shape 파일은 대부분의 공간정보 소프트웨어에서 사용되는 실질적인 기준역할을 한다. ArcGIS를 포함한 대부분의 공간정보 소프트웨어는 캐드와 같은 벡터데이터와 위성 영상이나 상용 이미지 파일과 같은 래스터데이터, 엑셀과 같은 형식의 속성 데이터베이스 파일을 사용한다.

• Shape file(.shp) : ESRI사의 벡터데이터 파일 포맷이다. 위치에 대한 도형정보와 속성정보를 저장하고, 다음 3개의 파일에 정보를 저장한다. shape 포맷의 벡터데이터는 점, 선, 면 등으로 구분하여 저장된다. 자료의 빠른 묘사와 작은 데이터 용량, 그리고 상대적으로 낮은 자료처리 부

하량이 장점이고, 위상관계 정보가 없다는 것이 단점이다.

- .shp : 지리적인 객체의 모양을 표현하기 위한 점, 선, 면의 도형정보 파일이다.
- .shx : 공간자료와 속성자료를 링크(index)해 주는 파일이나.
- .dbf : 속성정보를 제공하는 데이터베이스 파일(엑셀 또는 액세스에서 열 수 있다)이다.
- .prj : 투영정보를 저장하고, 좌표계 정보를 가지고 있는 파일이다.
- sbn : 공간 인덱스를 저장하는 파일이다.
- sbx : join의 기능을 수행하거나 shape 필드에 대한 인덱스를 생성할 때 필요한 파일이다.

• coverage와 mdb : ESRI사의 파일 포맷 중 위상구조를 가진 벡터데이터로 점, 선, 면 등 여러 타입의 데이터를 하나의 파일에 저장할 수 있다. coverage는 파일이 아닌 폴더로 구성되어 있고, mdb는 모든 공간데이터를 저장할 수 있으며 폴더형식이 아닌 파일형식으로 이용된다.

• grid와 TIN : ESRI사의 래스터데이터 파일 포맷으로 격자형 셀로 구성되어 있다. grid 파일은 폴더형식으로 구성되어 있고, TIN은 지형을 표현하기 위해 벡터형식으로 구성된 불규칙 삼각망으로, 폴더형식으로 구성되어 있다.

ⓛ 상용 소프트웨어 파일 포맷 : 공간정보 소프트웨어뿐만 아니라 기타 소프트웨어에서도 사용할 수 있는 공간정보 관련 포맷을 의미한다. 이를 벡터 도형정보, 래스터 도형정보, 속성정보로 구분할 수 있다.

• 벡터형식 포맷 : 벡터형식의 도형정보 포맷으로 .dxf가 가장 많이 사용된다. 오토데스크(Auto Desk)사가 개발한 설계, 제도, 디자인 분야 등에서 널리 사용되는 벡터형식의 파일 포맷이다. 공간정보 관련 분야에서는 주로 지도 제작에 활용한다. 이 파일 포맷은 도형정보를 입력·편집하는 과정에서 편리하게 사용하는 장점이 있으나, 속성정보를 포함할 수 없으며 위상구조를 가질 수 없는 한계가 있다. 따라서 .dxf 형식에 도형정보를 입력한 후 공간정보 소프트웨어를 이용하여 위상구조를 가진 벡터데이터로 변환하는 과정을 거치기도 한다.

• 래스터 형식 포맷 : 래스터 형식의 포맷으로는 .tif(geotiff)가 가장 많이 사용된다. 래스터 형식의 상용 파일 포맷으로는 .jpg, .gif, .bmp 등 많은 파일 포맷이 존재하지만, 래스터 파일을 저장하는 .tif 파일에 좌표정보를 삽입할 수 있는 geotiff가 널리 사용된다. 여기에는 데이텀, 좌표계, 타원체, 투영법 등 부가적인 정보를 삽입할 수도 있다.

• 속성정보 포맷 : 속성정보는 어떤 형식의 스프레드시트 타입의 정보라도 대부분 공간정보 소프트웨어에서 사용된다. 따라서 텍스트 파일 중 .csv(comma separated value)와 같은 형식은 물론 dbase, 엑셀, 오라클 등의 파일도 이용된다. 단, 공간정보 소프트웨어에서 이를 이용할 시 첫 줄에 레코드의 필드명이 있어야 한다. 경위도 등의 좌표정보가 스프레드시트 형태로 구성되어 있는 포인트 데이터의 경우, 이를 공간정보 소프트웨어를 이용해 벡터 포인트데이터로 즉시 변환할 수 있다. 오픈 API 자료로 스프레드시트 형태의 자료가 널리 사용된다.

1-1. 공간정보 데이터에 관한 설명으로 옳지 않은 것은?

① 공간데이터 모델이란 실세계의 공간사상을 추상적인 객체로 표현하는 방법이다.
② 벡터데이터는 대부분 항공사진, 원격탐사 영상, 각종 이미지로 취득된다.
③ 공간데이터 모델은 벡터데이터와 래스터데이터의 형태로 구분한다.
④ 공간정보 데이터는 소프트웨어마다 고유한 포맷의 파일 형식을 가지고 있다.

1-2. 벡터데이터 파일 포맷 중 shape 파일 포맷에 관한 설명으로 옳은 것은?

① .shp : 지리사상 공간 인덱스를 저장하는 파일
② .dbf : 도형정보로 대상의 기하학적 위치정보 저장
③ .shx : 도형정보와 속성정보를 연결시키는 색인정보 저장
④ .sbn : 도형의 속성정보를 제공하는 데이터베이스 파일 (table)

|해설|

1-1
벡터데이터는 디지타이징된 점, 선, 면으로 이루어져 있고, 래스터데이터는 대부분 항공사진, 원격탐사 영상, 각종 이미지로 취득된다.

1-2
① .shp : 도형정보로 대상의 기하학적 위치정보를 저장한다.
② .dbf : 도형의 속성정보를 제공하는 데이터베이스 파일(table)이다.
④ .sbn : 지리사상 공간 인덱스를 저장하는 파일이다.

정답 1-1 ② 1-2 ③

핵심이론 02 메타데이터

① 공간데이터의 메타데이터

메타(meta)는 '초월'이나 '한층 높은 논리성이 있는'이란 뜻으로 메타데이터(metadata)는 데이터(data)에 대한 데이터이다. 즉, 정보를 부가적으로 추가하기 위해 그 데이터 뒤에 함께 따라가는 정보이다. 데이터에 관한 구조화가 되어 있고, 다른 데이터를 설명해 준다.

㉠ 메타데이터에 포함되는 정보
  • 데이터를 수집한 사람
  • 수집된 데이터의 내용
  • 데이터의 수집 장소
  • 데이터의 수집시간
  • 데이터를 수집한 이유
  • 데이터의 수집방법
  • 데이터의 축척
  • 데이터에 적용된 변환방법 또는 기타 알고리즘

㉡ 메타데이터의 요소
  • 공간데이터 구조(래스터 또는 벡터)
  • 투영법 및 좌표계
  • 데이텀 변환(예 NAD27에서 NAD83)
  • 데이터의 공간적 범위
  • 데이터 생산자
  • 원데이터의 축척
  • 데이터의 생성시간
  • 데이터의 수집방법
  • 데이터베이스(속성정보)의 열(column) 이름과 그 값들
  • 데이터의 품질(오류 및 오류에 대한 기록)
  • 데이터 수집에 사용된 도구(장비)의 정확도와 정밀도

② 메타데이터 표준

공간데이터는 여러 사람이 공유하는 경우가 많아 메타데이터 표준이 있다. 1998년 미국 연방지리자료위원회(FGDC ; Federal Geographic Data Committee)는 메타데이터의 용어, 정의, 규약을 표준화하기 위해 '디

지털 지리 공간 메타데이터 콘텐츠 표준(content standard for digital geospatial metadata)'을 제작하였으며, 10가지 내용영역을 다음과 같이 정의하였다.

1. 식별정보 : 데이터의 제목, 지리적 범위, 자료 획득의 방법 등 부분별 정보를 설명한다.

2. 데이터의 품질정보 : 데이터셋 품질에 대한 평가를 제공하며 정확도 평가에 사용된 방법에 대한 상세한 설명을 포함한다.

3. 공간데이터의 구성정보 : 데이터셋 공간데이터 형태를 설명한다.

4. 공간적 참조체계정보 : 좌표체계, 투영법, 데이텀, 고도 등 데이터의 위치참조정보를 제공한다.

5. 개체 및 속성정보 : 데이터셋에 포함된 속성을 설명한다. 데이터셋의 각 속성에 대한 데이터 형태, 정밀도, 값의 길이에 대한 정보를 제공한다.

6. 배포 관련 정보 : 데이터의 획득방법, 배포방법, 저작권 규정에 대해 설명한다.

7. 메타데이터 참조정보 : 메타데이터에 대한 설명 및 갱신시기에 대해 설명한다.

8. 인용정보 : 공간 데이터셋의 인용방법에 대해 설명한다.

9. 시간정보 : 데이터 수집 및 분석시기에 대해 나열한다.

10. 연락정보 : 데이터 소유자 또는 관리자에 대한 연락방법을 설명한다.

③ 메타데이터와 GIS 소프트웨어

㉠ 대부분의 고품질 GIS 소프트웨어 패키지는 메타데이터를 생성하고 수정할 수 있는 메타데이터 모듈을 포함한다.

㉡ 메타데이터 모듈을 통해 기존의 메타데이터 파일을 사용할 수 있고, GIS 사용자로 하여금 메타데이터 정보를 기억할 수 있게 도와준다.

㉢ 완성된 메타데이터는 공간데이터를 공유할 때 전체 공간 데이터베이스의 일부분으로 포함되어야 한다.

2-1. 다음 보기에서 설명하는 데이터는?

┤보기├

'데이터에 관한 데이터'로 공간데이터 품질과 관련된 중요한 특징으로 데이터에 관한 구조화가 되어 있고, 다른 데이터를 설명해 주는 데이터이다.

① 벡터데이터
② 래스터데이터
③ 메타데이터
④ 속성데이터

2-2. 메타데이터에 포함되는 정보가 아닌 것은?

① 수집된 데이터의 내용
② 데이터의 수집 장소
③ 데이터를 수집한 이유
④ 데이터 소유자의 경력

2-3. '디지털 지리 공간 메타데이터 콘텐츠 표준(content standard for digital geospatial metadata)'의 내용영역이 아닌 것은?

① 데이터의 도구정보
② 시간정보
③ 연락정보
④ 식별정보

| 해설 |

2-1

③ 메타데이터 : 데이터에 대한 데이터로, 정보를 부가적으로 추가하기 위해 그 데이터 뒤에 함께 따라가는 정보이다. 데이터에 관한 구조화가 되어 있고, 다른 데이터를 설명해 준다.

① 벡터데이터 : 다양한 대상물이나 현상을 점, 선, 다각형을 사용하여 표현하는 것으로, 벡터데이터의 구조는 객체들의 지리적 위치를 방향성과 크기로 나타낸다.

② 래스터데이터 : 실세계의 객체를 그리드, 셀 또는 픽셀의 형태로 나타내고, 전체 면을 일정 크기의 셀로 분할하여 각 셀에 속성값을 입력하고 저장하여 연산하는 구조이다.

2-2

메타데이터에 포함되는 정보
• 데이터를 수집한 사람
• 수집된 데이터의 내용
• 데이터의 수집 장소
• 데이터의 수집시간
• 데이터를 수집한 이유
• 데이터의 수집방법
• 데이터의 축척
• 데이터에 적용된 변환방법 또는 기타 알고리즘

2-3

디지털 지리 공간 메타데이터 콘텐츠 표준의 내용영역
• 식별정보
• 데이터의 품질정보
• 공간데이터의 구성정보
• 공간적 참조체계정보
• 개체 및 속성정보
• 배포 관련 정보
• 메타데이터 참조정보
• 인용정보
• 시간정보
• 연락정보

정답 2-1 ③ **2-2** ④ **2-3** ①

핵심이론 03 오픈 API

> **API(Application Programming Interface)란?**
> 운영체제나 시스템, 애플리케이션, 라이브러리 등을 활용해 응용프로그램을 작성할 수 있는 다양한 인터페이스를 의미한다. 운영체제나 프로그래밍 언어에서 파일제어, 창제어, 화상처리, 문자제어 등을 처리할 수 있는 인터페이스로 Window API, Java API, HTML5 API, Android API 등이 있다.

① 오픈 API(open API : open Application Programming Interface)

API 중에서 플랫폼의 기능 또는 콘텐츠를 외부에서 웹 프로토콜(HTTP)로 호출해 사용할 수 있도록 개방(open)한 API이다.

㉠ 포털사이트나 공공기관 등에서 수집한 자료를 응용프로그래밍에 사용할 수 있도록 서비스를 제공한다.

㉡ 오픈 API는 공간정보 분야에서 많은 서비스를 창출한다. 포털사이트의 지도 API를 통해 지도서비스, 부동산정보 제공서비스, 구인과 구직 서비스, 기상정보 제공서비스 등을 제작하기도 하고, 유동인구 분석 등을 통해 상권분석에 이용하기도 한다.

㉢ 목록 : 국가공간정보포털 포털데이터 API, 국가공간정보포털 SDK, LX맵 조회서비스, 도로명 주소 안내도서비스, 건축물 연령 정보서비스 등

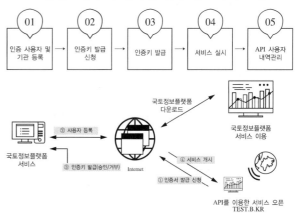

[국토지리정보원의 오픈 API 이용 절차]

② 공공데이터 포털(data.go.kr)

공공기관이 생성 또는 취득하여 관리하는 공공데이터를 제공하는 포털사이트이다.

㉠ 공공데이터 포털에서는 파일데이터, 오픈 API 등을 통해 다양한 종류의 데이터를 제공한다.

㉡ 포털에서 제공되는 파일데이터 중 csv 또는 xls 형태로 제공되는 일부 데이터는 좌표정보가 포함되어 있어, 이를 활용하여 공공데이터 포털에서 제공하는 데이터를 공간데이터로 변환할 수 있다.

㉢ 오픈 API로 제공되는 데이터는 xml 형태로 제공되며 별도의 서비스 키를 발급받아야 이용 가능하다.

③ 오픈 스트리트 맵(OSM ; Open Street Map)

누구나 참여하여 편집하고, 활용할 수 있는 오픈 소스 방식의 무료 지도서비스이다. 2005년 비영리 단체인 오픈 스트리트 맵 재단이 설립하여 운영하고 있다. OSM의 목적은 지리정보를 무료로 제공하여 창조성을 자극하는 것이다.

핵심예제

3-1. API 중에서 플랫폼의 기능 또는 콘텐츠를 외부에서 웹 프로토콜(HTTP)로 호출해 사용할 수 있도록 공개된 API는?

① Window API
② Java API
③ HTML5 API
④ 오픈 API

3-2. 공공데이터 포털에 관한 설명으로 옳지 않은 것은?

① 공공기관이 생성 또는 취득하여 관리하는 공공데이터를 제공하는 포털사이트이다.
② 오픈 API로 제공되는 데이터는 별도의 서비스 키 발급 없이 사용할 수 있다.
③ 제공되는 일부 데이터는 좌표정보가 포함되어 있어 이를 활용할 수 있다.
④ 포털에서는 파일데이터, 오픈 API 등을 통해 다양한 종류의 데이터를 제공한다.

|해설|

3-1
누구나 사용할 수 있도록 공개된 API를 오픈 API라고 한다.

3-2
오픈 API로 제공되는 데이터는 xml 형태로 제공되며 별도의 서비스 키를 발급받아야 이용할 수 있다.

정답 3-1 ④ 3-2 ②

① 레이어 중첩의 개념

　⊙ 둘 이상의 레이어를 하나의 단일 레이어로 결합하는 것이다.

　⊙ 여러 맵을 포개어 모든 정보를 포함하는 단일 맵을 생성하는 작업을 중첩이라고 한다.

　⊙ 중첩은 단순히 라인작업의 병합이 아닌 중첩에 참여하는 피처들의 모든 특성이 최종 결과물까지 그대로 유지된다.

　⊙ 현재 맵범위의 사용을 선택한 경우, 현재 맵범위 내에 표시된 입력 레이어와 중첩 레이어의 피처만 중첩된다.

　⊙ 현재 맵범위의 사용을 선택하지 않은 경우, 현재 맵범위 외부에 있는 피처를 포함하여 입력 레이어와 중첩 레이어에 있는 모든 피처가 중첩된다.

② 레이어 중첩의 과정

　⊙ 입력 레이어 선택 : 중첩시킬 포인트, 라인 또는 영역 레이어를 선택한다.

　⊙ 중첩 레이어 선택 : 입력 레이어에 중첩시킬 레이어를 선택한다.

　⊙ 중첩방법 선택 : 중첩방법은 입력 레이어와 중첩 레이어가 결합되는 방식을 정의한다.

　⊙ 결과 레이어 이름 : 내 콘텐츠에 생성되고 맵에 추가되는 레이어의 이름을 뜻한다.

　⊙ 결과 저장 : 드롭다운 상자를 사용하여 내 콘텐츠에서 결과를 저장할 폴더의 이름을 지정할 수 있다.

③ 레이어 중첩방법(중첩도구)

중첩방법		설명
인터섹션 (교차)		입력 피처와 중첩되는 중첩 내 피처나 피처의 일부분이 유지되며, 입력 및 피처 기하는 같아야 한다.
이레이징 (지우기)		중첩 레이어의 피처와 겹치지 않는 입력 레이어의 피처 또는 피처의 일부가 결과에 작성된다.
유니언 (결합)		입력 레이어와 중첩 레이어의 기하학적 유니언이 결과에 포함되고, 모든 피처와 해당 속성이 레이어에 작성된다.
아이덴티티 (동일성)		입력 피처와 중첩 피처의 피처 또는 일부가 결과에 포함된다. 입력 레이어와 중첩 레이어에 겹치는 피처 또는 피처의 일부가 결과 레이어에 작성된다.
대칭 차집합		중첩되지 않는 입력 레이어와 중첩 레이어의 피처 또는 피처의 일부가 포함된다.

④ 레이어 중첩의 활용 예

　⊙ 환경 품질 담당 부서에서 가축 방목지의 시·도 수질에 대한 영향을 모니터링하고자 한다. 이 부서는 생물학자와 함께 방목지로 배정된 토지와 특정 유역이 교차하는 위치를 확인해야 하는데, 이때 레이어 중첩을 사용하면 교차영역을 찾을 수 있다.

　⊙ 개발업체에서 시·도 중앙에 위치한 3개 구·군 중 하나에 새 리조트를 건설하고자 한다. 계획을 시작하려면 먼저 해당 구·군 내에 리조트용으로 구매할 수 있는 충분한 사유지가 있는지 확인해야 하는데, 이때 레이어 중첩을 사용하면 선택한 구·군에서 공유지를 제거할 수 있다.

4-1. 레이어 중첩에 관한 설명으로 옳지 않은 것은?

① 둘 이상의 레이어를 하나의 단일 레이어로 결합하는 것을 의미한다.
② 여러 맵을 포개어 모든 정보를 포함하는 단일 맵을 생성하는 작업을 뜻한다.
③ 중첩은 단순한 라인작업의 병합으로 피처의 특성을 유지하지는 않는다.
④ 현재 맵범위의 사용을 선택한 경우, 범위 내에 표시된 입력 레이어와 중첩 레이어의 피처만 중첩된다.

4-2. 중첩방법 중 중첩되지 않는 입력 레이어와 중첩 레이어의 피처 또는 피처의 일부가 포함되는 것은?

① 교차(인터섹션)
② 지우기(이레이징)
③ 동일성(아이덴티티)
④ 대칭 차집합

|해설|

4-1
중첩은 단순히 라인작업의 병합이 아닌 중첩에 참여하는 피처들의 모든 특성이 최종 결과물까지 그대로 유지된다.

4-2
대칭 차집합은 입력 레이어에서 서로 겹치지 않은 부분만 결과 레이어에 저장되는 것으로, 중첩되지 않는 입력 레이어와 중첩 레이어의 피처 또는 피처의 일부가 포함된다.

정답 4-1 ③ 4-2 ④

3-2. 좌표계 설정

핵심이론 01 지리좌표계

① 지리좌표계(GCS ; Geographic Coordinate System)의 개념

지구상 한 지점의 수평 위치는 경도와 위도로 나타낸다. 즉, 지구 타원체를 정의하여 경위도좌표계를 표현한다. 지리좌표계는 기준점에 상관없이 위치가 달라지지 않아 절대좌표계라고도 한다.

② 지구의 형상

㉠ 물리학적 지표면 : 지구의 실제 형태는 적도 반지름이 극 반지름보다 약간 길고, 그 표면은 육지나 해양 등의 자연 상태로 굴곡져 있다.

㉡ 지오이드(geoid) : 지구의 평균 해수면과 일치하는 등퍼텐셜면(위치에너지가 같은 면)을 육지까지 연장하여 지구 전체를 덮어 싸고 있다고 가정한 가상의 면이다.

- 지오이드는 불규칙한 지형으로 내부 밀도가 불균일하고, 어느 지점에서나 중력 방향은 이 면에 수직이다.
- 지오이드상에서 모든 점의 표고는 0m이기 때문에 위치에너지도 없다.
- 지오이드는 지구 타원체를 기준으로 대륙에서는 지구 타원체보다 높고, 해양에서는 지구 타원체보다 낮다.

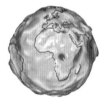

[지오이드 형태]

㉢ 지구 타원체 : 지구 타원체는 지구 형상에 가장 가까운 굴곡 없는 면의 형태인 회전 타원체이다. 인공위성과 같이 전 지구를 대상으로 하는 경우, 활용되는 지구 타원체는 국제표준타원체로 GRS80, WGS84

등이 있다. 우리나라는 2010년부터 공식적으로 베셀 타원체에 의한 지도기준을 폐기하고 광역 타원체인 GRS80을 채택하였다. GRS80과 WGS84의 경우 장반경이 같고, 단반경만 약 0.1mm 정도 차이가 나 거의 동일한 것으로 취급한다.

- Bessel : 독일의 Bessel이 1841년에 지구의 크기와 형상을 산출한 타원체
- GRS80 : 국제측지학협회와 국제측지학 및 지구물리학연합에서 채택한 지구 타원체
- WGS84 : 미 국방성이 군사 및 GPS 운용을 목적으로 구축한 지구 타원체(GPS 측량기준)

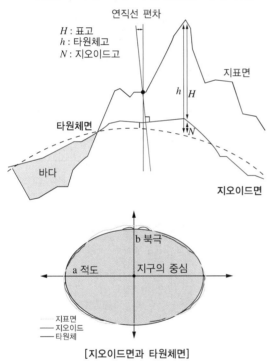

H : 표고
h : 타원체고
N : 지오이드고

[지오이드면과 타원체면]

③ 데이텀(datum)

타원체를 선택한 뒤 해당 지역에 적합하도록 정하는 타원체의 위치기준으로 타원체의 종류, 좌표체계의 기준점 및 방향 등을 정의한다. 데이텀은 로컬 데이텀과 지구 전체(geocentric datums) 데이텀으로 나뉘는데, 로컬 데이텀(국지 데이텀)은 그 지역에 맞는 기준점을 설정함으로써 그 지역에서는 더 정확한 지도 표현이 가능하다.

④ 경도와 위도

㉠ 경도 : 본초자오선(지구의 경도를 결정하는 데 기준이 되는 자오선)에서 특정지점을 지나는 경선까지의 각도이다.

㉡ 위도 : 적도에서 특정지점을 지나는 위선까지의 각도이다.

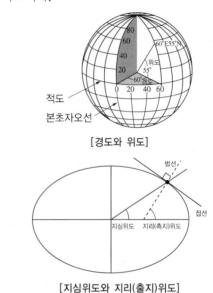

[경도와 위도]

[지심위도와 지리(측지)위도]

㉢ 위도의 종류

측지(지리)위도		지구상 임의의 점에서의 접선과 90°로 교차하는 법선이 적도면과 이루는 각
천문위도		지구상 임의의 점에서 연직선(지오이드 면과 직교하는 선)이 적도면과 이루는 각
지심위도		지구상 임의의 점에서 지구 중심과 연결한 직선이 적도면과 이루는 각
화성위도		지구 중심으로부터 장반경(a)을 반경으로 하는 원과 지구 사이의 한 점을 지나는 종선의 연장선과 지구 중심을 연결한 직선이 적도면과 이루는 각

1-1. 지구의 평균 해수면을 육지까지 연장하여 지구 전체를 덮어 싸고 있다고 가정한 가상의 면은?

① 지오이드
② 등퍼텐셜면
③ 지구 타원체
④ 준거 타원체

1-2. 임의의 점에서 지구 중심을 이은 선과 적도면이 이루는 각은?

① 경도
② 지심위도
③ 지리위도
④ 화성위도

|해설|

1-1
지오이드(geoid) : 지구의 평균 해수면과 일치하는 등퍼텐셜면(위치에너지가 같은 면)을 육지까지 연장하여 지구 전체를 덮어 싸고 있다고 가정한 가상의 면이다.

1-2
① 경도 : 본초자오선(지구의 경도를 결정하는 데 기준이 되는 자오선)에서 특정지점을 지나는 경선까지의 각도
③ 지리위도 : 지구상 임의의 점에서의 접선과 90°로 교차하는 법선이 적도면과 이루는 각
④ 화성위도 : 지구 중심으로부터 장반경을 반경으로 하는 원과 지구 사이의 한 점을 지나는 종선의 연장선과 지구 중심을 연결한 직선이 적도면과 이루는 각

정답 1-1 ① **1-2** ②

핵심이론 02 투영좌표계

① 투영좌표계(PCS ; Projected Coordinate System)의 개념

  ㉠ 투영좌표계는 3차원의 지구 타원체를 2차원 평면상에 투영한 좌표계로, 평면직각좌표계라고도 한다.

  ㉡ 다양한 방식으로 3차원 좌표를 2차원으로 투영할 수 있으며, 경도와 위도가 직각 형태가 되기도 한다.

  ㉢ 투영법에 의해 지구상의 한 점이 지도에 표현될 때, 가상의 원점을 기준으로 해당 지점까지의 동서 방향과 남북 방향으로의 거리를 좌표로 표현한다.

  ㉣ 우리나라 중·대축척 지형도 제작에는 주로 등각 투영을 사용한다.

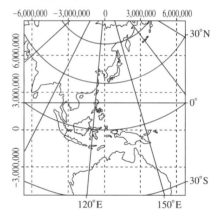

※ 정형 원추도법으로 제작된 지도에서 녹색은 경위도 좌표를, 검은색(점선)은 직각좌표를 나타낸다.

[평면 직각좌표계]

  ㉤ 우리나라 평면직각좌표계의 투영원점

   • 서부원점 : 북위 38°, 동경 125°

   • 중부원점 : 북위 38°, 동경 127°

   • 동부원점 : 북위 38°, 동경 129°

   • 동해원점 : 북위 38°, 동경 131°

② 지도투영법

  3차원 지구를 2차원 평면지도로 변환하는 체계적인 방법이다.

  ㉠ 어떤 투영법을 사용하더라도 지구본과 투영법에 따라 지도의 모양이 다르므로, 한 점의 경위도에 해당하는 투영좌표체계는 투영법마다 다르다.

ⓛ 3차원 지구에서의 모든 점이 2차원 평면상인 지도에 접할 수는 없기 때문에 투영법을 사용한 지도는 투영면의 종류에 따라 원통, 원추, 평면도법 등으로 구분한다.

[투영면의 형태에 따른 도법]

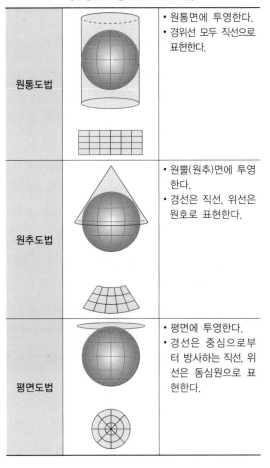

원통도법	• 원통면에 투영한다. • 경위선 모두 직선으로 표현한다.
원추도법	• 원뿔(원추)면에 투영한다. • 경선은 직선, 위선은 원호로 표현한다.
평면도법	• 평면에 투영한다. • 경선은 중심으로부터 방사하는 직선, 위선은 동심원으로 표현한다.

ⓒ 지도가 갖추어야 할 지도학적 성질에 따라 특정 방향으로 거리가 정확한 정거투영법, 면적이 정확한 정적투영법, 형태가 정확한 정형투영법 등으로 구분한다.

(a) 정적 원통투영법

• 정적도법
• 넓이가 정확하게 나타나는 도법

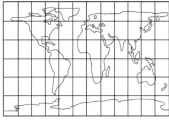

(b) 정거(남북) 원통투영법

• 정거도법
• 거리가 정확하게 나타나는 도법

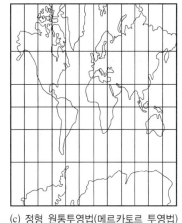

(c) 정형 원통투영법(메르카토르 투영법)

• 정형(정각)도법
• 경선과 위선간의 각도 관계가 정확하게 나타나는 도법

[투영 성질에 따른 도법]

ⓒ 투영축에 따라 정축법, 사축법, 횡축법으로 분류한다.

[투영축에 따른 도법]

정축도법		투영면을 자오선 방향에 수직한 평면 위에 배치하여 투영한다.
횡축도법		투영면을 적도선 방향과 수직인 평면 위에 배치하여 투영한다.
사축도법		투영면의 중심을 임의의 지표면으로 이동하여 투영한다.

핵심예제

2-1. 투영좌표계에 관한 설명으로 옳지 않은 것은?

① 3차원의 지구 타원체를 2차원 평면상에 투영한 좌표계이다.
② 경도와 위도가 직각 형태가 되기도 한다.
③ 임의의 점을 기준으로 해당 위치까지의 동서남북 방향으로의 거리를 좌표로 표현한다.
④ 우리나라 대축척 지형도 제작에는 주로 원형투영을 사용한다.

2-2. 투영 성질에 따라 구분하는 지도투영법이 아닌 것은?

① 정거도법
② 정축도법
③ 정적도법
④ 정형도법

|해설|

2-1
우리나라 중·대축척 지형도 제작에는 주로 등각투영을 사용한다.

2-2
정축도법은 투영축에 따라 분류하는 지도투영법이다.

정답 2-1 ④ 2-2 ②

핵심이론 03 좌표계 변환

① **좌표계 설정의 이해**

ⓐ 좌표계가 설정되어 있지 않은 공간데이터에 좌표계를 정의하는 과정이다.

ⓑ 국가기본도 수치지도 1.0의 배포 포맷 .dxf와 수치지도 2.0의 배포 포맷 .ngi는 좌표계 정의 파일이 별도로 존재하지 않는다. 따라서 수치지도를 좌표계에 따라 자유롭게 표현하려면 다음과 같은 과정을 거쳐야 한다.
  • 과정 1 : 수치지도를 공간데이터 포맷(.shp 등)으로 변환한다.
  • 과정 2 : 공간데이터 포맷 파일에 적당한 좌표계를 설정한다.

ⓒ 수치지도가 아니어도 유통되는 공간데이터 중 상당수는 좌표계가 설정되어 있지 않은 경우가 있는데, 이 경우에도 좌표계를 설정해야 한다.

② **좌표계 변환의 이해**

ⓐ 좌표계 변환이란 하나의 좌표계에서 다른 좌표계로의 변환을 의미한다.

ⓑ 경위도좌표를 투영좌표로 가져가는 지도투영 변환이나 반대의 역지도투영 변환은 좌표계 변환의 가장 기본적인 변환이다.

ⓒ 하나의 투영좌표계에서 다른 투영좌표계로 투영법을 변경하는 투영좌표계 변환도 좌표계 변환 중 하나이다.

ⓓ 소프트웨어적으로 투영법 변환은 먼저 역지도투영 변환을 실시한 후 지도투영 변환을 실시한다.

ⓔ 좌표계 변환을 위해서는 먼저 변환하려는 데이터의 좌표계가 명확하게 설정되어야 한다.

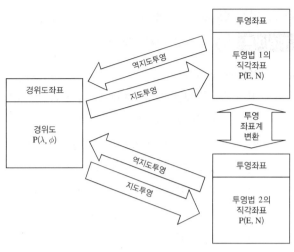

[좌표계 변환 개념도]

③ 세계측지계 변환의 이해

　㉠ 세계측지계

　　• 세계측지계는 세계에서 공통으로 이용할 수 있는 위치의 기준이 되는 측지기준계이다.

　　• 측지기준계는 지구상 제점의 위치를 나타내기 위한 기준이 되는 좌표계 및 지구의 형상을 표현하는 타원체를 총칭한다.

　　• 측지기준계는 구축기법에 따라 대다수의 국가가 사용하는 ITRF계, 미국의 GPS 운영 측지계인 WGS계, 러시아 GLONASS 운영측지계인 PZ계로 나눌 수 있다.

　　• 우리나라는 지적 측량의 기준을 세계적으로 통용되고 있는 세계측지계로 변환하도록 되어 있다.

　　• 지역측지계 기준의 지리적 위치로 등록된 지적 공부를 세계측지계 기준의 지리적 위치로 변환하는 것을 세계측지계 변환이라고 한다.

　㉡ 3차원 직각좌표체계

　　• 동경측지계를 세계측지계로 변환할 때는 투영좌표계나 경위도좌표계와 달리 지구 중심 3차원 직각좌표계의 개념이 필요하다.

• 지구상 한 점의 위치를 경위도좌표와 투영좌표 체계인 직각좌표로만 표현하는 방법 외에도 지구 중심을 원점으로 하는 3차원 직각좌표로도 나타낼 수 있다.

• 한 점의 경도와 위도는 3차원 직각좌표로 나타낼 수 있고, 3차원 직각좌표를 알면 그 지점의 경도와 위도를 알 수 있다.

㉢ 세계측지계 변환의 필요성을 확인한다.

• 현재 우리나라의 위치기준은 1910년대 토지조사사업 당시에 설정된 일본의 동경측지계를 사용하고 있어, 세계측지계와 평면 위치오차를 비교하면 지역별로 약 300~400m의 차이가 있다.

• 측량법 개정으로 인해 2003년 이전 제작된 공간 데이터를 현행 데이터와 연계하여 사용하기 위해서는 반드시 세계측지계 변환이 필요하므로 데이터 제작 연도를 확인하고, 2003년 이전에 제작된 데이터는 세계측지계 변환을 실시한다.

• 공간데이터가 2003년 이후 제작되었더라도 세계측지계 변환이 필요한 경우도 있으므로 세계측지계 변환이 필요한지 검토한다.

3-1. 좌표계 변환에 대한 설명으로 옳지 않은 것은?

① 좌표계 변환이란 하나의 좌표계에서 다른 좌표계로의 변환을 의미한다.
② 하나의 투영좌표계에서 다른 투영좌표계로 투영법을 변경하는 투영좌표계 변환도 좌표계 변환 중 하나이다.
③ 좌표계 변환을 위해서는 먼저 변환하려는 데이터의 좌표계가 명확하게 설정되어야 한다.
④ 투영법 변환은 먼저 지도투영 변환을 실시한 후 역지도투영 변환을 실시한다.

3-2. 세계측지계에 대한 설명으로 옳지 않은 것은?

① 세계측지계는 세계에서 공통으로 이용할 수 있는 위치의 기준이 되는 측지기준계이다.
② 측지기준계는 ITRF계, WGS계, PZ계로 구분한다.
③ 세계측지계와 평면 위치 간의 오차 차이는 발생하지 않는다.
④ 지역측지계 기준의 지리적 위치로 등록된 지적공부를 세계측지계 기준의 지리적 위치로 변환하는 것을 세계측지계 변환이라고 한다.

|해설|

3-1
소프트웨어적으로 투영법 변환은 먼저 역지도투영 변환을 실시한 후 지도투영 변환을 실시한다.

3-2
세계측지계와 평면 위치오차를 비교하면 지역별로 약 300~400m의 차이가 있다.

정답 3-1 ④ 3-2 ③

3-3. 피처 편집

핵심이론 01 피처와 피처 클래스

① 피처의 이해
  ㉠ 실세계의 객체를 벡터 형태의 공간데이터로 표현하는 것을 피처(feature)라고 한다.
  ㉡ 표현해야 할 대상물인 피처는 속성에 따라 점, 선, 면의 형태로 저장한다. 예를 들어 버스 정류장은 점 형태로, 도로 중심선은 선 형태로, 행정구역은 면 형태로 저장한다. 그러나 대상물의 축척에 따라 피처 형태가 변경될 수도 있다. 예를 들면 시청의 경우 1/1,000,000 정도의 소축척 공간데이터에서는 점 형태로 입력할 수 있지만, 1/1,000 정도의 대축척 공간데이터에서는 시청의 건물, 부지 내 도로, 각종 시설 등이 표현되어야 하므로, 점 형태로 입력하는 것은 적절하지 않다.
  ㉢ 피처 생성 시 스내핑 과정 필요 : 스내핑(snapping)이란 디지타이징할 때 일정한 범위 내에 디지타이징 도구의 위치가 포함되면 자동으로 점 또는 선에 정확히 포인트를 자리하게 하는 것이다. 스내핑을 하지 않을 경우 라인끼리 접하거나 폴리곤이 완벽하게 폐합되도록 공간데이터를 입력하는 것은 불가능하다.
② 점, 선, 면의 피처
  ㉠ 점 : 벡터 피처 중 점 피처는 도형정보와 속성정보를 갖는다. 속성정보는 스프레드시트 형태의 데이터베이스 자료이고, 도형정보는 각 포인트의 종횡좌표로 구성된다.
  ㉡ 선 : 선 피처의 경우 속성정보는 점 피처와 동일하다. 도형정보는 각 포인트가 종횡좌표로 구성된 테이블 형태 및 각 선형 피처의 출발점, 경유점, 도착점이 표시된 별도의 테이블로 구성된다.

ⓒ 면 : 면 피처의 속성정보도 점 피처의 속성정보와 동일하다. 도형정보는 각 포인트가 종횡좌표로 구성된 테이블 형태, 각 라인을 구성하는 출발점, 경유점, 도착점이 표시된 테이블, 각 면을 구성하는 라인정보가 포함된 테이블 등으로 구성된다.

ⓔ 점, 선, 면 피처의 장점 : 피처의 정보를 점, 선, 면을 구성하는 별도의 테이블 형태로 제작하면 데이터의 위상관계를 구축하기 쉬우며, 데이터를 갱신할 때도 편리하다. 따라서 대부분의 공간정보 소프트웨어에서는 이러한 방식으로 피처가 입력되도록 설계되어 있다.

③ 피처 클래스

ⓐ 동일한 공간 표현과 속성 열의 공통 집합이 모여 있는 피처들의 집합이다.

ⓑ 가장 일반적으로 사용되는 피처 클래스는 점, 선, 면 및 주석(지도 텍스트에 대한 용어)이다.

ⓒ 피처 클래스의 유형

• 벡터 피처(벡터 지오메트리를 포함하는 지리적 개체)는 자주 사용되는 지리적 데이터셋으로 거리, 필지와 같은 불연속 경계가 있는 피처를 표현하는 데 매우 적합하다.

• 지형지물은 일반적으로 점, 선 또는 다각형인 지리적 표현을 해당 속성(또는 필드) 중 하나로 행에 저장하는 개체이다.

핵심예제

1-1. 벡터 형태의 공간데이터로 표현되는 대상물은?

① 모델　　　　　　② 객체
③ 피처　　　　　　④ 투영

1-2. 피처의 저장 형태로 옳은 것은?

① 셀 피처
② 픽셀 피처
③ 그리드 피처
④ 폴리곤 피처

|해설|

1-1
실세계의 객체를 벡터 형태의 공간데이터로 표현하는 것을 피처(feature)라고 한다.

1-2
표현해야 할 대상물인 피처는 속성에 따라 점, 선, 면의 형태로 저장한다.

정답 1-1 ③　1-2 ④

핵심이론 02 디지타이징

① 디지털 자료의 변환

　㉠ 아날로그 지도와 사진을 GIS에서 사용할 수 있는 디지털 자료로 변환하는 과정을 디지털화라고 한다.

　㉡ 디지타이징은 3개의 장비 중 하나를 이용해서 수행한다.
　　• 테이블 디지타이저, 소형 커서나 전자펜을 갖춘 태블릿
　　• 커서나 전자펜을 이용한 헤드업 온 스크린 디지타이제이션
　　• 스캐닝 농도계를 이용한 래스터 스캐닝

　㉢ 디지타이저*에 지도를 부착하고, 지도 각 모서리의 좌표를 구하여 디지타이저의 기계좌표를 지도좌표계로 변환한다.

　　*디지타이저 : 컴퓨터에 그림이나 도형의 위치관계를 부호화하여 입력하는 장치이다. 평면 판과 펜으로 구성되어 있으며, 면 위에서 펜을 이동하면 그 좌표가 디지털 데이터로 바뀌어 입력된다.

　㉣ 디지털 자료의 변환과정 : 자료 획득 → 편집(자료정리, 가공) → 형식화, 변환(자료를 GIS의 특정 DB 포맷으로 변환) → 연결(그래픽 자료를 속성자료에 연결)

② 디지타이징을 통한 자료 생성

　㉠ 레이어(feature) 및 그래픽 속성을 결정한다.

　㉡ 디지타이저에 기존 지도를 부착하고, 모니터상에 지도를 나타낸다.

　㉢ 커서를 이용해 지형지물 좌표를 디지타이징하고, 각 변곡점에서 좌표를 독취한다.

　㉣ 레이어별로 정확하게 입력되었으면 인접 도면과 접합작업, 도엽 간 정밀도를 확인한다.

　㉤ 속성데이터에 속성을 입력하여 GIS 자료로 변환한다.
　　• 직접적으로 X, Y, Z 좌표를 입력하고, 벡터구조를 가진다. 작업자의 숙련도, S/W가 중요하다.

③ 디지타이징의 오류

오류 형태	설명
아크(arc) 누락	누락된 아크가 발생하는 오류 아크 추가
오버슈트 (overshoot)	교차점을 지나서 연결선이나 절점이 끝나기 때문에 발생하는 오류 오버슈트 선택 및 제거
언더슈트 (undershoot)	교차점에 미치지 못하는 연결선이나 절점으로 발생하는 오류 언더슈트 선택 및 경계선 연장
댕글 (dangle)	매달린 노드의 형태로 발생하는 오류 중의 하나로 오버슈트나 언더슈트와 같은 형태로 한쪽 끝이 다른 연결선이나 절점에 완전히 연결되지 않는 상태 노드를 이동하여 폐합 다각형 연결
슬리버 (sliver)	동일한 경계를 갖는 다각형을 중첩시킬 때 경계가 완전히 일치하지 않아 접촉하지 않는 다각형이 발생하는 경우

2-1. 다음 보기에서 설명하는 장치는?

┌보기┐

컴퓨터에 그림이나 도형의 위치관계를 부호화하여 입력하는 장치이다. 평면 판과 펜으로 구성되어 있으며 면 위에서 펜을 이동하면 그 좌표가 디지털 데이터로 바뀌어 입력된다.

① 세오돌라이트
② 디지타이저
③ 토털 스테이션
④ 클리노미터

2-2. 디지타이징 오류의 형태가 아닌 것은?

① 오버슈트(overshoot)
② 언더슈트(undershoot)
③ 댕글(dangle)
④ 사이드슈트(sideshoot)

|해설|

2-1
디지타이저는 소형 커서나 전자펜을 갖춘 태블릿으로 지도나 사진과 같은 아날로그 자료를 디지털화한다.

2-2
디지타이징의 오류
• 아크 누락 : 누락된 아크가 발생하는 오류
• 오버슈트 : 교차점을 지나서 연결선이나 절점이 끝나기 때문에 발생하는 오류
• 언더슈트 : 교차점에 미치지 못하는 연결선이나 절점으로 발생하는 오류
• 댕글 : 매달린 노드의 형태로 발생하는 오류 중의 하나로 오버슈트나 언더슈트와 같은 형태로 한쪽 끝이 다른 연결선이나 절점에 완전히 연결되지 않는 상태
• 슬리버 : 동일한 경계를 갖는 다각형을 중첩시킬 때 경계가 완전히 일치하지 않아 접촉하지 않는 다각형이 발생하는 경우

정답 2-1 ② 2-2 ④

① 피처 위치의 수정

  ㉠ 위치 수정은 피처의 버텍스(vertex)를 이동, 삭제, 추가하여 피처의 형태를 변경하는 것으로, 원래 수정할 대상을 배경에 두고 시행해야 한다.

  ㉡ 위치를 변경할 경우, 변경할 위치를 확인할 만한 기준데이터가 준비되어 있어야 한다.

  ㉢ 피처 수정 시 입력데이터보다 정확도가 높거나 대축척으로 입력된 데이터를 사용하거나 고해상도의 항공사진 등을 기준데이터로 활용할 수 있다.

  ㉣ 피처의 위치 수정 시 수정할 벡터 레이어를 선택하여 편집 가능한 모드로 변경한 후 피처를 생성할 때와 마찬가지로 스내핑 옵션과 톨로런스 등을 설정한다.

  ㉤ 수정해야 할 피처를 선택하여 더블클릭하여 표시된 버텍스 중 이동하고자 하는 버텍스를 이동해야 할 위치로 이동시키면 피처의 위치 수정은 완료된다.

② 피처 분할과 수정

  ㉠ 싱글 파트 피처와 멀티 파트 피처
    • 싱글 파트 피처는 하나의 폴리곤에 대해 하나의 속성정보가 부여되는 것이다.
    • 멀티 파트 피처는 여러 개의 폴리곤에 하나의 속성정보가 부여되는 것이다.

  ㉡ 융합과 분할
    • 싱글 파트 피처를 멀티 파트 피처로 변환하는 것은 융합(dissolve)을 통해 수행할 수 있다. 이는 통합하고자 하는 여러 개의 폴리곤이 동일한 속성정보를 가진 필드가 있을 때 가능하다.
    • 멀티 파트 피처를 싱글 파트 피처로 변환하는 것은 분할(separate 또는 explode)기능을 통해 수행할 수 있다.

  ㉢ 싱글 파트를 멀티 파트 또는 멀티 파트를 싱글 파트로 변환한 경우, 반드시 피처의 속성정보를 점검해야 한다.

ⓔ 가장 기본적인 피처의 위치를 이동하는 방법에는 마우스를 이용하는 방법 또는 x, y로의 이동량을 키보드로 입력하는 방법이 있다. 멀티 피처는 하나의 멀티 피처 내의 모든 폴리곤이 동시에 이동하며, 싱글 피처는 하나의 폴리곤만 이동한다.

ⓜ 이외에도 선형 피처의 분리, 버퍼 생성, 폴리곤 피처의 교집합과 합집합을 생성하거나 폴리곤 피처의 일부분을 잘라내는 기능 등이 있다.

③ 피처 편집

㉠ 피처 편집과 속성정보 확인

• 선형이나 면형 피처를 분할 또는 병합할 경우 피처의 개수가 늘거나 줄어든다. 이 과정에서 속성정보의 레코드 수도 늘거나 줄어든다.

• 편집 전 속성정보와 편집 후 속성정보의 차이를 반드시 확인하고, 속성정보의 변경이 필요하면 속성정보를 갱신해야 한다.

㉡ 라인(선형) 피처의 편집 : 선형 피처는 필요에 따라 분할되거나 병합된다. 선형 피처가 하나일 경우 하나의 속성 레코드가 존재하지만, 두 개 이상으로 분리될 경우 분리된 개수만큼의 속성 레코드가 존재한다.

• 분할 : 하나의 선형 피처를 두 개 이상으로 분리하는 것이다.

• 병합 : 두 개 이상의 선형 피처를 하나로 결합하는 것이다.

㉢ 폴리곤(면형) 피처의 편집 : 면형 피처는 필요에 따라 분할하거나 병합해야 한다.

• 예를 들어 하나의 필지를 분필하면 폴리곤 피처의 분할에 해당하고, 합필하면 폴리곤 피처의 병합에 해당한다.

• 폴리곤 피처의 분할은 cut polygon feature와 같은 도구를 이용하여 시행하고, 병합은 병합이나 합집합과 같은 도구를 이용한다.

– 병합(merge) : 복수의 폴리곤을 하나의 폴리곤으로 병합하는 것이다.

– 합집합(union) : 복수의 폴리곤을 병합한 새로운 하나의 폴리곤을 추가하는 것이다.

핵심예제

3-1. 피처 위치 수정에 관한 설명으로 옳지 않은 것은?

① 위치 수정은 원래 수정할 대상을 배경에 두고 시행해야 한다.
② 피처의 버텍스(vertex)를 이동, 삭제, 추가하여 피처의 형태를 변경하는 것이다.
③ 위치를 변경할 경우, 변경할 위치의 확인 기준데이터는 따로 준비하지 않는다.
④ 피처의 위치 수정 시 수정할 벡터 레이어를 선택하여 편집 가능한 모드로 변경한다.

3-2. 선형 피처 편집에서 보기와 같은 경우에 하는 피처작업은?

┤보기├
하나의 피처로 입력된 2km 구간의 2차선 도로가 공사로 인해 1km 구간은 4차선으로 확장되었고, 나머지 1km 구간은 기존대로 2차선 도로로 존재할 경우

① 병합(merge)
② 합집합(union)
③ 분할(separate 또는 explode)
④ 삭제(erase)

|해설|

3-1
피처의 위치를 변경할 경우, 변경할 위치를 확인할 만한 기준데이터가 준비되어 있어야 한다.

3-2
보기의 경우 선형 피처를 분리해야 한다. 하나의 선형 피처를 2개 이상으로 분리하는 것을 분할이라고 한다.

정답 3-1 ③ 3-2 ③

3-4. 속성 편집

핵심이론 01 필드 타입의 종류와 특징

① 속성 필드

속성정보는 필드와 레코드로 구성되어 있으며, 피처의 수만큼 존재하고 벡터 피처의 개수만큼 레코드를 갖는다. 각 레코드는 필드에 대한 정보를 갖는다.

② 속성데이터의 종류

저장될 수 있는 속성데이터에는 명목, 서열, 등간, 비율 등이 있다.

㉠ 명목데이터 : 관측 대상을 범주로 나눠 분류한 후 기호나 숫자를 부여하는 데이터로 사용되는 숫자는 양적인 의미가 아니라 데이터 속성을 구분하기 위한 용도이다.

예 토지 피복의 범주, 인종, 성별, 기타 등

㉡ 서열데이터 : 관측 대상을 상대적으로 비교하여 순위를 정해 관측한 데이터이다.

예 순위, 계급, 저·중·고소득, 저·중·고바이러스 감염률 등

㉢ 등간데이터 : 비계량적 변수를 정량적으로 측정하기 위한 것으로, 절대 0값을 갖지 않는 수치데이터이다. 숫자 간의 간격이 동일하다.

예 온도, 지능 등

㉣ 비율데이터 : 절대 0값을 갖는 수치데이터로, 두 측정값의 비율이 의미를 갖는다.

예 몸무게, 매출액, 질량, 나이 등

③ 속성 필드의 생성

속성 필드를 생성하려면 먼저 속성 필드의 타입을 고려해야 한다.

㉠ 속성 필드의 유형과 의미는 다음과 같으며, 생성할 필드를 고려하여 타입을 설정한다.

• short integer : 2바이트 정수

• long integer : 4바이트 정수

• float : 실수(4바이트)

• double : 배정도 실수(8바이트)

• text : 텍스트(길이 지정 필요)

• date : 날짜

㉡ 필드 추가 : 새로운 필드를 추가하려면 필드 추가 메뉴를 이용하되, 필드 타입을 설정해야 한다. 필드 타입을 결정하면 새로운 필드가 생성되며, 이때 생성된 필드에는 아무 정보도 들어 있지 않다.

㉢ 필드 삭제 : 필요 없는 필드를 삭제하려면 필드를 선택한 후 삭제 메뉴를 이용한다. 이때 한 번 삭제된 필드는 복구할 수 없으므로, 필드를 삭제할 때 주의가 필요하다.

④ 필드값의 유형

㉠ 사용자가 필드값 사용 또는 표시방법을 손쉽게 식별할 수 있도록 호스팅 피처 레이어의 각 속성 필드에 저장되는 값의 유형을 정의할 수 있다.

필드값 유형	각 피처에 대해 필드에 포함되는 내용
이름 또는 제목	각 피처의 이름, 제목, 레이블, 키워드를 나타내는 텍스트이다.
설명	이름이나 제목보다 자세하게 피처에 대해 설명하는 텍스트이다.
유형 또는 범주	토질 유형, 구역코드, 종, 자산 유형 등 공통 특성에 따라 피처를 그룹화하는 유형이나 범주를 나타내는 필드값이다.
개수 또는 양	특정 속성의 수량을 나타내는 정수(소수 없음)이다.
백분율 또는 비율	해당 필드의 숫자값은 여러 수량 간의 관계를 반영한다.
측정	고도, 거리, 온도, 나이 등과 같이 정확하게 측정할 수 있는 특성을 반영하는 숫자이다.
통화	통화값을 나타내는 숫자이다.
고유 식별자	해당 필드의 값은 피처나 엔티티를 서로 분명히 구별하는 데 사용한다.
전화번호	전화번호를 저장한다.
이메일 주소	이메일 주소 문자열을 저장한다.
좌표	x, y, z, 위도, 경도 등 지리 좌푯값을 저장한다.
날짜와 시간	해당 필드의 값은 명시적 날짜와 시간 또는 요일, 월, 연도 등 날짜 참조를 저장한다.
바이너리	두 값 중 하나만 각 피처에 허용한다. 예 켜기 또는 끄기, 예 또는 아니요
위치 또는 장소 이름	해당 필드의 값은 지리 위치를 나타낸다. 해당 필드의 값에는 도로명 주소, 우편번호, 국가 등이 포함된다.

ⓛ 필드 설명을 사용하면 길거나 복잡한 필드 이름을 사용할 필요 없이 필드에 포함된 내용을 전달할 수 있다.

핵심예제

1-1. 속성 필드에 대한 설명으로 옳지 않은 것은?

① 속성정보는 피처의 수만큼 존재하고, 벡터 피처의 개수만큼 레코드(record)를 갖는다.
② 새로운 필드를 추가하여 생성된 필드에는 기초정보가 포함되어 있다.
③ 속성 필드를 생성하려면 먼저 속성 필드의 타입을 고려해야 한다.
④ 한 번 삭제된 필드는 복구할 수 없으므로, 필드를 삭제할 때 주의가 필요하다.

1-2. 속성 필드의 타입과 의미로 옳은 것은?

① short integer : 4바이트 실수
② long integer : 8바이트 실수
③ float : 2바이트 정수
④ double : 8바이트 배정도 실수

|해설|

1-1
필드 타입을 결정하면 새로운 필드가 생성되며, 이때 생성된 필드에는 아무 정보도 들어 있지 않다.

1-2
① short integer : 2바이트 정수
② long integer : 4바이트 정수
③ float : 실수(4바이트)

정답 1-1 ② 1-2 ④

핵심이론 02 기하(geometry)연산

① 공간연산(spatial operation)
공간 데이터베이스에 원하는 데이터를 추출하는 기본 연산으로 2차원 공간연산, 3차원 공간연산, 시공간연산자, 위상연산자 등이 있다.

㉠ 공간 데이터베이스 : x, y 좌표로 구성된 공간데이터를 저장하고 연산할 수 있는 기능을 제공하는 데이터베이스이다. 공간데이터의 저장 형태를 구분하는 공간데이터 타입과 공간데이터를 연산할 수 있는 공간함수가 제공되는 데이터베이스로도 나타낸다.

㉡ 공간데이터 타입(spatial data type)
  • point : 좌표 공간에서 한 지점의 위치를 표시한다.
  • linestring : 다수의 point를 연결해 주는 선분이다.
  • polygon : 다수의 선분들이 연결되어 닫혀 있는 형태인 다각형이다.
  • multi-point : 다수 개의 point 집합이다.
  • multi-linestring : 다수 개의 linestring 집합이다.
  • multi-polygon : 다수 개의 polygon 집합이다.
  • geomcollection : 모든 공간데이터들의 집합이다.

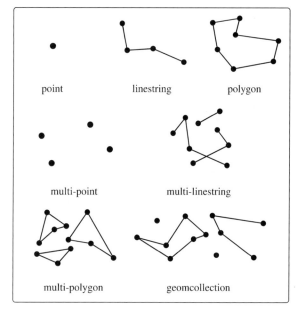

② 공간관계함수(spatial relation functions) = 위상관계
연산자(OGC)

공간함수는 공간관계함수와 공간연산함수로 구분하는데, 이 중에서 공간관계함수는 두 공간객체 간의 관계를 일반 데이터 타입(boolean 또는 숫자)으로 반환해 주는 함수이다.

㉠ Equals : 두 객체의 타입이 같고 서로의 좌표도 같다면 참값을 반환한다.

㉡ Disjoint : 두 공간객체 간의 교집합이 없으면 참값을 반환한다.

㉢ Within : 한 공간객체가 완전히 다른 공간객체 안에 존재하면 참값을 반환한다.

㉣ Overlaps : 두 공간객체 타입이 같고, 두 객체의 교집합이 존재하는 경우 참값을 반환한다.

㉤ Intersects : 두 공간객체 사이의 교집합이 존재하는 경우 참값을 반환한다.

㉥ Contains : 한 공간객체가 완전히 다른 공간객체 안에 포함된 경우 참값을 반환한다.

㉦ Touches : 두 공간객체의 경계영역에서만 겹치거나 공통된 점들이 존재하면 참값을 반환한다.

㉧ Crosses : 교집합의 결과가 두 공간객체의 차원보다 작은 차원을 가지면 참값을 반환한다.

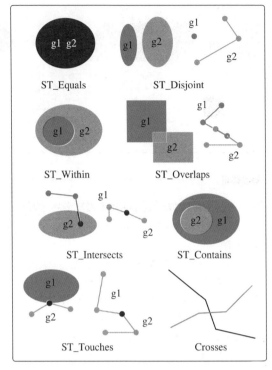

③ 공간연산함수(spatial operator functions)

공간연산함수는 두 공간객체의 연산결과로 새로운 공간객체를 반환해 주는 함수이다.

㉠ Intersection : g1과 g2의 교집합인 공간객체를 반환한다.

㉡ Union : g1과 g2의 합집합인 공간객체를 반환한다.

㉢ Difference : g1과 g2의 차집합인 공간객체를 반환한다.

㉣ Buffer : g1에서 d거리만큼 확장된 공간객체를 반환한다.

㉤ Envelope : g1을 포함하는 최소 MBR인 polygon을 반환한다.

㉥ StartPoint : g1의 첫 번째 point를 반환한다.

㉦ EndPoint : g1의 마지막 point를 반환한다.

㉧ PointN : g1의 n번째 point를 반환한다.

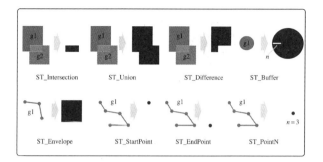

ST_Intersection   ST_Union   ST_Difference   ST_Buffer

ST_Envelope   ST_StartPoint   ST_EndPoint   ST_PointN

핵심예제

2-1. 공간관계함수에 관한 설명으로 옳지 않은 것은?

① Disjoint : 두 공간객체 간의 교집합이 없으면 참값을 반환한다.
② Within : 한 공간객체가 완전히 다른 공간객체 안에 존재하면 참값을 반환한다.
③ Intersects : 두 공간객체의 경계영역에서만 겹치거나 공통된 점들이 존재하면 참값을 반환한다.
④ Equals : 두 객체의 타입이 같고 서로의 좌표도 같다면 참값을 반환한다.

2-2. 다음 그림이 의미하는 공간연산함수는?

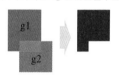

① Difference
② Intersection
③ Union
④ Buffer

|해설|

2-1
Intersects : 두 공간객체 사이의 교집합이 존재하는 경우 참값을 반환하는 함수이다.

2-2
문제의 그림은 g1에 g2를 차집합한 결과로, Difference를 의미한다.

정답 2-1 ③ 2-2 ①

---

① 속성 필드 업데이트
  속성 필드 업데이트에는 속성 데이터베이스를 수정 가능한 상태로 변경한 후 속성데이터를 업데이트하는 방법과 기존 속성 데이터베이스와는 별개의 데이터베이스를 불러들여 데이터베이스를 조인(join)하는 방법이 있다.

② 데이터베이스를 수정 가능한 상태로 변경한 후 속성을 업데이트하는 방법
  ㉠ 속성 데이터베이스를 수정 가능한 상태로 변경하기 위해서 편집 모드를 활성화한다.
  ㉡ 속성값을 입력하여 업데이트하고, 업데이트를 마친 후 편집된 내용을 저장하면 속성필드는 업데이트된다.
  ㉢ 이 과정에서 새롭게 입력되는 속성값은 속성필드의 정의에 따라 입력해야 한다.

③ 외부 데이터베이스와의 조인을 이용한 업데이트
  ㉠ 공간정보의 업데이트에 널리 사용되는 방법으로, 업데이트할 공간데이터와 외부 데이터베이스의 공통된 키(key)를 이용한 조인을 통해 이루어진다.
  ㉡ 조인을 하려면 두 개의 데이터베이스에 공통으로 포함된 키가 존재해야 한다.
  ㉢ 기존의 속성 데이터베이스는 그대로 존재하고, 새롭게 추가된 속성이 기존 데이터베이스 다음으로 추가된다.
  ㉣ 조인을 실행한 후 필드는 필요에 따라 삭제하여 데이터베이스를 정리한다.
  ㉤ 조인된 데이터는 별도의 공간데이터 파일로 저장해야 한다.

데이터베이스를 수정 가능한 상태로 변경한 후 속성을 업데이트하는 방법에 관한 설명으로 옳지 않은 것은?

① 속성 데이터베이스를 수정 가능한 상태로 변경하기 위해서 편집 모드를 활성화한다.
② 공간데이터와 외부 데이터베이스의 공통된 키(key)의 조인(join)을 통해 이루어진다.
③ 업데이트를 마친 후 편집된 내용을 저장하면 속성필드는 업데이트된다.
④ 이 과정에서 새롭게 입력되는 속성값은 속성필드의 정의에 따라 입력되어야 한다.

|해설|

②는 외부 데이터베이스와의 조인을 이용한 업데이트에 관한 설명이다.

정답 ②

공간정보처리 및 분석

제1절 | 공간영상처리

영상처리의 개요
- 영상처리에서는 영상을 분석하기 전에 최적의 영상 상태에 있도록 왜곡을 제거하고, 영상을 보정하며, 영상 개선 등의 전처리 과정을 수행한다.
- 영상처리는 영상의 입력부터 출력까지 모든 형태의 정보처리를 의미하며, 대표적인 예가 사진이나 동영상의 품질을 개선하는 작업이다.
- 대부분의 영상처리기법은 영상을 2차원 신호로 인식하고 여기에 표준적인 신호처리기법을 적용하는 방법을 활용한다.
- 일반적으로 영상처리는 노이즈(noise) 제거, 방사 보정, 기하 보정 등의 영상 전처리 단계를 거쳐 영상 강조, 변환, 영상 접합 등의 영상처리 단계 그리고 분류와 인식의 순서로 수행된다.

1-1. 영상 전처리

영상은 자료의 수집과정 중 여러 요인에 의해 훼손, 왜곡 등이 발생하는데, 이는 판독과정에서 여러 오차의 요인으로 작용하기 때문에 사전에 보정이 필요하다. 최적의 영상 상태에 있도록 왜곡을 제거하고, 영상 보정 및 영상 개선 등의 과정을 전처리(preprocessing) 과정이라고 한다.

핵심이론 01 잡음의 종류와 특징

① 잡음(노이즈)
  ㉠ 영상의 내부와 외부로부터 입력 영상신호 성분 이외의 신호, 영상의 픽셀값에 추가되는 원하지 않는 형태의 신호를 의미한다.
  ㉡ 조명의 불량이나 카메라 조작의 미숙, 오래된 사진 스캐닝, 지구 표면 방사에너지 센서 수집과정에서 다양한 원인으로 발생한다.
  ㉢ 잡음은 영상의 품질을 저하시킨다.
② 잡음의 종류
  ㉠ 영상의 노이즈
    • 가우시안(gaussian) 노이즈 : 정규분포를 갖는 통계적인 잡음으로, 영상의 픽셀값으로부터 불규칙적으로 벗어나지만 뚜렷하게 벗어나지 않는다.
    • 임펄스(impulse) 노이즈 : 영상의 픽셀값과는 뚜렷하게 다른 픽셀값에 의한 잡음이다.
    • 소금 및 후추 노이즈 : 영상 내에 검은색 또는 흰색 점의 형태로 발생하는 잡음이다.
    • 균일(uniform) 노이즈 : 균일한 발생 형태(분포)를 보이는 잡음이다.
  ㉡ 방사오차 : 지표면 영상의 수집과정 중 탐측기에 의해 관측되는 전자기파는 탐측기와 지표 물체 사이의 여러 원인에 의해 왜곡이 발생한다.
    • 발생원인 : 대기효과, 기하학적 관계, 지형의 경사와 향, 그림자 효과 등
  ㉢ 기하오차 : 탐측기 기하 특성에 의한 내부 왜곡으로 영상이 실제 지형과 정확히 일치하지 않는 오차가 발생한다.
    • 발생원인 : 위성의 자세, 지구의 곡률, 관측기기의 오차, 지구 자전의 영향 등

1-1. 영상이 최적의 상태에 있도록 왜곡을 제거하고, 영상 보정 및 영상 개선 등을 하는 과정은?

① 영상 강조
② 영상 변환
③ 영상 접합
④ 영상 전처리

1-2. 영상 기하오차에서 왜곡 발생의 원인이 아닌 것은?

① 대기효과
② 위성의 자세
③ 지구의 곡률
④ 지구 자전의 영향

|해설|

1-1
영상처리에서는 영상을 분석하기 전에 최적의 영상 상태에 있도록 왜곡을 제거하고, 영상을 보정하며, 영상 개선 등의 전처리(preprocessing) 과정을 수행한다.

1-2
대기효과는 방사오차 왜곡 발생의 원인이다.
영상 기하오차 왜곡 발생의 원인
• 위성의 자세
• 지구의 곡률
• 관측기기의 오차
• 지구 자전의 영향

정답 1-1 ④ 1-2 ①

핵심이론 02 잡음의 발생원인

① 센서로 인한 오류

영상자료의 취득, 변환 및 전송과정에서 혼입되는 입력신호 이외의 모든 전기신호이다. 주로 발생하는 오류는 drop line, 줄무늬현상으로 원하는 수신신호에 간섭을 일으켜 손상을 주는 현상이다. 센서로 인한 오류는 영상 취득 당시 센서의 감지도 이상 등에 의하여 발생하며 노이즈의 분포와 형태가 상이하다.

㉠ 오류 형태에 따른 분류

• drop line : 획득된 자료에서 자료의 입력이 누락되어 빈 스캔 라인 형태의 오류현상이다. 이 현상의 원인은 대부분 CCD 배열의 일부 감지기가 작동하지 않거나 위성 영상에서 지상 수신호로 자료가 전송되는 과정에서 자료의 손실로 인해 발생한다.

• 줄무늬현상 : 원격탐사에 이용되는 센서들은 일반적으로 한 밴드에 여러 개의 감지기를 가지고 있다. 이들의 오프셋과 게인이 조금씩 다른 특성을 가지고 있어, 이를 보정하지 않을 경우 줄무늬 효과와 같은 주기적인 왜곡이 발생한다.

㉡ 오류분포에 따른 분류

• 광역적 노이즈 : 영상 전체에 임의로 발생하는 노이즈이다.

• 국소적 노이즈 : 영상의 일부 영역에 발생한 노이즈로, 주로 영상의 전송과정에서 자료 손실로 인해 발생한다. 일반적인 필터(filter)를 적용하여 제거할 수 있으나 에지(edge)정보가 손상될 수 있으므로 노이즈 지역을 선택하여 제거한다.

• 주기적 노이즈 : 영상 전체에 일정한 간격을 두고 반복적으로 발생하는 노이즈이다. 자료 취득이나 CCD 배열의 일부 화소가 손상되어 영상전송장치의 결함으로 발생한다.

2-1. CCD 배열의 일부 감지기가 작동하지 않거나 위성 영상에서 지상 수신호로 자료가 전송되는 과정에서 자료의 손실로 인해 발생하는 오류는?

① drop line
② 줄무늬현상
③ 가우시안 노이즈
④ 임펄스 노이즈

2-2. 센서로 인한 오류 중 오류분포에 따른 분류가 아닌 것은?

① 광역적 노이즈
② 국소적 노이즈
③ 균일적 노이즈
④ 주기적 노이즈

|해설|

2-1

① drop line : 획득된 자료에서 자료의 입력이 누락되어 빈 스캔라인 형태의 오류현상으로, CCD 배열의 일부 감지기가 작동하지 않거나 위성 영상에서 지상 수신호로 자료가 전송되는 과정에서 자료의 손실로 인해 발생한다.
② 줄무늬현상 : 원격탐사에 이용되는 센서들은 일반적으로 한 밴드에 여러 개의 감지기를 가지고 있다. 이들의 오프셋과 게인이 조금씩 다른 특성을 가지고 있어, 이를 보정하지 않을 경우 줄무늬효과와 같은 주기적인 왜곡이 발생한다.
③ 가우시안(gaussian) 노이즈 : 정규분포를 갖는 통계적인 잡음으로, 영상의 픽셀값으로부터 불규칙적으로 벗어나지만 뚜렷하게 벗어나지 않는다.
④ 임펄스(impulse) 노이즈 : 영상의 픽셀값과는 뚜렷하게 다른 픽셀값에 의한 잡음이다.

2-2

오류분포에 따른 분류
• 광역적 노이즈
• 국소적 노이즈
• 주기적 노이즈

정답 2-1 ① **2-2** ③

핵심이론 03 잡음 필터링

① 필터링의 개념

필터링은 영상에서 원하는 정보만 통과시키고 나머지는 걸러내어 영상을 수정하거나 향상시키기 위한 기법이다. 예를 들어, 영상을 필터링하여 특정한 특징을 강조하거나 다른 특징을 제거할 수 있다. 가중치와 함께 주변 화소의 밝기값을 평가한다.

② 합성곱(convolution)

특정한 크기의 필터를 사용하여 이미지의 각 픽셀을 지나가며 필터의 위치에 해당하는 픽셀을 모두 곱한 후 그 곱한 값을 모두 더하여 현재 중앙 픽셀값에 넣어주는 것이다. 이러한 필터를 어떤 값을 넣어 사용하느냐에 따라 이미지의 색상, 밝기, 에지 추출 등 여러 가지 기능을 수행할 수 있다. 또한 필터는 주로 커널이라고도 한다.

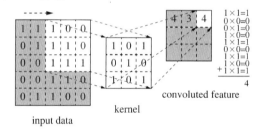

③ 필터링 방법

필터링 방법에는 edge detector, convolutions, filtered의 3가지 기법이 있으며, 일반적으로 공간 필터링(spatial filtering)이라고 한다. 필터링 방법은 영상의 일부 또는 전체에 분포하는 화소의 밝기를 변화시켜 줌으로써 영상자료 내에 포함되어 있는 정보를 선택적으로 강조하거나 삭제하는 반복과정을 통해 이루어진다.

④ 필터의 유형

㉠ 영상처리에 사용되는 공간 필터에는 저역 통과 필터(low-pass filter), 고역 통과 필터(high-pass filter), 대역 통과 필터(band-pass filter)의 3가지 유형이 있다.

ⓛ 기본적인 필터를 이용하여 보다 복잡하고 다양한 특성을 갖는 필터를 조합하여 사용할 수 있다.

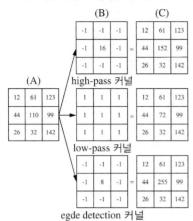

$$\frac{\begin{array}{l}A(1,1)\times B(1,1)+A(1,2)\times B(1,2)+A(1,3)\times B(1,3)+A(2,1)\times B(2,1)+A(2,2)\times B(2,2)\\ +A(2,3)\times B(2,3)+A(3,1)\times B(3,1)+A(3,2)\times B(3,2)+A(3,3)\times B(3,3)\end{array}}{B(1,1)+B(1,2)+B(1,3)+B(2,1)+B(2,2)+B(2,3)+B(3,1)+B(3,2)+B(3,3)}=C(2,2)$$

[필터링에서의 필터 커널 사용결과의 예]

ⓒ 영상의 노이즈를 제거하거나 특정한 형상을 강조하기 위한 필터링으로는 저역 통과 필터, 고역 통과 필터, 중간값 필터, laplacia 필터, sigma 필터 등 종류가 다양하므로 영상의 노이즈 특성이나 강조할 형상 등을 파악하여 선택적으로 사용한다.

ⓒ 저역 통과 필터 : 인접 화소 간 밝기값의 차이를 크지 않게 하여 초점이 맞지 않듯이 영상을 흐리게 한다.

ⓜ 고역 통과 필터 : 값의 변화가 크지 않은 요소들을 제거하거나 지역적인 고주파 부분을 강조한다.

ⓗ 대역 통과 필터 : 고역 통과 필터의 차단주파수에 의해 특정영역의 주파수를 지닌 신호만 통과시키고 나머지 신호는 차단하는 필터이다.

⑤ focal 함수

입력 그리드 셀(grid cell)에서 인접한 셀들을 기반으로 주변과의 관계를 연산하는 방법이다. 하나의 그리드 셀에서 시작하고, 인접한 그리드 셀의 내용을 분석하여 그 결괏값을 결과 그리드에 할당하는 방식이다.

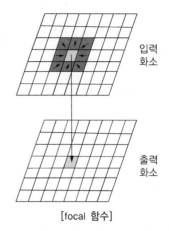

[focal 함수]

ⓗ 평균(mean) 필터 : 필터링 기법 중 가장 간단한 노이즈 제거방법으로, 화소 주변에 3×3 화소의 평균치를 그 화소의 값과 교환하는 방식이다.
  • 전체적으로 영상이 부드러워지지만, 노이즈나 모서리를 고려하지 않고 모두 흐리게 처리하기 때문에 노이즈는 제거되는 반면, 결과물 영상의 공간 해상도가 저하된다.
  • 가우시안 노이즈를 줄이는 데에는 효과적이지만, 임펄스 노이즈에는 비효과적이다.

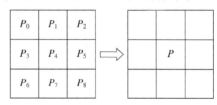

$$P=\frac{P_0+P_1+P_2+P_3+P_4+P_5+P_6+P_7+P_8}{9}$$

[mean 필터에 의한 화솟값 계산]

ⓛ 중간값(median) 필터 : 주어진 마스크 영역의 값들을 크기 순서대로 정렬한 후 화솟값들의 중간 크기 값을 선택하는 필터이다.
  • 3×3의 커널을 기본으로 하여 화솟값의 크기 순서대로 정렬한 후 중간 크기의 값을 사용하기 때문에 불규칙적으로 나타나는 임펄스 잡음, 소금 및 후추 잡음 제거에 효과적이다.

- 연속적으로 여러 개의 화소에 발생한 노이즈를 제거하는 데 문제가 있고, 화솟값을 크기순으로 정렬하면 특별히 문제가 없는 화솟값도 바뀔 수 있다는 단점이 있다.

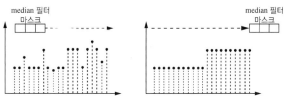
[중간값 필터 적용 전(왼쪽)과 후(오른쪽)]

ⓒ 가우시안(gaussian) 필터 : 가우시안 커널을 이용하여 영상의 잡음을 제거하는 기법이다. 가우시안 필터링은 중앙값에 많은 영향을 주고, 멀어질수록 영향을 적게 주어 경계선과 같은 에지정보를 잘 유지하면서 자연스럽게 스무딩을 적용시킬 수 있다.

ⓓ 양각처리(embossing) 필터 : 북서 방향 처리 또는 동서 방향 처리 등 그림자를 보는 것과 같은 음영기복효과를 내는 필터이다.

ⓔ 라플라시안(laplacian) 필터 : 2차 미분계수이고 회전에 대해 불변인 함수로 점, 선, 경계를 강조하고 일정하거나 평활하게 변화하는 지역은 감추는 필터이다.

3-1. 영상에 커널의 요소에 대응하는 입력 화솟값을 곱해서 모두 합한 것을 중앙 픽셀값에 넣어 주는 것은?

① 가우시안 필터
② 합성곱
③ 푸리에 변환
④ 고대역 통과

3-2. 연속적으로 여러 개의 화소에 발생한 노이즈를 제거하기 어렵고, 특별히 문제가 없는 화솟값도 바뀔 수 있다는 단점을 지닌 필터는?

① 저역 통과 필터
② 고역 통과 필터
③ 평균 필터
④ 중간값 필터

|해설|

3-1
② 합성곱 : 커널을 사용하여 이미지의 각 픽셀을 지나가며 필터의 위치에 해당하는 픽셀을 모두 곱한 후 그 곱한 값을 모두 합하여 현재 중앙 픽셀값에 넣어 주는 것이다.
① 가우시안 필터 : 가우시안 커널을 이용하여 영상의 잡음을 제거하는 기법이다. 가우시안 필터링은 중앙값에 많은 영향을 주고, 멀어질수록 영향을 적게 주어 경계선과 같은 에지정보를 잘 유지하면서 자연스럽게 스무딩을 적용시킬 수 있다.
③ 푸리에 변환 : 한 함수를 인자로 받아 다른 함수로 변환하는 선형 변환의 일종으로, 수치 영상처리에서 널리 사용한다.

3-2
① 저역 통과 필터 : 인접 화소 간 밝기값의 차이가 크지 않게 하여 초점이 맞지 않듯이 영상을 흐리게 한다.
② 고역 통과 필터 : 값의 변화가 크지 않은 요소들을 제거하거나 지역적인 고주파 부분을 강조한다.
③ 평균 필터 : 여러 필터링 기법 중에 가장 간단한 노이즈 제거방법으로, 화소 주변에 3×3 화소의 평균치를 그 화소의 값과 교환하는 방식이다.

정답 3-1 ② 3-2 ④

① 방사오차 보정 : 방사 보정은 왜곡을 수정하여 지상의 지형지물에 대한 순수한 반사값을 구하는 작업으로 복사휘도와 관련된 각종 왜곡을 제거하여 보정한다. 방사오차 보정은 복사량 보정(radiometric correction), 복사오차 보정이라고도 한다.

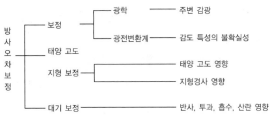

[방사오차 보정의 방법]

② 대기효과로 인한 오류

대기 산란은 공기분자 자체에 의한 레일리(rayleigh) 산란과 공기분자보다 큰 입자들에 의한 미(mie) 산란으로 구분한다. 대기효과에 의한 오류를 최대한 제거하기 위해서는 대기의 산란과 흡수에 관한 모델링이 필요하며, 화솟값과 실제 지표 반사율과의 관계를 모델링하여 제거한다.

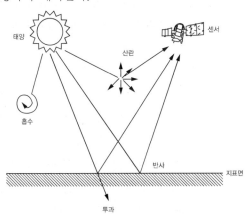

[원격탐사에서의 다양한 대기효과]

㉠ 반사 : 이상적인 반사는 태양과 같은 에너지원에서 발사된 전자기파가 그대로 반사되어 원격탐사센서에 도달하는 경우이지만, 지표면의 특성 등으로 인하여 모든 전자기파가 원격탐사센서에 도달하지는 못한다.

㉡ 투과 : 지표면에 도달한 전자기파는 반사되기 전에 일부분의 에너지가 물질에 흡수되거나 투과된다. 전자기파가 물에 입사될 때에는 토양, 암석이나 금속과 같은 여타 물질에 비해 많은 양의 전자기파를 흡수 또는 투과한다.

㉢ 흡수 : 전자기파 에너지는 대기를 통과하고 지표면에 도달하기까지 여러 물질에 흡수되어 열에너지 또는 빛에너지와 같은 다른 형태로 전환된다. 대기의 구성분자들로 인하여 특정 파장대의 전자기파 에너지가 흡수되면 기파장대의 에너지는 지표면에 도달할 수 없기 때문에 원격탐사에 사용할 수 없다.

㉣ 산란 : 반사와 유사하지만, 대기성분에 의해 예측 불가능한 형태의 확산으로 일어난다는 점에서 반사와 구분된다. 전자기파는 대기 상호작용으로 인하여 대기에 존재하는 여러 입자에 의해 굴절, 흡수, 산란되며 대기를 투과한다. 이러한 현상으로 인해 대기를 통과할 때 전파속도, 파장, 강도, 분광특성에 변화가 생긴다.

• 레일리 산란(rayleigh scattering)
  – 작은 입자들에 의한 전자기파의 산란에 관한 근사이론으로, 산란물질의 직경이 입사하는 복사파 파장의 1/10 이하의 크기인 미소한 구형의 입자에 대한 산란이다.
  – 맑은 하늘이 푸른 것은 공기분자에 의한 태양 복사의 레일리 산란 때문이다.

• 미 산란(mie scattering)
  – 빛을 산란하는 입자의 크기와 입사하는 빛의 파장이 비슷할 경우에 일어나는 산란이다.
  – 먼지, 스모그 등의 에어로졸(미세먼지) 그리고 구름입자나 빗방울과 같이 입자의 크기가 태양 복사의 파장과 비슷한 규모의 경우에는 레일리 산란보다 더욱 복잡한 미 산란이 일어난다.
  – 구름이 흰색을 띄는 것은 구름입자에 의해 가시광선이 미 산란되기 때문이다.

4-1. 방사오차 보정방법으로 거리가 먼 것은?

① 태양의 고도각 보정
② 지형적 잔사 특성 보정
③ 주변 감광의 보정
④ 센서의 궤도 보정

4-2. 산란현상 중 대기의 공기분자 유효 직경이 복사파 파장에 비해 크기가 매우 미소한 구형의 입자에 대한 산란은?

① 미 산란
② 레일리 산란
③ 톰슨 산란
④ 콤프턴 산란

|해설|

4-1
센서의 특성, 궤도 및 자세 정보 등의 오류를 보정하는 방법은 기하 보정방법이다.

4-2
레일리 산란 : 작은 입자들에 의한 전자기파의 산란에 관한 근사이론으로, 산란물질의 직경이 입사하는 복사파 파장의 1/10 이하의 크기인 미소한 구형의 입자에 대한 산란이다.

정답 4-1 ④ 4-2 ②

1-2. 기하 보정

핵심이론 **01** 기하오차와 발생원인

① 기하오차

인공위성 영상이나 항공기 등에서 영상자료를 취득할 때 탐지 대상물과 탑재체, 센서의 상대적인 운동, 센서 특성 그리고 탑재된 기기제어의 한계 등을 통해 취득한 영상에서 공간적인 왜곡이 발생하는 오차이다.

② 발생원인

 ㉠ 위성의 자세에 의한 기하오차

  • 인공위성은 지구의 비대칭 중력장, 태양과 달의 인력, 태양풍의 영향 등 여러 가지 요인에 의해 다양한 힘을 받는다. 이 힘을 섭동(perturbation)이라고 한다.

  • 섭동으로 인해 인공위성 센서의 지향점이 변화되고, 센서 지향점의 변화는 촬영되는 물체의 위치 변화를 가져옴으로써 영상자료에 나타나는 화소의 좌표에 변화가 일어난다.

  • 인공위성은 섭동의 양을 최소화하고 위성의 자세를 안정시키기 위해 자이로스코프(gyroscope)라는 3축 자세제어시스템을 탑재하여 센서 지향점의 위치를 유지한다.

 ㉡ 지구 곡률에 의한 기하오차

  • 지구 표면은 평면이 아니라 지구 형태에 의하여 타원체의 곡면을 이루고 있으며, 이러한 차이로 인해 영상자료의 위치에 변화가 나타난다.

  • 영상자료에 나타나는 지구 곡률에 의한 오차는 1km당 수직 방향으로 약 1.2m, 수평 방향으로 약 0.04m 정도의 값을 나타낸다.

 ㉢ 지구 자전에 의한 기하오차

  • 지구 관측 위성은 거의 대다수가 적도에 수직으로 지구를 공전하며 지표의 일정 지역을 촬영하는 태양동기궤도방식을 이용한다.

- 지구는 자전하기 때문에 인공위성의 센서에 의해 촬영되는 지역은 직사각형의 형태를 이루지 못하고 실제로는 동서 방향으로 찌그러진 사각형 형태를 나타낸다.
- 영상 촬영 지역의 범위가 커질수록 그 값은 비례해서 증가한다.

㉣ 관측기기 오차에 의한 기하오차
- 인공위성에 탑재된 센서는 위성이 진행하는 좌우 또는 상하로 지면을 스캐닝하기 때문에 라인 단위의 영상을 획득하고, 과정을 계속 반복하여 원하는 지역의 평면 영상을 얻는다.
- 영상 획득과정에서 인공위성 관측센서의 회전속도에 차이가 생기면, 스캐닝 시간에 불일치가 발생하여 결국 영상자료의 위치에 변화가 생긴다.

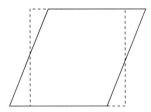
(a) 지구 자전에 의한 왜곡

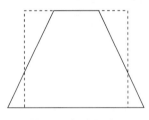
(b) 고도에 의한 왜곡

(c) 탑재체 속도에 의한 왜곡
[기하오차의 다양한 원인]

핵심예제

1-1. 기하오차의 발생원인이 아닌 것은?
① 지형의 경사나 방향
② 지구 자전의 영향
③ 지구 곡률
④ 위성의 자세

1-2. 인공위성 섭동의 양을 최소화하고, 자세를 안정시키기 위한 방법으로 적합한 것은?
① 대기효과 모델링
② 벌크 보정
③ 자이로스코프 시스템 탑재
④ 인공위성 영상 재배열

|해설|
1-1
지형의 경사나 방향은 방사오차의 발생원인이다.
기하오차의 발생원인
- 위성의 자세에 의한 기하오차
- 지구 곡률에 의한 기하오차
- 지구 자전에 의한 기하오차
- 관측기기 오차에 의한 기하오차

1-2
인공위성은 섭동의 양을 최소화하고 위성의 자세를 안정시키기 위해 자이로스코프(gyroscope)라는 3축 자세제어시스템을 탑재하여 센서 지향점의 위치를 유지한다.

정답 1-1 ① 1-2 ③

① 지상기준점(ground control point)의 개념
  ㉠ 영상좌표계와 지도좌표계 사이에 상호 매칭되는 점을 의미한다.
  ㉡ 기본 측량 및 공공 측량에 의하여 위치를 표시한 삼각점 또는 지적 도근점 등이다.
  ㉢ 원격탐사에서 영상좌표계와 지도좌표계 사이의 좌표 변환식을 구하기 위해 사용하는 기준점이다.
  ㉣ 절대표정에 사용하는 이미 알고 있는 좌표점이다.

② 지상기준점의 선점
  기하 보정을 수행하기 위한 필수조건은 위성 영상과 지상의 충분한 위치점의 개수와 정확한 기준점의 선택이다. 기하 보정에 사용되는 영상의 공간 해상도를 감안하여 지상기준점의 위치가 시간이나 계절에 영향을 적게 받는 도로의 교차점, 제방의 끝, 인공구조물 등을 선점해야 한다. 영상에서 지상기준점이 골고루 분포되도록 선점해야 지역 편중으로 인한 왜곡을 방지할 수 있다.

③ 지상기준점의 개수 결정
  ㉠ 지상기준점의 수는 영상과 지상 위치 간의 정확도만 보장된다면 많을수록 좋다.
  ㉡ 어느 수준 이상의 지상기준점 사용은 정확도 향상에 크게 도움을 주지 못하기 때문에 기하 보정에 불필요할 수도 있다.
  ㉢ 일반적으로 구하려는 다항식의 차수를 n차 항이라고 하면 수식에 의해서 지상기준점의 개수를 결정한다.
    • 필요한 지상기준점의 개수
      = (다항식 차수 + 1) × (다항식 차수 + 2) / 2
    • 위 식에 따라서 1차식, 2차식 및 3차 다항식에서 필요한 지상기준점의 최소 개수는 3점, 6점 및 10점이다.

㉣ 지상기준점 선점 시 기하 보정에 사용할 지상기준점 이외에 별도의 검사점(check point)을 선점하여 보정 정확도 확인용으로 활용한다.

④ 지상기준점의 위치
  ㉠ 가능한 한 영상 전체에 고르게 분포하도록 선정해야 한다.
  ㉡ 모양과 크기의 변화가 없는 지형지물이어야 한다.
  ㉢ 일반적으로 교차로, 인공구조물, 교량 등이 선택되며, 이때 영상의 공간 해상도를 고려해야 한다.
  ㉣ 공간 해상도별 지상기준점의 위치

항목	고해상도(1m 이하)	중·저해상도 (2m 이상)
지상기준점 위치	• 도로 교차점 • 소운동장의 중앙 또는 코너 • 소도로의 정지선 • 운동장의 중앙 또는 코너 • 테니스장의 중앙 또는 코너 • 교량의 끝점 • 논, 밭 등의 농사용 도로 등	• 다차선 도로의 교차점 • 댐의 좌우 코너 • 학교 운동장 중앙 • 교량 중앙 • 산복도로 등

⑤ 지상기준점의 선택방식
  ㉠ 직접측량방식 : 직접측량방식은 영상에서 명확한 지점을 선택한 후 대상 지역을 현실세계에서 확인하고, 대상지점에 대하여 GNSS 등 측량장비를 이용하여 직접 측량하는 방식이다.
  ㉡ 영상 대 영상방식 : 영상 대 영상(image to image) 방식은 기하 보정하려고 하는 지역에 이미 기하 보정된 영상이 있는 경우에 많이 사용하는 방법으로, 동일한 지역에 대하여 다시기 영상 보정이나 시계열 영상 보정에 많이 사용한다.
  ㉢ 영상 대 벡터방식 : 영상 대 벡터(image to vector) 방식은 기하 보정에 가장 많이 활용되는 방식으로, 별도의 현장 측량과 기하 보정된 영상이 필요 없이 수치지형도 등이 있으면 편리하게 이용할 수 있다.

⑥ 위성 영상의 정확도

　㉠ 영상지도 제작에 관한 작업규정을 참고하여 기준
　　정확도에 만족시킨다.

　㉡ 전체 기준점을 대상으로 각 기준점에 대한 잔차를
　　분석하여 오차가 3σ 이상이 되는 기준점을 제외한
　　후 재표정을 실시하여야 한다.

　㉢ 위성 영상 공간 해상도에 따른 오차 허용범위

공간 해상도	허용범위
10m급 미만	2화소 이내
20m급 미만	1.5화소 이내
20m급 이상	1화소 이내

핵심예제

2-1. 고해상도(1m 이하) 지상기준점의 위치가 아닌 것은?

① 도로 교차점
② 운동장의 중앙 또는 코너
③ 논, 밭 등의 농사용 도로
④ 교량 중앙

2-2. 필요한 지상기준점의 개수를 구하는 식으로 옳은 것은?

① (다항식 차수 + 1) × (다항식 차수 + 2) / 2
② (다항식 차수 + 2) × (다항식 차수 + 1) / 2
③ (다항식 차수 + 2) × (다항식 차수 + 2) / 4
④ (다항식 차수 + 1) × (다항식 차수 + 3) / 3

|해설|

2-1
교량 중앙은 중·저해상도(2m 이상) 지상기준점의 위치이다.

정답 2-1 ④ 2-2 ①

핵심이론 03 좌표 변환

① 좌표 변환의 필요성

취득 영상에는 전형적인 내부 및 외부적인 기하오차
가 있기 때문에 영상 내의 화소들이 지도상에 적절히
사상(매핑)될 수 있도록 공간 영상을 변환시킬 필요가
있다.

② 등각사상 변환(conformal transformation)

기하적인 각도를 그대로 유지하면서 좌표를 변환하는
방법으로 기본적인 위치 이동, 확대 및 축소, 회전 등
과 이들의 조합된 변환방법 등을 고려한다.

구분	설명
	위치 이동 : 2차원 공간에서 X축과 Y축으로 이동시킨다.
	축척(scale) 변환 : 영상의 크기를 원본보다 크거나 작게 만드는 것으로, 일반적으로 폭과 넓이를 특정 비율만큼 변환시킨다.
	회전 변환 : 영상의 원점(0, 0)을 기준으로 특정 각도만큼 회전시키는 변환이다.
 강체 변환 = 평행 이동 + 회전	강체(rigid-body) 변환 : 원본의 크기와 각도가 변하지 않는 상태로, 임의의 회전 및 위치 이동을 할 수 있다.

구분	설명
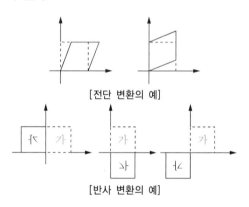	유사(similarity) 변환 : 강체 변환에 축척 변환이 추가된 것으로 변환 후의 결과 영상이 원본 영상과 유사한 모양을 갖는다(위치 이동 + 확대 및 축소 + 회전).

③ 부등각사상 변환(affine transformation)

　㉠ 선형 변환과 이동 변환을 동시에 지원하는 변환으로서, 변환 후에도 변환 전의 평행성과 비율을 보존한다.

　㉡ 2차원 아핀 변환으로 위치 이동, 원점 기반의 크기 변형과 회전, 축 방향으로의 전단(shear) 변환, 원점 혹은 축 방향 기준의 반사(reflection) 변환 등이 있다.

[전단 변환의 예]

[반사 변환의 예]

④ 투영 변환(projection transformation)

　㉠ 큰 차원 공간의 점들을 작은 차원의 공간으로 매핑하는 변환으로, 3차원 공간을 2차원 평면으로 변환하는 것이다.

　㉡ 원근 투영 변환 : 근경의 물체는 크게, 원경의 물체는 작게 보이게 하는 원근법을 적용한 변환법이다.

　㉢ 직교 투영 변환 : 투영 평면에 수직한 평행선을 따라 Z축 값을 모두 같은 평면에 투영한 변환법이다.

　㉣ 일반적으로 아핀 변환 후 투영 변환을 실시한다.

⑤ 호모그래피(homography)

　투영 공간(projective space)에서 구조 특성상 일대일 대응성을 갖는 것으로, 한 평면을 다른 평면에 투영시켰을 때 투영된 대응점 사이에는 일정한 변환관계가 성립한다.

핵심예제

3-1. 선형 변환과 이동 변환을 동시에 지원하는 변환으로서, 변환 후에도 변환 전의 평행성과 비율을 보존해 주는 변환은?

① 투영 변환(projection transformation)
② 부등각 사상 변환(affine transformation)
③ 등각사상 변환(conformal transformation)
④ 호모그래피(homography)

3-2. 2차원 아핀 변환으로 전단 변환을 나타내는 것은?

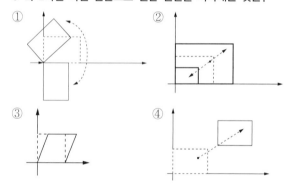

|해설|

3-1
부등각 사상 변환은 선형 변환과 이동 변환을 동시에 지원하는 변환으로서, 변환 후에도 변환 전의 평행성과 비율을 보존한다.

3-2
전단 변환은 부등각 사상 변환의 한 종류로 축 방향으로의 전단(밀림)을 의미한다.

정답 3-1 ② **3-2** ③

① 기하 보정의 절차

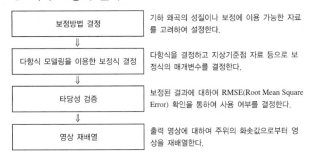

보정방법 결정	기하 왜곡의 성질이나 보정에 이용 가능한 자료를 고려하여 설정한다.
다항식 모델링을 이용한 보정식 결정	다항식을 결정하고 지상기준점 자료 등으로 보정식의 매개변수를 결정한다.
타당성 검증	보정된 결과에 대하여 RMSE(Root Mean Square Error) 확인을 통하여 사용 여부를 결정한다.
영상 재배열	출력 영상에 대하여 주위의 화솟값으로부터 영상을 재배열한다.

[기하 보정의 일반적인 처리 순서]

② 기하 보정의 방법

㉠ 수학적 모델링 방법
- 기하학적 오차의 모든 원인을 분석한 후 이를 사용하여 왜곡된 영상을 원래의 상태로 변환시키는 역변환 체계를 구하여 왜곡을 보정한다.
- 영상의 기하 왜곡들을 원인에 따라 모델링하여 영상좌표와 지도좌표 간 변환식을 이용하여 구하는 방법이다.
- 지구 자전에 의한 왜곡처럼 왜곡의 종류가 명확한 경우 효과적으로 사용할 수 있다.
- 지상기준점 없이 보정이 가능하지만 영상취득센서의 특성, 궤도, 자세 정보 및 지구 곡률 등의 정보가 필요하다.

㉡ 다항식 모델링(polynomial modeling)
- 수집된 영상과 기준지도를 연결할 수 있는 보정식을 구하여 영상 왜곡을 보정하기 위해 지상기준점을 이용한다.
- 왜곡의 원인을 고려하지 않고 단지 왜곡의 정도만 분석한 후 취득된 영상과 참조지도를 연결할 수 있는 보정식을 구하여 영상의 왜곡을 보정하는 방법이다.
- 지상기준점의 지도상 좌표를 (x, y), 영상좌표를 (u, v)라고 했을 때 두 좌표를 연결하여 그들 사이의 관계식을 구하는 것이 목적이다.

③ 영상 재배열

㉠ 개념 : 지상기준점에 의한 좌표 변환식이 결정되면 보정 후 영상의 크기를 계산하여 보정 전후의 영상 사이의 관계식을 재계산한다. 구해진 관계식을 이용하여 보정 영상 각각의 화소가 보정 전 영상의 어느 위치인지를 찾아 재배열하여 새로운 영상자료를 얻는 것이다.

㉡ 매핑(mapping, 사상) : 화소들의 배치를 변경할 때 입력 영상의 좌표가 새롭게 배치될 해당 목적 영상의 좌표를 찾아서 화솟값을 옮기는 과정이다.

㉢ 순방향 매핑 : 입력 영상의 모든 화소에서 출력 영상의 새로운 화소 위치를 계산하고, 입력 화소의 밝기값을 출력 영상의 새로운 위치에 복사하는 방법이다. 이 방식은 원본 영상과 목적 영상의 크기가 같을 때는 유용하지만, 홀이나 오버랩 문제가 발생할 수 있다.

- 오버랩(overlap) 문제 : 서로 다른 입력 화소 두 개가 같은 출력 화소에 매핑되는 것
- 홀(hole) 문제 : 입력 영상에서 임의의 화소가 목적 영상의 화소에 매핑되지 않을 때

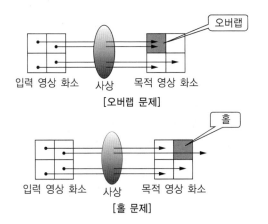

[오버랩 문제]

[홀 문제]

㉣ 역방향 매핑
- 오버랩과 홀의 문제를 해결할 수 있는 방법은 역방향 매핑이다.

- 목적 영상의 좌표를 중심으로 역변환을 계산하여 해당하는 입력 영상의 좌표를 찾아서 화솟값을 가져오는 방식이다.
- 입력 영상의 한 화소를 목적 영상의 여러 화소에서 사용하면 결과 영상의 품질이 떨어질 수 있다.

입력 영상 화소 사상 목적 영상 화소

[역방향 매핑의 방식]

④ 보간방법

영상의 화솟값은 원본 영상의 주변 화솟값들에 특정 가중치 함수를 적용하여 새로운 위치의 값을 결정하는 보간법(interpolation)을 사용하여 결정한다.

㉠ 이웃 화소 보간법 : 가장 가까운 위치에 있는 화솟값을 참조하는 방법이다.

㉡ 양선형 보간법 : 실수좌표로 계산된 4개의 화솟값에 가중치를 곱한 값들의 선형 합으로 결과 영상의 화솟값을 결정한다.

㉢ 3차 회선 보간법 : 고차 다항식을 이용한 보간법에서는 가중치 함수를 정의하고 원본 영상의 주변 화솟값에 가중치를 곱한 값을 모두 합하여 화솟값을 계산한다.

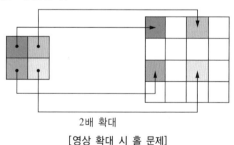

2배 확대

[영상 확대 시 홀 문제]

㉣ 보간법의 종류와 장단점

보간기법	장점	단점
이웃 화소 보간법(nearest neighbour, 최근린 보간법)	• 계산이 가장 빠르다. • 보정 전 영상자료와 통계적 특징이 보존된다.	• 출력 영상이 거칠다. • 사선으로 존재하는 대상물이 계단처럼 끊어져 보인다.
양선형 보간법(bilinear interpolation method, 공 1차 보간법)	• 계산이 비교적 빠르다. • 출력 영상이 매끈하다.	• 보정 전 자료와 통계치가 달라질 수 있다.
3차 회선 보간법(cubic convolution)	• 출력 영상이 가장 매끈하다.	• 보정 전 자료와 통계치 및 특성이 손상된다. • smoothing 현상이 발생한다.

핵심예제

4-1. 기하 보정의 일반적인 처리 순서대로 바르게 나열한 것은?

① 타당성 검증 → 영상 재배열 → 보정방법 결정 → 다항식 모델링을 이용한 보정식 결정
② 영상 재배열 → 타당성 검증 → 다항식 모델링을 이용한 보정식 결정 → 보정방법 결정
③ 영상 재배열 → 다항식 모델링을 이용한 보정식 결정 → 타당성 검증 → 보정방법 결정
④ 보정방법 결정 → 다항식 모델링을 이용한 보정식 결정 → 타당성 검증 → 영상 재배열

4-2. 인접한 4개의 화솟값을 이용하여 보간하는 방법은?

① 최근접 이웃 보간법   ② 양선형 보간법
③ 입방 회선법   ④ 3차 회선 보간법

|해설|

4-2
보간법의 종류
• 이웃 화소 보간법 : 가장 가까운 위치에 있는 화솟값을 참조하는 방법이다.
• 양선형 보간법 : 실수좌표로 계산된 4개의 화솟값에 가중치를 곱한 값들의 선형 합으로 결과 영상의 화솟값을 결정한다.
• 3차 회선 보간법 : 고차 다항식을 이용한 보간법에서는 가중치 함수를 정의하고 원본 영상의 주변 화솟값에 가중치를 곱한 값을 모두 합하여 화솟값을 계산한다.

정답 4-1 ④ 4-2 ②

① **지도투영법의 개요**

    ㉠ 지도투영법은 3차원의 지구를 2차원 평면지도로 변환하는 체계적인 방법이다.

    ㉡ 변환은 왜곡 없이 이루어지지 않기 때문에 그 결과 모든 투영법은 장단점을 갖는다.

    ㉢ 왜곡을 최소화할 수 있는 지도투영법을 선택해야 한다.

② **지도투영법의 분류**

    ㉠ 시점의 위치에 따른 투영방법(투시 지도투영법)

정사도법	평사도법	심사도법	외사도법
투영을 시작하는 점이 지구 밖 무한대에서 평행하게 투영된다.	투영 시작점이 투영면 반대쪽 지표면 중앙에 있는 투영법이다.	투영을 시작하는 점이 지구의 중심에 있는 투영법이다.	투영을 시작하는 점이 지구 바깥에 존재하는 투영법이다.

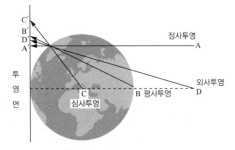

[투영 시점에 따른 분류]

    ㉡ 투영 성질에 따른 투영도법

정적도법	정거도법	정각도법 (정형도법)	방위도법
어느 지역에서라도 지구상 면적과 지도상 면적이 같게 표현된다.	지구상 거리와 지도상 거리가 같아 거리가 정확하게 나타난다.	지구상 각도와 지도상 각도가 같아 형태가 정확하게 나타난다.	지구상 방위와 지도상 방위가 같아 방향이 정확하게 나타난다.

    ㉢ 투영면의 형태에 따른 도법

원통도법	원추도법	방위도법
• 원통면에 투영된다. • 경위선 모두 직선으로 표현한다.	• 원뿔(원추)면에 투영된다. • 경선은 직선, 위선은 원호로 표현한다.	• 평면에 투영된다. • 경선은 중심으로부터 방사하는 직선, 위선은 동심원으로 표현한다.

    ㉣ 투영축에 따른 도법 : 정축법, 사축법, 횡축법

③ **우리나라에서 사용하는 투영법**

    ㉠ TM 투영법 : TM(Transverse Mercator) 투영법은 원통의 축을 90° 회전시켜 선택한 경선(중앙자오선)과 접하도록 투영하는 도법이다. 동서 방향으로 멀어질수록 확대되어 왜곡이 심하게 발생하여 주로 우리나라와 같이 남북으로 길게 펼쳐진 지역에서 사용한다.

      • 우리나라의 TM 구역

        – TM 도법은 우리나라에서 국가기본도 제작에 적용하고 있는 도법으로, 중앙자오선을 125°E(서부), 127°E(중부), 129°E(동부), 131°E(동해) 원점으로 설정하고, 중앙자오선의 축척계수는 1.0000으로 한다.

        – 남북 방향에 음수(−) 표기를 피하기 위하여 각각 남북 방향으로 600,000m와 동서 방향으로 200,000m를 가산한다.

[우리나라 TM에 사용되는 변수]

항목	변수	영문 표기
타원체	WGS84(GRS80)	spheroid name
축척계수	1.0000	scale factor
위도원점	38.0000	latitude of origin of production
경도원점	125, 127, 129, 131 (선택 사용)	longitude of origin of production
동서 방향 가산원점	200,000m	false easting
남북 방향 가산원점	600,000m	false northing

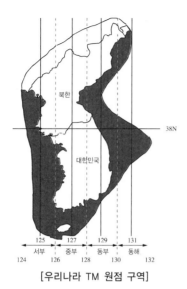

[우리나라 TM 원점 구역]

ⓛ UTM 투영법 : UTM(Universal Transverse Mer-
cator)은 전 세계를 경도 6° 구간으로 나누어 각
구간의 중앙자오선과 적도의 교점을 원점으로 하
여 TM 투영법을 적용하고, 중앙자오선의 축척계
수를 0.9996으로 정한 투영법이다.

• 우리나라 UTM 구역

- 우리나라는 종대 51(120°E ∼ 126°E)과 52(126°E
∼ 132°E), 횡대 S(32°N ∼ 40°N)와 T(40°N ∼
48°N)에 속하므로 51S, 51T, 52S, 52T의 4구역
으로 나타낸다.

- UTM 투영에 의한 평면 직각좌표는 좌표의 음
수(−) 표기를 피하기 위하여 횡좌표(E)에는
500,000m을 가산하고, 종좌표(N)에는 남반
구에서만 10,000,000m를 가산한다.

[우리나라 UTM에 사용되는 변수]

항목	변수	영문 표기
타원체	WGS84(GRS80)	spheroid name
축척계수	0.9996	scale factor
위도원점	−	latitude of origin of production
경도원점	123, 129(선택 사용)	longitude of origin of production
동서 방향 가산원점	500,000m	false easting
남북 방향 가산원점	0m	false northing

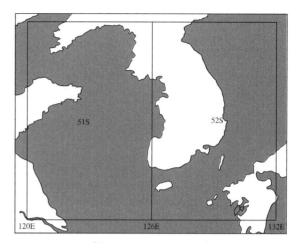

[우리나라 UTM 원점 구역]

핵심예제

5-1. 우리나라와 같이 남북으로 길이가 긴 지역을 지도에 표현
하기 적합한 방법은?

① 방위도법
② 횡축 메르카토르도법
③ 등각도법
④ 알버스 정적 원추투영법

5-2. 지도투영법에 대한 설명으로 옳지 않은 것은?

① 왜곡을 최소화할 수 있는 지도투영법을 선택해야 한다.
② 지도투영법은 3차원의 지구를 2차원 평면지도로 변환하는
체계적인 방법이다.
③ 시점의 위치에 따라 정거도법, 정적도법, 정각도법, 방위도
법으로 분류한다.
④ 변환은 왜곡 없이 이루어지지 않기 때문에 그 결과 모든 투영
법은 장단점을 갖는다.

|해설|

5-1

횡축 메르카토르도법(TM ; Transverse Mercator) : 우리나라와
같이 동서 방향으로 좁고 남북으로 긴 형태의 국가지도 제작에
적합한 방법이다.

5-2
지도투영법은 시점 위치에 따라 정사도법, 평사도법, 심사도법,
외사도법으로 분류한다.

정답 5-1 ② 5-2 ③

1-3. 영상 강조

핵심이론 01 영상 강조기법

① 영상 강조의 개요
  ㉠ 영상 강조기법은 영상을 가공해서 원영상에서 정보를 추출하는 것보다 정보 추출을 쉽게 하기 위해 영상을 변환하는 것이다.
  ㉡ 분석자의 시각에 의한 분석을 수행할 때 영상의 분석과 판독이 용이하도록 취득된 원영상을 강조하는 기법이다.
  ㉢ 분석목적에 맞게 강조된 영상은 다양한 시각적 해석이 가능하도록 수행된다.
  ㉣ 영상 전체에 걸쳐 히스토그램이 고르게 분포되도록 변환하거나 필요한 부분만 강조해서 특정분포가 되도록 변환한다.

② 선형 대조 강조기법(contrast enhancement)
  ㉠ 최소-최대 강조기법
    • 영상에서 전체적으로 골고루 분포되지 않는 히스토그램에 대하여 최소-최대 범위를 재설정함으로써 영상의 전체적인 강조를 변환하는 기법이다.
    • 입력 영상의 밝기 단계에 선형 방정식을 적용하여 새로운 밝기 단계를 추출한다.
    • 원래의 최솟값을 새로운 최솟값에, 원래의 최댓값을 새로운 최댓값에 대응시킨다.
  ㉡ 단계별(piecewise) 강조기법
    • 최고점 부분에 화솟값을 강조할 수 있도록 히스토그램(histogram)에서 몇 개의 부분으로 나눠서 선형 강조하는 것이다.
    • 이 방법의 결과로 출력되는 영상은 선형 스트레치(stretch) 방법에 비해 더 좋은 영상 대조를 가질 수 있다.
    • 특히 입력되는 영상의 히스토그램이 가우스(gauss) 분포의 중복된 형태를 나타내는 경우 매우 유용하게 사용할 수 있다.

③ 비선형 대조 강조기법
  ㉠ 히스토그램 균등화(histogram equalized)
    • 입력 영상의 히스토그램 분포를 조절하여 출력되는 영상의 히스토그램이 균일한 분포로 나타나도록 하는 방법이다.
    • 일정한 모양의 히스토그램 분포를 만들기 위해 누적 분포를 이용하며, 전체 히스토그램 영역을 일정 간격으로 잘게 나눈 각각의 구역에 같은 수의 화소를 배치한다.
  ㉡ 히스토그램 매칭(지정)
    • 두 영상의 이미지 색분포를 유사하게 하여 외관상 두 영상의 밝기값의 분포를 가능한 한 비슷하게 조정하는 방법이다.
    • 인접한 영상을 단일 영상으로 제작하는 모자이크(mosaic) 영상의 전처리 과정에 많이 쓰이는 광학 보정방법이다.
    • 매칭하려는 영상은 가급적 영상 대기 및 기하 보정을 완료한 영상을 사용하여 원영상의 강조기법을 효과적으로 사용할 수 있다.

1-1. 영상 강조기법이 아닌 것은?

① 히스토그램 균등화
② 최소-최대 강조기법
③ 단계별 강조기법
④ 순방향 매핑

1-2. 두 영상의 이미지 색분포를 유사하게 하여 외관상 두 영상의 밝기값의 분포를 가능한 한 비슷하게 조정하는 방법은?

① 선형 대조 강조기법
② 히스토그램 매칭
③ 최소-최대 강조기법
④ 히스토그램 균등화

|해설|

1-1
영상 강조기법
• 최소-최대 강조기법
• 단계별 강조기법
• 히스토그램 균등화
• 히스토그램 매칭

1-2
히스토그램 매칭(지정)
• 두 영상의 이미지 색분포를 유사하게 하여 외관상 두 영상의 밝기값의 분포를 가능한 한 비슷하게 조정하는 방법이다.
• 인접한 영상을 단일 영상으로 제작하는 모자이크(mosaic) 영상의 전처리 과정에 많이 쓰이는 광학 보정방법이다.
• 매칭하려는 영상은 가급적 영상 대기 및 기하 보정을 완료한 영상을 사용하여 원영상의 강조기법을 효과적으로 사용할 수 있다.

정답 1-1 ④ 1-2 ②

핵심이론 02 영상 품질

① 영상 품질관리

　㉠ 자동 독취가 완료된 영상은 명암 등을 조정하기 위한 영상 오류 수정작업을 해야 하며, 자동 독취된 영상이 다음의 요소를 만족시키지 못하는 경우에는 재독취해야 한다(정사 영상 제작작업 및 성과에 관한 규정 제36조).

　　• 독취범위 및 대상 지역
　　• 사진지표 및 사진의 선명도
　　• 항공사진의 축척에 따른 지형지물의 판독

　㉡ 정사 영상의 품질관리는 다음과 같이 실시해야 한다(정사 영상 제작 작업 및 성과에 관한 규정 제37조).

　　• 지상기준점의 선점
　　• 수치표고 모형의 제작
　　• 정사 영상 제작
　　• 영상 집성 · 융합 · 분할
　　• 수치지도 레이어 추출
　　• 영상/벡터 중첩
　　• 난외주기 제작

② 원격탐사 영상의 품질관리

　㉠ 사용자에게 배포되는 영상의 품질관리

　　• 노이즈 정도
　　• 영상 내 밝기값 균일도
　　• 위치 정확도(location accuracy)
　　• 영상의 채도(saturation)
　　• 밴드 간 정합 관련 정확도

　㉡ 검보정 사이트와 특수 촬영 기반의 품질관리

　　• 인공위성 설계 및 개발단계에서 요구 정확도 항목으로 정의한다.

- 영상 품질평가의 인자

MTF (Modulation Transfer Function)	• 광학렌즈의 성능을 수치로 나타내는 지표이다. • 카메라 성능과 초점제어시스템과 관련하여 영상 선명도를 결정하는 주요인자이다.
SNR (Signal-to-Noise Ratio, 신호 대 잡음비)	• 배경 노이즈에 대한 의미 있는 신호값의 비율이다. • 영상 각종 노이즈의 보상 정도를 판단하는 기준인자이다.
location accuracy (위치 정확도)	• 위치센서, 자세제어센서, 자세-탑재체 정렬각에 대한 정도를 영상에서 확인할 수 있는 인자이다.

③ 영상 융합과 융합기법

　㉠ 영상 융합 : 서로 다른 공간 해상도를 가진 영상을 하나의 영상으로 병합하거나 고해상도 흑백 영상과 저해상도 컬러 영상을 병합하여 고해상도 컬러 영상을 제작하는 방법이다.

　㉡ 영상 융합의 조건

　　• 영상을 융합하기 위해서는 낮은 해상도의 영상과 높은 해상도의 영상이 기하학적으로 보정되어야 한다.

　　• 저해상도와 고해상도로 융합된 영상은 일반적으로 데이터 퓨전(data fusion), 영상 머지(image merging), 팬 샤프닝(pan-sharpening) 등으로도 불린다.

　㉢ 영상 융합기법

　　• IHS(Intensity Hue Saturation) 융합 : RGB 색채 모형의 저해상도 멀티 스펙트럴 영상을 IHS 색채 모형(명도, 색상, 채도)으로 변환한 후 고해상도 흑백 영상과 IHS 변환에 의해 생성된 성분들 중 명암(intensity)성분을 서로 교체하여 최종적으로 고해상도 컬러 영상을 생성한다.

　　• PCA(Principal Component Analysis) 변환 : 저해상도 멀티 스펙트럴 영상은 PCA 변환을 통해 3개의 주성분으로 분해되고, 이 중 저해상도 공간 정보를 포함하고 있는 첫 번째 주성분을 고해상도 흑백 영상으로 대체하여 융합 영상을 생성한다.

　　• wavelet 변환 : 고해상도 흑백 영상을 저해상도 멀티 스펙트럴 영상의 공간 해상도가 일치하는 단계까지 다해상도 wavelet 변환을 적용하여 근사 영상과 세부 영상으로 나누고, 근사 영상을 저해상도 영상의 각 분광 밴드로 대체한 후 역변환하여 영상을 융합한다.

　　• pan-sharpened 융합 : 최소제곱법을 이용하여 실제 멀티 스펙트럴 영상과 흑백 영상 그리고 융합된 영상 간의 대략적인 관계를 파악하여 색의 왜곡이나 자료 의존적인 문제를 해결한다.

④ 영상 융합의 정확도 평가

　㉠ RMSE(Root Mean Square Error) 정확도 평가방법은 식을 이용하여 참조 영상과 융합된 영상 사이의 표준오차를 계산하는 방법이다.

　　• 값이 크다는 것은 참조 영상과 융합된 영상 간에 차이가 크다는 것을 의미하며, 값은 0에 가까울수록 좋다.

$$RMSE = \left(\frac{\sum_{i=1}^{M} \sum_{j=1}^{N} [I_R(i,j) - I_F(i,j)]^2}{M \times N} \right)^{\frac{1}{2}}$$

　　여기서, $I_R(i,j)$, $I_F(i,j)$: 참조 영상과 융합된 영상 사이의 영상 화솟값

　　　　　$M \times N$: 영상의 크기

　㉡ 상관계수(correlation coefficient)는 원영상과 융합된 영상 사이의 연계성에 관한 척도를 나타낸다.

　　• 원본 영상과 융합한 영상이 동일한 경우 상관계수의 값은 1에 가까워진다.

$$cc = \frac{\sum_{i=1}^{M} \sum_{j=1}^{N} [F(i,j) - \overline{F}][X(i,j) - \overline{X}]}{\sqrt{\sum_{i=1}^{M} \sum_{j=1}^{N} [F(i,j) - \overline{F}]^2 \sum_{i=1}^{M} \sum_{j=1}^{N} [X(i,j) - \overline{X}]^2}}$$

　　여기서, X, F : 원본 멀티 스펙트럴 영상과 융합시킨 영상

ⓒ RASE(Relative Average Spectral Error) : 융합된 영상의 전체적인 스펙트럼 품질을 추정하기 위해서 사용한다. RASE는 백분율로 표현되고, 이 비율은 스펙트럼 대역에서 영상 융합방법의 평균 성능으로 특정지어진다.

$$RASE = \frac{100}{M} \sqrt{\frac{1}{n} \sum_{i=1}^{N} RMSE^2(B_i)}$$

여기서, M : 원본 멀티 스펙트럴 영상 밴드 n개의 평균 방사값

B_i : 스펙트럼 밴드

| 핵심예제 |

2-1. 품질관리 시 어떤 요소를 만족시키지 못하는 경우는 재독취해야 하는데, 그 요소가 아닌 것은?

① 독취범위 및 대상 지역
② 사진지표 및 사진의 선명도
③ 수치지도 레이어
④ 항공사진의 축척에 따른 지형지물의 판독

2-2. 영상 융합기법으로 옳지 않은 것은?

① IHS(Intensity Hue Saturation) 융합
② PCA(Principal Component Analysis) 변환
③ wavelet 변환
④ fourier 변환

| 해설 |

2-1
자동 독취가 완료된 영상은 명암 등을 조정하기 위한 영상 오류 수정작업을 해야 하며, 자동 독취된 영상이 다음의 요소를 만족시키지 못하는 경우에는 재독취해야 한다(정사영상 제작 작업 및 성과에 관한 규정 제36조).
• 독취범위 및 대상 지역
• 사진지표 및 사진의 선명도
• 항공사진의 축척에 따른 지형지물의 판독

2-2
영상 융합기법
• IHS(Intensity Hue Saturation) 융합
• PCA(Principal Component Analysis) 변환
• wavelet 변환
• pan-sharpened 융합

정답 2-1 ③ 2-2 ④

① 히스토그램의 개요

ⓐ 정의 : 관찰한 데이터의 특징을 한눈에 알아볼 수 있도록 막대그래프 모양으로 나타낸 것이다. 영상 내에서 화솟값에 대응되는 화소들의 개수, 영상의 밝기분포를 그래프로 표현한다. 다음 그림은 입력 영상을 히스토그램으로 변환하는 과정을 나타낸 것이다.

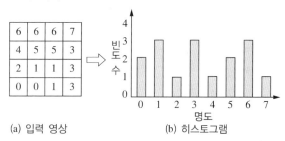

(a) 입력 영상   (b) 히스토그램

[이상적인 영상의 히스토그램]

ⓑ 활용 : 영상의 화질 개선, 영상의 밝기 조정, 영상의 기본정보 제공, 수집된 광학 다중분광 영상의 품질평가 등

ⓒ 디지털 영상의 히스토그램 형태별 특징
• 영상의 명도와 명암 대비를 파악할 수 있다.
• 왼쪽으로 치우칠수록 영상 밝기가 어두워진다(a).
• 오른쪽으로 치우칠수록 영상 밝기가 밝아진다(b).
• 좁은 범위에 분포하면 명도 차이가 작아서 명암 대비가 좋지 않다(c).
• 넓은 범위에 분포하면 명도 차이가 커서 명암 대비가 좋다(d).

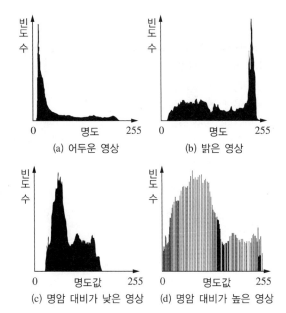

(a) 어두운 영상   (b) 밝은 영상

(c) 명암 대비가 낮은 영상   (d) 명암 대비가 높은 영상

② 히스토그램 스트레칭(대비 확장) : 명암 대비를 향상시키는 연산으로, 낮은 명암 대비의 영상 품질을 높인다. 히스토그램이 모든 범위의 화솟값을 포함하도록 분포를 넓히는 것이다.

③ 이진화(binarization)

   ⊙ 정의 : 영상의 밝기를 2단계로 조정한다.

   ⓒ 구분

     • 전역적 이진화 : 영상 전체 화소에 대하여 하나의 임계값을 사용한다.

     • 지역적 이진화 : 영상을 여러 개의 영역으로 분할하여 각 영역마다 다른 임계값을 사용한다.

   ⓒ 임계값(threshold) : 영상의 밝기를 구분하는 기준치

   ⓔ 임계값 설정기법 : 블록 이진화기법, 적응형 임계값 설정, 보간적 임계값 설정 등

핵심예제

3-1. 관찰한 데이터의 특징을 한눈에 알아볼 수 있도록 막대그래프 모양으로 나타낸 것은?

① 히스토그램
② 밴다이어그램
③ 픽토그램
④ 테이블

3-2. 히스토그램의 활용방안으로 옳은 것은?

① 벡터데이터 확장
② 위상관계 편집
③ 영상의 화질 개선
④ 영상영역의 변환

|해설|

3-1
히스토그램(histogram) : 관찰한 데이터의 특징을 한눈에 알아볼 수 있도록 막대그래프 모양으로 나타낸 것으로, 영상 내에서 화솟값에 대응되는 화소들의 개수, 영상의 밝기분포를 그래프로 표현한다.

3-2
히스토그램 활용방안
• 영상의 화질 개선
• 영상의 밝기 조정
• 영상의 기본정보 제공
• 수집된 광학 다중분광 영상의 품질평가

정답 3-1 ①   3-2 ③

① 감독 분류(supervised classification)

감독 분류는 대상 영상에서 분류하려는 지표 형태(도심 지역, 농업 지역, 수역, 산림 등)에 대한 내용을 미리 알고 있으며, 표본 지역을 원격탐사된 자료에서 사용자가 특정 지역으로 지시함으로써 분류한다. 감독 분류의 과정은 다음과 같다.

㉠ 데이터 준비 : 분석하려는 영역에서 샘플데이터를 수집하고 레이블을 부여한다.

㉡ 모델 훈련 : 알고리즘은 훈련데이터를 이용해 모델을 학습시킨다.

㉢ 모델 적용(분류) : 훈련된 모델을 사용하여 새로운 데이터를 분류한다.

② 무감독 분류(unsupervised classification)

무감독 분류는 데이터에 사전 지식(레이블)이 없는 상태에서 데이터의 패턴을 찾아 그룹화(클러스터링)하는 방법으로, 분류 항목별 통계 없이 단지 통계적 유사성을 기준으로 분류한다. 무감독 분류의 과정은 다음과 같다.

㉠ 데이터 준비 : 레이블 없는 원시데이터를 수집한다.

㉡ 클러스터링 : K-평균(K-means), 계층적 클러스터링, DBSCAN 등의 알고리즘을 사용하여 특성이 비슷한 데이터끼리 그룹화한다.

㉢ 레이블 부여 : 사후에 분석을 통해 각 클러스터에 의미 있는 레이블을 부여할 수 있다.

특징	감독 분류	무감독 분류
정확도	• 일반적으로 더 높다.	• 일반적으로 더 낮다.
장점	• 구체적인 클래스 정보를 제공한다. • 의미 있는 레이블을 이용하여 분석 가능하다.	• 레이블 없이 원시데이터를 사용한다. • 데이터 패턴을 사전 지식 없이 탐색 가능하다. • 빠른 계산과 처리가 가능하다.
단점	• 레이블된 훈련데이터가 필요하다. • 레이블링 비용이 크다.	• 결과 해석이 어려울 수 있다.

다음 중 무감독 분류(unsupervised classification)에 대한 설명으로 옳은 것은?

① 높은 정확도를 기대할 수 있다.
② 사전에 정의된 클래스 레이블을 사용한다.
③ 데이터의 유사성을 기반으로 군집을 형성한다.
④ 레이블된 훈련데이터를 준비하는 데 많은 시간과 비용이 소요될 수 있다.

|해설|

무감독 분류는 분류 항목별 통계 없이 단지 통계적 유사성을 기준으로 분류하는 기법이다.

정답 ③

1-4. 영상 변환

영상 공간 변환

① 영상 강조(image enhancement)

영상을 가공하여 원영상에서 정보를 추출하는 것보다 정보 추출이 쉽도록 영상을 변환하는 것이다.

㉠ 선형 대조 강조기법 : 최대–최소 강조기법, 백분율 강조기법, 단계별 강조기법, density slicing 강조기법

㉡ 비선형 대조 강조기법 : 히스토그램 균등화, 히스토그램 매칭

② 변환(transformation)

영상처리 자료의 정량화에 중점을 두고 다른 형태로 변환시키는 과정이다.

㉠ 공간 변환 : 선형 필터, 통계적 필터, 기울기 필터, 푸리에 변환

㉡ 파장 변환 : 다중 파장대에 근거한 각 영상소의 값 변환에 의한 영상향상기법으로 주성분 분석, 식생지수, tasseled cap, 컬러 영상 등

㉢ 웨이블릿 변환 : 웨이블릿 분해 및 합성

③ 영상 변환방법

방법	특징
푸리에 변환 (fourier transform)	• 수치 영상처리에서 널리 사용된다. • 한 함수를 인자로 받아 다른 함수로 변환하는 선형 변환의 일종이다. • 시간에 대한 함수를 주파수에 대한 함수로 변환한다.
월시 변환 (walsh transform)	• 푸리에 변환과는 다르게 +1과 –1의 값을 갖는 급수 전개를 기본함수로 구성한다.
호텔링 변환 (hoteling transform)	• 자료 양의 축소와 영상의 회전에 응용한다. • random vector 모집단을 고려한다.
이산 코사인 변환 (discrete cosine transform)	• 영상자료 압축을 위한 방법으로 사용한다. • 변환행렬의 제1행 전부를 1로 치환하고, 제2행 이후는 직교 변환으로 처리한다. • 모든 함수는 코사인함수의 조합으로 표현 가능하다.
하르 변환 (haar transform)	• 잘 알려져 있지 않고 실제에 유용하지 않은 변환이다. • 변환결과가 원영상의 전체 영상소의 값에 따라서 결정되는 영역과 원영상의 일부분의 영상소값에 따라 결정되는 영역으로 구성된다.
슬랜트 변환 (slant transform)	• 이산적 톱니파 모양의 기저벡터를 가진 변환이다. • 영상 내에서 라인에 따른 완만한 농도 변화를 효율적으로 표현하는 것이 가능하다.

다음 중 영상 변환방법이 아닌 것은?

① 푸리에 변환
② 월시 변환
③ 호텔링 변환
④ 탄젠트 변환

|해설|

영상 변환방법
• 푸리에 변환
• 호텔링 변환
• 월시 변환
• 이산 코사인 변환
• 하르 변환
• 슬랜트 변환

정답 ④

① 전자기 스펙트럼

　㉠ 가시광선(visible light) 영역 : 사람의 눈에 보이는 전자기파 범위를 가진 빛이다.

　　• 적색 : 620~780nm, 고농도의 철 또는 산화철을 함유한 미네랄과 토양을 구별하는 데 도움이 된다.

　　• 녹색 : 490~580nm, 유기체의 엽록소는 적색과 청색을 흡수하고, 녹색을 반사한다.

　　• 청색 : 450~490nm, 대기 중의 입자와 가스분자에 의해 푸르게 나타난다.

　㉡ 적외선 영역 : 파장이 길고 에너지가 낮은 편이라 자외선처럼 화학적, 생물학적 반응은 잘 일으키지 못하고 주로 열을 전달하여 열선이라고도 한다.

　　• 근적외선(near-infrared) : 파장은 $0.75 \sim 1.4 \mu$m로, 광섬유성분인 이산화규소에 잘 흡수되지 않아 광섬유 통신에 사용된다. 안개를 통과할 수 있어 연기가 자욱하거나 흐릿한 세부사항을 식별하는 데 도움이 된다. 맑은 물은 근적외선을 흡수하여 가시광선에서 분명하지 않은 육지와 수역의 경계를 식별하는 데 유용하다.

　　• 단파장 적외선(short-wavelength infrared) : 파장은 $1.4 \sim 3 \mu$m로, 구름의 유형과 눈, 얼음 등을 구별한다. 화재 피해가 발생한 지역의 토양은 SWIR 밴드에 강하게 반사되어 화재 피해 지역의 지도 제작에 활용한다. 또한, 다양한 유형의 석회암과 사암의 구분에도 용이하다.

　　• 중파장 적외선(mid-wavelength infrared) : 파장은 $3 \sim 8 \mu$m로, 어둠 속에서의 열복사 및 해수면 온도 측정에 유용하다.

　　• 장파장 적외선(long-wavelength infrared) : 파장은 $8 \sim 15 \mu$m로, 지구에서 방출되는 열을 관찰할 수 있으며 낮과 밤에 모두 영상을 수집할 수 있다.

　　• 원적외선(far-infrared) : 파장은 $15 \sim 1,000 \mu$m로, 게르마늄과 함께 건강에 좋다고 광고에도 쓰이지만 레이저 형태가 아니면 활용처가 거의 없다.

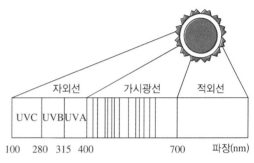

② 영상의 색 조합

　㉠ true color(천연색) 조합

　　• 모니터에 표시되는 색상의 규격이다. 사람이 볼 수 있는 색이라는 뜻에서 트루(true)라는 명칭을 붙였으며, 풀 컬러(full color)라고도 한다.

　　• 인공위성 관측센서에서 얻어진 흑백(panchromatic) 영상을 컬러 영상으로 변환시켜 주는 방법 중에서 일반적으로 사용되는 컬러 합성기법이다.

　　• 모니터의 색상은 빛의 3원색인 적색, 녹색, 청색의 배합으로 이루어지며, 이때 배합의 단위를 픽셀이라고 한다.

　　• 컬러 영상을 생성하기 위해서는 3개의 흑백 영상자료에 대해 각각 적색(red), 녹색(green), 청색(blue)의 색상을 부여한 후 빛의 3원색인 적색(R), 녹색(G), 청색(B)의 3가지 색상을 섞어 컬러 영상을 얻는 것이 천연색 컬러방법이다.

ⓛ pseudo color(의사 색채, 가색) 조합

- 단색 화상의 각 픽셀에 대해 그 농도 레벨에 따라 색을 임의로 할당하여 색상을 조합하는 방법이다.
- 전자기 스펙트럼 영역에서 수집된 영상을 임의의 적색, 녹색, 청색으로 조합한다.
- 사용자가 각각의 화소에 임의의 색상을 지정하여 각 농도 레벨에 색을 할당함으로써 미소한 농도 레벨의 변화를 명확히 표시할 수 있다.
- 농도 레벨차가 작은 화상정보의 식별이나 판단을 쉽게 할 수 있다.
- 영상에 색상을 부여하여 영상자료로부터 사용자가 원하는 정보를 보다 효율적으로 추출할 때 활용한다.

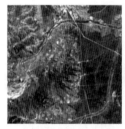 

(a) 천연색 컬러 영상 조합 결과 (b) pseudo 컬러 영상 조합 결과

[pseudo 컬러 조합의 예시]

③ 센서

ⓖ 수동(passive)센서 : 물체가 자체적으로 발산하는 에너지를 관측하는 시스템이다. 수동센서에서는 지구복사에너지의 전자기파 범위를 활용하여 가시광선, 근적외선, 열적외선 등의 영상을 제공한다.

ⓛ 능동(active)센서 : 위성에서 직접 신호를 송신하고 물체에 반사되어 돌아오는 신호를 측정한다. 직접 신호를 송수신하기 때문에 태양의 여부와 관계없이 밤낮으로 전천후 관측이 가능하며, 마이크로파 파장대와 같이 지구복사에너지가 약한 영역에서 활용될 수 있다. 능동센서 영상의 대표적인 예로는 radar나 LiDAR 영상이 있다.

핵심예제

2-1. 인공위성 관측센서에서 얻어진 흑백(panchromatic) 영상을 컬러 영상으로 변환시켜 주는 컬러 합성기법은?

① 천연색 조합   ② 의사 색채 조합
③ 배색 조합   ④ 인공색 조합

2-2. 적외선 영역에 따른 설명으로 옳지 않은 것은?

① 근적외선 : 파장은 $0.75{\sim}1.4\mu$m로, 안개를 통과할 수 있다.
② 단파장 적외선 : 파장은 $1.4{\sim}3\mu$m로, 구름의 유형과 눈, 얼음 등을 구별한다.
③ 중파장 적외선 : 파장은 $3{\sim}8\mu$m로, 어둠 속에서의 열복사 및 해수면 온도 측정에 유용하다.
④ 장파장 적외선 : 파장은 $15{\sim}1,000\mu$m로, 건강에 좋다고 광고에 쓰이기도 한다.

|해설|

2-1
천연색(true color) 조합
- 모니터에 표시되는 색상의 규격이다. 사람이 볼 수 있는 색이라는 뜻에서 트루(true)라는 명칭을 붙였으며, 풀 컬러(full color)라고도 한다.
- 인공위성 관측센서에서 얻어진 흑백 영상을 컬러 영상으로 변환시켜 주는 방법 중에서 일반적으로 사용되는 컬러 합성기법이다.
- 모니터의 색상은 빛의 3원색인 적색, 녹색, 청색의 배합으로 이루어지며, 이때 배합의 단위를 픽셀이라고 한다.
- 컬러 영상을 생성하기 위해서는 3개의 흑백 영상자료에 대해 각각 적색(red), 녹색(green), 청색(blue)의 색상을 부여한 후 빛의 3원색인 적색(R), 녹색(G), 청색(B)의 3가지 색상을 섞어 컬러 영상을 얻어내는 것이 천연색 컬러방법이다.

2-2
④는 원적외선에 대한 설명이다.
장파장 적외선(long-wavelength infrared) : 파장은 $8{\sim}15\mu$m로, 지구에서 방출되는 열을 관찰할 수 있으며 낮과 밤에 모두 영상을 수집할 수 있다. 특히 지열 매핑 및 화재, 가스 플레어 및 발전소 등의 열원 감지에 특히 유용하다.

정답 2-1 ① 2-2 ④

① 원격탐사의 자료 해상도

  ㉠ 분광 해상도(spectral resolution) : 하나의 검지소자에 의해 기록되는 파장범위로, 일반적으로 밴드폭이라고도 한다. 센서가 관측하는 전자기파 파장의 범위를 뜻하며, 관측하는 물체의 해당 파장대에 대한 특성을 보여 준다.

  ㉡ 방사 해상도, 복사 해상도(radiometric resolution) : 센서에 감지된 정보를 세밀하게 표현하는 능력으로, 구분될 수 있는 밝기값의 수로 나타낸다. 영상을 관측할 때 에너지 강도에 대한 민감도를 의미하며, 영상의 bit 수로 표현한다. 일반 영상은 0~255의 8bit 영상이지만 위성 영상의 경우 16bit, 14bit 등 다양하게 나타난다.

  ㉢ 시간 해상도, 주기 해상도(temporal resolution)
    • 위성이 동일한 지점을 찍는 시간 간격을 뜻한다. 동일한 지역을 얼마나 자주 촬영하는가를 의미하여 revisit time이라고도 한다.
    • 동일한 지역을 자주 방문할수록 시간 또는 주기 해상도가 높다.

  ㉣ 공간 해상도(spatial resolution)
    • 영상에서 근접하게 위치한 객체 사이를 구별하는 능력이다. 일반적으로 하나의 픽셀(영상에서 표현할 수 있는 가장 작은 영역) 크기로 표현한다.
    • 공간 해상도는 GSD(Ground Sample Distance)와 GRD(Ground Resolved Distance)로 구분한다. GSD는 영상에서 한 픽셀에 해당하는 실제 거리를 뜻하고, GRD는 두 물체를 구분할 수 있는 최소한의 거리를 뜻한다.

② 분광 해상도의 종류

  ㉠ 전정색 영상(panchromatic imagery) : 전자기 스펙트럼의 여러 파장대의 구간에 대해 하나의 센서를 사용하여 수집한다.

  ㉡ 다중분광 영상(multi spectral imagery) : 전자기 스펙트럼의 여러 파장대 구간을 여러 개의 밴드로 구분하여 수집한다.

  ㉢ 초분광 영상(hyperspectral imagery, imaging spectroscopy)
    • 일반적으로 400nm에서 2,500nm의 분광영역에 대해 수십 개부터 수백 개의 밴드로 구분하여 수집한다.
    • 수백 장의 사진을 한 축 방향으로 쌓아 놓은 형태인 하이퍼 큐브(hypercube)로 표현한다.

  ㉣ 울트라분광 영상(ultraspectral imagery) : 수백 개 이상의 밴드를 사용하는 것으로, 이론상의 모델이다.

③ 초분광 영상의 개요

  ㉠ 초분광 영상은 분광 해상도가 매우 높아 매질의 특성, 식생 분류, 식생 스트레스, 피복 분류, 지질 및 광물탐사, 수질분석 등에 다양하게 활용된다.

  ㉡ 장단점
    • 장점 : 다중분광 영상에 비해 많은 파장대를 이용하여 촬영하므로 같은 물체의 특성을 나타내는 데 여러 이점이 있다.
    • 단점 : 다양한 파장대의 수로 인해 저장능력과 데이터처리 부문에 아직 한계가 있고, 공간 해상도와 관측 파장대의 폭이 낮다.

  ㉢ 영상 큐브(image cube) : 자료는 공간과 분광영역의 영상소 재배열과정을 거쳐 가상의 초분광데이터 구조를 형성하는데, 이를 데이터 큐브라고 한다.

  ㉣ 분광 라이브러리(spectral library) : 지표면에서 관찰되는 물질이나 인공물과 같은 특정 물질에서 나오는 전자기파를 파장과 반사도 스케일의 관계 곡선으로 나타내는 것이다.

④ 초분광 영상의 정보

　　㉠ 초분광자료의 구성 : 흑백 영상이나 다중 파장 영상과는 달리 다양한 파장대에서 영상을 수집하므로 가상의 데이터 구조로 표현하거나 각 파장대별로 밝기값을 이용하여 신호처리 형태로 데이터를 처리하기도 한다.

　　㉡ 초분광 영상처리 소프트웨어 : 일반적으로 독립적인 분석도구는 상용 소프트웨어로 제공되어 이 프로그램을 이용하여 영상처리를 수행한다. 이러한 초분광 영상처리에 사용되는 프로그램에는 ENVI, PCI Geometrica, ERDAS IMAGINE, Multispec 등이 있다.

핵심예제

3-1. 영상이나 사진에서 지표물을 인식하고 분류할 수 있는 기본척도이며, 공간적으로 매우 가까운 별도의 물체를 구분할 수 있는 최소의 거리는?

① 공간 해상도
② 분광 해상도
③ 시간 해상도
④ 방사 해상도

3-2. 분광영역에 대해 수십 개로부터 수백 개의 밴드를 구분하여 수집하는 것은?

① 전정색 영상
② 다중분광 영상
③ 초분광 영상
④ 울트라분광 영상

|해설|

3-1
② 분광 해상도 : 원격탐사장비가 감지하는 가장 작은 크기의 파장영역으로서, 미세한 파장 간격을 정의할 수 있는 센서의 능력이다.
③ 시간 해상도 : 위성이 전체 궤도주기를 완료하기 위해 동일한 지역을 두 번째 이미지하는 데 걸리는 시간을 의미한다. 동일한 지역을 자주 방문할수록 시간 해상도가 높다.
④ 방사 해상도 : 원격탐사시스템의 센서가 아주 작은 신호의 크기 차이를 구별할 수 있는 능력이다. 최근에는 대부분의 영상자료가 수치자료로 획득되므로 하나의 화솟값을 나타내는 데 사용되는 비트(bit)의 수로 표현한다.

3-2
초분광 영상(hyperspectral imagery, imaging spectroscopy)
• 일반적으로 400nm에서 2,500nm의 분광영역에 대해 수십 개부터 수백 개의 밴드로 구분하여 수집한다.
• 수백 장의 사진을 한 축 방향으로 쌓아 놓은 형태인 하이퍼큐브(hypercube)로 표현한다.

정답 3-1 ① 3-2 ③

① 식생지수(vegetation index)

녹색 식물의 상대적 분포량과 엽록소의 활동성(광합성 작용, 활력 등)을 나타낸다.

② 식생지수의 유형

  ㉠ 단순 비율(simple ratio) : 녹색 식물의 적색 및 근적외선 반사도 사이의 반비례관계를 적용한다.

  ㉡ 정규식생지수(NDVI) : 근적외선 밴드와 적색 밴드의 두 영상으로부터 차이를 구하고, 이를 두 영상의 합으로 나눠 정규화하는 지수이다.

  ㉢ 정규시가지지수 : 도시 지역의 분포와 성장을 모니터링하기 위한 지수이다.

  ㉣ 적색경계위치결정 : 적색과 근적외선 파장 사이에서 식생 반사도 스펙트럼의 최대 경사도 지점을 의미한다.

  ㉤ 정규연소비율 : 화재 피해 지역을 파악하기 위한 식생지수이다.

③ 정규화 식생지수(NDVI ; Normalized Difference Vegetation Index)

  ㉠ 식생활력지수라고도 한다. 원격탐사장비로 얻은 영상을 이용하여 식물의 분포 상황을 파악하고 대상 식생의 활력을 지수로 나타낸 것이다.

  ㉡ 가시광선(보통 적색 밴드)과 근적외선 밴드의 두 영상으로부터 차이를 구하여 식생의 반사 특성을 강조하는 방법이다.

  ㉢ 정규화 식생지수는 -1 ~ +1 사이에 값이 존재하며, 식생지수의 값이 +1에 가까울수록 식물이 건강하고 활력 있게 산다는 것을 의미한다.

  ㉣ 일반적으로 식생지수는 위성 영상이나 항공사진의 밴드를 이용하여 계산한다.

$$NDVI = \frac{NIR - VIS}{NIR + VIS}$$

여기서, NIR : 근적외선 영역에서 얻은 분광반사율(관측치)

          VIS : 가시광선 영역에서 얻은 분광반사율(관측치)

  ㉤ 식생지수는 위성에 탑재된 탐측기에 따라 사용되는 파장대가 각각 다르며, 대표적인 탐측기 종류에 따른 계산식은 다음과 같다.

탐측기 종류	LANDSAT TM NDVI	SPOT NDVI	NOAA AVHRR NDVI
계산식	$\dfrac{TM_4 - TM_3}{TM_4 + TM_3}$	$\dfrac{XS_4 - XS_3}{XS_4 + XS_3}$	$\dfrac{CH_2 - CH_1}{CH_2 + CH_1}$

핵심예제

근적외선 밴드와 적색 밴드의 두 영상으로부터 차이를 구하고, 이를 두 영상의 합으로 나눠 정규화하는 것은?

① 정규식생지수(NDVI)
② 단순비율(simple ratio)
③ 적색경계위치결정
④ 정규시가지지수

|해설|

② 단순 비율(simple ratio) : 녹색 식물의 적색 및 근적외선 반사도 사이의 반비례관계를 적용한다.
③ 적색경계위치결정 : 적색과 근적외선 파장 사이에서 식생 반사도 스펙트럼의 최대 경사도 지점을 의미한다.
④ 정규시가지지수 : 도시 지역의 분포와 성장을 모니터링하기 위한 지수이다.

정답 ①

① 주성분분석(PCA ; Principal Component Analysis)의 개념

　㉠ 자료 사이의 상관관계를 이용하여 가능한 한 정보를 상실하지 않고, 많은 측정치를 적은 개수의 종합지표로 요약·축소해서 나타내는 분석방법이다.

　㉡ 측정된 변수들의 선형 조합(linear combination)에 의해 대표적인 주성분을 만들어 차원(dimension)을 줄이는 방법으로, 다중 밴드의 원격탐사자료(예 랜드셋 TM)를 2~3개의 주성분으로 줄이는 데 사용된다.

　㉢ 주성분분석의 원리는 밴드로 구성된 원래 자료의 최대 분산 방향과 최소 분산 방향이 일치되도록 원좌표축을 이동·회전시키고, 자료의 평균값을 새로운 좌표축의 원점으로 하여 원래의 자료를 새로운 차원의 자료로 변환하여 밴드 간의 공분산을 극대화시키는 것이다.

② 주성분분석의 활용

　㉠ 요인분석, 다중 공선성 문제, 다변량자료의 분석 등에 유용하게 활용한다.

　㉡ 영상 잡음 제거 등의 전처리 및 영상 강조에 활용한다.

　㉢ 변화 감지를 위한 시계열 자료분석에 활용한다.

　㉣ 특정 지역에 대한 다중 시기의 영상 합성에 활용한다.

　㉤ 수질분석, 식생조사 등에 대한 자료 압축에 활용한다.

5-1. 고차원의 자료를 주성분이라는 서로 상관성이 높은 자료들의 선형 결합으로 만들어 저차원의 자료들로 축소하는 기법은?

① 식생지수분석
② 적색경계위치결정
③ 주성분분석
④ 정규연소비율

5-2. 주성분분석의 활용에 대한 설명으로 옳지 않은 것은?

① 수질분석, 식생조사 등에 대한 자료를 압축하는 데 활용한다.
② 변화 감지를 위한 시계열 자료분석에 활용할 수 있다.
③ 영상 잡음 제거 등의 전처리 및 영상 강조에 사용할 수 있다.
④ 전자기 스펙트럼의 파장대 구간을 구분할 수 있다.

|해설|

5-1
① 식생지수분석 : 녹색 식물의 상대적 분포량과 엽록소의 활동성(광합성 작용, 활력 등)을 나타낸다.
② 적색경계위치결정 : 적색과 근적외선 파장 사이에서 식생 반사도 스펙트럼의 최대 경사도 지점을 의미한다.
④ 정규연소비율 : 화재 피해 지역의 파악을 위한 식생지수이다.

5-2
주성분분석의 활용
• 요인분석, 다중 공선성 문제, 다변량자료의 분석 등에 유용하게 활용한다.
• 영상 잡음 제거 등의 전처리 및 영상 강조에 활용한다.
• 변화 감지를 위한 시계열 자료분석에 활용한다.
• 특정 지역에 대한 다중 시기의 영상 합성에 활용한다.
• 수질분석, 식생조사 등에 대한 자료 압축에 활용한다.

정답 5-1 ③ 5-2 ④

2-1. 공간데이터 변환

핵심이론 01 데이터 스키마

① 스키마의 정의

　㉠ 데이터베이스의 구조와 제약조건에 관한 전반적인 명세를 기술한 메타데이터의 집합이다.

　㉡ 데이터베이스를 구성하는 데이터의 개체(entity), 속성(attribute), 관계(relationship) 및 데이터 조작 시 데이터값들이 갖는 제약조건 등에 관해 전반적으로 정의한다.

　㉢ 사용자의 관점에 따라 외부 스키마, 개념 스키마, 내부 스키마로 나눈다.

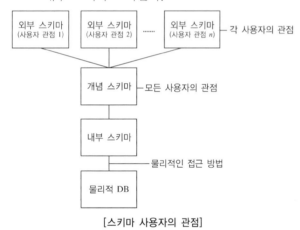

[스키마 사용자의 관점]

② 스키마의 특징

　㉠ 데이터 사전(data dictionary)에 저장되며, 메타데이터라고도 한다.

　㉡ 현실세계의 특정한 한 부분의 표현으로서 특정 데이터 모델을 이용해서 만든다.

　㉢ 시간에 따라 불변인 특성을 갖는다.

　㉣ 데이터의 구조적 특성을 의미하며, 인스턴스에 의해 규정된다.

③ 외부 스키마(external schema) = 사용자 뷰(view)

　㉠ 사용자나 응용프로그래머가 각 개인의 입장에서 필요로 하는 데이터베이스의 논리적 구조를 정의한 것이다.

　㉡ 전체 데이터베이스의 한 논리적인 부분으로 볼 수 있어 서브스키마(sub schema)라고도 한다.

　㉢ 하나의 데이터베이스 시스템에는 여러 개의 외부 스키마가 존재할 수 있으며, 하나의 외부 스키마를 여러 개의 응용프로그램이나 사용자가 공용할 수 있다.

　㉣ 같은 데이터베이스에 대해서도 서로 다른 관점을 정의할 수 있도록 허용한다.

　㉤ 일반 사용자는 질의어(SQL)을 이용하여 DB를 쉽게 사용할 수 있다.

　㉥ 응용프로그래머는 C, Java 등의 언어를 사용하여 데이터베이스에 접근한다.

④ 개념 스키마(conceptual schema) = 전체적인 뷰(view)

　㉠ 데이터베이스의 전체적인 논리적 구조이다. 모든 응용프로그램이나 사용자들이 필요로 하는 데이터를 종합한 조직 전체의 데이터베이스로, 하나만 존재한다.

　㉡ 개체 간의 관계와 제약조건을 나타내고 데이터베이스의 접근 권한, 보안 및 무결성 규칙에 관한 명세를 정의한다.

　㉢ 데이터베이스 파일에 저장되는 데이터의 형태를 나타내는 것으로, 단순히 스키마라고 하면 개념 스키마를 의미한다.

　㉣ 기관이나 조직체의 관점에서 데이터베이스를 정의한 것이다.

　㉤ 데이터베이스 관리자(DBA)에 의해서 구성된다.

⑤ 내부 스키마(internal schema) = 저장 스키마(storage schema)

　㉠ 물리적 저장장치의 입장에서 본 데이터베이스 구조로, 물리적인 저장장치와 밀접한 계층이다.

ⓛ 실제로 데이터베이스에 저장될 레코드의 물리적인 구조를 정의하고, 저장데이터 항목의 표현방법, 내부 레코드의 물리적 순서 등을 나타낸다.

ⓒ 시스템 프로그래머나 시스템 설계자가 보는 관점의 스키마이다.

ⓓ 실제의 데이터베이스는 내부 스키마에 의해 곧바로 구현되는 것이 아니라, 내부 스키마에서 기술한 내용에 따라 운영체제의 파일시스템에 의해 물리적 저장장치에 기록된다.

⑥ 데이터 독립성

데이터베이스 내의 데이터, 데이터를 사용하는 사용자 및 응용프로그램, 데이터베이스의 저장구조가 서로 영향을 받지 않는 성질을 의미한다.

ⓐ 논리적 독립성 : 개념 스키마가 변경되어도 외부 스키마에 영향을 주지 않는다.

ⓑ 물리적 독립성 : 내부 스키마가 변경되어도 개념 스키마, 외부 스키마에 영향을 주지 않는다.

핵심예제

1-1. 데이터베이스를 구성하는 데이터의 개체(entity), 속성(attribute), 관계(relationship) 및 데이터 조작 시 데이터값들이 갖는 제약조건 등에 관해 전반적으로 정의하는 것은?

① 집합
② 필드
③ 스키마
④ 메타데이터

1-2. 외부 스키마에 관한 설명으로 옳지 않은 것은?

① 개인의 입장에서 필요로 하는 데이터베이스의 논리적 구조를 정의한 것이다.
② 같은 데이터베이스에 대해서도 서로 다른 관점을 정의할 수 있도록 허용한다.
③ 물리적 저장장치의 입장에서 본 데이터베이스 구조로, 물리적인 저장장치와 밀접한 계층이다.
④ 전체 데이터베이스의 한 논리적인 부분으로 볼 수 있어 서브 스키마(sub schema)라고도 한다.

|해설|

1-2
③은 내부 스키마에 관한 설명이다.

정답 1-1 ③ 1-2 ③

핵심이론 02 벡터 타입의 변환

① 벡터데이터

ⓐ 일반적으로 사용되는 지도의 보편적인 형태로, 공간객체를 지도가 담고 있는 정보의 형태와 유사하게 점, 선, 면을 사용하여 표현하므로 x, y 좌표체계에 실세계의 위치를 나타낸다.

ⓑ 점과 각 점의 좌표 연결인 노드(node) 또는 버텍스(vertex)로 구성된 선, 3개 이상의 점과 선이 닫힌 형태로 연결된 다각형으로 객체를 묘사한다.

ⓒ 벡터데이터는 위상관계를 가질 수 있으며, 벡터데이터 모델은 관계형 데이터 모델과 객체 기반 데이터 모델로 구분할 수 있다.

ⓓ 벡터데이터의 공간적 표현 형태

표현 형태	특징
점	• 가장 기본적인 벡터객체이다. • x, y 좌표값으로 표현한다. • 예 : 기준점, 전신주, 우체통 등
선	• 위치와 길이라는 속성을 가진 1차원 객체이다. • 노드라고 하는 시작점과 끝점, 선의 추가점인 버텍스로 표현의 연결로 표현한다. • 예 : 하천, 도로, 철도 등
면	• 연속된 선으로 둘러싸인 2차원 객체이다. • 시작점과 끝점을 하나의 노드로 공유한다. • 예 : 지적, 토지 이용, 행정구역 등

② 벡터화(vectorizing)

ⓐ 래스터자료를 벡터자료로 처리하는 작업이다.

ⓑ 래스터자료를 스캐닝한 후 벡터라이징 소프트웨어를 이용하여 자동 및 반자동방법으로 벡터자료로 변환한다.

ⓒ 이미지를 확대했을 때 색과 형태가 변하는 것을 막기 위하여 이미지를 벡터데이터로 만드는 작업으로, 형태와 색이 단순할수록 변형될 확률이 낮다.

③ 래스터-벡터의 자료 변환

ⓐ 래스터데이터는 래스터-벡터 변환을 통해 점, 선, 면 벡터데이터로 변환될 수 있다.

ⓑ 래스터-벡터 변환의 문제를 최소화하기 위해 다음과 같은 단계의 처리가 필요하다.

- 필터링 단계 : 스캐닝된 래스터자료에 존재하는 여러 종류의 잡음을 제거한다. 이어지지 않은 선을 연속적으로 이어 주는 처리과정이다.
- 세선화 단계 : 필터링 단계를 거친 두꺼운 선을 가늘게 만들어 처리할 정보의 양을 감소시키고, 벡터자료의 정확도를 높인다. 벡터의 자동화처리에 따른 품질에 많은 영향을 미친다.

④ 디지털화

오래되거나 현존하는 지도, 항공사진과 같은 공간정보는 아날로그 형태로 존재하며, 이러한 데이터는 다른 종류의 데이터와 결합할 수 없어 단독으로 사용되고, 훼손의 위험성이 크다. 따라서 공간정보 데이터로 활용하기 위해 디지털자료로 변환하는 과정을 디지털화라고 한다. 디지털화의 대표적인 방법은 다음과 같다.

㉠ 스캐너를 이용한 래스터 스캐닝 : 종이 도면을 데이터화하는 방법 중의 하나로, 스캐너를 이용하여 래스터데이터 형태의 이미지로 저장하는 방법이다.

㉡ 테이블 디지타이저를 이용한 디지타이징 : 디지타이저는 점이나 경계선의 좌표를 신속하고 정확하게 입력하여 디지털 형식으로 변환시키는 도구로, 종이 도면을 벡터데이터로 입력하는 데 사용된다.

㉢ 모니터 화면에서 커서를 이용하는 헤드 업 디지타이징 : 스캐너를 통해서 지도를 스캔하는 이유는 이 작업이 벡터데이터로 변환시키는 사전작업이기 때문이다. 이러한 측면에서 래스터 레이어로부터 벡터를 생성하는 가장 쉬운 방법은 공간정보 소프트웨어를 통해 모니터를 보며 마우스로 벡터객체를 디지타이징하는 것이다. 헤드 업 디지타이징의 정확도는 래스터데이터의 해상도에 영향을 받는다.

핵심예제

2-1. 공간자료를 디지털화하는 대표적인 방법이 아닌 것은?
① 디지타이징
② 위성영상 변환
③ 래스터 스캐닝
④ 헤드 업 디지타이징

2-2. 세선화 단계에 관한 설명으로 옳은 것은?
① 스캐닝된 래스터자료에 존재하는 여러 종류의 잡음을 제거한다.
② 이어지지 않은 선을 연속으로 이어 주는 처리과정이다.
③ 공간정보 데이터로 활용하기 위해 디지털자료로 변환시키는 과정이다.
④ 두꺼운 선을 가늘게 만들어 처리할 정보의 양을 감소시키고, 벡터자료의 정확도를 높인다.

│해설│

2-1
디지털화의 대표적인 방법
- 스캐너를 이용한 래스터 스캐닝 : 종이 도면을 데이터화하는 방법 중의 하나로 스캐너를 이용하여 래스터데이터 형태의 이미지로 저장하는 방법이다.
- 테이블 디지타이저를 이용한 디지타이징 : 디지타이저는 점이나 경계선의 좌표를 신속하고 정확하게 입력하여 디지털 형식으로 변환시키는 도구로, 종이 도면을 벡터데이터로 입력하는 데 사용된다.
- 모니터 화면에서 커서를 이용하는 헤드 업 디지타이징 : 래스터 레이어로부터 벡터를 생성하는 가장 쉬운 방법은 공간정보 소프트웨어를 통해 모니터를 보며 마우스로 벡터객체를 디지타이징하는 것이며, 헤드 업 디지타이징의 정확도는 래스터데이터의 해상도에 영향을 받는다.

2-2
세선화 단계 : 필터링 단계를 거친 두꺼운 선을 가늘게 만들어 처리할 정보의 양을 감소시키고, 벡터자료의 정확도를 높인다. 벡터의 자동화처리에 따른 품질에 많은 영향을 미친다.

정답 2-1 ② **2-2** ④

① 래스터데이터(raster data)

　㉠ 규칙적으로 배열된 정사각형의 그리드(grid), 셀(cell) 또는 픽셀(pixel)이라고 하는 최소 지도화 단위의 격자에 기반을 두어 공간객체를 표현한다. 각 셀은 속성값을 담고 있어서 벡터데이터보다 훨씬 간단한 자료구조를 가진다.

　㉡ 셀 기반의 구조이기 때문에 고도, 강수량, 기온 등 연속적인 공간객체를 표현하기 적절하며, 지리 참조를 통하여 위치정보를 가질 수 있다. 래스터 레이어의 왼쪽 상단 좌푯값과 래스터데이터가 가지는 행과 열의 정보 그리고 셀의 크기 등을 활용하여 위치정보를 확인할 수 있다.

② 래스터데이터의 종류 및 특징

　㉠ 래스터데이터 포맷

　　• GIS에서 사용하는 래스터 파일 포맷은 매우 다양하지만 일반적으로 GeoTIFF, BMP, SID, JPEG, ERDAS 등과 같은 이미지와 그리드 등이 사용된다.

　　• 래스터데이터는 단일 레이어일 수도 있고, 여러 개의 레이어로 구성되어 있으면서 하나로 처리되는 다중 레이어일 수도 있다.

　　• 이미지 포맷에는 흑백의(monochrome) 단일 밴드 또는 다양한 색상을 나타내는 다중 밴드(multi-spectral)가 있다.

　㉡ 래스터 셀의 값 : 래스터 레이어의 모든 셀은 특정지점에서 지도로 표현되는 현상을 나타내는 명목, 서열, 등간/비율 척도의 값 등을 갖는다. 래스터 셀은 일반적으로 정수 또는 실수 형태의 숫자를 갖는다.

　㉢ 래스터 셀의 크기 : 래스터 셀의 크기는 실세계 이미지를 얼마나 상세하게 묘사할 것인지에 따라 결정된다. 셀의 크기가 작을수록 이미지의 스케일이 커지며, 셀의 크기가 클수록 이미지의 스케일이 작아진다.

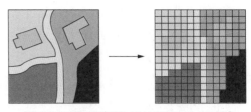

[벡터데이터(폴리곤)에서 래스터데이터로의 변환]

③ 벡터-래스터 변환

　㉠ 점, 선, 면 형태의 벡터데이터는 벡터-래스터 변환을 통해 래스터데이터 구조로 변환될 수 있다. 새로운 래스터데이터는 벡터 레이어 속성 중의 하나를 그 값으로 갖는다.

　㉡ 벡터자료의 각 요소별 격자화 방법

　　• 점 : 가장 단순하고 용이하며 벡터자료의 점을 그 위치의 래스터자료 화솟값으로 부여한다.

　　• 선 : 수평선, 수직선을 제외하고는 선과 래스터 자료의 화소 중심이 정확하게 일치하지 않으며, 벡터자료와 래스터자료의 중첩 상태를 판단하여 화솟값을 결정한다.

　　• 폴리곤 : 폴리곤 경계선과 내부의 화소를 찾아서 변환한다.

④ 내삽(보간)

　㉠ 보간(interpolation)이란 관측을 통하여 얻은 지점값을 이용하여 관측하지 않은 지역의 값을 보간함수에 적용시켜 추정하는 것이다. 즉, 실측하지 않은 지점의 값을 합리적으로 대강 헤아려 짐작하는 계산법이다.

　㉡ 공간 보간법은 공간적 자기상관의 개념을 토대로 한다. 즉, 공간상에서 근접한 지점일수록 멀리 떨어져 있는 지점보다 유사한 값을 가지는 자기상관성에 따라 보간법을 통하여 실측하지 않은 지점의 값을 추정하는 것이다.

　㉢ 벡터데이터를 래스터데이터로 변환할 경우 새로 생성된 래스터 픽셀에 올바른 값을 채우기 위한 방법으로, 공간 보간법 알고리즘을 사용한다. 가장 유용하게 사용되는 보간기법은 다음과 같다.

- 최근린(nearest neighbor)기법 : 쿼리지점에 가장 가까운 입력 샘플 부분집합을 넣고 비례영역을 기반으로 가중치를 적용하여 값을 보간한다.
- 역거리가중치(IDW ; Inverse Distance Weighting)기법 : 가까이 있는 실측값에 더 큰 가중값을 주어 보간하는 방법이다. 사용자가 생성하고자 하는 알려지지 않은 포인트로부터 멀어질수록 해당 포인트의 영향력이 다른 포인트에 상대적으로 낮아지도록 샘플 포인트에 가중치를 부여한다.
- 크리깅(kriging)기법 : 관심 있는 지점에서 특성치를 알기 위해 이미 그 값을 알고 있는 주위의 값들의 선형 조합으로 그 값을 예측하는 지구통계학적 기법이다.
- 스플라인(spline)기법 : 전체적인 표면 곡률을 최소화하는 수학적인 함수를 사용하여 값을 추정해 입력지점을 정확히 통과하는 매끄러운 표면을 만드는 보간법이다.

3-1. 벡터자료를 래스터자료로 변환하는 방법에 대한 설명으로 옳지 않은 것은?

① 변환으로 생성된 래스터데이터는 벡터 레이어의 속성 중 하나를 그 값으로 갖는다.
② 벡터자료의 모든 형태의 선과 래스터자료의 화소 중심이 정확하게 일치한다.
③ 폴리곤 경계선과 내부의 화소를 찾아서 변환한다.
④ 벡터자료의 점을 그 위치의 래스터자료 화솟값으로 부여한다.

3-2. 벡터데이터를 래스터데이터로 변환 시 유용하게 사용되는 보간기법이 아닌 것은?

① 최근린기법
② 역거리가중치기법
③ 선형 보간법
④ 스플라인기법

|해설|

3-1
수평선, 수직선을 제외하고는 선과 래스터자료의 화소 중심이 정확하게 일치하지 않으며, 벡터자료와 래스터자료의 중첩 상태를 판단하여 화솟값을 결정한다.

3-2
가장 유용하게 사용되는 보간기법
- 최근린기법
- 역거리가중치기법
- 스플라인기법
- 크리깅기법

정답 3-1 ② 3-2 ③

2-2. 공간 위치 보정

핵심이론 01 공간 위치 보정의 종류와 특징

① 공간데이터의 공간 위치 보정

ㄱ 일반적으로 디지타이징이나 스캐닝을 통해 입력된 데이터는 센티미터 같은 입력장치 단위를 사용한다. 이는 실세계 좌표 단위를 사용하는 기존 데이터와 일치시키려는 작업이다.

ㄴ 데이터의 공간 위치를 보정하는 목적은 데이터를 정확하게 위치시키기 위함이다.

ㄷ 데이터는 모두 동일한 기준체계를 가지고 있지만 동일한 위치로 정렬되지 않으면, 데이터들이 서로 다른 축척에서 생성되거나 원본의 정밀도가 다른 경우가 발생한다. 이 경우 투영을 통한 좌표체계 변환으로만 수정할 수 없기 때문에 변위 링크를 사용하고, 그 링크에 맞추어 변환이 이루어짐으로써 이 문제가 해결된다.

② 공간 위치 보정은 위치 조정과 관련하여 변환, 러버시트, 에지 스냅의 3가지 방법이 있다. 3가지 방법 모두 변위 링크를 추가하여 링크에 맞게 데이터 위치가 조정되는 부분에서는 공통점을 가진다.

ㄱ 변환

• 변환은 입력 레이어의 전체 피처에 동일하게 영향을 미치는 방법으로, 평균 제곱근 오차값을 계산하여 산출된 변환의 정확도를 판단할 수 있다.

• 변환을 위해서는 사용하는 방법에 따라 좌표 공간 안에서 데이터를 이동, 확대·축소, 회전, 비틀기 등으로 수정하는데 대표적인 방법에는 시밀러리티, 아핀, 프로젝티브가 있다.

 - 시밀러리티(similarity) : 정사 변환 또는 2차원 선형 변환이라고도 하는데, 주로 유사한 두 좌표체계 간의 데이터를 조정하는 데 사용한다. 예를 들어 동일한 좌표체계에서 데이터의 좌표 단위를 변경할 때 사용한다. 이 방법으로 피처를 이동, 회전, 확대·축소할 수 있는데, 여기에는 적어도 2개 이상의 변위 링크가 생성되어야 한다.

 - 아핀(affine) : 시밀러리티와 유사하지만, 축척 요소를 선정함으로써 회전될 때 피처의 형태가 비틀어지는 것을 허용한다. 적어도 3개 이상의 변위 링크가 필요하며, 디지타이징 데이터를 실세계 좌표로 변경할 때 주로 이 방법을 사용한다. 이는 아핀 변환이 확대·축소, 비틀기 등과 같은 왜곡을 허용하기 때문이다.

 - 프로젝티브(projective) : 고위도 지역이나 상대적으로 평평한 지역의 항공사진을 직접 디지타이징하여 데이터로 생성한 경우에 사용되는 변환방법으로, 최소 4개의 변위 링크가 필요하다. 이 방법은 항공사진으로부터 직접 얻은 데이터를 변환하는 경우에 주로 사용한다.

ㄴ 러버시트(rubber sheet)

• 레이어 전체를 대상으로 하거나 레이어 내 선택된 일부 피처에 적용되는 변환으로, 오차를 계산하지 않는다.

• 정확한 레이어를 기준으로 고정점을 유지하며 직선 형태가 유지되도록 피처를 당기는 방법으로, 특정 부분을 정확하게 표현하고자 할 때 사용한다.

 - 좌표의 기하학적 보정 시에 사용한다.

 - 공간 위치 보정 후에 데이터 세부 조정으로 사용한다.

 - 좌표 사이에 보다 정확한 일치가 가능하다.

 - 조정이 필요한 데이터 전체 또는 특정 지역만 사용 가능하다.

 - 조정하지 않을 위치에 고정점 링크를 지정한다.

ㄷ 에지 스냅(edge snap)

• 에지 스냅은 에지 일치라고도 하며, 러버시트를 레이어의 가장자리만 적용한 것으로 오차를 계산하지 않는다.

- 부정확한 레이어를 정확한 레이어로 이동시키거나 둘 사이의 중간 지점으로 각각의 피처를 이동시켜 연결하는 방법이다.
- 지도와 지도의 경계선(등고선, 도로 등)이 일치하지 않는 경우에 주로 사용한다.
  - 인접한 레이어의 경계가 일치하지 않을 때 경계를 일치시킨다.
  - 덜 정확한 데이터를 조정함으로써 하나의 레이어만 이동시킨다.
  - 데이터의 정확성 우위를 판단할 수 없는 경우 중간 위치로 조정한다.
  - 조정 후에는 속성 일치와 데이터 통합이 필요하다.

핵심예제

1-1. 공간 위치 보정방법 중 변환을 위해 사용하는 방법이 아닌 것은?

① 아핀(affine)
② 러버시트(rubber sheet)
③ 프로젝티브(projective)
④ 시밀리티(similarity)

1-2. 위치 보정방법 중 부정확한 레이어를 정확한 레이어로 이동시키거나 둘 사이의 중간 지점으로 각각의 피처를 이동시켜 연결하는 방법은?

① 에지 스냅(edge snap)
② 아핀(affine)
③ 러버시트(rubber sheet)
④ 시밀러리티(similarity)

|해설|

1-1
변환을 위해서 사용하는 방법에 따라 좌표 공간 안에서 데이터를 이동, 확대 · 축소, 회전, 비틀기 등으로 수정하는데 대표적인 방법으로 시밀러리티, 아핀, 프로젝티브가 있다.

1-2
② 아핀 : 적어도 3개 이상의 변위 링크가 필요하며, 아핀 변환이 확대 · 축소, 비틀기 등과 같은 왜곡을 허용하기 때문에 디지타이징 데이터를 실세계 좌표로 변경할 때 주로 이 방법을 사용한다.
③ 러버시트 : 정확한 레이어를 기준으로 고정점을 유지하며 직선 형태가 유지되도록 피처를 당기는 방법이며, 특정 부분을 정확하게 표현하고자 할 때 사용한다. 레이어 전체를 대상으로 하거나 레이어 내 선택된 일부 피처에 적용되는 변환으로, 오차를 계산하지 않는다.
④ 시밀러리티 : 정사 변환 또는 2차원 선형 변환이라고도 하는데, 주로 유사한 두 좌표체계 간의 데이터를 조정하는 데 사용한다. 이 방법으로 피처를 이동, 회전, 확대 · 축소할 수 있는데, 여기에는 적어도 2개 이상의 변위 링크가 생성되어야 한다.

정답 1-1 ② 1-2 ①

① 공간데이터의 정렬 문제

여러 가지 이유로 인하여 정확하게 일치해야 하는 공간데이터가 정렬되지 않아 서로 다른 위치에 표현되는 경우가 종종 발생한다. 변위 링크를 추가하여 보정하거나 좌표체계 파일 업데이트를 통해 공간 위치를 보정하여 해결한다.

  ㉠ 일반적인 공간데이터의 정렬 문제 및 원인
    • 지리 좌표체계가 서로 다른 데이터
    • 좌표체계가 누락된 데이터
    • 실세계의 지리적 위치 참조가 되지 않은 데이터
    • 좌표체계의 정보는 동일하지만, 정렬되지 않은 데이터
  ㉡ 지리적 참조가 필요한 데이터
    • 캐드데이터와 좌표체계가 없는 이미지 또는 래스터데이터
    • 유효한 공간 참조가 없어지므로, 지리적으로 투영할 수 없다.

② 변위 링크(displacement link)

  ㉠ 변환할 데이터와 기준데이터의 공간 위치 보정을 위해 생성하는 것이다.
  ㉡ 변환할 위치에서 기준 위치의 방향으로 화살표 형태로 표현한다.
  ㉢ 링크는 스내핑 설정을 이용하여 직접 지정하거나 좌표가 저장되어 있는 링크 파일을 사용할 수 있다.

③ 링크 테이블(link table)

  ㉠ 공간데이터의 공간 위치 보정을 위해 생성한 변위 링크를 좌표로 보여 주는 테이블이다.
  ㉡ 링크 테이블에는 보정 전 기준점 x, y 좌표와 보정 후 x, y 좌표가 표현되며, 잔차 및 평균 제곱근 오차가 나타난다.
  ㉢ 링크 테이블은 변위 링크와 1 : 1로 대응한다.

④ 변위 링크를 사용하여 공간 위치 보정하기

  ㉠ 데이터의 공간 위치를 보정하는 목적을 확인하고, 보정하고자 하는 데이터와 기준이 되는 공간데이터의 좌표체계와 정확도를 살펴본다.
  ㉡ 공간 위치 보정을 위한 적정한 변환방법을 선택한다.
  ㉢ 공간 위치 보정을 위해 변위 링크를 생성한다.
    • 정확한 지점을 선택하기 위해 스내핑*을 설정한다.
      *스내핑(snapping)은 피처를 편집하거나 보정하는 경우, 정확한 지점을 선택할 수 있도록 도와줌으로써 작업에서의 오류를 최소화시킨다. 스내핑을 설정하면 마우스 포인터가 버텍스나 세그먼트의 허용된 톨러런스(tolerance) 안에 들어갈 때 해당 피처에 정확하게 달라붙는다. 스내핑 설정은 편집이나 보정작업 시에 한 번만 설정하는 것이 아니라, 작업 상황에 맞게 피처와 스내핑의 종류를 변경하며 사용해야 한다.
    • 보정하고자 하는 데이터를 먼저 선택한 후 기준이 되는 데이터를 선택한다.
    • 화살표로 연결된 변위 링크를 확인하며, 필요한 만큼 추가로 링크를 연결한다.
    • 모두 7개의 변위 링크가 연결된 것을 확인한다.

⑤ 변위 링크의 수정 및 삭제

  ㉠ 링크 테이블에서 평균 제곱근 오차를 확인한 후 높은 평균 제곱근 오차를 만드는 링크(일반적으로 잔차오류가 크게 나타남)를 삭제할 수 있다.
  ㉡ 링크 테이블에서의 삭제는 화면에서도 동시에 삭제됨을 의미한다.
  ㉢ 링크의 x, y 좌표에 오류가 있으면 링크를 수정하여 평균 제곱근 오차를 줄인다.

2-1. 일반적인 공간데이터 정렬의 문제 및 원인이 아닌 것은?

① 지리 좌표체계가 서로 다른 데이터
② 좌표체계가 누락되어 있는 데이터
③ 좌표체계 정보는 동일하지만, 정렬되지 않은 데이터
④ 실세계의 지리적 위치가 참조된 데이터

2-2. 공간데이터의 공간 위치 보정을 위해 생성한 변위 링크를 좌표로 보여 주는 것은?

① 링크 테이블
② 변위 링크
③ 스내핑
④ 평균 제곱근 오차

|해설|

2-1
실세계의 지리적 위치 참조가 되지 않은 데이터가 공간데이터의
정렬 문제 및 원인이 된다.

2-2
② 변위 링크 : 변환할 데이터와 기준데이터의 공간 위치 보정을
위해 생성하는 것으로, 변환할 위치에서 기준 위치의 방향으
로 화살표 형태로 표현한다.
③ 스내핑 : 피처를 편집하거나 보정하는 경우, 정확한 지점을
선택할 수 있도록 도와줌으로써 작업에서의 오류를 최소화시
킨다.
④ 평균 제곱근 오차 : 실행된 각각의 변환에 의해 계산하며,
변환이 얼마나 잘 이루어졌는지를 나타낸다. 기준 보정점과
변환된 보정점의 위치 사이에서 측정한다.

정답 2-1 ④ **2-2** ①

핵심이론 03 보정결과 검토(잔차, 평균 제곱근 오차)

① 잔차(residual, 추정오차)
   ㉠ 변환 매개변수는 이동할 보정점과 기준 보정점 사
     이 최적의 맞춤을 나타낸다.
   ㉡ 예를 들어 이동할 보정점을 변환하기 위해 변환
     매개변수를 사용하면, 변환된 보정점의 위치와 실
     제 기준 보정점의 위치가 일치하지 않는데, 이를
     잔차오류라고 한다.
   ㉢ 잔차오류는 실제 위치와 변환된 보정점 위치의 거
     리적 오차로, 각각의 변위 링크에서 생성된다.

② 평균 제곱근 오차(RMSE ; Root Mean Square Error)
   ㉠ 평균 제곱근 오차는 실행된 각각의 변환에 의해
     계산하며, 변환이 얼마나 잘 이루어졌는지를 나타
     낸다.

$$\text{RMS error} = \sqrt{\frac{e_1^2 + e_2^2 + e_3^2 + \cdots + e_n^2}{n}}$$

   ㉡ 기준 보정점과 변환된 보정점의 위치 사이에서 측
     정한다.
   ㉢ 그 변환은 최소 사각형들을 사용하여 계산하며,
     이에 따라 여러 개의 링크가 필요하다.

핵심예제

실제 위치와 변환된 보정점 위치의 거리적 오차는?

① 잔차
② 평균 제곱근 오차
③ 보정오차
④ 혼동 행렬

정답 ①

2-3. 위상 편집

핵심이론 01 위상

① 위상(topology)

  ㉠ 개념

    • 연속된 변형작업에도 왜곡되지 않는 객체의 속성에 대한 수학적인 연구로 GIS에서 포인트, 라인, 폴리곤과 같은 벡터데이터의 인접이나 연결과 같은 공간적 관계를 표현한다.

    • 위상을 기반으로 하는 데이터는 위치관계적 오류를 찾아내고 이를 수정하기에 매우 유용하다.

    • 위상은 피처 사이의 관계를 명시하며, 공간데이터가 좌표를 공유하는 형태도 설명할 수 있다.

  ㉡ 연속적인 변환에서도 변함없는 공간적 구성(configuration)의 성질이다.

  ㉢ 위상관계는 공간관계를 명시적으로 정의하는 것이다. 수학적 방법으로 입력된 자료의 위치를 좌푯값으로 인식하고 각각 자료 간의 정보를 상대적 위치로 저장하며 선의 방향, 특성들 간의 관계, 연결성, 인접성, 영역을 정의하는 것을 의미한다.

② 위상의 활용

  ㉠ 위상은 네트워크 분석과 같은 공간분석에서 반드시 필요하다.

  ㉡ 위상의 중요한 목적은 하나 또는 그 이상의 레이어 간의 공간관계를 정의하기 위함이며, 이러한 위상관계의 결합을 통해 실세계를 좀 더 정확하게 모델링할 수 있다.

  ㉢ 이렇게 만든 데이터를 관리하고, 데이터의 공간적 품질을 확보하기 위한 필수요소가 위상이다.

  ㉣ 위상에 사용되는 주된 공간관계

    • 인접성(adjacency) : 서로 다른 객체의 이웃에 대한 정보

    • 포함성(enclosure) : 다른 공간 피처를 포함하는 공간 피처에 대한 정보

    • 연결성(connectivity) : 공간객체들 사이의 연결 정보

③ 위상데이터 관리방법

  ㉠ 위상을 통한 데이터의 공간 무결성은 위상관계의 규칙을 정의하고, 규칙에 기반한 유효성 검사를 통해 위상관계 규칙에 어긋나는 오류를 찾아 정정하는 방법으로 관리한다.

  ㉡ 여러 레이어가 일치하는 지오메트리를 포함한 경우 공통의 경계를 한 번의 편집으로 동시에 모든 레이어를 갱신하는 위상을 이용한 편집방법으로 관리한다.

핵심예제

1-1. 연속된 변형작업에도 왜곡되지 않는 객체의 속성에 대한 수학적인 연구로 GIS에서 포인트, 라인, 폴리곤과 같은 벡터데이터의 인접이나 연결과 같은 공간적 관계를 표현하는 것은?

① 위상   ② 래스터

③ 벡터   ④ 스키마

1-2. 위상에 사용되는 주된 공간관계가 아닌 것은?

① 인접성   ② 연결성

③ 밀집성   ④ 포함성

|해설|

1-1

위상

• 연속된 변형작업에도 왜곡되지 않는 객체의 속성에 대한 수학적인 연구로 GIS에서 포인트, 라인, 폴리곤과 같은 벡터데이터의 인접이나 연결과 같은 공간적 관계를 표현한다.

• 위상을 기반으로 하는 데이터는 위치관계적 오류를 찾아내고 이를 수정하기에 매우 유용하다.

• 위상은 피처 사이의 관계를 명시하며, 공간데이터가 좌표를 공유하는 형태도 설명할 수 있다.

1-2

위상에 사용되는 주된 공간관계

• 인접성(adjacency) : 서로 다른 객체의 이웃에 대한 정보

• 포함성(enclosure) : 다른 공간 피처를 포함하는 공간 피처에 대한 정보

• 연결성(connectivity) : 공간객체들 사이의 연결 정보

정답 1-1 ① 1-2 ③

① 위상관계 규칙

 ㉠ 위상관계 규칙은 벡터데이터에 의해 적용되며, 몇 가지 규칙으로 위상을 확인하는 과정이다.

 ㉡ 피처에 적용하는 위상관계는 'equal(동일한)', 'contain(포함하는)', 'cover(둘러싸는)', 'covered by(둘러싸인)', 'intersect(연결된)', 'overlap(오버랩)', 'touch(닿아 있는)'와 같은 것이며, 벡터데이터에 맞는 적절한 위상관계 규칙을 적용한다.

 ㉢ 실세계에서 위상의 예

한 개의 데이터	두 개의 데이터
• 우편번호 지역은 겹치지 않는다. • 상하수도는 끊어지지 않는다. • 지적은 틈새를 가지지 않는다.	• 지적은 바다와 겹치지 않는다. • 지적 안에는 반드시 지번이 있어야 한다. • 건물은 도로와 겹치지 않는다.

오류 발견 → 오류 수정

[위상관계 규칙을 이용한 오류의 발견과 수정]

② 위상관계 규칙의 종류

위상관계 규칙은 소프트웨어마다 조금씩 차이는 있지만, 공통적으로 존재한다. 일반적으로 많이 사용하는 종류는 다음과 같다.

 ㉠ 점(포인트) 레이어 규칙

  • must be covered by : 포인트 레이어가 다른 레이어의 라인 위 또는 폴리곤의 외곽선 위에 존재해야 하며, 다른 레이어에 커버되지 않은 포인트를 찾아 준다.

  • must be covered by endpoints of : 포인트 레이어가 라인의 끝점에 존재해야 한다.

  • must not have invalid geometries : 포인트 레이어가 유효한 지오메트리를 가지고 있는지 확인한다.

must be covered by	must be covered by endpoints of

[포인트 레이어 규칙의 예]

 ㉡ 선형(라인) 레이어 규칙

  • end points must be covered by : 라인 레이어의 끝점에 항상 포인트 레이어가 존재해야 한다.

  • must not have dangles : 라인의 끝점이 다른 라인에 연결되어 있지 않은 상태로 튀어나와 있거나 미치지 못하는 것을 찾아 준다.

  • must not have invalid geometries : 라인 레이어가 유효한 지오메트리를 가지고 있는지 확인한다.

  • must not have pseudos : 라인 레이어의 끝점이 적어도 두 개 이상의 다른 라인 레이어의 끝점과 연결되어 있어야 한다. 하나의 다른 레이어와 연결되어 있는 라인 레이어의 끝점을 '수도 노드(pseudo node)'라고 한다.

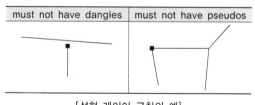

[선형 레이어 규칙의 예]

 ㉢ 폴리곤 레이어 규칙

  • must contain : 폴리곤 레이어는 적어도 하나 이상의 포인트 지오메트리를 포함하고 있어야 한다.

  • must not have gaps : 인접한 폴리곤과의 사이에 갭이 발생하지 않도록 한다.

- must not have invalid geometries : 폴리곤 레이어가 유효한 지오메트리를 가지고 있는지 확인한다. 확인해야 하는 유효한 지오메트리의 규칙은 다음과 같다.
  - 폴리곤 링은 반드시 닫혀 있어야 한다.
  - 폴리곤 링 안에 다른 링이 존재한다면 그것은 구멍으로 정의되어 있어야 한다.
  - 폴리곤 링은 스스로 꼬여 있지 않아야 한다.
  - 폴리곤 링은 포인트 없이 다른 링과 닿아 있지 않아야 한다.
- must not overlap : 하나의 폴리곤 레이어에서 인접한 다른 피처와 공유된 지역이 있으면 안 된다.
- must not overlap with : 폴리곤 레이어와 지정한 다른 폴리곤 레이어의 피처가 공유된 지역이 있으면 안 된다.

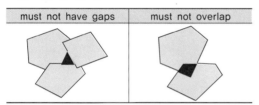

[폴리곤 레이어 규칙의 예]

③ 톨러런스
  ㉠ 위상에서의 톨러런스는 그 안에 들어가는 포인트와 라인 등의 모든 지오메트리는 동일하다고 간주하는 거리의 범위이다.
  ㉡ 데이터에서 가장 정밀도가 높은 값의 1/10 정도 거리로 설정하는 것이 좋다.
  ㉢ 톨러런스의 값이 커지면 실제로 떨어져 있는 지역을 하나로 인식하는 오류가 발생할 수 있으므로, 데이터 편집을 위한 의도로 사용하는 것은 옳지 않다.

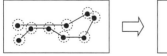 

[톨러런스 설정의 예]

핵심예제

2-1. 실세계 위상의 예시로 한 개의 데이터 규칙이 아닌 것은?
① 우편번호 지역은 겹치지 않는다.
② 지적은 바다와 겹치지 않는다.
③ 상하수도는 끊어지지 않는다.
④ 지적은 틈새를 가지지 않는다.

2-2. 폴리곤 레이어에 대한 규칙이 아닌 것은?
① must be covered by endpoints of
② must not overlap
③ must not have invalid geometries
④ must not have gaps

|해설|

2-1
실세계에서 위상의 예

한 개의 데이터	두 개의 데이터
• 우편번호 지역은 겹치지 않는다. • 상하수도는 끊어지지 않는다. • 지적은 틈새를 가지지 않는다.	• 지적은 바다와 겹치지 않는다. • 지적 안에는 반드시 지번이 있어야 한다. • 건물은 도로와 겹치지 않는다.

2-2
must be covered by endpoints of : 포인트 레이어가 라인의 끝점에 존재해야 한다는 것으로, 점 레이어의 규칙이다.

정답 2-1 ② 2-2 ①

① 일치하는 지오메트리

ㄱ 위상은 여러 공간 데이터에 대해 일치하는 지오메트리를 결정한 후 한 번의 작업으로 여러 개의 레이어에 대한 편집을 수행한다.

ㄴ 위상에 참여하는 피처들이 서로 교차하거나 중첩되면 해당 부분에 라인과 포인트가 공유되는 경우가 자주 발생한다. 예를 들면 지적 경계, 행정구역 경계를 구분하는 경우 등이다. 공유된 부분을 선택하고 피처에 대해 편집하면, 해당 부분을 공유하는 여러 레이어에 대한 동시 편집이 이루어진다.

ㄷ 공유객체 : 서로 다른 여러 레이어에서 서로 중첩되거나 교차되는 객체로 지적 경계, 행정구역 경계하천 경계 등을 뜻한다.

② 위상관계를 이용한 편집

ㄱ 정의 : 공유객체, 일치하는 피처 간의 위상관계를 편집하고 생성하는 것이다.

ㄴ 방법

• 서로 다른 라인이나 포인트가 동일한 것으로 처리되기 위해서 어느 정도의 톨러런스 안에 있어야 하는지를 설정할 수 있다.

• 여기에서의 거리값은 위상관계 규칙과 마찬가지로 매우 작은 값을 설정해야 한다. 만일 그 값을 크게 설정하면 생각하지 않았던 포인트들이 합쳐져 원하지 않는 피처의 왜곡이 발생할 수 있다.

• 위상관계를 이용한 편집은 위상관계 규칙을 지정하지 않는다. 규칙이 없으므로 유효성 검사를 할 필요가 없고, 오류도 나타나지 않는다.

ㄷ 편집과정

• 위상관계를 이용한 편집을 선택한다.

• 위상관계를 이용한 편집에 참여할 데이터를 선택한다.

• 위상 편집도구를 선택한다.

• 편집할 공유 피처를 선택한다.

• 공유 피처 표시를 확인한다.

• 공유 피처를 편집한다.

핵심예제

위상관계 편집에 관한 설명으로 옳지 않은 것은?

① 공유객체, 일치하는 피처 간의 위상관계를 편집하고 생성하는 것이다.
② 위상관계를 이용한 편집은 위상관계 규칙을 지정하지 않는다.
③ 위상관계 편집 시 유효성 검사를 실시한다.
④ 위상관계 편집에서는 오류가 나타나지 않는다.

|해설|

위상관계 편집 시 위상관계 규칙이 적용되지 않으므로 유효성 검사를 할 필요가 없다.

정답 ③

① 데이터 유효성 검사

　㉠ 개념 : 위상관계 규칙에서 벗어나는 객체 및 오류
　　를 확인하여 수정하거나 예외로 지정하는 등의 과
　　정을 실시하는 작업이다.

　㉡ 위상관계 규칙의 적용 확인

　　• 용량이 큰 데이터가 대상이면 규칙 적용이 필요
　　　하다.

　　• 위상관계 편집 후 유효성 검사를 통해 오류 방지
　　　를 위한 데이터 무결성*을 확인한다.

　　*데이터 무결성 : 데이터의 정확성, 일관성, 유효
　　성이 유지됨을 보장하는 특성이다. 정확성이란
　　중복이나 누락이 없는 상태를 뜻하고, 일관성은
　　원인과 결과의 의미가 연속적으로 보장되어 변하
　　지 않는 상태를 뜻한다.

핵심예제

**위상관계 규칙을 적용하여 객체오류를 확인하고, 수정하는 과
정의 작업은?**

① 벡터-래스터 변환
② 데이터 유효성 검사
③ 제어거리 검사
④ 버퍼분석

|해설|

데이터 유효성 검사 : 위상관계 규칙에서 벗어나는 객체 및 오류를
확인하여 수정하거나 예외로 지정하는 등의 과정을 실시하는
작업이다.

정답 ②

3-1. 공간정보 분류

핵심이론 **01** 레이어 재분류

① 벡터데이터의 재분류 및 재부호화

　㉠ 재부호화(recoding) : 속성자료의 범주를 변화시
　　키는 과정으로 재분류과정에 필수적인 기법이다.

　㉡ 재분류(reclassification) : 재부호화 후 개체들을
　　병합하는 과정으로, 속성데이터 범주의 수를 줄여
　　데이터베이스를 간략화하는 기능이다.

　㉢ 디졸브(dissolve)

　　• 벡터자료는 재분류한 후 속성값이 같은 공간객
　　　체에 대해서 병합하는 과정이 필요하다.

　　• 병합과정을 거치면 공간객체와 데이터베이스도
　　　단순해지고, 공간객체 간의 관계도 이해하기 쉽
　　　게 단순화된다.

　　• 첫 번째는 속성값을 검색하여 새로운 속성값을
　　　입력하는 단계이다. 두 번째는 같은 속성값을 갖
　　　는 인접하는 폴리곤들을 병합하여 다시 위상구
　　　조를 구축하는 디졸브 과정의 단계이다.

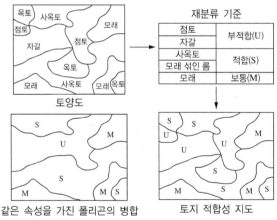

[재분류 후 폴리곤의 병합]

② 래스터데이터의 재분류

　㉠ 각각의 셀에 입력된 원래의 값을 새로운 값으로 치환하는 재부호화방식이다.

　㉡ 대체 필드를 사용하여 한 번에 하나의 값 또는 값의 그룹을 재분류할 수 있으며, 지정된 간격 또는 영역별 등의 기준에 따라 새분류할 수 있다.

　㉢ 모든 재분류방법은 구역 내의 각 셀에 적용되며, 기존값에 대체값을 적용할 때 원래 구역의 각 셀에 대체값을 적용한다.

　㉣ 재분류의 이유

　　• 새로운 정보를 기반으로 값을 바꾸려는 경우

　　• 래스터 정보를 단순화하여 다양한 종류의 그룹화가 필요한 경우

　　• 래스터 세트의 값을 공통 배율로 재분류하거나 배율 조정이 필요한 경우

　　• 특정값을 no data로 설정하거나 no data 셀에 값을 설정하고자 하는 경우

　㉤ 재분류방법

　　• 개별값으로 재분류 : 1 : 1 변경에서 하나의 값을 다른 값으로 변경한다.

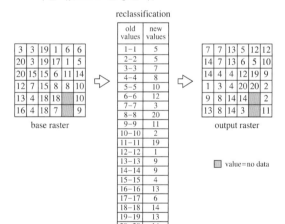

　　• 값의 범위별로 재분류 : 값의 범위를 대체값으로 재분류하고 다른 범위를 다른 대체값으로 재분류할 수 있다.

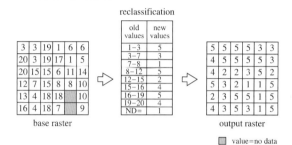

　　• 값을 구간 또는 영역별로 그룹화(slice) : 입력 셀의 값 범위를 동일한 간격, 동일한 영역 또는 내추럴 브레이크로 분할하거나 재분류한다.

　　• 함수를 사용하여 연속형 데이터의 크기를 조정하는 방법(rescale by function) : 선택한 변환함수를 적용한 후 결괏값을 특정한 연속 평가척도로 변환하여 입력 래스터값을 다시 표시한다.

핵심예제

1-1. 속성의 명칭이나 값을 변경하는 것으로, 속성자료의 범주를 변화시키는 과정은?

① 재부호화
② 재분류
③ 레이어 중첩
④ 디졸브

1-2. 래스터데이터를 재분류하는 방법이 아닌 것은?

① 개별값으로 재분류
② 값의 범위로 재분류
③ 값의 합성으로 재분류
④ 값을 구간 또는 영역별로 그룹화

|해설|

1-2
래스터데이터의 재분류방법

• 개별값으로 재분류
• 값의 범위로 재분류
• 재분류 테이블 사용
• 값을 구간 또는 영역별로 그룹화

정답 1-1 ① 1-2 ③

① 병합

　㉠ 각 구역을 통합하여 큰 지역으로 형상을 합치는 작업으로, 두 개의 피처 레이어를 결합하여 하나의 결과 레이어를 만든다. 두 레이어에서 같은 유형(포인트, 라인 또는 영역)의 피처를 새 레이어에 복사한다.

　㉡ 피처 유형이 같은 두 개의 입력이 필요하다.

　㉢ 기본 설정에 따라 두 입력의 모든 필드가 결과에 복사되며, 필요한 경우 이름 바꾸기, 제거, 일치작업을 사용하여 병합 레이어에서 필드를 수정한다.

　㉣ 현재 맵범위 사용을 선택한 경우 현재 맵범위 내에 표시된 피처만 병합되고, 선택하지 않으면 현재 맵범위 외부에 있는 위치를 포함하여 두 레이어에 있는 모든 피처가 병합된다.

　㉤ 제한사항 : 입력 레이어는 포인트, 라인 또는 영역 피처일 수 있지만, 두 레이어의 피처 유형은 같아야 한다.

② 디졸브

　㉠ 재분류 이후 동일한 속성을 지닌 경계 공유 및 겹치는 영역을 삭제하여 하나로 합치는 것이다. 공통 필드값을 교차하거나 공유하는 영역 피처를 병합하여 인접 피처 또는 멀티 파트 피처를 생성한다.

　㉡ 입력은 영역 피처의 단일 레이어여야 한다.

　㉢ 다음 테이블에 겹치거나 인접한 영역 및 필드값이라는 두 가지 옵션을 사용해 경계를 디졸브할 수 있다.

　　• 겹치거나 인접한 영역 : 경계가 겹치거나 공통의 경계를 공유하는 둘 이상의 영역이 하나의 영역으로 병합된다.

　　• 필드값이 같은 영역 : 공통 경계를 공유하거나 겹치는 영역이 같은 필드값을 가진 경우 하나의 영역으로 병합된다. 필드를 둘 이상 선택해야 영역을 병합할 수 있다.

　㉣ 병합과 디졸브의 비교

　　• 병합 : 분리된 데이터를 병합한다(예 서울특별시 행정 경계와 경기도 행정 경계를 수도권 행정 경계로 병합).

　　• 디졸브 : 속성정보를 바탕으로 병합한다(예 서울특별시 동 경계의 속성정보에 포함된 구 속성을 바탕으로 구 경계 작성).

③ 분할(split)

　㉠ 입력 레이어의 필드를 기반으로, 입력 레이어를 개별 레이어 여러 개로 분할한다.

　㉡ 피처 분할과 부분 분할

　　• split features : 피처 분할은 피처를 두 개 이상의 독립적인 새 피처로 분할할 수 있다. 예를 들면 분할된 각 도형은 속성 테이블의 새 행과 대응한다.

　　• split parts : 다중 부분 피처의 부분을 분할해서 부분의 개수를 늘릴 수 있고, 분할하고 싶은 부분을 가로지르는 라인을 그린다.

　㉢ 영역 분할과 속성 분할

　　• 영역 분할 : 레이어의 영역에 따라 균등 분할 또는 사용자 지정 분할 등의 방법을 적용한다.

　　• 속성 분할 : 레이어의 속성에 대해 필요한 속성을 추출하여 새로운 레이어를 구상한다.

2-1. 기존 피처들을 합쳐서 새 피처를 생성하고, 선택한 폴리곤을 묶어서 큰 지역으로 형상을 합치는 작업은?

① 병합
② 디졸브
③ 분할
④ 유니언

2-2. 디졸브에 관한 설명으로 옳지 않은 것은?

① 재분류 이후 동일한 속성을 지닌 경계 공유 및 겹치는 영역을 삭제하여 하나로 합친다.
② 피처 유형이 같은 두 개의 입력이 필요하다.
③ 속성정보를 바탕으로 병합한다.
④ 다음 테이블에 겹치거나 인접한 영역 및 필드값이라는 두 가지 옵션을 사용하여 경계를 디졸브할 수 있다.

|해설|

2-1

① 병합(merge) : 각 구역을 통합하여 큰 지역으로 형상을 합치는 작업으로, 두 개의 피처 레이어를 결합하여 하나의 결과 레이어를 만든다. 두 레이어에서 같은 유형(포인트, 라인 또는 영역)의 피처를 새 레이어에 복사한다.
② 디졸브(dissolve) : 재분류 이후 동일한 속성을 지닌 경계 공유 및 겹치는 영역을 삭제하여 하나로 합치는 것이다. 공통 필드값을 교차하거나 공유하는 영역 피처를 병합하여 인접 피처 또는 멀티 파트 피처를 생성한다. 입력은 영역 피처의 단일 레이어여야 한다.
③ 분할(split) : 입력 레이어의 필드를 기반으로, 입력 레이어를 개별 레이어 여러 개로 분할한다.

정답 2-1 ① 2-2 ②

핵심이론 03 셀값 및 속성값의 재분류

① 분류

㉠ 속성값에 따라 재그룹화하는 기능이다.

㉡ 색상이나 크기로 레이어의 스타일을 지정하는 경우 데이터를 분류하고, 클래스의 범위와 구분점을 정의한다.

㉢ 클래스 범위 및 구분점의 정의방법은 각 클래스에 속하는 위치와 레이어의 모양을 결정한다.

② 속성값 재분류의 유형

㉠ 자연분류(natural break)방법

• 데이터에 내재된 자연스러운 그룹화를 기반으로 하고, 그룹 내의 분산은 줄이고, 등급 간 분산은 최대화하여 그룹 경계를 결정하는 방법이다.

• 내추럴 브레이크 분류는 군집된 값을 같은 클래스에 배치하므로 균등하게 분포되지 않은 데이터값을 매핑하는 데 적합하다.

㉡ 등간격(equal interval)방법

• 동일한 간격으로 그룹 경계를 결정하고, 속성값의 범위를 같은 크기의 하위 범위로 나눈다.

• 등간격 분류는 백분율, 온도와 같은 친숙한 데이터 범위에 적용하는 것이 가장 좋고, 다른 값을 기준으로 속성값의 양을 강조한다.

㉢ 등분위(quantile)방법

• 각 클래스의 동일한 수의 기능을 포함하고, 그룹별 빈도수가 동일하게 그룹의 경계를 결정하는 방법이다.

• 선형 분포데이터에 매우 적합하다. 클래스가 비어 있거나 값이 너무 많거나 적은 클래스가 없다.

• 각 클래스에 있는 위치 또는 값의 개수가 같아야 하는 경우 등도수 분류를 사용한다.

㉣ 표준편차(standard deviation) 방법

• 표준편차 분류는 위치의 속성값과 평균 간의 차이를 보여 준다.

- 표준편차 분류를 사용하면 평균보다 큰 값과 작은 값이 강조되어 평균값보다 위 또는 아래에 있는 위치를 손쉽게 나타낼 수 있다.
- 주어진 지역의 인구 밀도를 확인하거나 국가의 차압률을 비교하는 등 값과 평균의 연관성이 중요한 경우에 표준편차 분류방법을 사용한다.

핵심예제

3-1. 속성값 재분류 유형 중 그룹 내의 분산을 줄이고, 등급 간 분산은 최대화하는 방법은?

① 자연분류(natural break)방법
② 등간격(equal interval)방법
③ 등분위(quantile)방법
④ 표준편차(standard deviation) 방법

3-2. 속성값 재분류 유형 중 그룹별 빈도수가 동일하게 그룹의 경계를 결정하는 방법은?

① 자연분류(natural break)방법
② 등간격(equal interval)방법
③ 등분위(quantile)방법
④ 표준편차(standard deviation) 방법

|해설|

3-1
자연분류(natural break)방법
- 데이터에 내재된 자연스러운 그룹화를 기반으로 하고, 그룹 내의 분산은 줄이고, 등급 간 분산은 최대화하여 그룹 경계를 결정하는 방법이다.
- 군집된 값을 같은 클래스에 배치하므로 균등하게 분포되지 않은 데이터값을 매핑하는 데 적합하다.

3-2
등분위방법
- 각 클래스의 동일한 수의 기능을 포함하고, 그룹별 빈도수가 동일하게 그룹의 경계를 결정하는 방법이다.
- 선형 분포데이터에 매우 적합하다. 클래스가 비어 있거나 값이 너무 많거나 적은 클래스가 없다.
- 각 클래스에 있는 위치 또는 값의 개수가 같아야 하는 경우 등도수 분류를 사용한다.

정답 3-1 ① **3-2** ③

3-2. 공간정보 중첩분석

핵심이론 01 벡터레이어 공간연산

① 중첩의 개념
  ㉠ 중첩분석은 GIS 분석기능 중 가장 중요한 기능 중 하나로, 한 레이어와 다른 레이어를 이용하여 두 주제 간의 관계를 분석하고, 이를 지도학적으로 표현하는 것이다.
  ㉡ 중첩은 두 개의 입력 레이어를 이용하여 새로운 결괏값을 갖는 레이어를 생성하는 과정으로, 기본적으로 동일한 위치의 두 개 입력데이터의 값을 비교하여 산출 레이어의 값을 지정하는 개념이다.
  ㉢ 중첩기능은 사용하는 자료의 구조에 따라 벡터데이터를 이용한 분석과 래스터데이터를 이용한 분석으로 구분한다.

② 벡터자료의 중첩
  ㉠ 면과 면 간의 대상물들의 위주로 수행되지만 때로는 점과 면이나 선과 면 관계로 이루어질 수도 있다.
  ㉡ 면과 면을 이용한 중첩의 경우 공통 지역의 도출, 배제, 결합과 관련된 연산으로 수학 논리연산의 합집합, 교집합, 차집합 등과 같은 개념으로 영역을 도출하는 데 이용된다.
  ㉢ 벡터형식에서 중첩은 두 개 이상의 레이어를 겹쳤을 때 경계선이 새롭게 생성되고 속성이 합쳐지고 분리되는 과정을 수행한다.

③ 중첩의 유형
  ㉠ 점 레이어와 면 레이어의 중첩(point-in-polygon overlay)
    - 면 위의 점을 중첩하면 면적의 범위 안에 있는 점을 결정할 수 있다.
    - 면 위의 중첩된 점들은 면데이터의 속성을 포함하므로 모든 점과 면의 속성 테이블이 수정된다.
    - 이러한 중첩을 통해 점과 면 속성 사이의 공간적 관계에 대한 설명도 가능하다.

- 범죄 발생과 인접 지역의 인구 통계, 소비자에 대한 상권 권역, 지역 또는 권역별 시설물에 대한 정보, 특정 조류와 식생 등의 관계를 설명하는 데 활용된다.

[점 레이어와 면 레이어의 중첩]

ⓛ 선 레이어와 면 레이어의 중첩(line-in-polygon overlay)
- 면과 선을 중첩하면 선자료는 입력된 선데이터와 면데이터의 속성을 동시에 포함한다.
- 면과 선의 중첩에 필요한 계산은 면데이터 사이의 중첩과 비슷하다. 면과 선데이터의 교차점 계산 → 노드와 링크 형성 → 위상 정립 → 속성 테이블 수정의 순서로 진행된다.
- 행정구역명, 행정구역별 도로정보의 생성, 가스·상하수도 등 선형 시설물 정보관리 등에 활용한다.

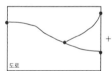

[선 레이어와 면 레이어의 중첩]

ⓒ 면 레이어와 면 레이어의 중첩(polygon-on-polygon overlay)
- 면을 포함하는 특정 주제의 자료층(layer)을 다른 레이어와 중첩시켜 새로운 주제도를 생성하는 공간영상기법이다.
- 위상 모델로 저장된 면형 벡터자료 사이의 중첩에는 적은 교차점을 계산하므로 중첩 수행에 시간이 절약되는 장점이 있다.

 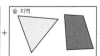

[면 레이어와 면 레이어의 중첩]

핵심예제

1-1. 한 레이어와 다른 레이어를 이용하여 두 주제 간의 관계를 분석하고, 이를 지도학적으로 표현하는 공간분석은?
① 인접성 분석
② 근접성 분석
③ 중첩분석
④ 버퍼분석

1-2. 점 레이어와 면 레이어의 중첩으로 활용되는 사례가 아닌 것은?
① 인접 지역의 인구 통계
② 지역 또는 권역별 시설물에 대한 정보
③ 소비자 상권 권역 문제
④ 행정구역별 도로 정보의 생성

|해설|
1-1
중첩
- 중첩분석은 GIS 분석기능 중 가장 중요한 기능 중 하나로, 한 레이어와 다른 레이어를 이용하여 두 주제 간의 관계를 분석하고, 이를 지도학적으로 표현하는 것이다.
- 중첩은 두 개의 입력 레이어를 이용하여 새로운 결괏값을 갖는 레이어를 생성하는 과정으로 기본적으로 동일한 위치의 두 개 입력데이터의 값을 비교하여 산출 레이어의 값을 지정하는 개념이다.

1-2
행정구역별 도로정보의 생성은 선 레이어와 면 레이어의 중첩과 관련 있다.

정답 1-1 ③ 1-2 ④

① 중첩분석의 활용

　㉠ 형상들 간의 공간관계 분석

　　• 중첩을 통해 공간상에 대응관계를 갖는 형상들 간의 관계를 파악할 수 있고, 중첩을 통해 나타난 결과를 토대로 공간 패턴에 대한 지식을 습득할 수 있다.

　　• 예를 들면 다음 그림과 같이 농작물이 자라는 3번 구역의 토양 특성을 두 개 레이어의 중첩을 통해 알아낼 수 있다.

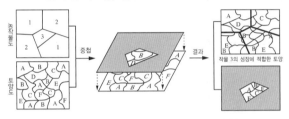

　㉡ 분석 레이어 간 가중치 부여를 통해 분석적 정보 추출

　　• 중첩기능을 통해 분석적인 정보를 추출할 수 있다.

　　• 단순하게 두 커버리지를 중첩하는 경우 외에는 목적에 따라 각 커버리지의 속성값에 가중치를 부여하여 중첩연산을 수행할 수 있다.

　　• 변환함수는 곱셈, 나눗셈, 뺄셈, 제곱, 제곱근, 최소화, 최대화, 평균 등 수학적 연산이 가능하다.

② 래스터데이터에서 중첩분석의 개념

　㉠ 래스터데이터를 기반으로 하는 중첩분석은 크게 두 가지 연산에 의해 이루어진다.

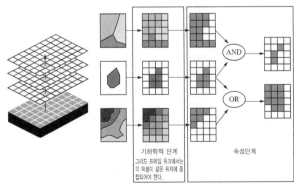

[래스터데이터에서 중첩분석의 개념]

• 지도대수기법(map algebra)

　– 래스터데이터에서 산술적 연산을 통한 중첩과정이다.

　– 동일한 셀의 크기를 가지는 래스터데이터를 이용하여 덧셈, 뺄셈, 곱셈, 나눗셈 등 다양한 수학 연산자를 사용해 새로운 셀값을 계산한다.

　– 입력 레이어와 산출 레이어에서 각 셀의 위치는 동일하며, 산출 레이어의 각 셀에는 연산된 새로운 값이 부여된다.

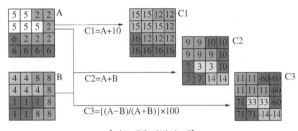

[지도대수기법의 예]

• 논리적 연산에 의한 중첩

　– 래스터데이터에서 중첩은 두 개 레이어에 대한 산술적 연산이지만, 조건식에 따른 결과 레이어의 산출도 가능하다.

　– 두 개 레이어에 대해 동일한 위치의 셀값을 논리적으로 연산하여 두 개의 조건이 맞으면 결괏값은 적합, 두 개의 조건이 모두 맞지 않으면 결괏값은 부적합 판정을 한다.

[논리적 연산에 의한 중첩의 예]

③ 공간분석 응용 분야
  ㉠ 환경분석 : 식생 피복 도면화, 야생동물의 서식지 표현, 위험물의 제거
  ㉡ 경영분석 : 입지분석, 교통분석, 보건과 보험 분석
  ㉢ 사회분석 : 인구 센서스 데이터 분석, 주택 연구, 질병 확산의 예측
  ㉣ 수계분석 : 하천차수 분석
  ㉤ 농업분석 : 삼림, 정확한 파종

핵심예제

래스터 중첩분석에서 다수의 래스터 레이어에 산술적 연산자를 적용하는 기법은?
① 지도대수기법(map algebra)
② 라인-인-폴리곤 중첩(line-in-polygon overlay)
③ 자연분류(natural break)방법
④ 포인트-인-폴리곤 중첩(point-in-polygon overlay)

|해설|

지도대수기법
- 래스터데이터에서 산술적 연산을 통한 중첩과정이다.
- 동일한 셀의 크기를 가지는 래스터데이터를 이용하여 덧셈, 뺄셈, 곱셈, 나눗셈 등 다양한 수학 연산자를 사용해 새로운 셀값을 계산한다.
- 입력 레이어와 산출 레이어에서 각 셀의 위치는 동일하며, 산출 레이어의 각 셀에는 연산된 새로운 값이 부여된다.

정답 ①

핵심이론 03 공간개체 간 관계분석

① 벡터자료에서 중첩 유형과 연산기능
  첫 번째 레이어를 입력 레이어, 두 번째 레이어를 기반 레이어라고 하며, 결과 레이어에 중첩한 결과가 나타난다.

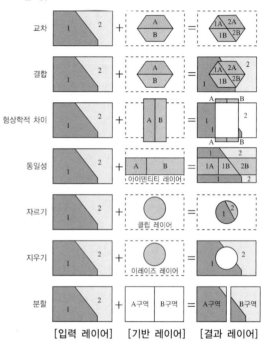

㉠ 교차(intersect) : 두 개의 레이어를 교차시켜 서로 교차하는 범위의 모든 면을 분할하고, 각각에 해당하는 모든 속성을 포함한다. 공간 조인과 같은 기능이다.

㉡ 결합(union) : 두 개의 레이어를 교차하였을 때 중첩된 모든 지역을 포함하고, 모든 속성을 유지한다.

㉢ 형상학적 차이(symmetrical difference) : 두 레이어 간 중첩되지 않는 부분만 결과 레이어로 산출하며, 두 레이어의 속성은 모두 산출 레이어에 포함된다.

㉣ 동일성(identity) : 입력 레이어의 모든 형상은 그대로 유지되지만, 기반 레이어의 형상은 첫 번째 레이어의 범위에 있는 형상만 유지된다.

ⓜ 자르기(clip) : 기반 레이어의 외곽 경계를 이용하여 입력 레이어를 자른다.

ⓗ 지우기(erase) : 기반 레이어를 이용하여 입력 레이어의 일부분을 지운다.

ⓢ 분할(split) : 기반 레이어의 특성을 이용하여 입력 레이어를 몇 개의 작은 데이터로 나눈다.

핵심예제

3-1. 벡터자료의 중첩분석 유형 중 기반 레이어의 외곽 경계를 이용하여 입력 레이어의 일부를 자르는 기능은?

① 자르기(clip)
② 지우기(erase)
③ 교차(intersect)
④ 동일성(identity)

3-2. 벡터자료의 중첩분석 유형 중 첫 번째 레이어의 모든 형상은 그대로 유지되지만, 두 번째 레이어의 형상은 첫 번째 레이어의 범위에 있는 형상만 유지되는 기능은?

① 결합(union)
② 지우기(erase)
③ 교차(intersect)
④ 동일성(identity)

|해설|

3-1, 3-2
② 지우기(erase) : 기반 레이어를 이용한 입력 레이어의 일부분을 지운다.
③ 교차(intersect) : 두 개의 레이어를 교차하여 서로 교차하는 범위의 모든 면을 분할하고, 각각에 해당하는 모든 속성을 포함한다. 공간 조인과 같은 기능이다.
④ 동일성(identity) : 입력 레이어의 모든 형상은 그대로 유지되지만, 기반 레이어의 형상은 첫 번째 레이어의 범위에 있는 형상만 유지된다.

정답 3-1 ① 3-2 ④

3-3. 공간정보 버퍼분석

핵심이론 01 버퍼 및 버퍼 존 생성

① 버퍼(buffer)

ⓐ 개념 : 공간 형상의 둘레에 특정한 폭을 가진 구역을 구축하는 것으로, 버퍼를 생성하는 과정을 버퍼링이라고 한다.

ⓑ 특징
- 버퍼링은 점, 선, 면 모든 객체에 생성할 수 있으며, 버퍼링한 결과는 모두 폴리곤으로 표현된다.
- 버퍼는 래스터데이터와 벡터데이터 모두 적용할 수 있다.
- 일정 구간을 여러 단계로 지정하여 영역을 생성할 수 있다.

② 버퍼의 유형

ⓐ 점 버퍼
- 점 주변에 특정한 반경을 가진 원으로 버퍼가 형성된다.
- 집이나 건물의 중심점, 학교, 소방서 또는 전봇대, 소화전 등의 시설물을 점으로 표현할 수 있다.

ⓑ 선 버퍼
- 선의 굴곡과 일치하면서 선의 양쪽으로 특정거리만큼 밴드 모양으로 버퍼가 형성된다.
- 선사상의 일반적인 예로는 교통(고속도로, 철도, 지하철 등), 기간시설(상수도, 전기, 케이블, 하수도 등), 하계(하천, 강, 우수 등) 등이 있다.

ⓒ 폴리곤 버퍼
- 폴리곤 둘레의 형상을 따라 폴리곤의 변 주변으로 일정거리만큼 영역이 형성된다.
- 면사상의 일반적인 예로는 건물 윤곽(주거지, 상업용지), 행정구역(도, 시, 군, 구 등), 토지 이용 영역의 면(산림, 습지 등) 등이 있다.

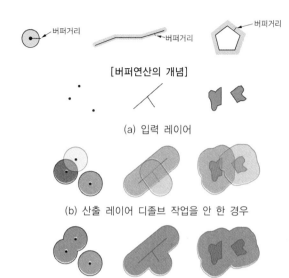

[버퍼연산의 개념]

(a) 입력 레이어

(b) 산출 레이어 디졸브 작업을 안 한 경우

(c) 산출 레이어 디졸브 작업을 한 경우

[버퍼링 후 디졸브 작업 여부에 따른 결과]

③ 버퍼를 구축하는 과정

  ㉠ 공간정보 편집/분석 소프트웨어에서 사용자가 특
    정 형상을 선택한 후 버퍼링할 거리를 입력하면
    버퍼가 자동으로 형성된다.

  ㉡ 하나의 레이어에서 버퍼링할 객체가 하나일 경우
    산출 레이어는 단순하게 표현된다.

  ㉢ 버퍼링할 객체가 여러 개일 경우 버퍼결과도 중첩
    되어 나타난다.

  ㉣ 중첩된 경우 디졸브 작업을 수행하여 버퍼링된 객
    체를 단순화시킨다.

④ 버퍼연산의 활용

  ㉠ 근접분석 시 관심 대상 지역의 내부와 외부를 구분
    하고, 내·외부의 공간적 특성과 상호관련성을 분
    석하는 데 필수적인 기능이다.

  ㉡ 특정객체에 대한 버퍼를 수행한 후 다른 레이어와
    의 관계를 중첩분석하여 의미 있는 결과를 내는
    경우가 대부분이다.

  ㉢ 버퍼분석은 단일분석으로 활용되기보다 이후 다
    른 분석을 위한 중간 단계로 활용되는 사례가 많다.

  ㉣ 주어진 특정한 형상으로부터 바깥쪽으로 버퍼 존
    이 형성되기 때문에 하나의 버퍼가 아닌 여러 개의
    버퍼(다중 버퍼, multiple ring buffer)를 구축할
    수 있다.

  ㉤ 분석 대상이 되는 영향권에 따라 여러 개의 버퍼를
    생성하고 거리 증가에 따른 영향력을 분석할 수
    있다. 상점으로부터 일정거리에 따라 소비자 영향
    을 분석하는 등 영향권 분석은 상권분석뿐 아니라
    공공 부문에서도 활용할 수 있다.

⑤ 버퍼연산에서 거리 계산

  ㉠ 벡터데이터의 경우 거리는 주어진 각 좌표점으로
    부터 수직거리로 측정된다.

  ㉡ 래스터데이터의 경우 그리드 셀의 간격이 거리 측
    정의 기본 단위가 된다. 선택된 객체의 셀은 거리
    가 '0'이고, 거리 계산은 각 셀의 값에 인접한 셀의
    폭을 더해서 산출한다.

$$c = \sqrt{a^2 + b^2}$$

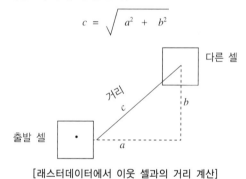

[래스터데이터에서 이웃 셀과의 거리 계산]

1-1. 버퍼(buffer)에 관한 설명으로 옳지 않은 것은?

① 공간 형상의 둘레에 특정한 폭을 가진 구역을 구축하는 것이다.

② 버퍼는 래스터데이터를 제외한 벡터데이터에만 적용할 수 있다.

③ 버퍼링은 점, 선, 면 모든 객체에 생성할 수 있다.

④ 버퍼링한 결과는 모두 폴리곤으로 표현된다.

1-2. 버퍼연산의 활용에 관한 설명으로 옳지 않은 것은?

① 근접분석 시 관심 대상 지역의 내부와 외부를 구분한다.

② 영향권 분석은 상권분석에는 유용하지만 공공 부문에서는 활용하기 어렵다.

③ 하나의 버퍼가 아닌 여러 개의 버퍼(다중 버퍼, multiple ring buffer)를 구축할 수 있다.

④ 버퍼분석은 단일분석으로 활용되기보다 이후 다른 분석을 위한 중간 단계로 활용되는 사례가 많다.

|해설|

1-1
버퍼는 래스터데이터와 벡터데이터에 모두 적용할 수 있다.

1-2
영향권 분석은 공공도서관의 이용객이 거리 증가에 따라 얼마나 감소하는지 등을 분석하는 공공 부문에서도 활용할 수 있다.

정답 1-1 ② 1-2 ②

① 이용권역 분석

생성된 버퍼 구역 내의 접근성, 시설물의 분포 등 다양한 요인을 분석하여 이용 가능성과 영역의 범위를 파악한다.

② Talen의 접근성 측정방법

공간적 접근성은 어떤 지점에 개인(혹은 집단)이 주어진 입지에서 특정한 활동을 수행할 수 있는 기회 또는 잠재력으로 교통망 분석, 도시계획, 공공 서비스 계획에서 활용하는 개념이다.

㉠ 일정한 공간범위에 포함되는 서비스 시설을 집계하는 방식

• 컨테이너(container) 모형 : 인구조사 표준 지역, 선거구, 행정구역 등의 특정범위 안에 포함되는 시설 수로 접근성을 나타낸다.

• 커버리지(coverage) 모형 : 특정한 곳에서 주어진 거리 안에 포함되는 시설의 합으로 나타낸다.

㉡ 서비스 이용자와 시설 간의 최소거리나 비용을 계산하는 방식

• 최소거리(minimum distance) 모형 : 특정한 곳에서 가장 가까운 시설 사이의 거리를 나타낸다.

• 이동비용(travel cost) 모형 : 특정한 곳과 모든 시설 사이의 평균거리를 나타낸다.

㉢ 서비스 공급능력과 서비스 이용자 간의 거리마찰 효과를 고려하는 방식

• 중력(gravity) 모형 : 지역 안에 있는 모든 시설이 점수로 나타나는데, 시설의 크기나 거리에 적용되는 마찰에 의해 저항값을 고려한다.

③ 접근성의 고려요소

㉠ 시작점 : 위치, 유형, 시작점의 속성 등

㉡ 종점 : 위치, 유형, 종점의 속성 등

㉢ 이동수단 : 도보, 대중교통, 자전거 등

㉣ 경로의 특성 : 경로조건, 소요시간, 속도, 안전 등

㉤ 거리분석 : 직선거리, 격자거리, 네트워크 등

2-1. 생성된 버퍼 구역 내의 접근성, 시설물의 분포 등 다양한 요인을 분석하여 이용 가능성과 영역의 범위를 파악하는 것은?

① 버퍼분석
② 이용권역 분석
③ 중첩분석
④ 지형분석

2-2. Talen의 접근성 측정방법이 아닌 것은?

① 컨테이너(container) 모형
② 커버리지(coverage) 모형
③ 최대거리(maximum distance) 모형
④ 중력(gravity) 모형

|해설|

2-2
Talen의 접근성 측정방법
• 일정한 공간범위에 포함되는 서비스 시설을 집계하는 방식
  - 컨테이너 모형 : 인구조사 표준 지역, 선거구, 행정구역 등의 특정범위 안에 포함되는 시설 수로 접근성을 나타낸다.
  - 커버리지 모형 : 특정한 곳에서 주어진 거리 안에 포함되는 시설의 합으로 나타낸다.
• 서비스 이용자와 시설 간의 최소거리나 비용을 계산하는 방식
  - 최소거리 모형 : 특정한 곳에서 가장 가까운 시설 사이의 거리를 나타낸다.
  - 이동비용 모형 : 특정한 곳과 모든 시설 사이의 평균거리를 나타낸다.
• 서비스 공급능력과 서비스 이용자 간의 거리마찰효과를 고려하는 방식
  - 중력 모형 : 지역 안에 있는 모든 시설이 점수로 나타나는데, 시설의 크기나 거리에 적용되는 마찰에 의해 저항값을 고려한다.

정답 2-1 ② 2-2 ③

핵심이론 03 근접지역 검색

① 근접성(proximity)
  ㉠ 특정거리나 위치 내에 존재하는 대상물들 간의 관계를 의미한다.
  ㉡ 일반적으로 길이의 단위로 관측되며, 여행시간이나 소음 수준 등과 같은 다른 단위로 관측될 수도 있다.
  ㉢ 근접성 분석의 필요요소 4가지
    • 목표지점(예 도로, 학교, 병원, 공원 등)
    • 관측 단위(예 미터, 킬로미터, 분, 초 등)
    • 근접 계산기능(예 직선거리, 여행시간, 분석 알고리즘 등)
    • 분석되어야 할 지역

② 근접성 분석(proximity analysis)
  ㉠ 개념 : 선정된 위치와 그 주변 사이의 공간적 관련성을 결정하는 데 사용되는 분석적 기술로, 특정 대상으로부터 일정한 거리 내에 있는 대상을 분석한다.
  ㉡ 분석 유형
    • 버퍼(buffer zone generation) : 점, 선, 면 모든 객체로부터 일정거리 내의 영역을 표시하는 기능으로, 버퍼링 결과는 폴리곤으로 표현한다.
    • 티센 폴리곤 생성(thiessen polygon generation)
      - 일련의 점데이터가 주어졌을 때, 각 위치에 어떤 점의 값을 할당해야 하는지를 결정할 때 유용하게 활용한다.
      - 점들 사이의 거리에 근접한 삼각형을 연결하여 들로네 삼각형을 작도한 후에 삼각형 중첩이 되는 가운데 점을 연결한 것이 티센 폴리곤이다. 티센 폴리곤이 생성되면 각 위치에서 가장 가까운 점의 값을 할당하는 것은 어렵지 않다.

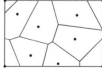

(a) 들로네 삼각형　　(b) 티센 폴리곤
[들로네 삼각형을 이용한 티센 폴리곤 형성]

③ 인접성 분석

　ㄱ 개념 : 주변 셀의 특징을 분석하는 것으로, 공간상에서 주어진 지점과 주변의 객체들이 얼마나 가까운가를 파악하는 데 활용한다.

　ㄴ 인접성의 조건
　　• 목표지점의 설정
　　• 목표지점의 근접지역에 대한 명시
　　• 근접지역 내에서 수행되어야 할 기능 명시(예 병원으로부터 2km 이내 올 수 있는 고객 수, 10분 이내 도착할 수 있는 다른 병원 등)

　ㄷ 주요요소
　　• 거리측정방식 : 유클리드거리(피타고라스 정리에 의해 만들어지는 두 지점 간의 거리), 맨하탄거리(직각삼각형에서 빗변이 아닌 두 변의 길이를 이용하여 경로의 경우의 수를 종합한 후 거리 측정)
　　• 근접성의 정의(공간가중행렬) : 화살표에 해당하는 지역을 이웃으로 본다. 주로 래스터데이터에서 활용한다.

  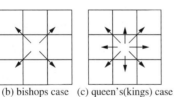

　(a) rooks case　　(b) bishops case　　(c) queen's(kings) case

　ㄹ 인접성 분석의 유형
　　• 확산 모형 : 다양한 현상(대기오염, 물오염, 토양오염 전파의 확산 등)에 대하여 관심 대상인 특정 지점에서부터 거리 증가에 따른 누적값 산출이 가능하고, 최소비용경로를 따른다.
　　• 흐름 모형 : 물의 흐름 방향, 유역 면적, 최장수로의 추출 등과 같은 수문학적 분석에 활용한다. 누적흐름도를 계산하면 물이 어떤 방향으로 흐르는지 계산 가능하다.

핵심예제

3-1. 근접성 분석의 필요요소가 아닌 것은?

① 목표지점
② 관측 단위
③ 관측자
④ 분석 대상 지역

3-2. 점데이터가 주어졌을 때 각 위치에 어떤 점의 값을 할당해야 하는지를 결정할 때 유용하게 활용할 수 있는 것은?

① 버퍼분석
② 확산 모형
③ 흐름 모형
④ 티센 폴리곤 생성

| 해설 |

3-1
근접성 분석의 필요요소 4가지
• 목표지점
• 관측 단위
• 근접 계산기능
• 분석되어야 할 지역

3-2
티센 폴리곤 생성
• 일련의 점데이터가 주어졌을 때, 각 위치에 어떤 점의 값을 할당해야 하는지를 결정할 때 유용하게 활용한다.
• 점들 사이의 거리에 근접한 삼각형을 연결하여 들로네 삼각형을 작도한 후에 삼각형 중첩이 되는 가운데 점을 연결한 것이 티센 폴리곤이다. 티센 폴리곤이 생성되면 각 위치에서 가장 가까운 점의 값을 할당하는 것은 어렵지 않다.

정답 3-1 ③　3-2 ④

핵심이론 04 다중 링 버퍼 분석

① 다중 링 버퍼 분석(multiple ring buffer)

분석 대상이 되는 영향권 주변의 지정된 거리에 따라 여러 버퍼를 생성하고, 거리 증가에 따른 영향력을 분석하는 방법이다.

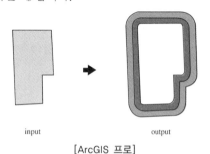

input   output

[ArcGIS 프로]

② 버퍼 생성 작동방식

㉠ 거리 옵션을 사용하면 여러 상수를 공백으로 구분하여 입력해 다중 링 버퍼를 생성할 수 있다.

㉡ 입력기능 매개 변숫값에 지리적 좌표계가 있는 경우 버퍼 생성도구는 측지선(geodesic)방법을 사용하여 버퍼를 생성한다. 측지선방법은 지구의 실제 모양(타원형, 지오이드)을 고려하여 평면(직교좌표 평면)의 두 포인트가 아닌 곡선 표면(지오이드)의 두 포인트 간에 거리를 계산한다.

③ 다중 링 버퍼의 활용

여러 지점으로부터 발생한 사건이 주변 지역에 대하여 거리나 시간의 증가 등에 따른 현상을 분석할 때 활용한다.

핵심예제

분석 대상의 영향권 주변에 여러 개의 버퍼를 생성하여 거리 증가에 따른 영향력을 분석하는 방법은?

① 단면 버퍼
② 웨지 버퍼
③ 가변 버퍼
④ 다중 링 버퍼

정답 ④

3-4. 지형분석

핵심이론 01 수치지형도

① 실세계 현상과 표면 모델링

㉠ 지형이나 기온, 강수량 등은 지표상에 연속적으로 나타나는 실세계 현상들로 표면 모델링으로 표현한다.

㉡ 지표면상에 연속적으로 나타나는 현상들을 점, 선 또는 면으로 나타내기는 어렵기 때문에 일반적으로 표면으로 나타낸다.

㉢ 표면이란 일련의 x, y 좌표로 위치화된 관심 대상 지역에 z값(높이)의 변이를 가지고 연속적으로 나타나는 현상이다.

㉣ 주어진 지역에서 연속적으로 분포되어 표면으로 나타나는 현상을 컴퓨터에 표현하는 방법을 표면 모델링(surface modelling)이라고 한다.

② 수치지형데이터의 취득

㉠ 야외조사, 사진 측량, GPS, 기존 지도로부터 디지타이징 등의 방법을 통해 취득하고 구조화할 수 있다.

㉡ 조사지점 또는 표본지점에 대해 연속적 또는 불규칙적으로 x, y, z의 값을 취득할 수 있다.

㉢ 기존 지도의 등고선을 따라 수치화된 점데이터를 이용하여 수치지형 모델을 만든다.

㉣ 보간법에 의해 디지타이징된 점데이터를 규칙적인 간격을 가진 수치표고모델(DEM)이나 부정형 삼각네트워크(TIN) 데이터 구조로 변환하여 지형을 나타낸다.

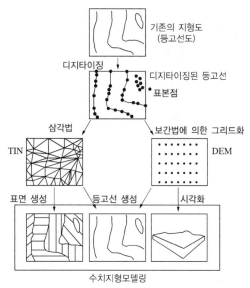

[지형도 등고선 디지타이징을 통한 수치지형모델링]

③ 수치지형데이터 획득을 위한 표본추출방법

  ㉠ 계통적 표본추출방법(systematic sampling) : 대상 지역의 표본지점을 규칙적인 간격으로 추출하여 수치지형데이터를 제작하는 방식으로, 표고값들이 행렬을 이룬다.

  ㉡ 적응적 표본추출방법(adaptive sampling)
    • 지형을 잘 표현하기 위해 표본을 선택적으로 채택하여 수치지형모델을 제작하는 방식이다.
    • 표본지점과 고도값이 불규칙하게 분포된 결과를 얻게 되고, 불규칙하게 추출된 표본지점들에 대한 수치지형데이터는 적절하게 구조화되어야 표면을 표현할 수 있다.

④ 수치지형도

  ㉠ 개념 : 지표면상의 위치와 지형 및 지명 등 여러 공간정보를 좌표데이터로 나타내어 정보시스템에서 분석, 편집 및 입출력할 수 있도록 전산화된 지도이다.

  ㉡ 제작 : 국토지리정보원에서 자동 취득, 좌표 변환, 벡터 편집, 파일 병합 순으로 제작한다.

  ㉢ 활용 : 도시계획, 건설 및 토목설계, 지질도, 토양도, 임상도 등 각종 주제도 제작, 등산 및 하이킹 등의 레저, 광산 개발 등의 기초자료로 사용된다.

⑤ 우리나라의 수치지형도

종류	내용
수치지형도 v1.0	• 도엽별로 제작한다. • 1990년대 중반부터 제작된 형식이다. • 축척 : 1/1,000, 1/2,500, 1/5,000, 1/25,000, 1/250,000 • 오로지 도형정보만 포함하고, 문자와 기호로 속성정보를 대체한다. • 포맷 : DXF 파일
수치지형도 v2.0	• 도엽별로 제작한다. • 2000년대부터 제작된 형식이다. • 장점 : UFID라는 지형지물 코드가 있어 데이터를 통한 연계 활용 분석이 가능하다. • 축척 : 1/1,000, 1/2,500, 1/5,000 • 도형정보와 속성정보를 모두 포함한다. • 포맷 : NGI 파일, SHP 파일, NDA 파일
연속 수치지형도	• 2010년에 들어서 도엽 경계 간 정보 단절을 보완하기 위해 레이어 형태의 연속화된 수치지형도를 구축한다. • 장점 : 전국 단위를 대상으로 하는 데이터베이스 구축이 가능하다. • 축척 : 1/5,000 • 도형정보와 속성정보를 모두 포함한다. • 포맷 : NGI 파일, SHP 파일, NDA 파일
온맵 (on-map)	• 도엽별로 제작한다. • 축척 : 1/5,000, 1/25,000, 1/50,000, 1/250,000 • 도형정보만 포함하고, 문자와 기호로 속성정보를 대체하며, 배경 영상을 포함한다. • 포맷 : PDF 파일 • 쉽고 편하게 지도 활용이 가능(예 등산계획 등산 코스 그리기 등) • 온맵 플레이어 : 무료 툴바로 기호를 추가, 삭제할 수 있어 지도 제작이 가능하다.

1-1. 지형이나 지물에 대한 위치, 형상을 좌표데이터로 나타내어 전산작업이 가능한 디지털 지도는?

① 지형도
② 수치지형도
③ 특수도
④ 지적도

1-2. 국토지리정보원에서 제작한 연속 수치지형도에 관한 설명으로 옳지 않은 것은?

① 도형정보와 속성정보를 모두 포함한다.
② 전국 단위의 대상으로 하는 데이터베이스 구축이 가능하다.
③ 도엽별로 제작하여 제공한다.
④ 포맷형식으로는 NGI 파일, SHP 파일, NDA 파일 등이 있다.

|해설|

1-1
수치지형도
• 지표면상의 위치와 지형 및 지명 등 여러 공간정보를 좌표데이터로 나타내어 정보시스템에서 분석, 편집 및 입출력할 수 있도록 전산화된 지도이다.
• 국토지리정보원에서 자동 취득, 좌표 변환, 벡터 편집, 파일 병합 순으로 제작한다.
• 도시계획, 건설 및 토목설계, 지질도, 토양도, 임상도 등 각종 주제도 제작, 등산 및 하이킹 등의 레저, 광산 개발 등의 기초자료로 사용된다.

1-2
연속 수치지형도는 도엽 경계 간 정보 단절을 보완하기 위해 레이어 형태의 연속화된 수치지형도로 제공한다.

정답 1-1 ② **1-2** ③

핵심이론 02 3차원 공간자료의 특징

① 3차원 공간정보
  ㉠ 개요
    • 도시 지형의 3차원 구축, 12cm급 고해상도 영상지도 제작 등 디지털 트윈 국토의 핵심 기반자료를 마련한다.
    • 3차원 공간정보는 2차원 공간정보를 입체화하여 스마트 시티, 디지털 트윈, VR·AR 등 다양한 분야와 융·복합할 수 있는 공간정보 기본데이터로, 고정밀 2차원 영상지도(실감정사 영상)에 지형정보(수치표고 모형)와 가시화 모델(건물모델링)을 포함한다.
    • 3차원 공간정보시스템은 도시의 시설물 및 지형 등의 공간정보를 3차원으로 구축하여 체계적으로 관리하는 시스템으로, 시뮬레이션을 통해 도로 굴착사업, 건물설계 등에 활용해 더 정확하고 안전한 사업 추진이 가능하다.
  ㉡ 3차원 공간정보 구성 : 3D 지형, 영상지도, 3D 입체 모형
  ㉢ 구축방법

구분	내용
항공사진 촬영	실감정사 영상 제작 및 3차원 가시화 모델을 제작하기 위해 일정한 중복도로 동서남북을 교차해 촬영한다.
항공레이저 측량	지표면의 높이값을 정밀 추출하기 위해 항공기에 라이다를 부착하여 지형을 스캔하고, 3차원 지형데이터 정보(수치표고모형)을 취득한다.
3차원 가시화 모델	항공사진 및 수치표고모형 성과에서 건물 등의 구조물에 대해 실제 형상과 같은 3차원 가시화 모델을 제작한다.
실감정사 영상	수치표고모형과 3차원 가시화 모델을 이용하여 지형 및 건물 구조물의 오류를 모두 제거한 고정밀 영상지도를 제작한다.
3차원 공간정보 구축	자동영상매칭 S/W를 활용하여 자동으로 실감정사 영상, 수치표면모형 및 3차원 가시화 모델을 제작한다.

ⓔ 3차원 공간정보 활용 : 3차원 공간정보를 활용한 디지털 트윈 기술로 실시간 모니터링과 시뮬레이션이 가능하다.

　　　예 홍수 시뮬레이션, 탄소 배출량, 산사태 위험분석, 무인 이동체 시뮬레이션, 토공량 분석, 에너지 사용량

　　ⓜ 3차원 공간정보의 기대효과

　　　• 환경, 재난, 교통, SOC 등 도시문제에 대응할 수 있다.

　　　• 드론, 자율주행자동차 등 신산업의 엔진 역할을 한다.

　　　• 5G 통신망, 배달 및 교통 등 위치기반서비스 산업이 활성화된다.

② 3차원 국토공간정보구축 작업규정

　　㉠ 용어의 정의

　　　• 3차원 국토공간정보 : 지형지물의 위치·기하정보를 3차원 좌표로 나타내고 속성정보, 가시화정보 및 각종 부가정보 등을 추가한 디지털 형태의 정보

　　　• 위치·기하정보 : 지형지물의 형태를 세밀도에 따라 구축하는 정보

　　　• 속성정보 : 3차원 국토공간정보에 표현되는 각종 지형지물의 특성

　　　• 가시화 정보 : 3차원 국토공간정보의 현실감을 표현하기 위하여 세밀도에 따라 구축되는 텍스처

　　　• 세밀도(LOD : Level Of Detail) : 3차원 국토공간정보의 위치·기하정보와 텍스처에 대한 표현 한계

　　　• 기초자료 : 3차원 국토공간정보를 구축하기 위하여 취득된 2·3차원 위치·기하정보, 속성정보 및 가시화 정보

　　㉡ 3차원 국토공간정보 표준 데이터셋

　　　• 3차원 교통데이터 : 도로, 철도, 교량, 터널 및 도로교통 시설물

　　　• 3차원 건물데이터 : 주거 및 비주거용 건물

　　　• 3차원 수자원데이터 : 댐, 보, 호안, 제방 및 하천면

　　　• 3차원 지형데이터 : 인공구조물 및 자연지물이 제외된 3차원 지표면데이터

　　㉢ 3차원 국토공간정보의 데이터 형식

　　　• 3DF-GML으로 제작하는 것을 원칙으로 하며, City-GML 형식과 상호교환이 가능하도록 한다.

　　　• 발주처의 데이터 활용계획에 따라 Shape, 3DS 및 JPEG 형식 등으로 제작할 수 있다.

　　㉣ 3차원 국토공간정보 제작을 위한 작업 순서

　　　• 작업계획 및 점검

　　　• 기초자료 취득 및 편집

　　　• 3차원 국토공간정보 제작

　　　• 가시화 정보 제작

　　　• 품질관리

　　　• 정리 점검 및 성과품

　　㉤ 3차원 국토공간정보 구축을 위한 자료 취득방법

　　　• 기본지리정보와 수치지도 2.0을 이용한 2차원 공간정보 취득

　　　• 항공레이저 측량을 이용한 3차원 공간정보 취득

　　　• 항공사진을 이용한 3차원 공간정보 및 정사 영상 취득

　　　• 이동형 측량시스템을 이용한 3차원 공간정보 및 가시화 정보 취득

　　　• 디지털카메라를 이용한 가시화 정보 취득

　　　• 건축물관리대장, 한국토지정보시스템, 토지종합정보망, 새 주소 데이터 등을 이용한 3차원 공간정보의 속성정보 취득

　　　• 속성정보 취득 및 현지 보완 측량을 위한 현지조사

　　　• 기존에 제작된 수치표고모델, 정사 영상 및 영상정보를 이용한 자료의 취득

　　　• 그 밖에 국토지리정보원장이 필요하다고 인정하는 방법

ⓑ 3차원 국토공간정보 제작방법
- 2차원 공간정보에 높이정보(항공레이저 측량, 항공 측량용 카메라, 이동형 측량시스템 또는 현지조사로부터 취득)를 입력하여 3차원 면형(블록)으로 제작한다.
- 세밀도에 따라 3차원 면형(블록)을 3차원 심벌 또는 3차원 실사모델로 변환한다.
- 세밀도에 따라 가시화 정보를 제작한다.
- 속성정보를 입력한다(기초자료 간의 시기 불일치에 따른 차이가 발생하는 경우, 1 : 1,000 수치지도 2.0을 기준으로 한다).

ⓐ 품질검사를 위한 품질요소 : 품질관리는 성과물이 3차원 국토공간정보구축 기준에 적합하게 제작될 수 있도록 작업기관이 공종별로 관리 및 통제하고, 품질을 검사하는 것이다.
- 완전성
- 논리 일관성
- 위치 정확성
- 주제 정확성

핵심예제

2-1. 3차원 국토공간정보 표준 데이터셋이 아닌 것은?

① 3차원 교통데이터
② 3차원 건물데이터
③ 3차원 수자원데이터
④ 3차원 항공데이터

2-2. 우리나라 3차원 국토공간정보의 원칙으로 사용하는 데이터 형식은?

① 3DF-GML
② DXF
③ DWG
④ PDF

2-3. 3차원 국토공간정보 제작을 위한 작업을 순서대로 나열한 것은?

ⓐ 기초자료 취득 및 편집
ⓑ 작업계획 및 점검
ⓒ 가시화 정보 제작
ⓓ 3차원 국토공간정보 제작
ⓔ 정리점검 및 성과품
ⓕ 품질관리

① ⓐ→ⓑ→ⓒ→ⓓ→ⓔ→ⓕ
② ⓐ→ⓒ→ⓑ→ⓕ→ⓔ→ⓓ
③ ⓑ→ⓐ→ⓓ→ⓒ→ⓕ→ⓔ
④ ⓑ→ⓓ→ⓒ→ⓐ→ⓔ→ⓕ

|해설|

2-1
3차원 국토공간정보 표준 데이터셋
- 3차원 교통데이터 : 도로, 철도, 교량, 터널 및 도로교통 시설물
- 3차원 건물데이터 : 주거 및 비주거용 건물
- 3차원 수자원데이터 : 댐, 보, 호안, 제방 및 하천면
- 3차원 지형데이터 : 인공구조물 및 자연지물이 제외된 3차원 지표면데이터

정답 2-1 ④ 2-2 ① 2-3 ③

① 수치모델의 생성

지형을 수치적 또는 수학적으로 표현하는 것으로, 연속적으로 변화하는 지형의 기복과 지표면의 변화를 효율적으로 표현한다.

② 수치모델의 종류

ⓖ 수치표고모델(DEM ; Digital Elevation Model) : 지표면 자체에 나타난 연속적인 기복 변화를 수치적으로 표현하여 모델링한 것이다. 실세계 지형정보 중 건물, 수목, 인공구조물 등을 제외한 지형(bare earth) 부분을 표현하는 수치 모형으로, 강이나 호수의 DEM 높이값은 수표면을 나타낸다.

ⓛ 수치지형모델(DTM ; Digital Terrain Model) : DEM과 유사하지만, 지형을 좀 더 정확하게 묘사하기 위해 불규칙적으로 간격을 갖는 불연속선(breakline)이 존재한다는 점이 다르다. 최종적인 결과는 특정 지형을 명확히 묘사하는 것이며, 등고선은 지형의 실제 형태에 가깝도록 DTM으로부터 생성한다.

ⓒ 수치표면모델(DSM ; Digital Surface Model) : 지형뿐만 아니라 나무, 건물, 인공구조물 등의 높이까지 모든 공간상의 표면 형태를 수치적으로 표현한 3차원 모델이다. 원거리통신관리, 산림관리, 3D 시뮬레이션 등에 이용된다.

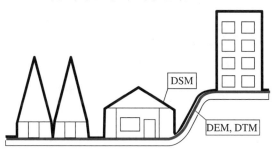

③ 수치표고모델

ⓖ 표본지점이 규칙적인 간격으로 추출된 격자 형태의 데이터 모델이다.

ⓛ DEM은 데이터의 구조가 그리드를 기반으로 하기 때문에 데이터를 처리하고 다양한 분석을 수행하는 것이 용이하다.

ⓒ DEM의 단점

• 규칙적인 간격의 표본지점 배열로 복잡한 지형을 표현하는 데에는 부적합하다.

• 표면을 표현하는 데 있어서 동일한 밀도와 동일한 크기의 격자를 사용하기 때문에 복잡한 지형의 특성을 반영하기에는 한계가 있다.

• 단순한 지형을 표현하는 데에도 많은 데이터 용량을 갖는다는 한계가 있다.

④ 수지표고모델 제작방법

ⓖ 자료 수집 단계 : 지표면의 지형지물을 3차원 위치좌표로 관측하는 과정이다.

• 표고값 측정방법

– 지상 측량 : GPS, 토털 스테이션, 레벨 등을 사용하여 획득한다.

– 항공사진 : 입체시를 통해 획득한다.

– 수치지형도 : 수치지형도에서 추출한다.

– 위성 영상 : 스테레오 영상을 이용하여 획득한다.

– 항공 LiDAR : 레이저 펄스가 되돌아오는 시간 측정하여 결정한다.

– interferometry SAR : 2개의 수신기로 동시에 레이더 자료를 수집하여 결정한다.

ⓛ 자료처리 단계 : 수집된 위치자료로부터 보간에 의해 표고값을 결정하는 과정이다.

• 단순거리를 이용한 보간법 : 최단거리 보간법, 역거리가중값 보간법, biocubic 보간법

• 크리깅 보간법

• TIN 보간법

⑤ 수치표고모델 구축방법별 특성

구분		소요장비	경제성	정확성
지상 측량		토털 스테이션, GPS	매우 낮음 (시간, 경비 과다)	매우 높음
종이지도		디지타이저	중간 (수동, 시간 과다)	낮음 (지도에 좌우)
		스캐너 GEOVEC	중간 (자동, 데이터 변환)	낮음 (지도에 좌우)
수치지도		지도 제작 S/W	매우 높음	중간 (지도에 좌우)
사진 측량	기존 사진	해석도화기	낮음	높음
	신규 촬영	수치도화기	낮음 (촬영비 추가)	높음
원격탐사 (위성 영상)		영상처리기	높음	낮음 (개선 중)
레이저 측량		레이저 고도계	높음	매우 높음

⑥ 수치표고모델 제작기준

㉠ 수치표고모형의 구축 및 관리 등에 관한 규정에 따라 수치표고모델을 사용하는 것을 원칙으로 한다.

㉡ 수치표고모델의 규격 및 정확도

격자 규격	RMSE	최대오차
1m×1m	±0.5m	±0.75m
5m×5m	±1.0m	±2.0m

핵심예제

3-1. 수치모델 중 지형뿐만 아니라 나무, 건물, 인공구조물 등의 높이까지 모든 공간상의 표면 형태를 반영하는 것은?

① DTM
② DEM
③ DSM
④ TIN

3-2. 수치표고모형의 구축 및 관리 등에 대한 개정에 따른 최대오차가 ±0.75m인 격자 규격은?

① 1m×1m
② 2m×2m
③ 2.5m×2.5m
④ 5m×5m

|해설|

3-1
수치모델의 종류

• DEM(수치표고모델) : 지표면 자체에 나타난 연속적인 기복 변화를 수치적으로 표현하여 모델링한 것이다. 실세계 지형정보 중 건물, 수목, 인공구조물 등을 제외한 지형 부분을 표현하는 수치 모형으로, 강이나 호수의 DEM 높이값은 수표면을 나타낸다.

• DTM(수치지형모델) : DEM과 유사하지만, 지형을 좀 더 정확하게 묘사하기 위해 불규칙적으로 간격을 갖는 불연속선이 존재한다는 점이 다르다. 최종적인 결과는 특정 지형을 명확히 묘사하는 것이며, 등고선은 지형의 실제 형태에 가깝도록 DTM으로부터 생성한다.

• DSM(수치표면모델) : 지형뿐만 아니라 나무, 건물, 인공구조물 등의 높이까지 모든 공간상의 표면 형태를 수치적으로 표현한 3차원 모델이다. 원거리통신관리, 산림관리, 3D 시뮬레이션 등에 이용된다.

3-2
수치표고모델 규격 및 정확도

격자 규격	RMSE	최대오차
1m×1m	±0.5m	±0.75m
5m×5m	±1.0m	±2.0m

정답 3-1 ③ 3-2 ①

① 불규칙 삼각망(TIN ; Triangulated Irregular Network)
  ㉠ 정의 : 불규칙적으로 존재하는 일련의 삼각형을 생성하여 배열한 것이다. 표면은 표본 추출된 표고점들을 선택적으로 연결시켜 형성된 겹치지 않는 부정형 삼각형으로 이루어진 모자이크식으로 표현한다.
  ㉡ 특징
    • 지형의 특성을 고려하여 불규칙적으로 표본지점을 추출하였기 때문에 경사가 급한 곳은 조밀하게 삼각형으로 둘러싸여 나타난다.
    • DEM과 다르게 추출된 표본점들은 x, y, z값을 가지고 있고, 벡터데이터 모델이기 때문에 위상구조를 가지고 있다.
    • 표본지점의 위치와 표본지점의 수를 선택할 수 있어 기복이 심한 지형이나 절단면들을 표현하는 데 적합하다.
  ㉢ 장단점
    • 장점
      – 래스터 방식과 비교해 정확하고 효과적인 방식의 지표면 표현이 가능하다.
      – 위상관계를 갖고 있기 때문에 각 면의 경사도나 경사의 방향을 쉽게 구할 수 있다.
      – 적은 자료량을 사용해 복잡한 지형을 상세하게 표현한다.
      – 압축기법의 사용으로 용량 감소가 가능하다.
    • 단점
      – 래스터 방식에 비해 많은 자료처리가 필요하다.
      – TIN 생성에 따라 오차가 발생할 수 있다.
      – 표면이 매끄럽지 못할 수 있다.
      – 생성된 삼각형 부근에서 만들어지는 불필요한 객체를 제거하기 위한 수작업이 필요할 수 있다.

② TIN의 구성
  ㉠ 구성요소
    • 페이스(face), 노드(node), 에지(edge)
    • 각 삼각형 꼭짓점의 x, y, z 좌표정보
    • 위상정보
  ㉡ 속성 테이블
    • 아크 속성 테이블 : 모든 변은 연결성과 방향성을 알려주는 노드에 대한 정보를 갖고 있다.
    • 노드 속성 테이블 : 삼각형을 이루는 노드의 좌표값과 표고값 등의 위치에 관한 정보를 갖고 있다.
    • 폴리곤 속성 테이블 : 각 삼각형을 구축하고 있는 변들과 인접한 삼각형에 대한 정보를 갖고 있다.

③ TIN 구축 알고리즘 – 들로네 삼각분할(delaunay triangulation)
  ㉠ 최근접으로 이웃한 포인트로 이루어진 삼각형들로 형성된 면을 생성한다.
  ㉡ 샘플 포인트들을 감싸는 외접원(circumcircle)을 생성하고, 외접원들의 교차점을 중첩하지 않는 망으로 연결해서 삼각형들을 생성한다.
  ㉢ 들로네 삼각법은 티센 다각형 또는 보로노이 폴리곤*이라는 최근린 지역의 개념을 토대로 한다.
    *보로노이 폴리곤 : 임의의 표본지점으로부터 가장 가까운 선을 연결하고, 그 선을 수직 이등분해서 만든 다각형

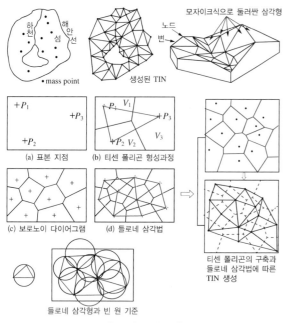

*mass point
모자이크식으로 둘러싼 삼각형
노드
변
생성된 TIN

(a) 표본 지점
(b) 티센 폴리곤 형성과정
(c) 보로노이 다이어그램
(d) 들로네 삼각법
티센 폴리곤의 구축과 들로네 삼각법에 따른 TIN 생성
들로네 삼각형과 빈 원 기준

[TIN의 구성방식]

④ 수치지형데이터를 이용한 지형분석

㉠ 개념

- 지형분석기능 : 래스터자료에서 인접한 셀과의 관계를 중심으로 분석하는 대표적 사례이다.
- 지형분석에서 많이 활용되는 경사도, 향, 음영기복도, 가시권 분석 등은 각 셀의 높이값과 인접한 셀의 높이값을 기반으로 하는 래스터 분석방법이다.

㉡ 특징

- 경사도 분석의 경우 인접한 셀까지 변하는 값에 대한 최대 비율을 계산하며, 계산된 값 중 최곳값을 다시 원래의 셀에 입력하는 구조이다.
- 셀을 이동하면서 새로운 값을 입력하는 무빙 윈도(moving window)를 활용한다.
- 경사면의 향, 음영기복도와 일조분석의 경우에도 무빙 윈도의 방식으로 해당 분석 알고리즘이나 연산식에 의해 각 셀에 해당하는 값을 입력한다.

㉢ 지형기반분석의 종류

- 경사도/향 분석(slope/aspect)
- 등고선 생성(automated contours)
- 단면분석(cross section)
- 3차원 분석(3D view)
- 가시권분석(viewshed analysis)
- 일조분석(solar radiation analysis)

인근 셀들을 이용하여 결괏값 입력

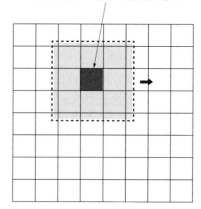

[무빙 윈도 방식에 의한 셀값 입력]

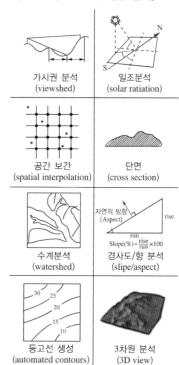

가시권 분석 (viewshed)
일조분석 (solar ratiation)
공간 보간 (spatial interpolation)
단면 (cross section)
수계분석 (watershed)

자연의 방향 (Aspect)
rise
run
$Slope(\%)=\frac{rise}{run}\times100$
경사도/향 분석 (slipe/aspect)

등고선 생성 (automated contours)
3차원 분석 (3D view)

[지형기반분석의 종류와 예시]

4-1. 불규칙하게 분포된 위치에서 표고를 추출하고, 위치를 삼각형의 형태로 연결하여 전체 지형을 불규칙한 삼각형의 망으로 표현하는 방식은?

① DEM

② TIN

③ DSM

④ DTM

4-2. 불규칙삼각망(TIN)의 속성 테이블이 아닌 것은?

① 아크 속성 테이블

② 노드 속성 테이블

③ 라인 속성 테이블

④ 폴리곤 속성 테이블

|해설|

4-1

① DEM : 지표면 자체에 나타난 연속적인 기복 변화를 수치적으로 표현하여 모델링한 것이다. 실세계 지형정보 중 건물, 수목, 인공구조물 등을 제외한 지형 부분을 표현하는 수치 모형으로, 강이나 호수의 DEM 높이값은 수표면을 나타낸다.

③ DSM : 지형뿐만 아니라 나무, 건물, 인공구조물 등의 높이까지 모든 공간상의 표면 형태를 수치적으로 표현한 3차원 모델로 원거리통신관리, 산림관리, 3D 시뮬레이션 등에 이용된다.

④ DTM : DEM과 유사하지만, 지형을 좀 더 정확하게 묘사하기 위해 불규칙적으로 간격을 갖는 불연속선이 존재한다는 점이 다르다. 최종적인 결과는 특정 지형을 명확히 묘사하는 것이며, 등고선은 지형의 실제 형태에 가깝도록 DTM으로부터 생성한다.

4-2

TIN 속성 테이블

• 아크 속성 테이블 : 모든 변은 연결성과 방향성을 알려주는 노드에 대한 정보를 갖고 있다.

• 노드 속성 테이블 : 삼각형을 이루는 노드의 좌표값과 표고값 등의 위치에 관한 정보를 갖고 있다.

• 폴리곤 속성 테이블 : 각 삼각형을 구축하고 있는 변들과 인접한 삼각형에 대한 정보를 갖고 있다.

정답 4-1 ② **4-2** ③

---

① 가시화 정보 편집(3차원 국토공간정보구축 작업규정 제19조)

ㄱ 실사 영상으로 취득된 가시화 정보는 자료의 특성(그림자 등)을 고려하여 색상을 조정하여야 한다.

ㄴ 실사 영상에서 지물을 가리는 수목, 전선 등은 주변 영상을 이용하여 편집하여야 한다.

ㄷ 실사 영상에서 폐색 지역이나 영상이 선명하지 않은 지역은 지상에서 촬영한 영상을 이용하여 편집하여야 한다. 다만, 편집이 어려운 경우, 가상 영상으로 대체할 수 있다.

ㄹ 3차원 지형데이터의 가시화 정보는 정사 영상을 이용하여 다음과 같이 편집하여야 한다.

• 교량, 고가도로, 입체 교차부 등 공중에 떠 있는 지물은 삭제한다.

• 교량, 고가도로, 입체교차부 등으로 가려진 부분은 주변 영상을 이용하여 편집하여야 한다.

② 가시화 정보 제작방법(3차원 국토공간정보구축 작업규정 제20조)

ㄱ 3차원 교통데이터, 3차원 건물데이터 및 3차원 수자원데이터는 세밀도에 따라 단색, 색깔, 가상 영상 또는 실사 영상으로 가시화 정보를 제작하여야 한다.

ㄴ 단색 또는 색깔 텍스처는 3차원 면형(블록)을 단색 또는 색깔로 제작하여야 한다.

ㄷ 가상 영상 텍스처는 지물의 용도 및 특징을 나타낼 수 있도록 실제 모습과 유사하게 제작하여야 한다.

ㄹ 실사 영상 텍스처는 3차원 국토공간정보구축 작업규정 제19조에 의해 편집된 실사 영상을 이용하여 제작하여야 한다.

ㅁ 가상 영상 및 실사 영상 텍스처는 3차원 모델의 크기에 맞게 제작하여야 한다.

ⓗ 3차원 국토공간정보구축 작업규정 별표 5 3차원 건물데이터 세밀도 및 가시화 정보 제작기준과 달리 실사 영상으로 가시화하여야 하는 대상은 다음과 같다.
  • 10층 이상 고층 공동주택, 시·군·구청 및 우체국 등 공공기관
  • 3차 의료기관, 경기장, 전시장 및 대형 쇼핑센터
  • 4차선(편도, 왕복 8차선) 이상의 도로가 교차하는 교차로에서 반경 50m 이내에 존재하는 10층 이상의 건물

③ 가시화 정보 지상표본거리(3차원 국토공간정보구축 작업규정 제21조)
  가상 영상 및 실사 영상의 지상표본거리는 12cm 이내로 한다.

④ 3차원 건물데이터 세밀도 및 가시화 정보 제작기준(3차원 국토공간정보구축 작업규정 별표 5)

대분류	3차원 건물데이터	
중분류	주거용 및 주거 외 건물	
세분류	일반주택 / 공동주택 / 공공기관 / 산업시설 / 문화교육시설 / 의료복지시설 / 서비스 시설 / 기타 시설	
세밀도	제작기준	제작 예
level 1	• 블록 형태 • 지붕면은 단색 텍스처 • 수직적 돌출부 및 함몰부 미제작 • 단색, 색깔 또는 가상 영상 텍스처	
level 2	• 블록 또는 연합 블록 형태 • 지붕면은 색깔 또는 정사 영상 텍스처 • 수직적 돌출부 및 함몰부 미제작 • 가상 영상 또는 실사 영상 텍스처	
level 3	• 연합블록 형태 • 지붕구조(경사면) 제작 • 수직적 돌출부 및 함몰부까지 제작 • 가상 영상 또는 실사 영상 텍스처	
level 4	• 3차원 실사모델 • 지붕구조(경사면) 제작 • 수직적·수평적 돌출부 및 함몰부까지 제작 • 실사 영상 텍스처	

핵심예제

5-1. 3차원 건물데이터 가시화 정보 제작기준 level 1에 관한 설명으로 옳지 않은 것은?
① 3차원 실사모델
② 지붕면은 단색 텍스처
③ 수직적 돌출부 및 함몰부 미제작
④ 단색, 색깔 또는 가상 영상 텍스처

5-2. 3차원 국토공간정보구축 작업규정에 명시한 가상 영상 및 실사 영상의 지상표본거리 얼마 이내여야 하는가?
① 12cm   ② 15cm
③ 17cm   ④ 20cm

|해설|

5-1
3차원 건물데이터 가시화 정보 제작기준 level 1에서는 블록 형태로 나타낸다.

정답 5-1 ① 5-2 ①

① 등고선
  ㉠ 평균 해수면으로부터 같은 고도를 갖고 있는 여러 점을 이은 선으로 등치선도에 해당된다.
  ㉡ 지도에서 해발고도가 같은 지점을 연결하여 각 지점의 높이와 지형의 기복을 나타내는 곡선이다.

② 등고선의 성질
  ㉠ 같은 등고선 위의 모든 점은 높이가 동일하다.
  ㉡ 한 등고선은 반드시 도면 안이나 밖에서 폐합되며(폐곡선), 도중에 없어지지 않는다.
  ㉢ 높이가 다른 두 등고선은 동굴이나 절벽의 지형이 아닌 곳에서는 교차하지 않는다.
  ㉣ 등고선의 간격은 조밀하면 급경사, 간격이 넓으면 완경사 지형을 의미한다.
  ㉤ 등고선 간 최단거리 방향은 그 지표면의 최대 경사 방향을 가리키며 등고선의 수직 방향이다.

③ 등고선의 종류

| 구분 | 내용 | 축척에 따른 간격 | | | 표시 |
		1 : 5,000	1 : 25,000	1 : 50,000	
계곡선	지형의 상태와 높이를 계산하기 위하여 주곡선 5개마다 굵은 실선으로 표시한다.	10m	50m	100m	굵은 실선
주곡선	등고선 중 가장 기본이 되는 곡선이다.	2m	10m	20m	가는 실선
간곡선	주곡선 사이에 간격이 넓은 완경사 지의 굴곡을 표현할 때 사용한다.	1m	5m	10m	가는 긴 파선
조곡선	간곡선 사이의 굴곡을 알 수 있도록 도와주는 역할을 한다.	0.5m	2.5m	5m	가는 파선

④ 등고선의 제작
  ㉠ 현황 측량 : 토털 스테이션, GNSS 등을 이용하여 지도를 제작할 지역을 직접 측량하여 등고선을 제작한다.
  ㉡ 사진 측량 : 디지털카메라를 적용한 항공사진을 이용하거나 지형도 제작 시 항공사진 측량기술을 이용하여 등고선을 제작한다.
  ㉢ 위성 영상(원격탐사) : 인공위성 영상을 활용하여 수치지도 제작 시 등고선을 제작한다.
  ㉣ 기타 : 디지타이저, 스캐너 등을 이용하여 제작하거나 기존 수치지형도로부터 TIN과 DEM 변환을 거쳐 등고선을 생성한다.

핵심예제

6-1. 등고선의 성질에 관한 설명으로 옳지 않은 것은?
① 같은 등고선 위 모든 점의 높이는 같다.
② 등고선은 시작점과 끝이 동일한 폐곡선이다.
③ 등고선은 절벽이나 동굴을 제외하고는 겹치지 않는다.
④ 지형의 경사가 완만한 곳은 간격이 좁고, 경사가 급한 곳은 간격이 넓다.

6-2. 우리나라 축척 1 : 5,000에서 주곡선의 간격은?
① 1m
② 2m
③ 10m
④ 20m

|해설|
6-1
등고선의 간격은 조밀하면 급경사, 간격이 넓으면 완경사 지형을 의미한다.

정답 6-1 ④ 6-2 ②

공간정보 프로그래밍

제1절 | 공간정보 분석 기초 프로그래밍

1-1. 프로그래밍 개요

핵심이론 **01** 프로그래밍 개요

① 프로그래밍(programming)

㉠ 프로그래밍 언어를 통해서 정보처리를 하기 위한 프로그램을 만드는 것이다.

㉡ 수식이나 작업을 컴퓨터에 알맞도록 정리해서 순서를 정하고 컴퓨터 특유의 명령코드로 고쳐 쓰는 작업을 총칭한다.

㉢ 컴퓨터의 명령코드를 쓰는 작업을 코딩(coding)이라고 한다.

㉣ 프로그램 만드는 작업의 일부를 컴퓨터 자체에 부담시켜 작업 능률을 향상시키는 방식이다.

② 프로그래밍 언어의 분류

㉠ 기계어(machine language) : 컴퓨터의 CPU가 명령을 처리할 때 사용하는 언어로, 0과 1의 이진화된 숫자(2진법)로 구성되어 있다.

㉡ 어셈블리어(assembly language)

• add, sub, mul 등 인간이 직관적으로 이해할 수 있는 문자와 기호를 이용한 프로그래밍 언어로, 명령이 기계어와 1:1로 대응한다.

• 기계어에서 숫자를 의미 있는 단어로 바꿔서 사람들이 이해하기 쉽게 만든 언어이다.

• CPU가 어셈블리어를 바로 이해하지 못하기 때문에 어셈블리어를 기계어로 번역하는 과정이 필요한데 이 과정을 어셈블러가 담당한다.

㉢ 고급언어(high-level language)

• 사람들이 이해하기 편하게 만든 프로그래밍 언어이다.

• 개발자 친화적이고 하드웨어를 직접 조작하기보다는 소프트웨어를 설계하고 개발하는 목적으로 만든 언어이다.

• C, C++, C#, Java, Python 등이 속한다.

• C언어로 작성된 명령어를 기계어로 변경할 때는 컴파일러(compiler) 또는 인터프리터(interpreter)라는 프로그램이 번역을 수행한다.

③ 프로그래밍 실행방법

㉠ 컴파일 기법

• 원시프로그램, 고급언어로 작성된 언어를 처리하여 컴퓨터가 사용할 수 있는 기계어로 해석하는 작업방식이다.

• 번역속도는 느리지만, 실행속도는 빠르다.

• 구동 시에 코드와 함께 시스템으로부터 메모리를 할당받으며, 할당받은 메모리를 사용하게 되어 메모리 효율이 낮다.

• 특정 시스템에서 번역된 실행파일은 다른 시스템에서는 실행되지 않는다.

• 대표적인 예로 어셈블리어, C, C++, 파스칼, 포트란 등이 있다.

소스코드 ⇨ 컴파일러(compiler) ⇨ 실행파일 ⇨ 실행

㉡ 인터프리트 기법

• 컴파일 방식과 다르게 프로그램을 한 줄씩 번역하면서 실행하는 작업방식이다.

• 번역속도는 빠르지만, 실행속도는 느리다.

- 대표적인 예로는 베이식, 자바스크립트, HTML, ASP, PHP, Perl 등이 있다.
- 인터프리트 기반언어는 컴파일에 비해 매우 적은 수로 배우기 쉽고, 이식성이 뛰어나다.

ⓒ 하이브리드 기법

- 하이브리드 방식은 컴파일 방식과 인터프리트 방식의 장점을 합친 언어이다.
- 사용자에 의해 작성된 프로그램이 컴파일러에 의해 중간코드[*]로 변환되고, 이는 다양한 형태의 서로 다른 시스템에서 인터프리터에 의해 직접 실행된다.

  [*]중간코드 : 컴퓨터에서 직접 실행될 수 없는 코드로서 컴퓨터 하드웨어에 독립적인 코드이다.

- 인터프리트 방식의 단점인 소스프로그램의 공개와 컴파일 방식의 단점인 특정 컴퓨터에 종속적이라는 단점을 해결한다.
- 한 번 작성된 프로그램은 어떤 컴퓨터 시스템에서든지 즉시 실행 가능하다.
- 대표적인 예로 Java, C#이 있다.

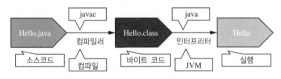

핵심예제

1-1. 프로그래밍 고급언어(high-level language)에 대한 설명으로 옳지 않은 것은?

① 0과 1의 이진화된 숫자(2진법)로 구성되어 있다.
② 소프트웨어를 설계하고 개발하는 목적으로 만든 언어이다.
③ 사람들이 이해하기 편하도록 만들어진 프로그래밍 언어이다.
④ C, C++, C#, Java, Python 등이 속한다.

1-2. 다음 중 프로그래밍 실행방법이 아닌 것은?

① 컴파일 기법
② 스크립트 기법
③ 인터프리트 기법
④ 하이브리드 기법

|해설|

1-1
컴퓨터의 CPU가 명령을 처리할 때 사용하는 언어로, 0과 1의 이진화된 숫자(2진법)로 구성된 것은 기계언어이다.

1-2
프로그래밍 실행방법
- 컴파일 기법
- 인터프리트 기법
- 하이브리드 기법

정답 1-1 ① 1-2 ②

① 프로그래밍 언어의 개요

프로그래밍 언어는 컴퓨터를 이용해 특정 문제를 해결하기 위한 프로그램을 작성하기 위해 사용하는 언어이다.

② 프로그래밍 언어의 구분

㉠ 레벨에 따른 구분

구분	프로그래밍 언어	번역기	특징
저레벨 언어	기계어, 어셈블리어	어셈블러	• 기계가 이해하기 쉽게 작성된 언어이다. • 실행속도가 빠르다. • 배우기 어렵다. • 기계마다 기계어가 상이하여 호환성이 없다. • 유지·관리가 어렵다.
고레벨 언어	C, C++, Java, Fortran 등	컴파일러, 인터프리터	• 사람이 이해하기 쉽게 작성된 언어이다. • 실행속도가 느리다. • 저레벨 언어에 비해 배우기 쉽다. • 번역과정이 필요하다.

㉡ 번역방법에 따른 구분

구분	프로그래밍 언어	번역기	특징
컴파일 기법	C, C++, Fortran 등	컴파일러	• 전체 파일을 스캔하여 한 번에 번역한다. • 초기 컴파일된 실행파일을 처리하므로 실행속도가 빠르다. • 메모리 효율이 낮다.
인터프리트 기법	JavaScript, Python, Basic 등	인터프리터	• 프로그램 명령문(한 줄) 단위로 번역·실행한다. • 실행할 때마다 번역과 실행을 처리하므로 실행속도가 느리다. • 메모리 효율이 높다.
하이브리드 기법	Java, C#	컴파일러/ 인터프리터	• 실행 플랫폼에 독립적인 개발이 가능하다.

㉢ 설계방식에 따른 구분

구분	프로그래밍 언어	특징	장단점
절차적 프로그래밍 언어	C, Fortran 등	문제해결을 위한 과정에서 함수를 활용하여 순차적으로 설계한다.	• 프로그램 작성이 용이하다. • 실행속도가 빠르다. • 유지·보수가 어렵다. • 디버깅이 어렵다.
객체지향 프로그래밍 언어	C++, Java, Python 등	데이터와 기능을 하나의 덩어리로 구성하여 설계한다.	• 코드 재활용성이 높다. • 처리속도가 느리다. • 설계하는 데 오랜 시간이 소요된다. • 디버깅이 쉽다.

③ 절차적 프로그래밍 언어

㉠ 개요

- 일련의 처리 절차를 정해진 문법에 따라 순서대로 기술해 가는 언어이다.
- 프로그램이 실행되는 절차를 중요시한다.
- 데이터를 중심으로 프로시저*를 구현하며, 프로그램 전체가 유기적으로 연결되어 있다.

  *프로시저 : 일련의 쿼리를 마치 하나의 함수처럼 실행하기 위한 쿼리의 집합

- 자연어에 가까운 단어와 문장으로 구성된다.
- 주로 과학 계산이나 하드웨어 제어에 사용된다.

㉡ 장단점

장점	단점
• 컴퓨터의 처리구조와 유사하여 실행속도가 빠르다. • 같은 코드를 복사하지 않고 다른 위치에서 호출하여 사용할 수 있다. • 모듈 구성이 용이하며, 구조적인 프로그래밍이 가능하다.	• 프로그램을 분석하기 어렵다. • 유지·보수나 코드의 수정이 어렵다.

ⓒ 종류

언어	특징
C	• 컴파일 방식의 언어이다. • 자료의 주소를 조작할 수 있는 포인터를 제공한다. • 이식성이 좋아 컴퓨터의 기종과 관계없이 프로그램을 작성할 수 있다. • 고급 프로그래밍 언어이면서 저급 프로그래밍 언어의 특징도 있다. • 시스템 소프트웨어를 개발하기 편리하여 시스템 프로그래밍 언어로 널리 사용된다.
ALGOL	• 수치 계산이나 논리연산을 위한 과학 기술 계산용 언어이다. • PASCAL과 C언어의 모체가 되었다.
COBOL	• 사무처리용 언어이다. • 영어 문장 형식으로 구성되어 있어 이해와 사용이 쉽다.
Fortran	• 과학 기술용 계산언어이다. • 수학과 공학 분야의 공식이나 수식과 같은 형태로 프로그래밍할 수 있다.

④ 객체지향 프로그래밍 언어

㉠ 개요

- 현실세계의 개체를 하나의 객체로 만들어 소프트웨어를 개발할 때 객체들을 조립해서 프로그램을 작성할 수 있도록 한 프로그래밍 기법이다.
- 프로시저보다는 명령과 데이터로 구성된 객체를 중심으로 하는 프로그래밍 기법으로, 한 프로그램을 다른 프로그램에서 이용할 수 있도록 한다.

㉡ 장단점

장점	단점
• 코드의 재활용성이 높다. • 대형 프로그램의 작성이 용이하다. • 소프트웨어 개발 및 유지·보수가 용이하다. • 사용자와 개발자 사이의 이해를 쉽게 해 준다. • 상속을 통한 재사용과 시스템의 확장이 용이하다. • 자연적인 모델링에 의해 분석과 설계를 쉽고 효율적으로 할 수 있다.	• 구현 시 처리시간이 지연된다. • 프로그래밍 구현을 지원해 주는 정형화된 분석 및 설계방법이 없다.

ⓒ 종류

언어	특징
Java	• 캡슐화가 가능하고 재사용성이 높다. • 분산 네트워크 환경에 적용 가능하다. • 운영체제 및 하드웨어에 독립적이며 이식성이 강하다. • 멀티 스프레드 기능을 제공하므로 여러 작업을 동시에 처리할 수 있다.
C++	• C언어에 객체지향 개념을 적용한 언어이다. • 모든 문제를 객체로 모델링하여 표현한다.
Smalltalk	• 1세대 객체지향 프로그래밍 언어 중의 하나로 순수한 객체지향 프로그래밍 언어이다. • 최초로 GUI*를 제공한 언어이다. *GUI(Graphical User Interface) : 아이콘이나 메뉴를 마우스로 선택하여 작업을 수행하는 그래픽 환경의 인터페이스이다.

㉣ 구성요소

구분	내용
객체 (object)	• 데이터 구조와 그 위에서 수행되는 연산을 가지고 있는 소프트웨어 모듈이다. • 데이터(속성*)와 이를 처리하기 위한 연산(메서드**)을 결합시킨 실체이다. *속성(attribute) : 한 클래스 내에 속한 객체들이 가지고 있는 데이터를 단위별로 정의하는 것으로서 성질, 분류, 식별, 수량 또는 현재 상태 등을 표현한다. **메서드(method) : 객체가 메시지를 받아 실행해야 할 때 구체적인 연산을 정의하는 것으로, 객체의 상태를 참조하거나 변경하는 수단이 된다.
클래스 (class)	• 객체의 유형 또는 타입(object type)을 의미한다. • 두 개 이상의 유사한 객체들을 묶어 하나의 공통된 특성을 표현하는 요소로, 공통된 특성과 행위를 갖는 객체의 집합이다.
메시지 (message)	• 메시지를 받은 객체는 대응하는 연산을 수행하여 예상된 결과를 반환한다. • 객체 간에 상호작용할 때 사용하는 수단으로, 객체의 메서드(동작, 연산)를 일으키는 외부의 요구사항이다.

ⓒ 객체지향 프로그래밍 언어의 특징

구분	내용
캡슐화 (encapsulation)	• 데이터(속성)와 데이터를 처리하는 함수를 하나로 묶는 것이다. • 캡슐화된 객체들은 재사용이 용이하다. • 캡슐화된 객체의 서브내용이 외부에 은폐(정보 은닉)되어 변경이 발생할 때 오류의 파급효과가 작다.
정보 은닉 (information hiding)	• 캡슐화에서 가장 중요한 개념으로, 다른 객체에게 자신의 정보를 숨기고 자신의 연산만을 통하여 접근을 허용하는 것이다.
추상화 (abstraction)	• 데이터의 공통된 성질을 추출하여 슈퍼 클래스를 선정하는 개념이다. • 불필요한 부분을 생략하고, 객체의 속성 중 가장 중요한 것에만 중점을 두어 개략화(모델화)하는 것이다.
상속성 (inheritance)	• 이미 정의된 상위 클래스(부모 클래스)의 모든 속성과 연산을 하위 클래스가 물려받는 것이다. • 상속성을 이용하면 하위 클래스는 상위 클래스의 모든 속성과 연산을 자신의 클래스 내에서 다시 정의하지 않아도 즉시 자신의 속성으로 사용할 수 있다.
다형성 (polymorphism)	• 메시지에 의해 객체(클래스)가 연산을 수행하게 될 때 하나의 메시지에 대해 각 객체(클래스)가 가지고 있는 고유한 방법(특성)으로 응답할 수 있는 능력이다. • 객체들은 동일한 메서드명을 사용하며 같은 의미의 응답을 한다.

ⓗ 자바언어의 주요 특징

구분	주요 특징
구조적 중립성 · 이식성	• 자바의 가장 큰 특징은 플랫폼*에 독립적이라는 것이다. *플랫폼 : 프로그램이 실행될 수 있는 환경(운영체제) • 자바가상머신이 있는 어떠한 플랫폼에서도 응용프로그램의 변경 없이 실행할 수 있다.
객체지향	• 객체지향 언어의 상속(상위 클래스의 멤버를 물려받아 재정의), 캡슐화(정보 은폐), 다형성(오버로딩, 오버라이딩) 등을 지원한다.
단순	• 자바는 언어의 구성요소를 좀 더 간단하게 하여 goto문, 헤더파일(header file), 전처리기 기능 등을 제거한다. • C/C++ 구성요소들과 유사하게 설계하여 쉽게 배울 수 있도록 설계한다.
강력	• 신뢰성이 높고 강력한 소프트웨어 개발을 위해 프로그래밍 오류의 특정 유형을 제거하고, 컴파일 시 엄격한 데이터 형식을 체크한다.

구분	주요 특징
멀티 스레드	• java.lang.thread 내장 패키지를 통해 다중 스레드 개념을 지원하여 좀 더 쉽게 스레드들을 이용해서 프로그래밍할 수 있도록 설계한다.

⑤ 스크립트 언어(script language)

ⓐ 개요

• 스크립트 언어는 HTML 문서 안에 직접 프로그래밍 언어를 삽입하여 사용한다.

• 기계어로 컴파일되지 않고 별도의 번역기가 소스를 분책하여 동작하는 언어이다.

• 게시판 출력, 상품 검색, 회원 가입 등과 같은 데이터베이스 처리작업을 수행한다.

• 서버에서 해석되어 실행된 후 결과만 클라이언트로 보내는 서버용 스크립트 언어와 클라이언트의 웹브라우저에서 해석되어 실행되는 클라이언트용 스크립트 언어가 있다.

ⓑ 장단점

장점	단점
• 개발시간이 짧다. • 배우고 코딩하기 쉽다. • 소스코드를 쉽고 빠르게 수정할 수 있다. • 컴파일 없이 바로 실행하므로 결과를 바로 확인할 수 있다.	• 런 타임 오류가 많이 발생한다. • 코드를 읽고 해석해야 하므로 실행속도가 느리다.

ⓒ 종류

구분		내용
클 라 이 언 트 용	자바스크 립트(Java Script)	• 웹페이지의 동적인 특성을 제어하기 위해 사용하는 스크립트 언어로, 클래스가 존재하지 않으며 변수 선언도 필요 없다. • 서버에서 데이터를 전송할 때 입력사항을 확인하기 위한 용도로 많이 사용한다. • HTML의 〈script〉〈/script〉 태그에서 사용한다.
	VB스크립 트(Visual Basic script)	• Visual Basic 기반의 스크립트 언어로, 마이크로소프트사에서 자바스크립트에 대응하기 위해 제작한 언어이다. • Active X를 사용하여 마이크로소프트사의 애플리케이션을 제어할 수 있다.

구분		내용
서 버 용	ASP(Active Server Page)	• 서버측에서 동적으로 수행되는 페이지를 만들기 위한 언어로 마이크로소프트사에서 제작하였다. • Windows 계열에서만 수행 가능한 프로그래밍 언어이다.
	JSP(Java Server Page)	• Java로 만들어진 서버용 스크립트로, 다양한 운영체제에서 사용할 수 있다.
	PHP(Professional Hypertext Preprocessor)	• 서버용 스크립트 언어로 Linux, Unix, Windows 운영체제에서 사용할 수 있다. • C, Java 등과 문법이 유사하고 배우기 쉬워 웹페이지 제작에 많이 사용된다.
	파이썬 (Python)	• 귀도 반 로섬(Guido Van Rossum)이 개발한 대화형 인터프리트 언어이다. • 객체지향기능을 지원하고, 플랫폼에 독립적이며 문법이 간단하여 배우기 쉽다.
	Basic	• 절차지향기능을 지원하는 대화형 인터프리트 언어로 초보자도 쉽게 사용할 수 있는 문법구조를 갖는다.

핵심예제

2-1. 객체지향 프로그래밍 언어의 특징이 아닌 것은?

① 캡슐화(encapsulation)
② 정보 은닉(information hiding)
③ 추상화(abstraction)
④ 일관성(consistency)

2-2. 스크립트 언어의 종류가 아닌 것은?

① ASP(Active Server Page)
② Basic
③ ALGOL
④ 파이썬(Python)

|해설|

2-1
객체지향 프로그래밍 언어의 특징
• 캡슐화 　　　　• 정보 은닉
• 추상화 　　　　• 상속성
• 다형성

2-2
ALGOL은 절차적 프로그래밍 언어이다.

정답 2-1 ④　2-2 ③

1-2. 스크립트 프로그래밍

핵심이론 01 개발환경 구축

① 개요

　㉠ 개발환경이란 프로그램 개발에 필요한 컴파일러, 통합개발도구(IDE), 서버 런 타임, 편집기 및 유틸리티 등을 개발 컴퓨터에 세팅하는 것이다.

　㉡ 개발환경 구축은 응용 소프트웨어 개발을 위해 개발 프로젝트를 이해하고, 소프트웨어 및 하드웨어 장비를 구축하는 것을 의미한다.

　㉢ 서버프로그램의 구현은 개발에 필요한 환경을 구축하는 것이다.

　㉢ 하드웨어와 소프트웨어의 성능, 편의성, 라이선스 등의 비즈니스 환경에 적합한 제품들을 최종적으로 결정하여 구축한다.

　㉣ 구현될 요구사항의 명확한 이해와 개발도구, 서버 선정, 도구 사용의 편의성과 성능, 라이선스 등에 관한 내용 파악이 필요하다.

② 하드웨어 환경

　㉠ 사용자와의 인터페이스 역할을 하는 클라이언트(client), 클라이언트와 통신하여 서비스를 제공하는 서버(server)로 구성된다.

　㉡ 서버환경의 종류

구분	내용
웹서버 (web server)	• HTTP를 이용한 요청/응답을 처리하기 위한 미들웨어가 설치되는 서버로, 저용량의 정적 파일들을 제공한다.
웹 애플리케이션 서버(WAS ; Web Application Server)	• 사용자의 요구에 따라 변하는 동적인 콘텐츠를 처리하기 위해 사용되는 미들웨어이다. • 주로 데이터베이스 서버와 연동해서 사용한다. • 종류 : Tomcat, GlassFish, JBoss, Jetty, Resign, JEUS 등
데이터베이스 서버 (DB server)	• 데이터의 수집·저장을 위한 용도로 데이터베이스와 이를 관리하는 DBMS를 운영하는 서버이다.
파일서버 (file server)	• 파일 저장 하드웨어로, 서비스 제공을 목적으로 유지하는 파일들을 저장하는 서버이다.

ⓒ 클라이언트 환경

구분	내용
클라이언트 서버 화면	• 설치를 통해 사용자와 커뮤니케이션하는 화면으로 Visual Basic, C#, Delphi 등으로 개발되어 사용자 PC로 배포한다.
웹 브라우저 화면	• 웹서비스의 형태로 서버에서 웹 애플리케이션 응답 시 브라우저를 통해 사용자와 커뮤니케이션한다.
스마트폰 (모바일앱)	• 모바일 디바이스에 설치되어 사용자가 활용하며, 웹앱의 경우 모바일 디바이스 내에 웹 브라우저를 통해 서비스 받기가 가능하다.

③ 소프트웨어 환경

ⓐ 개발을 위한 기본적 소프트웨어 환경을 선택 및 구성하며, 프로젝트의 성격과 요구사항에 부합한 운영체제, 언어의 선택에 적절한 미들웨어와 데이터베이스 시스템을 설치한다.

ⓑ 클라이언트 및 서버 운영을 위한 시스템 소프트웨어와 개발에 사용되는 개발 소프트웨어로 구성된다.

ⓒ 시스템 소프트웨어의 종류

종류	내용
운영체제 (OS : Operation System)	• 서버의 하드웨어를 사용자 측면에서 편리하고 유용하게 사용하기 위한 S/W로, 프로젝트 성격에 따라 알맞은 것을 선택한다. 예 Windows, Linux, UNIX(HPUS, Solaris, AIX) 등
web server	• 정적 웹서비스를 수행하는 미들웨어로서, 웹 브라우저 화면에서 요청하는 정적 파일을 제공한다. 예 Apache, Nginx, IIS(Internet Information Server), GWS(Google Web Server) 등
WAS(Web Application Server)	• 웹 애플리케이션을 수행하는 미들웨어로서, 웹서버와 JSP/Servlet 애플리케이션 수행을 위한 엔진으로 구성된다. 예 Tomcat, Undertow, JEUS, Weblogic, Websphere 등
DBMS	• 데이터의 저장, 활용을 위해 설치하고 고객사의 요청, 요구사항에 따라 제품을 선택한다. 예 Oracle, DB2, Sybase. SQL Server, MySQL, MS-SQL 등
JVM(Java Virtual Machine)	• 자바로 작성된 응용프로그램이 여러 운용체계에서 원활하게 작동되도록 하는 소프트웨어이다. • 인터프리터 환경으로 적용 버전을 개발 표준에 명시하여 모든 개발자가 동일한 버전을 적용하는 것이 좋다.

ⓓ 개발 소프트웨어의 종류

종류	내용
구현도구	• 프로그램을 개발할 때 많이 사용하는 도구로서 코드의 작성 및 편집, 디버깅 등과 같은 다양한 작업이 가능하다. • 구현에 사용되는 소프트웨어는 어떤 프로그래밍 언어로 개발되는지에 따라 선택하여 사용한다. 예 Eclipse, NetBeans, IntelliJ, Visual Studio 등
빌드도구	• 개발자가 작성한 코드에 대한 빌드 및 배포, 프로젝트에 사용되는 다양한 구성요소들과 라이브러리 관리를 지원하는 도구이다. 예 Ant, Maven, Gradle 등
테스트 도구	• 개발과정 중 요구사항에 적합하게 구현되었는지를 테스트하는 데 사용되는 소프트웨어 도구로, 코드의 테스트, 테스트에 대한 리포팅 및 분석 등의 작업이 가능하다. 예 JUnit, CppUnit, JMeter, SpringTest 등
형상관리 도구	• 소프트웨어 구현이 진행되는 동안 소스코드 및 문서에 대한 형상은 지속적으로 변화하며, 이를 관리 및 품질 향상을 지원하는 도구이다. 예 Git, CVS, Subversion 등

④ 개발환경의 구축 순서

ⓐ 요구사항 분석 : 요구사항을 분석하여 시스템 구현에 적합한 개발도구를 파악한다.

ⓑ 필요도구 설계 : 구현도구, 빌드도구, 테스트 도구, 형상관리 도구 등 요구사항에 맞는 시스템을 구축하기 위해 최적의 개발환경을 설계한다.

ⓒ 개발언어 선정 : 개발 대상에 적합한 언어를 선정한다.

• 선정기준

– 적정성 : 목적에 적합해야 한다.

– 효율성 : 효율적인 구현이 가능해야 한다.

– 이식성 : 여러 디바이스에 적용이 가능해야 한다.

– 친밀성 : 많은 프로그래머가 사용 가능해야 한다.

– 범용성 : 다수의 시스템에서 사용 중이어야 한다.

ⓓ 구현도구 구축 : 개발언어와 하드웨어를 고려한 구현도구를 구축한다.

ⓜ 빌드와 테스트 도구 구축 : 개발자의 친밀도, 숙련도, 호환 가능성을 고려하여 도구를 선정한다. 테스트 도구는 MTP(Multicast Transport Protocol)에 적합하게 선정하고, 온라인 트랜잭션이 빈번한 개발 대상일 경우 테스트 자동화 도구를 고려한다.

핵심예제

1-1. 개발환경 구축에 관한 설명으로 옳지 않은 것은?

① 서버프로그램의 구현은 개발에 필요한 환경을 구축하는 것이다.
② 비즈니스 환경에 적합한 제품들을 최종적으로 결정하여 구축한다.
③ 개발환경은 응용 소프트웨어가 운영될 환경과 전혀 다른 구조로 구축한다.
④ 응용 소프트웨어 개발을 위해 프로젝트를 이해하고 소프트웨어 및 하드웨어 장비를 구축하는 것을 의미한다.

1-2. 사용자의 요구에 따라 변하는 동적인 콘텐츠를 처리하기 위해 사용되는 미들웨어는?

① 웹서버(web server)
② 웹 애플리케이션 서버(WAS ; Web Application Server)
③ 데이터베이스 서버(DB server)
④ 파일서버(file server)

|해설|

1-1
개발환경은 응용 소프트웨어가 운영될 환경과 유사한 구조로 구축한다.

1-2
② 웹 애플리케이션 서버(WAS : Web Application Server) : 사용자의 요구에 따라 변하는 동적인 콘텐츠를 처리하기 위해 사용되는 미들웨어로, 주로 데이터베이스 서버와 연동해서 사용한다.
① 웹서버(web server) : HTTP를 이용한 요청/응답을 처리하기 위한 미들웨어가 설치되는 서버로, 저용량의 정적 파일들을 제공한다.
③ 데이터베이스 서버(DB server) : 데이터의 수집·저장을 위한 용도로 데이터베이스와 이를 관리하는 DBMS를 운영하는 서버이다.

정답 1-1 ③ 1-2 ②

핵심이론 02 **컴파일러**

① 개요
  ㉠ 고급 프로그래밍 언어는 컴파일러나 인터프리터를 이용하여 컴퓨터가 이해할 수 있는 기계어 코드로 번역을 수행한다.
  ㉡ 실행구조

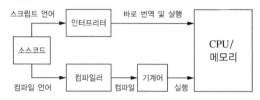

② 컴파일러와 인터프리터의 비교

구분	컴파일러	인터프리터
정의	• 고급언어로 작성된 프로그램 전체를 목적프로그램으로 번역한 후, 링킹 작업을 통해 컴퓨터에서 실행 가능한 프로그램을 생성하는 번역기이다.	• 고급언어로 작성된 프로그램을 한 줄 단위로 받아들여 번역하고, 번역과 동시에 프로그램을 한 줄 단위로 즉시 실행시키는 번역기이다.
번역 단위	• 전체 소스코드	• 문장 단위
특징	• 번역 시 기억 장소가 확정되는 정적 자료구조방식이다.	• 실행 시 자료구조가 변하는 동적 자료구조방식이다.
장점	• 전체적인 실행시간에서 효율적이다. • 0과 1로 된 기계어로 번역되기 때문에 프로그램 코드가 유출되지 않는다. • 컴파일 에러와 관련된 에러를 초기에 발견할 수 있다.	• 실행코드를 생성하므로 사용하는 메모리가 적다. • 시스템 간 이식성이 뛰어난다. • 코드 수정에 용이하다(전체 코드를 다시 컴파일할 필요가 없다).
단점	• 실행파일 전체를 컴파일해야 하므로 용량이 크고, 메모리가 많아진다. • 모든 프로그램을 한꺼번에 번역하기 때문에 컴파일링 시간이 비교적 느리다.	• 실행속도가 컴파일러에 비해 느리다. • 바이트 코드로 해석되기 때문에 프로그램의 코드가 유출될 수 있다.
관련 언어	• Fortran, COBOL, C, C+, ALGOL, Java	• BASIC, 파이썬(Python), JavaScript, Ruby, SQL
실행속도	• 빠르다.	• 느리다.
번역속도	• 느리다.	• 빠르다.
메모리 할당	• 실행파일 생성 시 사용한다.	• 할당하지 않는다.

2-1. 고급언어를 번역과 동시에 프로그램을 한 줄 단위로 즉시 실행시키는 번역기는?

① 컴파일러
② 인터프리터
③ 운영체제
④ 프레임 워크

2-2. 인터프리터의 장점으로 옳지 않은 것은?

① 코드 수정에 용이하다.
② 시스템 간 이식성이 뛰어나다.
③ 실행코드를 생성하여 사용하는 메모리가 적다.
④ 0과 1로 된 기계어로 번역되기 때문에 프로그램 코드가 유출되지 않는다.

|해설|

2-1
인터프리터 : 고급언어로 작성된 프로그램을 한 줄 단위로 받아들여 번역하고, 번역과 동시에 프로그램을 한 줄 단위로 즉시 실행시키는 번역기이다.

2-2
인터프리터는 바이트 코드로 해석되기 때문에 프로그램의 코드가 유출될 수 있다.
④는 컴파일러에 대한 설명이다.

정답 2-1 ② 2-2 ④

핵심이론 03 데이터의 입력 및 출력

① 개요

㉠ 데이터의 입력 및 출력은 소프트웨어의 기능 구현을 위해 데이터베이스에 데이터를 입력하거나 데이터베이스의 데이터를 출력하는 작업이다.

㉡ 데이터의 입력 및 출력은 단순 입력과 출력뿐만 아니라 데이터를 조작하는 모든 행위를 의미하며, 이와 같은 작업을 위해 SQL(Structured Query Language)을 사용한다.

㉢ 소프트웨어에 구현하기 위해 개발코드 내에 SQL 코드를 삽입하거나 객체와 데이터를 연결하는 것을 데이터 접속(data mapping)이라고 한다.

㉣ SQL을 통한 데이터베이스의 조작을 수행할 때 하나의 논리적 기능을 수행하기 위한 작업의 단위 또는 한꺼번에 모두 수행되어야 할 일련의 연산을 트랜잭션이라고 한다.

② SQL

㉠ 국제 표준 데이터베이스 언어로, 많은 회사에서 관계형 데이터베이스를 지원하는 언어로 채택한다.

㉡ 관계대수와 관계해석을 기초로 한 혼합 데이터 언어이다.

㉢ 질의어지만 질의기능만 있는 것이 아니라 데이터 구조의 정의, 데이터 조작, 데이터 제어기능을 모두 갖추고 있다.

㉣ SQL은 데이터 정의어, 데이터 조작어, 데이터 제어어로 구분한다.

  • 데이터 정의어(DDL ; Data Define Language) : SCHEMA, DOMAIN, TABLE, VIEW, INDEX를 정의하거나 변경 또는 삭제할 때 사용하는 언어이다.

  • 데이터 조작어(DML ; Data Manipulation Language) : 데이터베이스 사용자가 응용프로그램이나 질의어를 통하여 저장된 데이터를 실질적으로 처리하는 데 사용하는 언어이다.

• 데이터 제어어(DCL ; Data Control Language) : 데이터의 보안, 무결성, 회복, 병행수행제어 등을 정의하는 데 사용하는 언어이다.

③ 데이터 접속(data mapping)
　㉠ 소프트웨어의 기능 구현을 위해 프로그래밍 코드와 데이터베이스의 데이터를 연결(mapping)하는 것으로, 관련 기술에는 SQL mapping과 ORM이 있다.
　㉡ SQL mapping : 프로그래밍 코드 내에 SQL을 직접 입력하여 DBMS의 데이터에 접속하는 기술로, 관련 프레임 워크에는 JDBS, ODBS, MyBatis 등이 있다.
　㉢ ORM(Object-Relational Mapping) : 객체지향 프로그래밍의 객체와 관계형(relational) 데이터베이스의 데이터를 연결하는 기술로, 관련 프레임 워크에는 JPA, Hibernate, Django 등이 있다.

④ 트랜잭션(transaction)
　㉠ 데이터베이스의 상태를 변환시키는 하나의 논리적 기능을 수행하기 위한 작업의 단위 또는 한꺼번에 모두 수행되어야 할 일련의 연산을 의미한다.
　㉡ 트랜잭션을 제어하기 위해서 사용하는 명령어를 TCL(Transation Control Language)이라고 하며, TCL의 종류에는 COMMIT, ROLLBACK, SAVEPOINT가 있다.
　　• COMMIT : 트랜잭션 처리가 정상적으로 종료되어 트랜잭션이 수행한 변경내용을 데이터베이스에 반영하는 명령어이다.
　　• ROLLBACK : 하나의 트랜잭션 처리가 비정상으로 종료되어 데이터베이스의 일관성이 깨졌을 때 트랜잭션이 행한 모든 변경작업을 취소하고 이전 상태로 되돌리는 연산이다.
　　• SAVEPOINT(=CHECKPOINT) : 트랜잭션 내에 ROLLBACK할 위치인 저장점을 지정하는 명령어이다. 회복 시 참조하는 지점으로, 하나의 트랜잭션이 큰 경우 여러 개의 SAVEPOINT를 지정할 수 있다.

⑤ C언어의 입출력함수
　㉠ 개요
　　• 사용자가 프로그램과 대화하기 위해 사용하는 함수를 입출력함수 또는 I/O(Input/Output)함수라고 한다.
　　• printf()함수와 scanf()함수는 C언어 표준 입출력함수 중에서 가장 많이 사용되는 대표적인 입출력함수이다.
　　• 데이터를 어떤 서식에 맞춰 입출력할지 서식문자를 통해 직접 지정할 수 있다.
　㉡ printf()함수
　　• C언어의 표준 출력함수로, 여러 종류의 데이터를 다양한 서식에 맞춰 출력할 수 있게 해 준다.
　　• 가장 많이 사용하는 표준 출력함수로 〈stdio.h〉 헤더파일에 정의되어 있다.
　　• 출력함수는 printf("출력내용 %d, integer);과 같이 사용할 수 있다.
　㉢ scanf()함수
　　• scanf()함수는 C언어의 표준 입력함수로 사용자로부터 여러 종류의 데이터를 다양한 서식에 맞춰 입력받을 수 있게 해 준다.
　　• 가장 많이 사용하는 표준 입력함수로 〈stdio.h〉 헤더파일에 정의되어 있다.
　　• 입력함수는 scanf("%d %f", &integer, &float);와 같이 사용할 수 있다.
　　• printf()함수와 사용방법은 유사하지만, 입력된 데이터를 저장할 변수의 이름 앞에 &(주소 연산자)를 붙여야 한다.

ⓔ 이스케이프 시퀀스(escape sequence) : 프로그램의 결과가 화면에 출력될 때 사용할 특수문자를 위해 개발되었다.

이스케이프 시퀀스	출력내용
₩a	경고음
₩b	백 스페이스
₩f	폼 피드(프린트 출력 시 현재 페이지를 마침)
₩n	줄 바꿈
₩r	캐리지 리턴(커서를 맨 앞으로 이동)
₩t	수평 탭
₩v	수직 탭
₩'	작은 따옴표
₩"	큰 따옴표
₩?	물음표
₩	역슬래시

ⓜ 서식문자 : 서식문자를 통해 데이터의 서식을 사용자가 직접 지정할 수 있다.

서식문자	자료형	출력 형태
%d	char, short, int	부호 있는 10진수 정수(정수형 10진수를 입출력하기 위해 지정)
%c	char, short, int	값에 대응하는 문자(문자를 입출력하기 위해 지정)
%f	float, double	10진수 방식의 부동 소수점 실수(소수점을 포함하는 실수를 입출력하기 위해 지정)
%s	char *	문자열(문자열을 입출력하기 위해 지정)

핵심예제

3-1. SQL(Structured Query Language)에 관한 설명으로 옳지 않은 것은?

① 관계대수와 관계해석을 기초로 한 혼합 데이터 언어이다.
② 국제 표준 데이터베이스 언어로, 관계형 데이터베이스를 지원하는 언어로 채택한다.
③ 질의어로 질의기능만 갖추고, 데이터 조작 및 제어기능은 없다.
④ 데이터 정의어, 데이터 조작어, 데이터 제어어로 구분된다.

3-2. 트랜잭션(transaction)에 대한 설명으로 옳지 않은 것은?

① 트랜잭션은 작업의 논리적 단위이다.
② 트랜잭션을 제어하기 위한 명령어를 TCL이라고 한다.
③ 하나의 트랜잭션은 COMMIT 되거나 ROLLBACK 되어야 한다.
④ SAVEPOINT는 트랜잭션당 한 번만 지정할 수 있다.

| 해설 |

3-1
SQL(Structured Query Language)은 질의어지만 질의기능만 있는 것이 아니라 데이터 구조의 정의, 데이터 조작, 데이터 제어 기능을 모두 갖추고 있다.

3-2
SAVEPOINT는 회복 시 참조하는 지점으로, 하나의 트랜잭션이 큰 경우 여러 개의 SAVEPOINT를 지정할 수 있다.

정답 3-1 ③ 3-2 ④

① 개요

ㄱ 프로그램을 효율적으로 개발할 수 있도록 자주 사용하는 함수나 데이터를 미리 만들어 모아 놓은 집합체이다.

ㄴ 프로그래밍 언어에 따라 일반적으로 도움말, 설치파일, 샘플코드 등을 제공한다.

ㄷ 자주 사용하는 함수들의 반복적인 코드 작성을 피하기 위해 미리 만들어 놓은 것으로, 필요할 때는 언제든지 호출하여 사용할 수 있다.

ㄹ 미리 컴파일되어 있어 컴파일 시간을 단축할 수 있다.

ㅁ 라이브러리는 모듈과 패키지를 모두 의미한다.

② 표준 라이브러리와 외부 라이브러리

ㄱ 표준 라이브러리 : 프로그래밍 언어에 기본적으로 포함된 라이브러리로, 여러 종류의 모듈*이나 패키지** 형태이다.

*모듈 : 하나의 기능이 한 개의 파일로 구현된 형태

**패키지 : 하나의 패키지 폴더 안에 여러 개의 모듈을 모아 놓은 형태

ㄴ 외부 라이브러리 : 개발자들이 필요한 기능을 만들어 인터넷 등에 공유해 놓은 것으로, 외부 라이브러리를 다운받아 설치한 후 사용한다.

③ C언어의 대표적인 표준 라이브러리

ㄱ C언어는 라이브러리를 헤더파일로 제공하는데, 각 헤더파일에는 응용프로그램 개발에 필요한 함수가 정리되어 있다.

ㄴ C언어에서 헤더파일을 사용하려면 '#include <stdio.h>'와 같이 include문을 이용해 선언한 후 사용해야 한다.

헤더파일	기능
stdio.h	• 데이터의 입출력에 사용되는 기능들을 제공한다. • 주요함수 : printf, scant, fprintf, fscanf, fclose, fopen 등
math.h	• 수학함수들을 제공한다. • 주요함수 : sqrt, pow, abs 등
string.h	• 문자열 처리에 사용되는 기능들을 제공한다. • 주요함수 : strlen, strcpy, strcmp 등
stdlib.h	• 자료형 변환, 난수 발생, 메모리 할당에 사용되는 기능들을 제공한다. • 주요함수 : atoi, atof, srand, rand, malloc, free 등
time.h	• 시간처리에 사용되는 기능을 제공한다. • 주요함수 : time, clock 등

※ 헤더파일 : 컴파일러에 의해 다른 소스 파일에 자동으로 포함된 소스코드의 파일

④ Java의 대표적인 표준 라이브러리

ㄱ Java는 라이브러리를 패키지에 포함시켜 제공하는데, 각 패키지에는 Java 응용프로그램 개발에 필요한 메서드들이 클래스로 정리되어 있다.

ㄴ Java에서 패키지를 사용하려면 'import java.util' 과 같이 import문을 이용하여 선언한 후 사용해야 한다.

패키지	기능
java.lang	• 자바에 기본적으로 필요한 인터페이스, 자료형, 예외처리 등의 기능을 제공한다. • import문이 없어도 사용할 수 있다. • 주요 클래스 : string, system, process, runtime, math, error 등
java.util	• 날짜처리, 난수 발생, 복잡한 문자열 처리 등에 관련된 기능을 제공한다. • 주요 클래스 : date, calender, random, stringtokenizer 등
java.io	• 파일 입출력과 관련된 기능 및 프로토콜을 제공한다. • 주요 클래스 : inputstream, outputstream, reader, writer 등
java.net	• 네트워크와 관련된 기능을 제공한다. • 주요 클래스 : Socket, URL, InetAddress 등
java.awt	• 사용자 인터페이스(UI)와 관련된 기능을 제공한다. • 주요 클래스 : frame, panel, dialog, button, checkbox 등

ㄷ import로 선언된 패키지 안에 있는 클래스의 메서드를 사용할 때는 클래스와 메서드를 마침표(.)로 구분하여 'Math.abs()'와 같이 사용한다.

4-1. 라이브러리에 대한 설명으로 옳지 않은 것은?

① 라이브러리는 모듈과 패키지를 모두 의미한다.
② 미리 컴파일되어 있어 컴파일 시간을 단축할 수 있다.
③ 라이브러리에는 내부 라이브러리와 외부 라이브러리가 있다.
④ 자주 사용하는 함수들의 반복적인 코드 작성을 피하기 위해 미리 만들어 놓은 것이다.

4-2. C언어의 대표적인 표준 라이브러리에 대한 설명으로 옳지 않은 것은?

① stdio.h : 입출력에 사용되는 기능들을 제공한다.
② stdlib.h : 문자열 처리에 사용되는 기능들을 제공한다.
③ math.h : 수학함수들을 제공한다.
④ time.h : 시간처리에 사용되는 기능들을 제공한다.

|해설|

4-1
라이브러리에는 표준 라이브러리와 외부 라이브러리가 있다.

4-2
• stdlib.h : 자료형 변환, 난수 발생, 메모리 할당에 사용되는 기능들을 제공한다.
• string.h : 문자열 처리에 사용되는 기능들을 제공한다.

정답 4-1 ③ 4-2 ②

1-3. 프로그램 검토

핵심이론 01 예외처리

① 개요

　㉠ 예외(exception)는 프로그램의 정상적인 실행을 방해하는 조건이나 상태이며, 예외처리는 시스템이 에러로 발생한 오동작을 복귀하는 상황에서 사용되는 과정이다.

　㉡ 예외가 발생했을 때 프로그래머가 해당 문제에 대비해 작성해 놓은 처리 루틴을 수행하도록 하는 것을 예외처리(exception handling)라고 한다.

　㉢ 프로그램 수행 중 예외가 발생할 수 있는 일반적인 예

　　• 정수를 0으로 나누는 경우
　　• 배열의 인덱스가 배열 길이를 넘는 경우
　　• 부적절한 형 변환이 발생하는 경우
　　• 입출력 파일이 존재하지 않는 경우
　　• null값 참조하는 경우 등

　㉣ 예외에는 단순한 프로그래밍 에러부터 하드 디스크 충돌과 같은 심각한 하드웨어적 에러까지 존재한다.

② 예외처리 방식

　㉠ 예외가 발생했을 때 일반적인 처리 루틴은 프로그램을 종료시키거나 로그를 남기는 것이다.

　㉡ C++, Ada, Java, 자바스크립트와 같은 언어에는 예외처리 기능이 내장되어 있으며, 그 외의 언어에서는 필요한 경우 조건문을 이용해 예외처리 루틴을 작성한다.

　㉢ 예외의 원인으로는 컴퓨터 하드웨어 문제, 운영체제 설정 실수, 라이브러리 손상, 사용자의 입력 실수, 받아들일 수 없는 연산, 할당하지 못하는 기억장치 접근 등이 있다.

③ 오류의 종류

종류	오류내용	에러 수정 및 처리
구문 오류	• 자바 구문에 어긋난 코드 입력 • 컴파일 시 발생하는 구문 오류 예 byte b = 128;	• 컴파일 오류는 컴파일러가 에러를 찾아 디버그를 찾아 수정하기 용이하다.
실행 오류	• 프로그램 실행 시 상황에 따라 발생하는 오류 • 시스템 자체의 문제로 인한 치명적인 문제는 오류로 분류, 컴파일 때 문제 삼지 않는 오류	• 프로그래머가 오류를 처리하지 않고 시스템적으로 문제를 해결한다. – OutOfMemoryError : 메모리 부족(JVM 해결) – StackOverflowError : 스택영역을 벗어난 메모리 할당(JVM 해결) – NoClassFoundError : 해당 클래스를 시스템에 생성하면 해결된다.
	• 문제가 발생할 것이 예측되어 프로그램 과정 중에 잡아낼 수 있는 문제는 예외로 분류한다. [대표적인 예외 상황] – 정수를 0으로 나누는 경우 (ArithmeticException) – 배열 인덱스가 배열 길이를 넘는 경우(ArrayIndexOutOfBoundException) – null값 참조하는 경우 (NullPointerException) – 부적절한 형 변환이 발생하는 경우 – 입출력 파일이 존재하지 않는 경우	• 예외는 프로그래머가 노력하여 처리할 수 있다. 예 int j = 10 / i; – 프로그램 수행 이전에 변숫값이 0인지 판별하여 나눗셈을 선택적으로 수행한다.

④ 예외처리 고려사항

㉠ 먼저 예외가 발생할 수 있는 가능성을 최소화한다. 0으로 나누는 산술연산의 경우는 예외를 발생시켜 처리하는 것보다는 연산 이전에 if문을 두어 나누는 숫자가 0인지를 결정하고, 0인 경우 적절한 조치를 취하는 문장을 두는 것이 유리하다.

㉡ 예외가 발생하였을 때 동일한(예외를 발생시킨) 코드를 계속 실행시키는 예외처리 루틴은 피한다. 존재하지 않는 파일의 개방인 경우 존재하지 않는 파일을 개방하려는 시도는 언제나 실패할 것이므로, 이 경우에는 새로운 파일명을 입력받도록 예외처리 루틴을 작성한다.

㉢ 모든 예외를 처리하려고 노력하지 않는다.
• 발생할 수 있는 예외를 예상하여 해당하는 예외만 처리하도록 예외처리 루틴을 작성하면 예외처리 시 발생할 수 있는 비용을 최소화할 수 있다.
• 플로피 디스크 입출력 에러는 물리적인 손상 때문에 발생하는 경우가 많은데 이 경우 재시도해도 계속 예외가 발생한다. 대부분은 프로그래머가 작성한 예외처리 루틴에서 복구할 수 없는 예외가 되므로, 시스템에 해당 예외처리를 떠넘기는 것이 모든 면에서 유리하다.

핵심예제

1-1. 프로그램 수행 중에 발생하는 명령들의 정상적인 흐름을 방해하는 사건은?
① 오류
② 예외
③ 오동작
④ 버그

1-2. 예외처리에 대한 설명으로 옳지 않은 것은?
① 시스템이 에러로 발생한 오동작을 복귀하는 상황에서 사용되는 과정이다.
② 예외가 발생했을 때 일반적인 처리 루틴은 프로그램을 종료시키거나 로그를 남기는 것이다.
③ C++, Ada, Java와 같은 언어에는 예외처리 기능이 내장되어 있지 않아 조건문을 이용해 예외처리 루틴을 작성한다.
④ 예외에는 단순한 프로그래밍 에러부터 하드 디스크 충돌과 같은 심각한 하드웨어적 에러까지 존재한다.

|해설|

1-2
C++, Ada, Java, 자바스크립트와 같은 언어에는 예외처리 기능이 내장되어 있으며, 그 외의 언어에서는 필요한 경우 조건문을 이용해 예외처리 루틴을 작성한다.

정답 1-1 ② 1-2 ③

① 개념

　㉠ 디버그(debug)는 모든 소프트웨어에서 소스코드의 오류(버그)를 찾아서 수정하는 과정으로, 디버깅(debugging)이라고도 한다.

　㉡ 디버깅은 오류 수정작업을 의미하고, 디버거(debugger)는 오류 수정 소프트웨어를 의미한다.

　㉢ 프로그램을 디버깅하는 일반적인 이유는 논리적 오류 때문이다.

　　• 문법적 오류(syntax error) : 해당 언어의 문법에 적합하지 않아서 컴파일러가 번역을 못하면 컴파일러는 문법적 오류를 많이 겪는다.

　　• 논리적 오류(logical error) : 논리적으로 발생하는 오류로, 문법적으로는 문제가 없으나 실행해 보면 문제가 생기는 경우이다.

② 디버깅 방법

　㉠ 테이블 디버깅

　　• 프로그래머가 직접 손으로 해 보고 눈으로 확인하는 방법이다.

　　• 프로그램 리스트에서 오류의 원인을 추척하는 방법은 코드 리뷰 방식, 워크스루 방식으로 나눈다.

　　　– 코드 리뷰(code review) 방식 : 원시프로그램을 읽어가며 분석한다.

　　　– 워크스루(walk-through) 방식 : 오류가 발생한 데이터를 사용하여 원시프로그램을 추적한다.

　㉡ 컴퓨터 디버깅

　　• 디버깅 소프트웨어를 이용하는 방법이다.

　　• 프로그래머가 제공하는 각종 정보와 소프트웨어를 이용하여 누구든지 디버깅할 수 있는 방식이다.

구분	내용
디버거 방식	• 프로그램을 시험할 때 디버깅 모드로 컴파일하여 디버거 기능을 포함시켜 사용하면서 오류에 관한 각종 정보를 수집하는 방식이다. • 원시프로그램을 수정하지 않고 정보를 수집할 수 있는 장점이 있다. • 디버거에만 의존해야 하므로 정보를 수집할 수 있는 범위가 한정되어 완벽하게 디버깅할 수 없는 단점이 있다.
디버그행 방식	• 수집하고 싶은 정보를 출력하기 위한 디버깅용 명령을 프로그램 곳곳에 미리 삽입하여 실행시키는 방식이다. • 프로그램이 각 지점을 정상적으로 통과하는지 확인하는 방법이다. • 세밀한 정보 수집에는 유용하지만, 디버깅을 완료한 후 원시프로그램을 수정해야 하는 번거로움이 있다.
기계어 방식	• 정보를 수집하고자 하는 장소의 주소와 범위를 기계어 수준으로 지정하고, 운영체제의 디버깅 기능을 사용하여 정보를 수집하는 방식이다. • 운영체제가 서비스하는 프로그램을 그대로 사용할 수 있는 장점이 있다. • 정보 수집 및 분석에 시간이 걸리는 단점이 있다.

핵심예제

2-1. 오류가 발생한 코드를 추적하여 수정하는 작업은?

① loading　　　　　② linking
③ debugging　　　　④ converting

2-2. 컴퓨터 디버깅 방식이 아닌 것은?

① 코드 리뷰 방식　　② 디버거 방식
③ 기계어 방식　　　　④ 디버그행 방식

|해설|

2-1
디버깅(debugging) : 모든 소프트웨어에서 소스코드의 오류 또는 버그를 찾아서 수정하는 과정으로, 오류 수정작업을 의미한다.

2-2
코드 리뷰 방식은 테이블 디버깅 방식이다.
컴퓨터 디버깅 방식
• 디버거 방식
• 디버그행 방식
• 기계어 방식

정답 2-1 ③　2-2 ①

① 애플리케이션 테스트의 개념
  ㉠ 애플리케이션에 잠재된 결함을 찾아내는 일련의 행위 또는 절차이다.
  ㉡ 개발된 소프트웨어가 고객의 요구사항을 만족시키는지 확인(validation)하고 소프트웨어가 기능을 정확히 수행하는지 검증(verification)한다.
  ㉢ 애플리케이션 테스트를 실행하기 전에 개발한 소프트웨어의 유형 분류 및 특성을 정리하여 중점적으로 테스트할 사항을 확인해야 한다.

② 애플리케이션 테스트의 필요성
  ㉠ 프로그램 실행 전에 오류를 발견하여 예방할 수 있다.
  ㉡ 프로그램이 사용자의 요구사항이나 기대 수준 등을 만족시키는지 반복적으로 테스트하므로 제품의 신뢰도가 향상된다.
  ㉢ 애플리케이션의 개발 초기부터 애플리케이션 테스트를 계획하면 단순한 오류의 발견뿐만 아니라 새로운 오류의 유입도 예방할 수 있다.
  ㉣ 애플리케이션 테스트를 효과적으로 수행하면 최소한의 시간과 노력으로 많은 결함을 찾을 수 있다.

③ 애플리케이션 테스트의 기본원리
  ㉠ 소프트웨어의 잠재적인 결함을 줄일 수 있지만, 결함이 없다고 증명하는 완벽한 소프트웨어 테스트는 불가능하다.
  ㉡ 애플리케이션의 결함은 대부분 개발자의 특성이나 애플리케이션의 기능적 특징으로 인해 특정 모듈에 집중되어 있다.
  ㉢ 애플리케이션의 20%에 해당하는 코드에서 전체 80%의 결함이 발견된다고 하여 파레토법칙을 적용하기도 한다.
  ㉣ 소프트웨어 특징, 테스트 환경, 테스터 역량 등 정황(context)에 따라 테스트 결과가 달라질 수 있어 정황에 따라 테스트를 다르게 수행해야 한다.

  ㉤ 테스트는 작은 부분에서 시작하여 점점 확대하며 진행해야 한다.

④ 개발단계에 따른 애플리케이션 테스트
  ㉠ 애플리케이션 테스트는 소프트웨어의 개발단계에 따라 단위 테스트, 통합 테스트, 시스템 테스트, 인수 테스트와 같은 테스트 레벨로 분류된다.
  ㉡ 애플리케이션 테스트는 소프트웨어의 개발단계부터 테스트를 수행하므로 단순히 소프트웨어에 포함된 코드상의 오류뿐만 아니라 요구분석의 오류, 설계 인터페이스 오류 등도 발견할 수 있다.
  ㉢ 애플리케이션 테스트와 소프트웨어 개발단계를 연결하여 표현한 것을 V−모델이라고 한다.

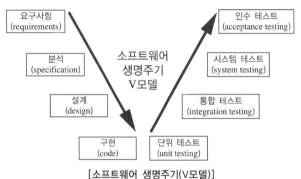

[소프트웨어 생명주기(V모델)]

⑤ 단위 테스트(unit test)
  ㉠ 코딩 직후 소프트웨어 설계의 최소 단위인 모듈이나 컴포넌트에 초점을 맞춰 테스트하는 것이다.
  ㉡ 인터페이스, 외부적 I/O, 자료구조, 독립적 기초경로, 오류처리경로, 경계조건 등을 검사한다.
  ㉢ 사용자의 요구사항을 기반으로 한 기능성 테스트를 최우선으로 수행한다.
  ㉣ 구조기반 테스트와 명세기반 테스트로 나뉘지만 주로 구조기반 테스트를 시행한다.

테스트 방법	테스트 내용	테스트 목적
구조기반 테스트	프로그램 내부 구조 및 복잡도를 검증하는 화이트박스(white box) 테스트 시행	제어 흐름, 조건 결정
명세기반 테스트	목적 및 실행코드 기반의 블랙박스(black box) 테스트 시행	동등 분할, 경계값 분석

⑥ 통합 테스트(integration test)

　　㉠ 단위 테스트가 완료된 모듈들을 결합하여 하나의 시스템으로 완성시키는 과정에서의 테스트를 의미한다.

　　㉡ 모듈 간 또는 통합된 컴포넌트 간의 상호작용 오류를 검사한다.

⑦ 시스템 테스트(system test)

　　㉠ 개발된 소프트웨어가 해당 컴퓨터 시스템에서 완벽하게 수행되는가를 점검하는 테스트이다.

　　㉡ 환경적인 장애 리스크를 최소화하기 위해 실제 사용환경과 유사하게 만든 테스트 환경에서 테스트를 수행해야 한다.

　　㉢ 기능적 요구사항과 비기능적 요구사항으로 구분하여 각각 만족하는지 테스트한다.

테스트 방법	테스트 내용
기능적 요구사항	요구사항 명세서, 비즈니스 절차, 유스케이스 등 명세서 기반의 블랙박스 테스트 시행
비기능적 요구사항	성능 테스트, 회복 테스트, 보안 테스트, 내부 시스템의 메뉴구조, 웹 페이지의 내비게이션 등 구조적 요소에 대한 화이트박스 테스트 시행

⑧ 인수 테스트(acceptance test)

　　㉠ 개발한 소프트웨어가 사용자의 요구사항을 충족하는지에 중점을 두고 테스트하는 방법이다.

　　㉡ 개발한 소프트웨어를 사용자가 직접 테스트한다.

　　㉢ 문제가 없다면 사용자는 소프트웨어를 인수하고, 프로젝트는 종료된다.

　　㉣ 인수 테스트의 종류

테스트 종류	설명
사용자 인수 테스트	• 사용자가 시스템 사용의 적절성 여부를 확인한다.
운영상의 인수 테스트	• 시스템 관리자가 백원/복원시스템. 재난 복구, 사용자 관리, 정기 점검 등을 확인한다.
계약 인수 테스트	• 계약상의 인수/검수조건을 준수하는지의 여부를 확인한다.
규정 인수 테스트	• 정부지침, 법규, 규정에 맞게 개발되었는지 확인한다.

테스트 종류	설명
알파 테스트	• 개발자의 장소에서 사용자가 개발자 앞에서 하는 테스트 기법이다. • 통제된 환경에서 행해지며, 사용자와 개발자가 함께 오류와 문제점을 확인하면서 기록한다.
베타 테스트	• 선정된 사용자가 여러 명의 사용자 앞에서 하는 테스트 기법이다. • 실업무를 가지고 사용자가 직접 테스트하는 것으로, 개발자에 의해 제어되지 않는 상태에서 테스트가 행해진다. • 발견된 오류와 문제점을 기록하고 개발자에게 주기적으로 보고한다.

핵심예제

3-1. 소프트웨어의 테스트 순서를 바르게 나열한 것은?

① 인수 테스트 → 단위 테스트 → 시스템 테스트 → 통합 테스트
② 단위 테스트 → 통합 테스트 → 시스템 테스트 → 인수 테스트
③ 단위 테스트 → 인수 테스트 → 시스템 테스트 → 통합 테스트
④ 시스템 테스트 → 인수 테스트 → 단위 테스트 → 통합 테스트

3-2. 알파, 베타 테스트와 가장 밀접한 연관이 있는 테스트는?

① 단위 테스트
② 총합 테스트
③ 인수 테스트
④ 시스템 테스트

|해설|

3-1

소프트웨어 테스트는 개발 관련자가 작은 단위에서 큰 단위로 테스트하여 오류가 없음을 확인한 후에 사용자가 인수하기 전에 마지막으로 인수 테스트를 수행한다.

정답 3-1 ② 3-2 ③

2-1. 데이터 구조

핵심이론 01 데이터의 종류와 특징

① 데이터 타입(data type)

  ㉠ 데이터 타입은 변수(variable)에 저장될 데이터의 형식을 나타내는 것이다.

  ㉡ 변수*에 값을 저장하기 전에 문자형, 정수형, 실수형 등 어떤 형식의 값을 저장할지 데이터 타입을 지정하여 변수를 선언해야 한다.

  *변수 : 컴퓨터가 명령을 처리하는 도중 발생하는 값을 저장하기 위한 공간으로 변할 수 있는 값을 의미한다.

  ㉢ 데이터 타입의 유형

유형	기능
정수 타입 (integer type)	• 정수, 즉 소수점이 없는 숫자를 저장한다. 예 1, -1, 10, -100
부동 소수점 타입 (floating point type)	• 소수점 이하가 있는 실수를 저장할 때 사용한다. 예 0.123×10, -1.6×2
문자 타입 (character type)	• 한 문자를 저장할 때 사용한다. • 작은따옴표('') 안에 표시한다. 예 'A', 'a', '1', '*'
문자열 타입 (character string type)	• 문자열을 저장할 때 사용한다. • 큰따옴표("")안에 표시한다. 예 "Hello!", "2+3=5"
불리언 타입 (boolean type)	• 조건의 참(true), 거짓(false) 여부를 판단하여 저장할 때 사용한다. • 기본값은 거짓이다. 예 true, false
배열 타입 (array type)	• 같은 타입의 데이터 집합을 만들어 저장할 때 사용한다. • 데이터는 중괄호({}) 안에 콤마(,)로 구분하여 값들을 나열한다. 예 {1,2,3,4,5}

※ 데이터 타입은 운영체제(OS)에 따라 기억범위와 크기가 조금씩 다르다.

② C/C++의 데이터 타입의 크기 및 기억범위

종류	데이터 타입	크기	기억범위
문자	char	1byte	-128~127
부호 없는 문자형	unsigned char	1byte	0~255
정수	short	2byte	-32,768~32,767
	int	4byte	-2,147,483,648~ 2,147,483,647
	long	4byte	-2,147,483,648~ 2,147,483,647
	long long	8byte	-9,223,372,036,854,755,808~ 9,223,372,036,854,755,807
부호 없는 정수형	unsigned short	2byte	0~65,535
	unsigned int	4byte	0~4,294,967,295
	unsigned long	4byte	0~4,294,967,295
실수	float	4byte	$1.2×10^{-38}$~$3.4×10^{38}$
	double	8byte	$2.2×10^{-308}$~$1.8×10^{308}$
	long double	8byte	$2.2×10^{-308}$~$1.8×10^{308}$

※ C언어의 구조체

  • 구조체를 정의한다는 것은 int나 char 같은 자료형을 하나 만드는 것을 의미한다.

  • 구조체는 'structure(구조)'의 약어인 'struct'를 사용하여 정의한다.

③ Java 데이터 타입의 크기 및 기억범위

종류	데이터 타입	크기	기억범위
문자	char	2byte	0~65,535
정수	byte	1byte	-128~127
	short	2byte	-32,768~32,767
	int	4byte	-2,147,483,648~2,147,483,647
	long	8byte	-9,223,372,036,854,755,808~ 9,223,372,036,854,755,807
실수	float	4byte	$1.4×10^{-45}$~$3.4×10^{38}$
	double	8byte	$4.9×10^{-324}$~$1.8×10^{308}$
논리	boolean	1byte	true 또는 false

④ Python 데이터 타입의 크기 및 기억범위

종류	데이터 타입	크기	기억범위
문자	str	무제한	무제한
정수	int	무제한	무제한
실수	float	8byte	$4.9×10^{-324}$~$1.8×10^{308}$
	complex	16byte	$4.9×10^{-324}$~$1.8×10^{308}$

1-1. C언어에서 구조체를 사용하여 데이터를 처리할 때 사용하는 것은?

① char
② long
③ struct
④ str

1-2. C언어에서 문자형 자료를 나타내는 데이터 형식은?

① float
② int
③ char
④ short

|해설|

1-1
구조체는 'structure(구조)'의 약어인 'struct'를 사용하여 정의한다.

1-2
문자형 자료는 'char'로 '문자'를 영어로 'character'라고 한다.

정답 1-1 ③ 1-2 ③

핵심이론 02 데이터의 저장, 연산, 조건, 반복, 제어

① 데이터 저장

　㉠ 변수(variable)는 컴퓨터가 명령을 처리하는 중에 발생하는 값을 저장하기 위한 공간으로, 변할 수 있는 값을 의미한다.

　㉡ 데이터 타입에서 정한 크기의 메모리를 할당하고, 반드시 변수 선언과 값을 초기화한 후 사용하여야 한다.

　㉢ 변수의 데이터 타입 다음에 이름을 적어 변수를 선언한다.

　㉣ 상수는 값의 변경이 불가하며 final 키워드를 사용하여 선언 시 초깃값을 지정한다.

　㉤ 기억 클래스

　　• 변수 선언 시 메모리 내에 변수의 값을 저장하기 위한 기억영역이 할당되는데, 할당되는 기억영역에 따라 사용범위에 제한이 있다. 기억 클래스는 이러한 기억영역을 결정하는 작업이다.

　　• C언어에서 제공하는 기억 클래스

종류	기억영역	예약어	생존기간	사용범위
자동 변수	메모리(스택)	auto	일시적	지역적
레지스터 변수	레지스터	register		
정적 변수(내부)	메모리 (데이터)	static	영구적	전역적
정적 변수(외부)				
외부 변수		extern		

② 데이터 연산

　㉠ 산술연산자

　　• 사칙연산 등의 산술 계산에 사용되는 연산자이다.

　　• 산술연산자에는 일반 산술식과 다르게 한 변수의 값을 증가하거나 감소시키는 증감연산자가 있다.

연산자	의미	비고
+	덧셈	−
−	뺄셈	−
*	곱셈	−
/	나눗셈	−
%	나머지	−
++	증가연산자	• 전치 : ++a, −−a와 같은 형태로 먼저 변수의 값을 증감시킨 후 변수를 연산에 사용한다.
−−	감소연산자	• 후치 : a++, a−−와 같은 형태로 먼저 변수를 연산에 사용한 후 변수의 값을 증감시킨다.

〈연습하기〉

10+10	답=20
20−5	답=15
4*5	답=20
20/4	답=5
20%3	답=2
4−6%7+3	답=1 해설 6%7=6 → 4−6=−2 → −2+3=1

다음에 제시된 산술연산식의 결과를 적으시오(단, 정수형 변수 a=2, b=3, c=4와 같이 선언되었다고 가정한다).

b = ++b − −−c;	답=1 해설 • b의 초깃값 3에 전치 증가연산하여 4가 된다. • c의 초깃값 4에 전치 감소연산하여 3이 된다. • 4−3의 결과인 1이 b에 저장된다.
c = ++a * b++;	답=9 해설 • a의 초깃값 2에 전치 증가연산하여 3이 된다. • b의 초깃값 3에 후치 증가연산하여 연산에 사용되는 b는 초깃값인 3이 된다. • 3×3 결과인 9가 c에 저장된다.

ⓛ 관계(비교)연산자
- 관계연산자는 두 수의 관계를 비교하여 참 또는 거짓을 결과로 얻는 연산자이다.
- 거짓은 0, 참은 1로 사용되지만, 0 외의 모든 숫자도 참으로 간주된다.

연산자	의미	
==	같다.	
!=	같지 않다.	
>	크다.	관계연산자는 왼쪽을 기준으로 '왼쪽이 크다.', '왼쪽이 크거나 같다.'로 해석한다.
>=	크거나 같다.	
<	작다.	
<=	작거나 같다.	

ⓒ 비트연산자 : 비트별(0, 1)로 연산하여 결과를 얻는 연산자이다.

연산자	의미	비고
&	and	모든 비트가 1일 때만 1
^	xor	모든 비트가 같으면 0, 하나라도 다르면 1
		or	모든 비트 중 한 비트라도 1이면 1
~	not	각 비트의 부정, 0이면 1, 1이면 0
<<	왼쪽 시프트	비트를 왼쪽으로 이동
>>	오른쪽 시프트	비트를 오른쪽으로 이동

ⓔ 논리연산자 : 두 개의 논리값을 연산하여 참 또는 거짓을 결과로 얻는 연산자이다. 관계연산자와 마찬가지로 거짓은 0, 참은 1이다.

연산자	의미	비고
!	not	부정(a가 참이면 거짓, a가 거짓이면 참)
&&	and	모두 참일 때만 참
||	or	하나라도 참이면 참

ⓜ 대입연산자 : 연산 후 결과를 대입하는 연산식을 간략하게 입력할 수 있도록 대입연산자를 제공한다. 대입연산자는 산술연산자, 관계연산자, 비트연산자, 논리연산자에 모두 적용할 수 있다.

연산자	예	의미
+=	a+=1	a=a+1
=+	a−=1	a=a−1
*=	a*=1	a=a*1
/=	a/=1	a=a/1
%=	a%=1	a=a%1
<<=	a<<=1	a=a<<1
>>=	a>>=1	a=a>>1

ⓗ 조건(삼항)연산자
- 조건연산자는 조건에 따라 서로 다른 수식을 수행한다.
- 앞에서부터 조건문, ?(물음표)는 조건문이 참일 경우 실행한다. :(콜론)은 조건문이 거짓일 경우 실행한다.
- 삼항연산자는 한 가지 연산식만 사용할 수 있다.

ⓢ 연산자 우선순위
- 한 개의 수식에 여러 개의 연산자가 사용되면 기본적으로 다음 표의 순서대로 처리된다.
- 다음 표의 한 줄에 가로로 나열된 연산자는 우선순위가 같기 때문에 결합규칙에 따라 ←는 오른쪽에 있는 연산자부터, →는 왼쪽에 있는 연산자부터 차례로 계산된다.

대분류	중분류	연산자	결합 규칙	우선 순위
단항연산자	단항연산자	!(논리 not), ~ (비트 not) ++ (증가), --(감소)	←	
이항연산자	산술연산자	*, /, %(나머지)		높음 ↑
		+, -		
	시프트연산자	<<, >>	→	
	관계연산자	<, <=, >=, >		
		==(같다), != (같지 않다)		
	비트연산자	&(and), ^(xor), |(or)		
	논리연산자	&&(and), ||(or)		↓ 낮음
삼항연산자	조건연산자	? :	→	
대입연산자	대입연산자	=, +=, -=, /=, %=, << =, >>= 등	←	
순서연산자	순서연산자	-	→	

③ 데이터 조건(제어문)
ⓐ 개념
- 컴퓨터 프로그램은 명령어가 서술된 순서에 따라 위에서 아래로 실행되는데, 조건을 지정해서 진행 순서를 변경할 수 있다. 이와 같이 프로그램의 순서를 변경할 때 사용하는 명령문을 제어문

이라고 한다.
- 제어문의 종류에는 if문, 다중 if문 switch문, goto문, 반복문 등이 있다.

ⓑ if문
- if문은 조건에 따라서 실행할 문장을 다르게 하고, 조건이 1개일 때 사용하는 제어문이다.
- 주어진 조건에 따라 특정 문장을 수행할지의 여부를 선택할 수 있는 명령으로서 형식은 다음과 같다.

> **if(조건)**
> 조건이 참(true)일 경우 수행하는 문장;
> 다음 문장;

- if문의 조건은 비교연산이나 논리연산 등을 사용한 식이므로, 조건의 결과는 참이거나 거짓이다.
- if문은 조건식이 참인지를 검사하여 참이면 조건식이 참일 때 수행하는 문장을 실행하고, 거짓이면 다음 문장을 수행한다.

ⓒ if-else문
- if-else문은 어떤 조건을 한 번 검사해서 참일 때 수행해야 하는 문장과 거짓일 때 수행해야 하는 문장에 모두 쓸 수 있다.

> **if(조건)**
> 조건이 참일 경우 수행하는 문장;
> else
> 조건이 거짓일 경우 수행하는 문장;
> 다음 문장;

- 주어진 조건이 참일 경우와 거짓일 경우에 각각 수행해야 하는 문장이 있을 경우에 사용된다.

ⓓ 중첩 if-else문
- 중첩 if-else문은 여러 경우(multiple case)를 검사하여 각각의 경우에 따라 다른 문장들을 실행시키고자 할 때 사용된다.
- 중첩 if-else문은 첫 번째 조건이 거짓인 경우 다음 조건을 판단하는 순서로 수행된다.

```
if(조건 1)
조건 1이 참일 경우 수행하는 문장;
else if(조건 2)
조건 1이 거짓이면서 조건 2가 참일 경우 수행하는
문장;
else
조건 1과 조건 2가 거짓일 경우 수행하는 문장;
```

ⓜ switch 다중 선택문
- switch문은 조건에 따라 분기할 곳이 여러 곳인 경우 간단하게 처리할 수 있는 제어문이다.
- 수행방식은 중첩 if문과 동일한 방식으로 수행된다.
- switch문에서는 값의 범위를 비교할 수 없고, 값이 일치하는지만 비교할 수 있다.
- default 블록은 이전의 모든 경우에 해당하지 않을 때 수행되는 블록으로, switch문의 가장 마지막에 사용한다.
- switch문에서 각 case에 해당되는 문장은 중괄호 블록을 사용하지 않아도 다음 case 이전까지의 모든 문장이 실행되며, break문은 해당 블록을 벗어나도록 한다.

ⓗ goto문
- goto문은 프로그램 실행 중 현재 위치에서 원하는 다른 문장으로 건너뛰어 수행을 계속하기 위해 사용되는 제어문이다.
- goto문은 원하는 문장으로 쉽게 이동할 수 있지만, 많이 사용하면 프로그램의 이해와 유지·보수가 어려워져 거의 사용하지 않는다.

④ 데이터 반복
ⓐ 개요
- 반복문은 제어문의 한 종류로 일정한 횟수를 반복하는 명령문이다.
- 보통 변수의 값을 일정하게 증가시키면서 정해진 수가 될 때까지 명령이나 명령 그룹을 반복 수행한다.
- 반복문에는 for문, while문, do~while문이 있다.

ⓑ for문
- for문은 반복제어변수와 최종값을 정의하여 정해진 횟수를 반복하는 제어문이다.
- 초깃값, 조건식, 증감수식 중 하나 이상을 생략할 수 있고, 각각의 요소에 여러 개의 수식을 지정할 수도 있다.
- for문은 처음부터 최종값에 대한 조건식을 만족하지 못하면 한 번도 수행하지 않는다.
- 형식

for(초깃값, 조건식, 증감수식)
{
실행할 문장(반복할 문장);
}
	• 초깃값 : 값이 변하는 변수의 초깃값 선언부
	• 조건식 : 초기화에서 선언한 변수가 증감하면서 조건식이 거짓이 될 때까지의 선언부
	• 증감수식 : 초기화에 선언한 변수를 일정하게 증가

ⓒ while문
- while문은 조건이 참인 동안 실행할 문장을 반복 수행하는 제어문이다.
- while문은 먼저 조건을 평가하여 조건이 참인 동안 반복 수행 문장을 반복 수행하다가 조건이 거짓이 되는 순간 반복을 멈추고 제어를 다음으로 넘긴다.
- while문은 조건이 처음부터 거짓이면 한 번도 수행하지 않는다.
- 조건의 결과를 거짓으로 만들 수식이나 문장이 없으면 그 while문은 반복 수행 문장을 무한정으로 반복 수행하는데, 이를 무한 루프라고 한다.
- 반복의 몸체가 여러 개의 문장일 경우에 다음과 같이 중괄호({})를 사용하여 블록으로 표시한다.
- 형식

```
while(조건)
{
실행할 문장;
}
```

ㄹ do~while문

- do~while문은 while문처럼 조건이 참인 동안 정해진 문장을 반복 수행하다가 조건이 거짓이면 반복문을 벗어나는 동작을 하는데, 다른 점은 do~while문은 실행할 문장을 무조건 한 번 실행한 다음 조건을 판단하여 탈출 여부를 결정한다는 것이다.

- 형식

```
do
실행할 문장;
while(조건);
```

⑤ 데이터 제어(break와 continue문)

ㄱ switch문이나 반복문의 실행을 제어하기 위하여 사용되는 예약어이다.

ㄴ break문 : switch문이나 반복문 안에서 break가 나오면 블록을 벗어난다. break문은 반복(loop)을 일찍 벗어나게 하거나 switch 다중 선택구조에 break문 이후의 나머지 문장들의 실행을 넘어가고자 할 때 사용한다.

ㄷ continue문 : continue 이후의 문장을 실행하지 않고 제어를 반복문의 처음으로 옮기고, 다음 반복을 계속한다.

2-1. 다음 중 우선순위가 가장 높은 연산자는?

① +=   ② <<
③ &   ④ /

2-2. 다음 중 나머지를 구하는 연산자는?

① ?   ② <
③ %   ④ |

2-3. 다음 중 C언어에서 반복처리를 위한 명령문이 아닌 것은?

① do~while
② continue
③ for
④ while

|해설|

2-1
연산자는 단항연산자, 산술연산자, 시프트연산자, 관계연산자, 비트연산자, 논리연산자, 조건연산자, 대입연산자 순으로 우선순위가 낮아진다. 따라서 산술연산자인 '/'이 우선순위가 가장 높다.

2-3
반복문
- for문
- while문
- do~while문

정답 2-1 ④ 2-2 ③ 2-3 ②

정적 메모리와 동적 메모리

① 메모리의 구조

　㉠ 프로그램이 실행되기 위해서는 먼저 프로그램이 메모리에 로드(load)되어야 하고, 프로그램에 사용되는 변수들을 저장할 메모리도 필요하다.

　㉡ 컴퓨터의 운영체제는 프로그램의 실행을 위해 다양한 메모리 공간을 제공하고 있으며, 다음 그림과 같이 나타낸다.

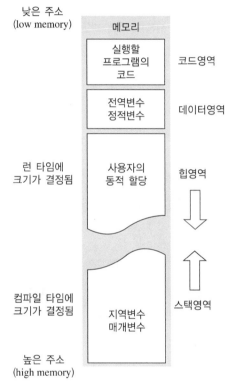

[메모리의 구조]

　㉢ 할당하는 메모리의 영역은 코드영역, 데이터영역, 스택영역, 힙영역으로 구분할 수 있다.

코드(code) 영역	• 우리가 작성한 소스코드가 들어가는 부분으로 함수, 제어문, 상수 등이 저장된다. • 텍스트영역이라고도 한다.
데이터(data) 영역	• 프로그램의 전역변수와 정적(static)변수가 저장되는 영역이다. • 데이터영역은 프로그램의 시작과 함께 할당되며, 프로그램이 종료되면 소멸한다.
힙(heap)영역	• 사용자가 직접 관리하는 영역으로, 사용자에 의해 메모리 공간이 동적으로 할당・해제된다. • 메모리의 낮은 주소에서 높은 주소의 방향으로 할당된다. • 런 타임 시에 크기가 결정된다.
스택(stack) 영역	• 함수의 호출과 관계되는 지역변수와 매개변수가 저장되는 영역으로, 정적 메모리가 할당된다. • 메모리의 높은 주소에서 낮은 주소의 방향으로 할당된다. • 컴파일 시에 크기가 결정된다. • 후입선출(LIFO ; Last-In First-Out) 방식이다. • 푸시(push) 동작으로 데이터를 저장하고, 팝(pop) 동작으로 데이터를 인출한다.

　㉣ 정적 할당은 컴파일 단계에서 필요한 메모리 공간을 할당하고, 동적 할당은 실행단계에서 공간을 할당한다.

② 정적 메모리(static memory)

　㉠ 정적 메모리는 코드나 데이터가 저장되는 영역이다.

　㉡ 메모리의 크기가 코딩되어 있기 때문에 프로그램이 실행될 때 이미 해당 메모리의 크기가 결정된다.

　㉢ 정적 메모리에 저장되는 데이터는 보통 정적변수, 전역변수, 코드에 있는 리터럴값 등이고, 이 메모리는 관리의 대상이 아니다.

　㉣ 프로그램의 시작과 함께 할당되고 끝나면 소멸되므로 프로그램의 실행 중에는 변동이 없다.

③ 동적 메모리(dynamic memory)

　㉠ 동적 메모리 할당 또는 메모리 동적 할당은 컴퓨터 프로그래밍에서 실행시간 동안 사용할 메모리 공간을 할당하는 것이다.

　㉡ 사용이 끝나면 운영체제가 쓸 수 있도록 반납하고, 다음에 요구가 오면 재할당을 받을 수 있다.

　㉢ 동적으로 할당된 메모리 공간은 프로그래머가 명시적으로 해제하거나 쓰레기 수집이 일어나기 전까지 그대로 유지된다.

　㉣ C, C++와 같이 쓰레기 수집이 없는 언어의 경우, 동적 할당하면 사용자가 해제하기 전까지는 메모리 공간이 계속 유지된다.

ⓐ 동적 할당은 프로세스의 힙영역에서 할당하므로 프로세스가 종료되면 운영체제에 메모리 리소스가 반납되므로 해제된다.

ⓑ 사용이 완료된 영역은 반납하는 것이 유리한데 프로그래머가 함수를 사용해서 해제해야 한다.

④ 정적 메모리와 동적 메모리의 비교

구분	정적 메모리 할당	동적 메모리 할당
메모리영역	• 스택	• 힙
메모리 할당	• 컴파일 단계	• 런 타임(실행시간) 단계
메모리 크기	• 고정적이다. • 실행 중 조절할 수 없다.	• 가변적이다. • 실행 중 유동적으로 조절 가능하다.
할당 해제	• 함수가 사라질 때 할당된 메모리가 자동으로 해제(반납)된다.	• 사용자가 원하는 시점에 할당된 메모리를 직접 해제(반납)한다.
장점	• 해제하지 않음으로 인한 메모리 누수와 같은 문제는 신경쓰지 않아도 된다. • 정적 할당된 메모리는 실행 도중에 해제되지 않고, 프로그램이 종료할 때 알아서 운영체제가 회수한다.	• 상황에 따라 원하는 크기만큼의 메모리가 할당되어 경제적이다. • 이미 할당된 메모리라도 언제든지 크기를 조절할 수 있다.
단점	• 메모리의 크기가 하드 코딩되어 있어서 나중에 조절할 수 없다. • 스택에 할당된 메모리이므로 동적 할당에 비해 할당받을 수 있는 최대 메모리에 제약을 받는다.	• 더 이상 사용하지 않을 때 명시적으로 메모리를 해제해 주어야 한다.

핵심예제

3-1. 할당하는 메모리영역에 포함되지 않는 것은?

① 힙(heap)영역
② 스택(stack)영역
③ 코드(code)영역
④ 포인터(pointer)영역

3-2. 정적 메모리 할당에 관한 설명으로 옳지 않은 것은?

① 정적 메모리는 스택(stack)영역에 속한다.
② 메모리의 크기가 하드 코딩되어 있어서 나중에 조절할 수 없다.
③ 상황에 따라 원하는 크기만큼의 메모리가 할당되므로 경제적이다.
④ 해제하지 않음으로 인한 메모리 누수와 같은 문제를 신경쓰지 않아도 된다.

|해설|

3-1
메모리영역
• 코드(code)영역
• 데이터(data)영역
• 스택(stack)영역
• 힙(heap)영역

3-2
정적 메모리는 크기가 고정되어 있어 실행 중 조절이 불가능하다.

정답 3-1 ④ 3-2 ③

① 컴포넌트(component)의 정의

ㄱ 독립적인 기능(서비스)을 제공하는 단위 소프트웨어 모듈을 의미한다.

ㄴ 하드웨어 플랫폼, 운영체계, 소프트웨어 등의 환경에 제약받지 않고 분산환경에서 개별적·독립적으로 실행될 수 있으며, 재사용이 가능한 소프트웨어의 조각 단위이다.

구분	내용
분산 컴포넌트	EJB, CORBA, COM+ 등 분산객체환경 지원 컴포넌트
비즈니스 컴포넌트	물리적으로 배포할 수 있는 독립된 하나의 비즈니스 개념을 구현한 컴포넌트
확장 비즈니스 컴포넌트	확장을 고려하여 설계된 비즈니스 컴포넌트의 집합으로 그룹 형태로 재사용이 가능한 항목의 집합체
시스템 컴포넌트	비즈니스 가치를 제공하기 위해 같은 일을 하는 시스템 수준의 컴포넌트들의 집합

② 소프트웨어 개발방법론

ㄱ 소프트웨어 개발방법론은 소프트웨어의 개발, 유지·보수 등에 필요한 여러 가지 일의 수행방법과 이러한 일들을 효율적으로 수행하려는 과정에서 필요한 각종 기법 및 도구를 체계적으로 정리하여 표준화한 것이다.

ㄴ 소프트웨어 개발방법론의 목적은 소프트웨어의 생산성과 품질 향상이다.

ㄷ 소프트웨어 개발에 필요한 반복적인 과정(절차, 방법, 산출물, 기법, 도구)들을 체계적으로 정리한다.

ㄹ 주요 구성

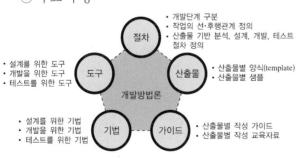

- 설계를 위한 도구
- 개발을 위한 도구
- 테스트를 위한 도구

- 개발단계 구분
- 작업의 선·후행관계 정의
- 산출물 기반 분석, 설계, 개발, 테스트 절차 정의

절차

도구

산출물

개발방법론

- 산출물별 양식(template)
- 산출물별 샘플

기법

가이드

- 설계를 위한 기법
- 개발을 위한 기법
- 테스트를 위한 기법

- 산출물별 작성 가이드
- 산출물별 작성 교육자료

ㅁ 소프트웨어 개발방법론의 종류

종류	설명
구조적 방법론	• 정형화된 분석 절차에 따라 사용자 요구사항을 파악하여 문서화하는 체계적인 분석이론이다.
정보공학 방법론	• 기업 전체나 기업의 주요 부분을 계획, 분석, 설계 및 구축에 정형화된 기법들을 상호 연관성 있게 통합·적용하는 데이터 중심의 방법론이다.
객체지향 방법론	• 객체(object)라는 기본 단위로 시스템을 분석하고 설계하는 방법론이다. • 현실에 존재하는 실체 및 개념을 객체라는 독립된 단위로 구성하고, 이 객체들이 메시지 교환을 통해 상호작용함으로써 전체 시스템이 운영되는 개념이다.
컴포넌트 기반방법론 (CBD)	• 기존에 개발된 S/W 컴포넌트를 조립, 시스템을 개발하여 객체지향의 단점인 S/W 재사용성을 극대화한 개발방법론이다.
애자일 방법론	• 애자일(agile)은 민첩한, 기민한이라는 의미로 고객의 요구사항 변화에 유연하게 대응할 수 있도록 일정한 주기를 반복하면서 개발과정을 진행하는 방법론이다. • 소규모 프로젝트, 고도로 숙달된 개발자, 급변하는 요구사항에 적합하다.

③ 구조적 방법론

ㄱ 구조적 방법론은 정형화된 분석 절차에 따라 사용자 요구사항을 파악하여 문서화하는 처리(process)중심의 방법론이다.

ㄴ 쉬운 이해 및 검증이 가능한 프로그램 코드를 생성하는 것이 목적이다.

ㄷ 복잡한 문제를 다루기 위해 분할과 정복(divide and conquer)의 원리를 적용한다.

ㄹ 구조적 방법론의 절차 : 타당성 검토 → 계획 → 요구사항 분석 → 설계 → 구현 → 시험 → 운용/유지·보수

④ 객체지향방법론
　　㉠ 현실세계의 개체를 기계의 부품처럼 하나의 객체로 만들어 소프트웨어를 개발할 때 기계의 부품을 조립하듯 객체들을 조립해서 필요한 소프트웨어를 구현하는 방법론이다.
　　㉡ 구조적 기법의 문제점으로 인한 소프트웨어 위기의 해결책으로 채택되었다.
　　㉢ 구성요소에는 객체, 클래스, 메시지 등이 있다.
　　㉣ 기본원칙에는 캡슐화, 정보 은닉, 추상화, 상속성, 다형성 등이 있다.
　　㉤ 절차 : 요구사항 분석 → 설계 → 구현 → 테스트 및 검증 → 인도

⑤ 컴포넌트기반방법론(component based design)
　　㉠ 기존의 개발방식과는 달리 특정 프레임 워크상에서 실행되는 부품화된 컴포넌트를 바탕으로 이를 조립하여 더 큰 컴포넌트를 만들거나 애플리케이션을 개발하는 새로운 기법이다.
　　㉡ 특징
　　　• 컴포넌트 재사용이 가능하여 시간과 노력을 절감할 수 있다.
　　　• 유지・보수 비용을 최소화하고 생산성 및 품질을 향상시킬 수 있다.
　　　• 요구사항의 변화와 수용에 안정적이고 신속한 변경이 가능하다.
　　　• 사용자 관점 요구사항 분석으로 컴포넌트 식별이 가능하다.
　　　• 새로운 기능을 추가하는 것이 간단하여 확장성이 보장된다.
　　　• 개발자의 생산성이 향상되고, 품질이 검증된 컴포넌트를 사용한다.
　　㉢ 절차 : 개발 준비 → 분석 → 설계 → 구현 → 테스트 → 전개 → 인도

4-1. 독립적으로 실행 가능하며 표준 인터페이스를 갖추고 소프트웨어의 대처 가능성, 재사용성, 기능적 독립성을 갖춘 소프트웨어 모듈을 의미하는 것은?

① 컴포넌트
② 클래스
③ 오버라이딩
④ 상속

4-2. 정형화된 분석 절차에 따라 사용자 요구사항을 파악하여 문서화하는 체계적인 분석이론은?

① 구조적 방법론
② 정보공학방법론
③ 객체지향방법론
④ 컴포넌트기반방법론

|해설|

4-1
컴포넌트 : 독립적인 기능(서비스)을 제공하는 단위 소프트웨어 모듈을 의미하는 것으로, 소프트웨어 등의 환경에 제약받지 않고 분산환경에서 개별적・독립적으로 실행될 수 있으며 재사용이 가능하다.

4-2
② 정보공학방법론 : 기업 전체나 기업의 주요 부분을 계획, 분석, 설계 및 구축에 정형화된 기법들을 상호 연관성 있게 통합, 적용하는 데이터 중심의 방법론이다.
③ 객체지향방법론 : 현실에 존재하는 실체 및 개념을 객체라는 독립된 단위로 구성하고, 이 객체들이 메시지 교환을 통해 상호작용함으로써 전체 시스템이 운영되는 개념이다.
④ 컴포넌트기반방법론 : 기존에 개발된 S/W 컴포넌트를 조립, 시스템을 개발하여 객체지향의 단점인 S/W 재사용성을 극대화한 개발방법론이다.

정답 4-1 ①　4-2 ①

2-2. 객체지향 프로그래밍

핵심이론 01 클래스

① 객체지향(object-oriented)

　㉠ 현실세계의 개체를 기계의 부품처럼 하나의 객체로 만들어 소프트웨어를 개발할 때도 객체들을 조립해서 작성할 수 있도록 한 프로그래밍 기법이다.

　㉡ 프로시저보다는 명령과 데이터로 구성된 객체를 중심으로 하는 프로그래밍 기법으로, 한 프로그램을 다른 프로그램에서 이용할 수 있도록 한다.

　㉢ 소프트웨어의 재사용 및 확장이 용이하고, 고품질의 소프트웨어를 빠르게 개발 및 유지·보수하기 쉽다.

　㉣ 복잡한 구조를 단계적·계층적으로 표현하고, 멀티미디어 데이터 및 병렬처리를 지원한다.

② 객체

　㉠ 데이터(속성)와 이를 처리하기 위한 연산(메서드)을 결합시킨 실체이다.

　㉡ 데이터 구조와 그 위에서 수행되는 연산들을 가지고 있는 소프트웨어 모듈이다.

　　• 속성 : 한 클래스 내에 속한 객체들이 가지고 있는 데이터값을 단위별로 정의하는 것으로 성질, 분류, 식별, 수량 또는 현재 상태 등을 표현한다.

　　• 메서드 : 객체가 메시지를 받아 실행해야 할 때 구체적인 연산을 정의하는 것으로, 객체의 상태를 참조하거나 변경하는 수단이 된다.

　㉢ 객체의 특성

　　• 독립적으로 식별 가능한 이름을 가지고 있다.

　　• 객체가 가질 수 있는 조건을 상태(state)라고 하며 일반적으로 상태는 시간에 따라 변한다.

　　• 객체와 객체는 상호 연관성에 의한 관계가 형성된다.

　　• 객체가 반응할 수 있는 메시지의 집합을 행위라고 하며 객체는 행위의 특징을 나타낼 수 있다.

　　• 일정한 기억 장소를 가지고 있다.

　　• 메서드는 다른 객체로부터 메시지를 받았을 때 정해진 기능을 수행한다.

③ 클래스(class)

　㉠ 두 개 이상의 유사한 객체들을 묶어서 하나의 공통된 특성을 표현하는 요소이다. 즉, 공통된 특성과 행위를 갖는 객체의 집합이다.

　㉡ 객체의 유형 또는 타입(object type)을 의미한다.

　㉢ 클래스에 속한 각각의 객체를 인스턴스(instance)라 하고, 클래스로부터 새로운 객체를 생성하는 것을 인스턴스화(instantiation)라고 한다.

　㉣ 동일한 클래스에 속한 각각의 객체들은 공통된 속성과 행위를 가지고 있으면서, 그 속성에 대한 정보가 서로 달라 동일한 기능을 하는 여러 가지 객체를 나타낸다.

　㉤ 최상위 클래스는 상위 클래스를 갖지 않는 클래스를 의미한다.

　㉥ 슈퍼 클래스(super class)는 특정 클래스의 상위(부모) 클래스를 의미하고, 서브 클래스(sub class)는 특정 클래스의 하위(자식) 클래스를 의미한다.

1-1. 객체의 특성에 관한 설명으로 옳지 않은 것은?

① 일정한 기억 장소를 가지고 있지 않다.
② 객체와 객체는 상호 연관성에 의한 관계가 형성된다.
③ 독립적으로 식별 가능한 이름을 가지고 있다.
④ 객체가 가질 수 있는 조건을 상태(state)라고 하며 일반적으로 상태는 시간에 따라 변한다.

1-2. 하나 이상의 유사한 객체들을 묶어서 하나의 공통된 특성을 표현한 것으로 데이터 추상화의 개념은?

① 객체(object)
② 실체(instance)
③ 클래스(class)
④ 메시지(message)

| 해설 |

1-1
객체는 일정한 기억 장소를 가지고 있다.

1-2
③ 클래스(class) : 두 개 이상의 유사한 객체들을 묶어서 하나의 공통된 특성을 표현하는 요소이다. 즉, 공통된 특성과 행위를 갖는 객체의 집합이다.
① 객체(object) : 데이터(속성)와 이를 처리하기 위한 연산(메서드)을 결합시킨 실체로, 데이터 구조와 그 위에서 수행되는 연산들을 가지고 있는 소프트웨어 모듈이다.

정답 1-1 ① 1-2 ③

핵심이론 02 변수와 메서드

① 변수

　㉠ 컴퓨터가 명령을 처리하는 중에 발생하는 값을 저장하기 위한 공간으로, 변할 수 있는 값을 의미한다.

　㉡ 변수는 저장하는 값에 따라 정수형, 실수형, 문자형, 포인터형 등으로 구분한다.

　㉢ 정수형 변수는 char형, int형, long형 변수로, 실수형 변수는 float형, double형 변수로 나눌 수 있다.

② 변수 이름의 생성규칙

　㉠ 변수의 이름은 영문자(대·소문자), 숫자, under bar(_)로만 구성된다.

　㉡ 첫 글자는 영문자나 under bar(_)로 시작해야 하며, 숫자는 올 수 없다.

　㉢ 변수의 이름 사이에는 공백이나 *, +, -, / 등의 특수문자를 사용할 수 없다.

　㉣ 글자 수에 제한이 없으며 대·소문자를 구분한다.

　㉤ 변수 선언 시 문장 끝에 반드시 세미콜론(;)을 붙여야 한다.

③ 변수의 선언

자료형 변수명 = 값;	• 자료형 : 변수에 저장될 자료의 형식을 지정한다. • 변수명 : 사용자가 원하는 이름을 임의로 지정한다. 단, 변수명 작성규칙에 맞게 지정해야 한다. • 값 : 변수를 선언하면서 초기화할 값을 지정한다. 단, 값은 지정하지 않아도 된다.
예	int a = 5; • int : 자료의 형식을 정수형으로 지정한다. • a : 변수명을 a로 지정한다. • 5 : 변수 a를 선언하면서 초깃값으로 5를 저장한다.

④ 변수의 종류

　㉠ 인스턴스 변수(instance variable)

　　• 클래스가 인스턴스될 때 초기화되는 변수이다.

　　• 클래스 인스턴스를 생성할 때 만들어진다.

　　• 인스턴스는 독립적인 저장 공간을 가져 서로 다른 값을 가질 수 없다.

ⓛ 클래스 변수(class variable)
  • 클래스 영역에 선언하며 인스턴스 변수 앞에 static이 붙는다.
  • 모든 인스턴스가 공통된 저장 공간을 공유한다.
  • 인스턴스 변수와 달리 인스턴스를 생성하지 않아도 사용이 가능하다.
ⓒ 지역변수(local variable)
  • 메서드 내에 선언된 변수로, 해당 메서드 내에서만 사용 가능하다.
  • 메서드가 종료되면 소멸되어 사용이 불가하다.
ⓓ 매개변수(parameter)
  • 메서드에 넘겨주는 변수이다.
  • 메서드가 호출될 때 시작하고, 메서드가 끝나면 소멸한다.

⑤ 메서드(method)
ⓞ 특정작업을 수행하는 일련의 문장들을 하나로 묶은 것으로, 어떤 값을 입력하면 이 값으로 작업을 수행해서 결과를 반환한다.
ⓛ 사용목적
  • 클래스에서 메서드를 작성하여 사용하는 이유는 중복되는 코드의 반복적인 프로그래밍을 피할 수 있기 때문이다.
  • 한 번 만들어 놓은 메서드는 몇 번이고 호출할 수 있으며, 다른 프로그램에서도 사용 가능하기 때문에 재사용성이 높다.
  • 프로그램에 문제가 발생하거나 기능의 변경이 필요할 때도 손쉽게 유지·보수를 할 수 있다.
ⓒ 메서드의 정의(선언과 구현) : 메서드를 정의한다는 것은 선언부와 구현부를 작성한다는 의미이다.

```
접근제어자 반환타입 메서드이름(매개변수목록) { //
선언부
// 구현부
}
```

• 접근제어자 : 해당 메서드에 접근할 수 있는 범위를 명시한다.
• 반환 타입(return type) : 메서드가 모든 작업을 마치고 반환하는 데이터의 타입을 명시한다.
• 메서드 이름 : 메서드를 호출하기 위한 이름을 명시한다.
• 매개변수 목록(parameters) : 메서드 호출 시 전달되는 인수의 값을 저장할 변수들을 명시한다.
• 구현부 : 메서드의 고유기능을 수행하는 명령문의 집합이다.

핵심예제

2-1. C언어에서 문장을 끝마치기 위해 사용되는 기호는?
① 콤마(,)
② 온점(.)
③ 콜론(:)
④ 세미콜론(;)

2-2. 변수 이름의 생성규칙으로 옳지 않은 것은?
① 변수 이름의 중간에 공백을 사용할 수 있다.
② 글자 수에 제한이 없으며 대·소문자를 구분한다.
③ 변수의 이름은 영문자(대·소문자), 숫자, under bar(_)로만 구성된다.
④ 첫 글자는 영문자나 under bar(_)로 시작해야 하며, 숫자는 올 수 없다.

|해설|

2-1
변수 선언 시 문장 끝에 반드시 세미콜론(;)을 붙여야 한다. 세미콜론을 붙이지 않으면 컴파일 시 에러가 발생한다.

2-2
변수의 이름 사이에는 공백이나 *, +, -, / 등의 특수문자를 사용할 수 없다.

정답 2-1 ④ 2-2 ①

① 개요

　㉠ 멤버 또는 클래스에 사용하여 해당하는 멤버 또는 클래스를 외부에서 접근하지 못하도록 제한하는 역할을 한다.

　㉡ 접근제어자는 생략 가능하며 생략했을 때는 자동으로 default임을 뜻하게 된다. 따라서 default일 경우에는 접근제어자를 지정하지 않는다.

　㉢ 접근제어자가 사용될 수 있는 곳 : 클래스, 멤버변수, 메서드, 생성자

　㉣ Java에서는 4가지 접근제어자를 제공한다.

　　• private : 같은 클래스 내에서만 접근 가능하다.

　　• default : 같은 패키지 내에서만 접근 가능하다.

　　• protected : 같은 패키지 내에서, 그리고 다른 패키지의 자식 클래스에서 접근 가능하다.

　　• public : 어떤 클래스에서라도 접근 가능하며, 접근 제한이 전혀 없다.

② 특징

　㉠ 사용자가 객체 내부적으로 사용하는 변수나 메서드에 접근해 개발자가 의도하지 못한 오동작을 일으킬 수 있기 때문에 객체 내부 로직을 보호하기 위해서는 사용자와 권한에 따라 외부의 접근을 허용하거나 차단해야 할 필요가 있다.

　㉡ 사용자에게 객체를 조작할 수 있는 수단만 제공함으로써 결과적으로 객체의 사용에 집중할 수 있도록 돕는다.

　㉢ 데이터형을 통해 어떤 변수가 있을 때 그 변수에 어떤 데이터형이 들어 있는지, 어떤 메서드가 어떤 데이터형의 데이터를 반환하는지를 명시함으로써 사용자는 안심하고 변수와 메서드를 사용할 수 있다.

㉣ 접근제어자의 허용범위

접근제어자		private	default (지정 안 함)	protected	public
클래스 내부		○	○	○	○
동일 패키지	하위 클래스 (상속관계)	×	○	○	○
	상속받지 않은 클래스	×	○	○	○
다른 패키지	하위 클래스 (상속관계)	×	×	○	○
	상속받지 않은 클래스	×	×	×	○

핵심예제

3-1. Java의 접근제어자가 아닌 것은?

① private

② public

③ default

④ information

3-2. Java에서 사용하는 접근제어자의 종류가 아닌 것은?

① public 접근제어자는 같은 패키지 내에서만 접근 가능하다.

② private 접근제어자는 해당 클래스 내부에서만 접근할 수 있다.

③ 접근제어자는 생략 가능하며 생략했을 때는 자동으로 default임을 뜻하게 된다.

④ 접근제어자는 프로그래밍 언어에서 외부로부터의 접근을 제한하기 위해 사용된다.

|해설|

3-1

Java의 접근제어자

• private : 같은 클래스 내에서만 접근 가능하다.

• default : 같은 패키지 내에서만 접근 가능하다.

• protected : 같은 패키지 내에서, 그리고 다른 패키지의 자식 클래스에서 접근 가능하다.

• public : 어떤 클래스에서라도 접근 가능하며, 접근 제한이 전혀 없다.

정답 3-1 ④　3-2 ①

① 개념

  ㉠ 데이터(속성)와 데이터를 처리하는 함수를 하나로 묶는 것을 의미한다.

  ㉡ 캡슐화(encapsulation)된 객체의 세부내용이 외부에 은폐(정보 은닉)되어 변경이 발생할 때 오류의 파급효과가 작다.

  ㉢ 캡슐화된 객체는 재사용이 용이하다.

  ㉣ 외부에서는 비공개 데이터에 직접 접근하거나 메서드 구현의 세부를 알 수 없다.

  ㉤ 객체 내 데이터에 대한 보안, 보호, 외부 접근 제한 등과 같은 특성을 가지게 한다.

  ㉥ 인터페이스가 단순하며, 객체 간의 결합도가 낮아진다.

② 캡슐화와 정보 은닉

  ㉠ 정보 은닉(information hiding)은 캡슐화에서 가장 중요한 개념으로, 다른 객체에게 자신의 정보를 숨기고 자신의 연산을 통해서만 접근을 허용하는 것이다.

  ㉡ 캡슐화는 객체의 데이터를 부적절한 객체 접근으로부터 보호하고, 객체 자체가 데이터 접근을 통제할 수 있게 한다.

  ㉢ 캡슐화는 객체의 데이터에 직접적으로 부주의하고 부정확한 변경이 발생하는 것을 방지함으로써 보다 강력하고 견고한 소프트웨어 작성에 도움이 된다.

  ㉣ 객체는 캡슐화를 통해 정보 은닉의 특성을 갖는다.

4-1. 데이터(속성)와 데이터를 처리하는 함수를 하나로 묶는 것을 의미하며, 객체의 사용자들에게 내부적인 구현의 세부적인 내용들을 은폐시키는 기능은?

① 상속화
② 캡슐화
③ 추상화
④ 클래스

4-2. 캡슐화에 대한 설명으로 옳지 않은 것은?

① 캡슐화된 객체는 재사용하기 어렵다.
② 인터페이스가 단순하며, 객체 간의 결합도가 낮아진다.
③ 외부에서는 비공개 데이터에 직접 접근하거나 메서드 구현의 세부를 알 수 없다.
④ 객체 내 데이터에 대한 보안, 보호, 외부 접근 제한 등과 같은 특성을 가지게 한다.

|해설|

4-1
캡슐화는 객체의 자료가 변조되는 것을 방지하고, 그 객체의 사용자들에게 내부적인 구현의 세부적인 내용들을 은폐시키는 기능을 한다.

4-2
캡슐화된 객체들은 유지·보수 및 재사용이 용이하다.

정답 4-1 ② 4-2 ①

① 개념
  ㉠ 상속(inheritance)은 기존의 객체를 그대로 유지하면서 기능을 추가하는 방법으로, 기존 객체의 수정 없이 새로운 객체가 만들어지는 것이다.
  ㉡ 객체지향의 재활용성을 극대화시킨 프로그래밍 기법이라고 할 수 있는 동시에 객체지향을 복잡하게 하는 주요 원인이라고도 할 수 있다.
  ㉢ 새로운 클래스를 생성할 때 처음부터 새롭게 만드는 것이 아니라 기존의 클래스로부터 특성을 이어받고, 추가로 필요한 특성만 정의하는 것이다.
  ㉣ 상속성을 이용하면 하위 클래스는 상위 클래스의 모든 속성과 연산을 자신의 클래스 내에서 다시 정의하지 않아도 즉시 자신의 속성으로 사용할 수 있다.

② 특징
  ㉠ 이미 정의된 상위 클래스의 모든 속성과 연산을 하위 클래스가 물려받는 것이다.
  ㉡ 하위 클래스는 상위 클래스의 모든 속성과 연산을 자신의 클래스 내에서 즉시 자신의 속성으로 사용한다.
  ㉢ 하위 클래스는 상속받은 속성과 연산 외에 새로운 속성과 연산을 첨가하여 사용할 수 있다.
  ㉣ 객체와 클래스의 재사용(reuse), 즉 소프트웨어의 재사용을 높이는 중요한 개념이다.
  ㉤ 단일 상속은 하나의 상위 클래스로부터 상속받는 것이고, 다중 상속은 한 개의 클래스가 두 개 이상의 상위 클래스로부터 속성과 연산을 상속받는 것을 의미한다.

③ 객체 재사용성(reusability)
  ㉠ 클래스들이 상속관계로 얽혀 있는 것을 클래스 계층(class hierarchy)이라고 한다.
  ㉡ 클래스 계층에서 위에 있는 클래스(상속을 주는 클래스)를 상위 클래스(super class) 또는 부모 클래스(parent class)라고 한다.
  ㉢ 계층의 밑에 있는 클래스(상속을 받는 클래스)를 하위 클래스(sub class) 또는 자식 클래스(child class)라고 한다.

핵심예제

5-1. 소프트웨어의 재사용(reuse)을 높이는 객체지향의 기본 원칙은?
① 캡슐화
② 상속성
③ 다형성
④ 추상화

5-2. 한 개의 클래스가 두 개 이상의 상위 클래스로부터 속성과 연산을 상속받는 것은?
① 오버로딩
② 오버라이딩
③ 단일 상속
④ 다중 상속

|해설|

5-2
단일 상속은 하나의 상위 클래스로부터 상속받는 것이고, 다중 상속은 한 개의 클래스가 두 개 이상의 상위 클래스로부터 속성과 연산을 상속받는 것을 의미한다.

정답 5-1 ② 5-2 ④

① 다형성(polymorphism)

　　㉠ 메시지에 의해 객체(클래스)가 연산을 수행하게 될 때 하나의 메시지에 대해 각 객체가 가지고 있는 고유한 방법(특성)으로 응답할 수 있는 능력을 의미한다.

　　㉡ 객체들은 동일한 메서드명을 사용하며 같은 의미의 응답을 한다.

　　㉢ 서로 다른 객체가 동일한 메시지에 대하여 서로 다른 방법으로 응답할 수 있도록 하며, 함수 이름을 쉽게 기억하여 프로그램 개발에 도움을 준다.

　　㉣ 같은 타입의 객체 형태를 다르게 나타나도록 하며, 메서드 오버로딩과 오버라이딩이 대표적인 표현 기술이다.

② 오버로딩과 오버라이딩

구분	오버로딩(overloading)	오버라이딩(overriding)
개념	• 같은 이름의 메서드를 여러 개 가지면서 매개변수의 유형과 개수를 다르게 하는 기술이다. • 상속과 무관하다. • 하나의 클래스 안에 선언되는 여러 메서드 사이의 관계를 정의한다.	• 부모 클래스로부터 상속받은 메서드를 자식 클래스에서 재정의하는 것이다. • 상속관계이다. • 두 클래스 내 선언된 메서드의 관계를 정의한다.
조건	• 리턴값만 다른 것은 오버로딩을 할 수 없다는 것을 주의한다.	• 자식 클래스에서는 오버라이딩하고자 하는 메서드의 이름, 매개변수, 리턴값이 모두 같아야 한다.
메서드	• 메서드 이름이 같다.	• 메서드 이름이 같다.
매개변수	• 데이터 타입, 개수 또는 순서를 다르게 정의한다.	• 매개변수 리스트, 리턴 타입이 동일하다.
modifier	• 제한이 없다.	• 같거나 더 넓을 수 있다.

핵심예제

오버라이딩에 관한 설명으로 옳지 않은 것은?

① 부모 클래스로부터 상속받은 메서드를 자식 클래스에서 재정의하는 것이다.
② 상속관계와 관련 있다.
③ 기존 메서드와 이름이 같다.
④ 데이터 타입과 개수 또는 순서는 다르게 정의한다.

|해설|

오버라이딩은 부모 클래스의 메서드를 재정의하는 것이므로, 자식 클래스에서는 오버라이딩하고자 하는 메서드의 이름, 매개변수, 리턴값이 모두 같아야 한다.

정답 ④

① 추상 클래스(abstract class)

　㉠ 개념

　　• 하위 클래스들이 공유하는 공통된 메서드나 변수를 유지하는 상위 클래스이다.

　　• 클래스 계층구조에서 상위에 있는 클래스일수록 보다 추상적이다.

　　• 구조의 가장 상위에 있는 클래스는 하위의 모든 클래스에 공통적으로 적용되는 메서드나 변수를 정의할 수 있다.

　　• 구체적인 메서드들은 하위의 계층에서 구현된다.

　　• 인스턴스 생성이 불가능하여 구체 클래스가 추상 클래스를 상속받아 구체화한 후 구체 클래스의 인스턴스를 생성하는 방식으로 사용한다.

　㉡ 선언방법

　　• 추상 클래스는 추상 메서드를 한 개 이상 포함하는 클래스이며, 추상 메서드는 메서드의 이름만 있고 실행코드가 없는 메서드이다.

　　• 각 서브 클래스에서 필요한 메서드만 정의한 채 규격만 따르게 하는 것이 클래스를 설계하고 프로그램을 개발하는 데 훨씬 도움이 되는 접근방법이다.

　　• 추상 클래스를 선언할 때는 abstract라는 키워드를 사용하는데 형식은 다음과 같다.

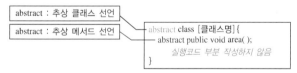

[추상 클래스와 추상 메서드 선언의 예]

② 인터페이스

　㉠ 개념

　　• 인터페이스는 의미상으로 떨어져 있는 객체를 서로 연결해 주는 규격이다.

　　• 인터페이스는 개념이나 구조적으로 추상 클래스와 유사하지만, 인터페이스는 클래스가 아니라 외관만을 정의한 것이므로 추상 클래스와는 다르다.

　　• 추상 클래스는 추상 메서드와 구현된 메서드를 모두 포함할 수 있지만, 인터페이스 내의 메서드는 모두 추상 메서드로 제공된다.

　㉡ 인터페이스와 다중 상속

　　• 인터페이스는 실제 클래스에서 구현되는데 implements라는 키워드를 사용한다.

　　• 인터페이스는 추상 메서드 외에 아무것도 포함하지 않기 때문에 클래스에서 그 인터페이스의 추상 메서드를 같은 형식으로 선언해야 한다.

　　• 인터페이스는 이를 상속받는 클래스가 있어야 의미 있는 특별한 클래스이므로 인터페이스 및 모든 메서드의 접근제어자는 항상 public이어야 한다.

　　• 반드시 public abstract 추상 메서드만 정의해야 하며 생성자는 포함하지 않는다.

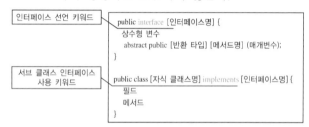

[인터스페이스 선언 및 구현방법]

핵심예제

추상 클래스(abstract class)에 관한 설명으로 옳지 않은 것은?

① 구체적인 메서드들은 상위의 계층에서 구현된다.

② 클래스 계층구조에서 상위에 있는 클래스일수록 보다 추상적이라고 할 수 있다.

③ 인스턴스 생성이 불가능하여 구체 클래스가 추상 클래스를 상속받아 구체화한다.

④ 하위 클래스들이 공유하는 공통된 메서드나 변수를 유지하는 상위 클래스이다.

|해설|

추상 클래스에서 구체적인 메서드들은 하위의 계층에서 구현된다.

정답 ①

2-3. 이벤트 처리

핵심이론 01 UI 컴포넌트(패키지)

① 사용자 인터페이스(UI ; User Interface)의 개요
  ㉠ 사용자와 시스템 간의 상호작용이 원활하게 이뤄지도록 도와주는 장치나 소프트웨어를 의미한다.
  ㉡ 초기에는 단순히 사용자와 컴퓨터 간의 상호작용에만 국한되었다가 점차 사용자가 수행할 작업을 구체화시키는 기능 위주로 변경되었고, 최근에는 정보 내용을 전달하기 위한 표현방법으로 변경되었다.
  ㉢ 사용자 인터페이스의 활용 분야
    • 정보 제공과 전달을 위한 물리적 제어에 관한 분야
    • 콘텐츠의 상세적인 표현과 전체적인 구성에 관한 분야
    • 모든 사용자가 편리하고 간편하게 사용하도록 하는 기능에 관한 분야

② 기본원칙
  ㉠ 유연성 : 사용자의 요구사항을 최대한 수용하고, 실수를 최소화해야 한다.
  ㉡ 유효성 : 사용자의 목적을 정확하고, 완벽하게 달성해야 한다.
  ㉢ 직관성 : 누구나 쉽게 이해하고, 사용할 수 있어야 한다.
  ㉣ 학습성 : 누구나 쉽게 배우고, 익힐 수 있어야 한다.

③ 특징
  ㉠ 수행결과의 오류를 줄인다.
  ㉡ 정보 제공자와 공급자 간의 매개역할을 수행한다.
  ㉢ 사용자의 막연한 작업기능에 대해 구체적인 방법을 제시해 준다.
  ㉣ 사용자의 편리성과 가족성을 높임으로써 작업시간을 단축시키고 업무에 대한 이해도를 높여 준다.
  ㉤ 사용자의 만족도에 큰 영향을 미치는 중요한 요소로, 소프트웨어 영역 중 변경이 가장 많이 발생한다.

④ 구분
  ㉠ CLI(Command Line Interface) : 명령과 출력이 텍스트 형태로 이뤄지는 인터페이스이다.
  ㉡ GUI(Graphical User Interface) : 아이콘이나 메뉴를 마우스로 선택하여 작업을 수행하는 그래픽 환경의 인터페이스이다.
  ㉢ NUI(Natural User Interface) : 사용자의 말이나 행동으로 기기를 조작하는 인터페이스이다.
  ㉣ VUI(Voice User Interface) : 사람의 음성으로 기기를 조작하는 인터페이스이다.
  ㉤ OUI(Organic User Interface) : 모든 사물과 사용자 간의 상호작용을 위한 인터페이스이다.

⑤ 사용자 인터페이스 개발시스템의 기능
  ㉠ 사용자의 입력을 검증할 수 있어야 한다.
  ㉡ 도움과 프롬프트(prompt)를 제공해야 한다.
  ㉢ 에러처리와 그와 관련된 에러 메시지를 표시할 수 있어야 한다.

핵심예제

1-1. 누구나 쉽게 이해하고 사용할 수 있어야 한다는 UI 설계의 원칙은?
① 유효성　　　　　② 유연성
③ 직관성　　　　　④ 용이성

1-2. 사용자 인터페이스의 특징으로 옳지 않은 것은?
① 수행결과의 오류를 줄인다.
② 소프트웨어 영역 중 변경이 가장 적게 발생한다.
③ 정보 제공자와 공급자 간의 매개역할을 수행한다.
④ 사용자의 막연한 작업기능에 대해 구체적인 방법을 제시해 준다.

|해설|

1-1
UI 설계의 기본원칙
• 유연성 : 사용자의 요구사항을 최대한 수용하고, 실수를 최소화해야 한다.
• 유효성 : 사용자의 목적을 정확하고 완벽하게 달성해야 한다.
• 직관성 : 누구나 쉽게 이해하고, 사용할 수 있어야 한다.
• 학습성 : 누구나 쉽게 배우고, 익힐 수 있어야 한다.

1-2
UI는 사용자의 만족도에 가장 큰 영향을 미치는 중요한 요소로, 소프트웨어 영역 중 변경이 가장 많이 발생한다.

정답 1-1 ③ 1-2 ②

핵심이론 02 레이아웃

① 레이아웃 관리

  ㉠ 개념 : 배치관리자(layout manager)는 인터페이스에 들어갈 컴포넌트의 위치를 맞추거나 크기를 재조정할 때 사용한다.

  ㉡ 컴포넌트 배치는 사용자 인터페이스를 조직하는 객체인 레이아웃 매니저를 사용한다.

  ㉢ 자바 AWT에 있는 컨테이너(Panel, Frame, Window, Dialog)는 모두 레이아웃 매니저들을 포함한다.

  ㉣ 윈도와 같은 컨테이너의 크기가 재조정될 때 레이아웃 매니저가 자동으로 인터페이스를 고친다는 것이 레이아웃 매니저 구조의 장점이다.

  ㉤ 할당되면 레이아웃 매니저는 컨테이너가 처음 화면에 출력되거나 새로운 컴포넌트가 더해질 때 또는 크기가 재조정될 때마다 자동으로 조절된다.

  ㉥ 레이아웃 클래스로는 FlowLayout, BorderLayout, GridLayout의 단순한 방식의 배치를 담당하는 클래스와 복잡한 배치를 수행할 수 있는 CardLayout, GridBagLayout 클래스들이 있다.

② 레이아웃의 종류

  ㉠ FlowLayout : 컴포넌트들을 왼쪽에서 오른쪽으로 배열한다. 너비를 벗어나면 다음 줄에서 다시 배치를 시작한다.

  ㉡ BorderLayout : 상(north), 하(south), 우(east), 좌(west), 중간(center) 5개의 지역에 적당히 컴포넌트를 배열하고, 컨테이너를 구성한다. 컴포넌트의 영역을 지정하지 않으면 자동으로 중간 영역에 배치된다.

  ㉢ GridLayout : 컨테이너의 컴포넌트들을 사각형 그리드 안에 구성한다. 컴포넌트를 격자 모습으로 배치하며 행과 열로 관리된다.

  ㉣ CardLayout : 컨테이너 안에 있는 컴포넌트를 각각 카드처럼 관리하며 오직 한 카드만이 한 번에 보인다. 순서가 변경되면 해당 순서의 컨테이너가 나타나고, 그 외의 것은 감추어지는 것으로 카드가 번갈아가며 나타나는 형태이다.

  ㉤ GridBagLayout : 컴포넌트들을 수평적·수직적으로 배열하고, 엑셀처럼 셀을 병합하여 사용자가 원하는 스타일로 지정할 수 있다.

③ 구성(시맨틱) 요소

시맨틱(semantic)은 '의미가 있는'이라는 뜻으로 HTML 문에서 의미를 부여하겠다는 의도가 있다.

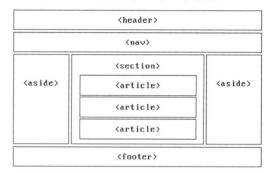

[시맨틱 요소]

구분	의미
header	• 헤더영역이다. • 머리말을 나타내는 요소이다.
nav	• 메인 메뉴나 목차 등을 정의한다. • 주로 전체 웹페이지에 적용되는 내비게이션 메뉴(GNB)를 나타낸다.
section	• 맥락이 같은 요소들을 주제별로 그룹화한다. • 제목별로 나눌 수 있는 요소이다.
article	• 본문의 주내용이 들어가는 공간이다. • 개별 콘텐츠를 담는 요소이다.
aside	• 사이드 메뉴나 광고 등의 영역으로 사용한다. • 주요 콘텐츠 이외에 남아 있는 콘텐츠 등을 나타낸다.
footer	• 푸터영역이다. • 제작자의 정보나 저작권의 정보를 나타내는 요소이다.

2-1. 레이아웃 클래스에 관한 설명으로 옳지 않은 것은?

① FlowLayout : 컴포넌트들을 왼쪽에서 오른쪽으로 배열한다.
② GridLayout : 컨테이너의 컴포넌트들을 사각형 그리드 안에 구성한다.
③ CardLayout : 컴포넌트들을 같은 크기로 하는 것 없이 수평적 · 수직적으로 배열한다.
④ BorderLayout : 상, 하, 좌, 우, 중간 5개의 지역에 적당히 컴포넌트를 배열한다.

2-2. 레이아웃 기본 구성요소 옳지 않은 것은?

① 헤더
② 푸터
③ 센터
④ 내비게이션

|해설|

2-1
CardLayout은 컨테이너 안에 있는 컴포넌트 각각을 카드처럼 관리하며 오직 한 카드만이 한 번에 보인다.

2-2
레이아웃의 시맨틱 요소
• header
• nav
• article
• section
• aside
• footer

정답 2-1 ③ 2-2 ③

① 이벤트(event)의 정의
  ㉠ 사용자가 어떤 상황에 의해 일어나는 조건에 대한 상대적인 반응이다.
  ㉡ GUI 환경에서의 이벤트는 버튼을 클릭하거나 키 동작 시에 프로그램을 실행하게 만들어서 컴퓨터와 사용자가 상호작용으로 발생시키는 것이다.

② 이벤트 핸들러
  ㉠ 웹페이지에서는 수많은 이벤트가 계속 발생하는데, 특정요소에서 발생하는 이벤트를 처리하기 위해서는 이벤트 핸들러(event handler)라는 함수를 작성하여 연결해야 한다.
  ㉡ 이벤트 핸들러가 연결된 특정요소에서 지정된 타입의 이벤트가 발생하면, 웹브라우저는 연결된 이벤트 핸들러를 실행한다.

③ 이벤트 객체
  ㉠ 이벤트 핸들러 함수는 이벤트 객체(event object)를 인수로 전달받을 수 있다.
  ㉡ 전달받은 이벤트 객체를 이용하여 이벤트의 성질을 결정하거나 이벤트의 기본 동작을 막을 수 있다.

④ 이벤트 처리방식
  ㉠ 윈도우 프로그래밍에서는 어떤 특정 행동이 일어났을 때 프로그램이 반응하도록 하는 방식을 사용하는데 이를 이벤트 처리방식(event driven programming)이라고 한다.
  ㉡ 사용자가 버튼을 클릭하거나 텍스트 필드에 키보드로 데이터를 입력하는 등 GUI에서 발생된 이벤트에 대해 특정 동작이 실행되도록 처리하는 것을 이벤트 핸들링이라고 한다.
  ㉢ 각각의 이벤트들은 하나의 클래스로 정의되는데, 이벤트 클래스 종류에는 ActionEvent, MouseEvent, KeyEvent, ComponentEvent, ContainerEvent, ItemEvent 등이 있다.

⑤ 위임형 이벤트 모델

　㉠ 위임형 이벤트 모델(delegation event model)은 자바에서 이벤트를 처리하는 방법이다. 이벤트가 발생하면 해당되는 리스너(listener)에게 이벤트 처리를 넘겨주는 방식이며, 모든 이벤트를 처리하는 절차는 동일하다.

　㉡ 위임형 이벤트 모델에서 하나의 이벤트는 이벤트를 발생시키는 소스(source)객체로부터 이벤트를 기다리는 리스너객체로 전달된다.

　㉢ 리스너객체는 이벤트처리객체라고 생각할 수 있으며 소스객체에서 이벤트가 발생하면 리스너객체의 지정된 메서드를 호출한다. 이때 발생한 이벤트 유형을 정의하는 이벤트 하위 클래스의 인스턴스가 인자로 넘겨진다.

핵심예제

이벤트(event)에 관한 설명으로 옳지 않은 것은?

① 이벤트란 사용자가 어떤 상황에 의해 일어나는 조건에 대한 상대적인 반응이다.

② 이벤트 핸들러 함수는 이벤트객체를 인수로 전달받을 수 있다.

③ 위임형 이벤트 모델에서 하나의 이벤트는 리스너객체로부터 소스객체로 전달된다.

④ 특정요소에서 발생하는 이벤트를 처리하기 위해서는 이벤트 핸들러라는 함수를 작성하여 연결해야 한다.

|해설|

위임형 이벤트 모델에서 하나의 이벤트는 이벤트를 발생시키는 소스객체로부터 이벤트를 기다리는 리스너객체로 전달된다.

정답 ③

핵심이론 04 프로그램의 오류 및 예외처리

① 예외처리의 개요

　㉠ 예외란 프로그램 수행 중에 발생하는 것으로 명령의 정상적 흐름을 방해하는 사건이다.

　㉡ 예외처리란 예외가 발생했을 때 프로그래머가 해당 문제에 대비해 작성해 놓은 처리 루틴을 수행하는 것이다.

　㉢ 예외가 발생했을 때 일반적인 처리 루틴은 프로그램을 종료시키거나 로그를 남기는 것이다.

　㉣ C++, Ada, Java, 자바스크립트와 같은 언어에는 예외처리기능이 내장되어 있으며, 그 외의 언어에서는 필요한 경우 조건문을 이용해 예외처리 루틴을 작성한다.

　㉤ 예외의 원인
　　• 컴퓨터 하드웨어의 문제
　　• 운영체제의 설정 실수
　　• 라이브러리 손상
　　• 사용자의 입력 실수
　　• 받아들일 수 없는 연산
　　• 할당하지 못하는 기억장치 접근 등

　㉥ 예외에는 단순한 프로그래밍 에러부터 하드 디스크 충돌과 같은 심각한 하드웨어적 에러까지 존재한다.

② Java의 예외처리

　㉠ Java는 예외를 객체로 취급하며, 예외와 관련된 클래스를 java.lang 패키지에서 제공한다.

　㉡ Java에서는 try~catch문을 이용해 예외를 처리한다.

　㉢ try 블록코드를 수행하다 예외가 발생하면 예외를 처리하는 catch 블록으로 이동하여 예외처리코드를 수행하므로 예외가 발생한 이후의 코드는 실행되지 않는다.

ㄹ catch 블록에서 선언한 변수는 해당 catch 블록에서만 유효하다.

ㅁ try~catch문 안에 또 다른 try~catch문을 포함할 수 있다.

ㅂ try~catch문 안에서는 실행코드가 한 줄이라도 중괄호({})를 생략할 수 없다.

③ Java의 주요 예외객체

예외객체	발생원인
ClassNotFoundException	클래스를 찾지 못한 경우
NoSuchMethodException	메서드를 찾지 못한 경우
FileNotFoundException	파일을 찾지 못한 경우
InterruptedIOException	입출력 처리가 중단된 경우
ArithmeticException	0으로 나누는 등의 산술연산에 대한 예외가 발생한 경우
IllegalArgumentException	잘못된 인자를 전달한 경우
NumberFormatException	숫자형식으로 변환할 수 없는 문자열을 숫자형식으로 변환한 경우
ArrayIndexOutBoundsException	배열의 범위를 벗어난 접근을 시도한 경우
NegativeArraySizeException	0보다 작은 값으로 배열의 크기를 지정한 경우
NullPointerException	존재하지 않는 객체를 참조한 경우

④ 예외처리 고려사항

ㄱ 모든 예외를 처리하려고 노력하지 않는다.

ㄴ 먼저 예외가 발생할 수 있는 가능성을 최소화한다.

ㄷ 예외가 발생되었을 때 동일한(예외를 발생시킨) 코드를 계속 실행시키는 예외처리 루틴은 피한다.

핵심예제

4-1. Java의 예외처리에 관한 설명으로 옳지 않은 것은?

① Java는 예외를 객체로 취급한다.
② try~catch문을 이용해 예외를 처리한다.
③ catch 블록에서 선언한 변수는 해당 catch 블록에서만 유효하다.
④ try~catch문 안에 또 다른 try~catch문을 포함할 수는 없다.

4-2. JAVA의 주요 예외객체의 발생원인에 관한 설명으로 옳지 않은 것은?

① ClassNotFoundException : 클래스를 찾지 못한 경우
② NoSuchMethodException : 메서드를 찾지 못한 경우
③ InterruptedIOException : 입출력 처리가 중단된 경우
④ IllegalArgumentException : 배열의 범위를 벗어난 접근을 시도한 경우

|해설|

4-1
Java에서는 try~catch문을 이용해 예외를 처리하며, try~catch문 안에 또 다른 try~catch문을 포함할 수 있다.

4-2
IllegalArgumentException는 잘못된 인자를 전달한 경우에 발생한다.

정답 4-1 ④ 4-2 ④

제3절 | 공간정보 DB 프로그래밍

3-1. 공간 데이터베이스의 환경 구축

핵심이론 01 DBMS 특징 및 구성

① 데이터베이스(database)의 개요

　㉠ 정의 : 여러 사람이 공유하고 사용할 목적으로 통합·관리되는 정보의 집합이다. 논리적으로 연관된 하나 이상의 자료의 모음으로 그 내용을 고도로 구조화함으로써 검색 및 갱신의 효율을 높인다.

　㉡ 구성

　　• 통합데이터(integrated data) : 자료의 중복을 배제한 데이터 모임이다.

　　• 저장데이터(stored data) : 컴퓨터가 접근할 수 있는 저장매체에 저장된 자료이다.

　　• 운영데이터(operation data) : 조직의 고유한 업무를 수행하는 데 존재 가치가 확실하고, 그 조직의 기능을 수행하는 데 없어서는 안 될 필수데이터이다.

　　• 공용데이터(shared data) : 여러 응용시스템들이 공동으로 소유하고 유지하는 자료이다.

　㉢ 특징

　　• 실시간 접근성(real time accessibility) : 사용자의 질의에 대하여 즉시 처리하여 응답한다.

　　• 계속적인 진화(continuous evolution) : 삽입, 삭제, 갱신을 통하여 항상 최근의 정확한 데이터를 동적으로 유지한다.

　　• 동시 공유(concurrent sharing) : 다수의 사용자가 동시에 원하는 데이터를 공유할 수 있다.

　　• 내용에 의한 참조(content reference) : 데이터베이스에 있는 데이터를 참조할 때 튜플의 주소나 위치가 아닌 사용자가 요구하는 데이터 내용에 따라 참조한다.

　　• 데이터 논리적 독립성(independence) : 응용프로그램과 데이터베이스를 독립시킴으로써 데이터 논리적 구조를 변경시키더라도 응용프로그램은 변경되지 않는다.

　㉣ 장점

　　• 데이터 중복을 최소화한다.

　　• 일관성, 무결성, 보안성을 유지하고, 최신의 데이터를 유지한다.

　　• 데이터 저장 공간을 절약할 수 있다.

　　• 데이터를 공유하고, 데이터의 표준화가 가능하다.

② 데이터베이스 관리시스템(DBMS ; DataBase Management System)

　㉠ 데이터베이스를 조작하는 별도의 소프트웨어로, DBMS를 통해 데이터베이스를 관리하여 응용프로그램들이 데이터베이스를 공유하고, 사용할 수 있는 환경을 제공한다.

　㉡ 데이터베이스를 구축하는 틀을 제공하고, 효율적으로 데이터를 검색하고 저장하는 기능을 제공한다.

　㉢ 응용프로그램이 데이터베이스에 접근할 수 있는 인터페이스, 장애에 대한 복구기능, 사용자 권한에 따른 보안성 유지기능 등을 제공한다.

　㉣ 자료의 중복성을 제거하고 다른 특징 중 무결성, 일관성, 유용성을 보장하기 위해서 자료를 제거하고 관리하는 소프트웨어 체계이다.

③ DBMS의 필수기능

　㉠ 정의(definition)

　　• 데이터의 형(type)과 구조, 데이터가 DB에 저장될 때의 제약조건 등을 명시하는 기능이다.

　　• 데이터와 데이터의 관계를 명확하게 명세할 수 있어야 하며, 원하는 데이터 연산은 무엇이든 명세할 수 있어야 한다.

　㉡ 조작(manipulation) : 데이터 검색(요청), 갱신(변경), 삽입, 삭제의 연산을 위한 사용자와 데이터베이스 사이의 인터페이스 수단을 제공하는 기능이다.

ⓒ 제어(control)
- 데이터베이스에 접근하는 갱신·삽입·삭제작업이 정확하게 수행되어 데이터의 무결성이 유지되도록 제어해야 한다.
- 정당한 사용자가 허가된 데이터만 접근할 수 있도록 보안(security)을 유지하고, 권한(authority)을 검사할 수 있어야 한다.
- 여러 사용자가 데이터베이스에 동시에 접근하여 데이터를 처리할 때 처리결과가 항상 정확성을 유지하도록 병행제어(concurrency control)를 할 수 있어야 한다.

④ DBMS의 장단점

장점	단점
• 자료의 통합성을 증진시키고, 데이터를 표준화할 수 있다. • 데이터의 논리적·물리적 독립성이 보장된다. • 데이터의 중복을 제어하고 중앙집중식 통제를 통해 데이터의 일관성을 유지할 수 있다. • 데이터베이스가 생성·조작될 때마다 제어기능을 통해 그 유효성을 검사함으로써 데이터의 무결성을 유지할 수 있다. • 권한에 맞게 데이터 접근을 제한하거나 데이터를 암호화시켜 저장하여 데이터 보안을 강화한다. • 데이터의 중복을 피할 수 있어 기억 공간이 절약된다. • 데이터를 동시에 공유할 수 있다. • 응용프로그램 개발비용이 줄어든다.	• 데이터베이스의 전문가가 부족하다. • 전산화 비용이 증가한다. • 시스템이 복잡하다. • 파일의 예비(backup)와 회복(recover)이 어렵다. • 중앙집중관리로 인한 취약점이 존재한다.

⑤ DBMS의 종류

Oracle	• 오라클에서 만들어 판매 중인 상업용 데이터베이스이다. • 윈도우, 리눅스, 유닉스 등 다양한 운영체제(OS)에서 설치 가능하다. • MySQL, MSSQL보다 대량의 데이터 처리가 용이하다. • 주로 대기업에서 사용하며, 글로벌 DB 상용 시장점유율 1위이다. • 비공개 소스이며, 폐쇄적으로 운영한다.
MySQL	• MySQL사에서 개발하였고, 현재 오라클에 인수 합병되었다. • 윈도우, 리눅스, 유닉스 등 다양한 운영체제(OS)에서 설치 가능하다. • 오픈소스로 이루어져 있는 무료 프로그램이다(상업적 사용 시 비용 발생).
SQL Server	• 마이크로소프트(Microsoft)사에서 개발한 상업용 데이터베이스이다. • 윈도우 운영체제에서 사용 가능하다. • 중·대형급 시장에서 사용한다.
MariaDB	• MySQL 초기 개발자들이 독립하여 불확실한 라이선스 문제를 해결하기 위해 개발한 오픈소스 RDBMS이다. • 윈도우, 리눅스, 유닉스 등 다양한 운영체제에서 설치 가능하다. • 구현언어 : C++ • MySQL과 동일한 소스코드 기반이다. • MySQL과 비교해 애플리케이션 부분의 속도가 약 4,000~5,000배 정도 빠르다.

⑥ 스키마(schema)
㉠ 데이터베이스의 구조와 제약조건에 관한 전반적인 명세(specification)를 기술(description)한 메타데이터의 집합이다.
㉡ 데이터베이스를 구성하는 데이터 개체, 속성, 관계(relationship) 및 데이터 조작 시 데이터값들이 갖는 제약조건 등에 관해 전반적으로 정의한다.
㉢ 스키마는 사용자의 관점에 따라 분류한다.
- 외부 스키마 : 사용자나 응용프로그래머가 각 개인의 입장에서 필요로 하는 데이터베이스의 논리적 구조를 정의한 것이다.
- 개념 스키마 : 데이터베이스의 전체적인 논리적 구조로서, 모든 응용프로그램이나 사용자들이 필요로 하는 데이터를 종합한 조직 전체의 데이터베이스로, 하나만 존재한다.
- 내부 스키마 : 물리적 저장장치의 입장에서 본 데이터베이스 구조로서, 실제로 데이터베이스에 저장된 레코드의 형식을 정의하고 저장데이터 항목의 표현방법, 내부 레코드의 물리적 순서 등을 나타낸다.

1-1. 데이터베이스 관리시스템(DBMS)의 필수기능이 아닌 것은?

① 정의(definition)
② 조작(manipulation)
③ 제어(control)
④ 전달(deliver)

1-2. 데이터베이스 관리시스템(DBMS)를 사용하면 얻을 수 있는 이점이 아닌 것은?

① 자료와의 관계성을 정의하기에 자료의 통합성을 증진시킨다.
② 데이터의 중복을 피할 수 있어 기억 공간이 절약된다.
③ DBMS를 운영하면 시스템 운영비를 줄일 수 있다.
④ 데이터의 중복을 제어하고 중앙집중식 통제를 통해 데이터의 일관성을 유지할 수 있다.

|해설|

1-2
DBMS는 고가의 제품이고 컴퓨터 시스템의 지원을 많이 사용한다. 특히, 주기억장치를 많이 차지하기 때문에 DBMS를 운영하기 위해서는 메모리 용량이 더 필요하고, 더 빠른 CPU가 요구된다. 결과적으로 시스템 운영비가 증가한다.

정답 1-1 ④ 1-2 ③

핵심이론 02 DMBS별 환경변수의 설정

① 환경변수의 개요
　㉠ 환경변수(environment variable)는 시스템의 속성을 기록하는 변수로, 프로세스가 컴퓨터에서 동작하는 방식에 영향을 미치는 동적인 값이다.
　㉡ 환경변수의 종류
　　• 사용자 변수 : OS 내의 사용자별로 다르게 설정 가능한 환경변수
　　• 시스템 변수 : 시스템 전체에 모두 적용되는 환경변수
　㉢ 컴퓨터의 어느 경로에서도 사용할 수 있도록 권한을 주는 환경변수라는 것을 설정해 주어야 한다.
　㉣ 환경변수를 설정하면 path에 내가 등록한 경로기준으로 상대경로를 이용할 수 있다.
　㉤ 이러한 환경변수는 운영체제에서 설정할 수 있다. 예를 들어, 윈도우 운영체제에서는 제어판→시스템 및 보안→시스템→고급 시스템 설정→환경변수를 클릭하여 환경변수를 설정한다.

② DBMS별 환경변수 설정방법
　㉠ Oracle
　　• ORACLE HOME : Oracle 설치 디렉터리의 경로를 지정한다.
　　• ORACLE SID : Oracle 인스턴스 식별자를 지정한다.
　　• ORACLE HOSTNAME : Oracle 서버 호스트 이름을 지정한다.
　　• ORACLE PORT : Oracle 서버 포트번호를 지정한다.
　　• ORACLE USER : Oracle 서버에 연결할 때 사용할 사용자의 이름을 지정한다.
　　• ORACLE PASSWORD : Oracle 서버에 연결할 때 사용할 사용자의 비밀번호를 지정한다.
　㉡ MySQL
　　• PATH : MySQL 실행파일의 경로를 포함해야 한다.

- MYSQL HOME : MySQL 설치 디렉터리의 경로를 지정한다.
- MYSQL HOST : MySQL 서버 호스트 이름을 지정한다.
- MYSQL PORT : MySQL 서버 포트번호를 지정한다.
- MYSQL USER : MySQL 서버에 연결할 때 사용할 사용자의 이름을 지정한다.
- MYSQL PASSWORD : MySQL 서버에 연결할 때 사용할 사용자의 비밀번호를 지정한다.

ⓒ SQL Server
- MSSQL HOME : SQL Server 설치 디렉터리의 경로를 지정한다.
- MSSQL SERVER : SQL Server 서버 인스턴스의 이름을 지정한다.
- MSSQL PORT : SQL Server 서버 포트번호를 지정한다.
- MSSQL USER : SQL Server 서버에 연결할 때 사용할 사용자의 이름을 지정한다.
- MSSQL PASSWORD : SQL Server 서버에 연결할 때 사용할 사용자의 비밀번호를 지정한다.

핵심예제

시스템의 속성을 기록하는 변수로, 프로세스가 컴퓨터에서 동작하는 방식에 영향을 미치는 동적인 값은?

① 실행변수
② 속성변수
③ 환경변수
④ 데이터 변수

|해설|

환경변수(environment variable)
- 시스템의 속성을 기록하는 변수로, 프로세스가 컴퓨터에서 동작하는 방식에 영향을 미치는 동적인 값들이며 OS의 셸(shell) 등에 설정되어 있다.
- 환경변수에는 사용자 변수와 시스템 변수가 있다.

정답 ③

3-2. 공간 데이터베이스의 생성

핵심이론 01 공간 데이터베이스의 구성

① 공간데이터 모델
ⓐ 전통적인 공간데이터 모델은 연속적인 속성값으로 표현하는 필드 기반 모델과 점의 집합객체로서 표현하는 개체 기반 모델이 있다.
ⓑ 필드 기반 모델에서는 공간에 있는 각각의 점이 하나 또는 그 이상의 속성값을 갖고 있으며 x, y에서의 연속적인 함수처럼 정의한다.
ⓒ 개체 기반 모델에서 일반적으로 고려되는 주요 객체에는 점, 선, 선의 조합, 다각형을 나타내는 폴리곤 등이 있다.
ⓓ OGC(Open Geospatial Consortium)의 공간데이터 모델은 개념적인 모델로, 추상적 정보 모델인 공간 스키마로 정의한다.
ⓔ 추상 명세의 데이터 모델을 기반으로 OGC는 OpenGis Simple Features Specification 등의 구현 명세에서 좀 더 구체적인 OpenGIS 기하학 모델을 제시한다.

② 공간 데이터베이스의 개요
ⓐ 문자나 숫자 등으로 표현되는 비공간데이터와 공간객체의 좌푯값 등으로 표현되는 공간데이터의 집합이다.
ⓑ 공간데이터 타입을 저장할 수 있고 공간데이터와 관련된 질의를 처리할 수 있으며, 공간 인덱스의 사용 및 공간질의처리의 최적화가 가능하다.
ⓒ 비공간데이터와 공간데이터를 논리적 레벨에서 표현하고 조작할 수 있으며 이러한 데이터를 물리적 레벨에서 효율적으로 저장 및 처리할 수 있어야 한다.

ⓔ 비공간 데이터베이스와 공간 데이터베이스의 비교

구분	공간 데이터베이스	비공간 데이터베이스
크기	• 수 기가바이트~테라바이트(대용량성)	• 수백 메가바이트~수 기가바이트
차원	• 2차원 또는 그 이상 대칭적 다차원	• 1차원, 비대칭적 다차원
복잡도	• 상대적으로 복잡(위상적 정보를 포함)하다.	• 비교적 단순하다.
특징	• 비정형(위상적, 기하학적) 특성 반영 • 공간 인덱스, 연산 및 데이터 모델 • 비공간 데이터베이스와의 상호 결합	• 숫자/문자형 데이터 처리 • 일반데이터 정렬 가능

ⓗ 공간 데이터베이스의 주요기술

개념	주요내용
공간데이터 모델링	• 공간데이터의 표현에 대해 정의하는 기술이다. • 공간데이터는 점, 선, 면 등과 같이 현실세계에서 익숙하게 접하는 공간데이터 타입을 지원한다. • 공간데이터 타입은 복잡한 공간객체를 표현하는 경우에도 가능한 한 단순하며 정확해야 한다. • 모든 공간데이터 타입은 공간연산자에 의해 적용될 수 있다.
공간연산자	• 공간질의를 효율적으로 처리하기 위하여 공간데이터의 위상적 관계를 포함한 다양한 공간 분석을 위한 연산자이다. • 공간 데이터베이스는 유용하게 사용될 수 있는 다양한 공간연산자를 지원한다.
공간 인덱스	• 공간데이터에 대한 효율적인 접근을 위하여 공간질의처리 시 실제로 접근할 데이터의 개수를 감소시키는 방법에 대한 기술이다. • 공간 기반 인덱스 : 공간을 사각형 셀로 분할하여 공간객체를 인덱싱하는 방법으로 grid file, quadtree 등이 있다. • 데이터 기반 인덱스 : 공간객체의 집합들로 분할하여 공간객체를 인덱싱하는 방법으로, R-tree, R*-tree 등이 있다.

③ 관계형 데이터베이스의 개요

ㄱ 2차원적인 표(table)를 이용해서 데이터 상호관계를 정의하는 데이터베이스이다.

ㄴ 개체와 관계를 모두 릴레이션(relation)이라는 표로 표현하기 때문에 개체를 개체 릴레이션과 관계 릴레이션으로 구분한다.

ㄷ 장점 : 간결하고 보기 편리하며 다른 데이터베이스로의 변환이 용이하다.

ㄹ 단점 : 성능이 다소 떨어진다.

④ 관계형 데이터베이스의 릴레이션 구조

릴레이션은 데이터를 표의 형태로 표현한 것으로, 구조를 나타내는 릴레이션 스키마와 실제값들인 릴레이션 인스턴스로 구성된다.

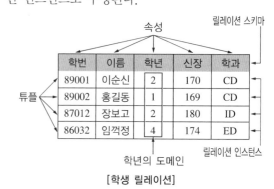

[학생 릴레이션]

ㄱ 튜플
• 릴레이션을 구성하는 각각의 행으로, 속성의 모임으로 구성된다.
• 파일구조에서 레코드와 같은 의미이다.
• 튜플의 수를 카디널리티(cardinality) 또는 기수, 대응수라고 한다.

ㄴ 속성
• 데이터베이스를 구성하는 가장 작은 논리적 단위이며 개체의 특성을 기술한다.
• 파일구조상의 데이터 항목 또는 데이터 필드에 해당한다.
• 속성의 수를 디그리(degree) 또는 차수라고 한다.

ㄷ 도메인(domain)
• 하나의 속성이 취할 수 있는 같은 타입의 원자값들의 집합이다.
• 도메인은 실제 속성값이 나타날 때 그 값의 합법 여부를 시스템이 검사하는 데에도 이용한다.

ㄹ 릴레이션의 특징
• 한 릴레이션에는 똑같은 튜플이 포함될 수 없으므로 릴레이션에 포함된 튜플들은 모두 상이하다.
• 한 릴레이션에 포함된 튜플 사이에는 순서가 없다.

- 튜플들의 삽입, 삭제 등의 작업으로 인해 릴레이션은 시간에 따라 변한다.
- 릴레이션 스키마를 구성하는 속성들 간의 순서는 중요하지 않다.
- 속성값은 논리적으로 더 이상 쪼갤 수 없는 원자값만 저장한다.
- 속성의 유일한 식별을 위해 속성의 명칭은 유일해야 하지만, 속성을 구성하는 값은 동일한 값이 있을 수 있다.

핵심예제

1-1. 공간 데이터베이스의 주요기술이 아닌 것은?

① 공간정보처리
② 공간연산자
③ 공간 인덱스
④ 공간데이터 모델링

1-2. 속성(attribute)에 대한 설명으로 옳지 않은 것은?

① 속성은 개체의 특성을 기술한다.
② 속성의 수를 cardinality라고 한다.
③ 데이터베이스를 구성하는 가장 작은 논리적 단위이다.
④ 파일구조상 데이터 항목 또는 데이터 필드에 해당된다.

|해설|

1-1
공간 데이터베이스의 주요기술
- 공간데이터 모델링
- 공간연산자
- 공간 인덱스

1-2
속성의 수는 디그리(degree) 또는 차수라고 한다.

정답 1-1 ① 1-2 ②

핵심이론 02 데이터베이스 용량의 정의

① 데이터베이스 용량의 설계
   ㉠ 데이터베이스 용량의 설계는 데이터가 저장할 공간을 정의하는 것이다.
   ㉡ 데이터베이스 용량을 설계할 때는 테이블에 저장할 데이터의 양과 인덱스, 클러스터 등이 차지하는 공간 등을 예측하여 반영해야 한다.

② 데이터베이스 용량의 설계목적
   ㉠ 데이터베이스의 용량을 정확히 산정하여 디스크의 저장 공간을 효과적으로 사용하고 확장성 및 가용성을 높인다.
   ㉡ 디스크의 특성을 고려하여 설계함으로써 디스크의 입출력 부하를 분산시키고, 채널의 병목현상(bottleneck)을 최소화한다.
   ㉢ 디스크에 대한 입출력 경합이 최소화되도록 설계함으로써 데이터 접근성이 향상된다.
   ㉣ 데이터베이스 용량을 정확히 분석하여 테이블과 인덱스에 적합한 저장 옵션을 지정한다.
   ㉤ 데이터베이스에 생성되는 오브젝트의 익스텐트* 발생을 최소화하여 성능을 향상시킨다.
      *익스텐트(extent) : 기본적인 용량이 찼을 경우 추가적으로 할당되는 공간을 뜻한다.

③ 데이터베이스 용량분석의 절차
   ㉠ 데이터 예상 건수, 로(row) 길이, 보존기간, 증가율 등 기초자료를 수집하여 용량을 분석한다.
   ㉡ 분석된 자료를 바탕으로 DBMS에 이용될 테이블, 인덱스 등 오브젝트별 용량을 산정한다.
   ㉢ 테이블과 테이블 스페이스의 용량을 산정한다.
   ㉣ 데이터베이스에 저장된 모든 데이터의 용량과 데이터베이스 설치 및 관리를 위한 시스템 용량을 합해 디스크 용량을 산정한다.

데이터베이스 용량을 설계할 때 반영해야 할 사항으로 옳지 않은 것은?

① 테이블
② 클러스터 공간
③ 인덱스
④ 데이터 모델

|해설|

데이터베이스 용량을 설계할 때는 테이블에 저장할 데이터의 양과 인덱스, 클러스터 등이 차지하는 공간 등을 예측하여 반영해야 한다.

정답 ④

핵심이론 03 데이터베이스의 계정 정의

① 데이터베이스 사용자

ㄱ 데이터베이스를 사용하고 관리 및 운영하는 사람이나 그룹이다.

ㄴ 사용자의 목적에 따라 데이터베이스 관리자, 최종사용자, 응용프로그래머로 분류한다.

② 데이터베이스 관리자(DBA ; DataBase Administrator)

ㄱ 데이터베이스 시스템의 관리를 총괄하여 책임을 지고 있는 사람이나 그룹을 의미한다.

ㄴ 데이터베이스를 직접 활용하기보다는 조직 내의 사용자를 위해 데이터베이스를 설계 및 구축하고, 제대로 서비스할 수 있도록 데이터베이스를 제어한다.

ㄷ 큰 조직에서는 데이터베이스 설계 업무만 담당하는 데이터베이스 설계자(database designer)를 따로 두기도 한다.

ㄹ 데이터베이스 관리자의 주요 업무

• 데이터 사전과 같은 시스템 데이터베이스를 관리한다.

• 사용자의 요구사항을 분석하여 데이터베이스를 구성할 데이터를 결정한다.

• 데이터베이스를 물리적으로 저장하기 위한 레코드 구조를 설계한다.

• 선정된 데이터베이스의 구성요소를 토대로 데이터베이스 스키마를 설계하고, 데이터 정의어를 이용해 설계한 스키마를 데이터베이스 관리시스템에 설명한다.

• 현실세계의 실제 데이터와 일치하는, 즉 결함이 없는 데이터만 데이터베이스에 저장할 수 있도록 필요한 규칙을 정의한다.

• 허가되지 않는 사용자가 데이터베이스에 불법적으로 접근하는 것을 방지하고, 허가된 사용자에게 적절한 권한을 부여하는 보안 관련 정책을 결정한다.

- 시스템 장애에 대비하여 데이터베이스를 백업하거나 손상된 데이터베이스를 일관된 상태로 복구하는 방법을 정의한다.
- 시스템 성능을 저해하는 병목현상 등이 발생하지 않는지 확인하고, 시스템 자원의 활용도 분석 등을 통해 시스템의 성능을 감시한다.

ⓜ 데이터베이스 설계자 : 데이터베이스의 설계를 책임지는 사람으로, 관리할 데이터를 선정하고, 저장할 구조를 결정한다.

③ 최종 사용자(end user) / 일반 사용자

데이터를 삽입, 삭제, 수정, 검색하는 연산을 수행하기 위해서 데이터베이스에 접근하는 사람으로, 데이터베이스에 대하여 질의하고, 변경하고, 보고서를 작성한다.

④ 시스템 분석가 / 응용프로그래머

ⓐ 초보 사용자를 위하여 잘 정의된 기능의 응용을 분석 및 설계하고 구현하는 사람으로, 요구분석을 통한 트랜잭션의 명세를 작성한다.

ⓑ DBMS의 내부 기능을 잘 이해하고 데이터 조작어에 능숙한 컴퓨터 전문가로, 그래픽 인터페이스 등의 구현을 통해 최종 사용자의 이용 편의성을 제공한다.

핵심예제

3-1. 데이터베이스 사용자의 목적에 따라 분류할 때 사람 및 그룹에 해당하지 않는 것은?

① 응용프로그래머
② 최종 사용자
③ DBA(데이터베이스 관리자)
④ 보안 관리자

3-2. 데이터베이스의 설계를 책임지는 사람으로, 관리할 데이터를 선정하고, 저장할 구조를 결정하는 역할을 하는 데이터베이스 사용자는?

① 데이터베이스 관리자
② 데이터베이스 설계자
③ 응용프로그래머
④ 프로그램 관리자

|해설|

3-1
데이터베이스 사용자는 목적에 따라 DBA, 응용프로그래머, 최종 사용자로 구분한다.

3-2
① 데이터베이스 관리자 : 데이터베이스 시스템의 관리를 총괄하여 책임을 지고 있는 사람이나 그룹이다. 데이터베이스를 직접 활용하기보다는 조직 내의 사용자를 위해 데이터베이스를 설계 및 구축하고, 제대로 서비스할 수 있도록 데이터베이스를 제어한다.
③ 응용프로그래머 : DBMS의 내부 기능을 잘 이해하고 데이터 조작어에 능숙한 컴퓨터 전문가로, 그래픽 인터페이스 등의 구현을 통해 최종 사용자의 이용 편의성을 제공한다.

정답 3-1 ④ 3-2 ②

3-3. 공간 데이터베이스 오브젝트 생성

핵심이론 01 공간 데이터베이스 객체 구성

① 데이터베이스 객체(database object)

　㉠ 데이터를 저장하는 기능을 가진 가장 기본적인 테이블부터 뷰, 인덱스, 시퀀스, 저장 프로시저 등 그 용도에 따라 종류가 많다.

　㉡ 종류

구분	내용
TABLE	데이터를 담고 있는 객체
VIEW	하나 이상의 테이블을 연결해서 마치 테이블인 것처럼 사용하는 객체
INDEX	테이블에 있는 데이터를 바르게 찾기 위한 객체
SYNONYM (동의어)	데이터베이스 객체에 대한 별칭을 부여한 객체
SEQUENCE	일련번호 채번을 할 때 사용되는 객체
FUNCTION	특정 연산을 하고 값을 반환하는 객체
PROCEDURE	함수와 비슷하지만 값을 반환하지 않는 객체
PACKAGE	용도에 맞게 함수나 프로시저 하나로 묶어 놓은 객체

② 인덱스

　㉠ 데이터 레코드에 빠르게 접근하기 위해 〈키값, 포인터〉 쌍으로 구성된 데이터 구조이다.

　㉡ 데이터를 빠르게 찾을 수 있는 수단이며, 테이블에 대한 조회속도를 높여 주는 자료구조이다.

　㉢ 테이블에서 자주 사용되는 칼럼값을 빠르게 검색할 수 있도록 색인을 만들어 놓은 형태이다.

　㉣ 인덱스를 과다하게 생성하면 DB 공간을 많이 차지하여 full table scan보다 속도가 느려질 수 있다.

　㉤ 레코드의 삽입과 삭제가 수시로 일어나는 경우에는 인덱스의 개수를 최소로 하는 것이 효율적이다.

　㉥ 레코드의 물리적 순서가 인덱스의 엔트리 순서와 일치하게 유지되도록 구성되는 인덱스를 클러스터드 인덱스라고 한다.

　　• 클러스터드 인덱스(clustered index) : 인덱스 키의 순서에 따라 데이터가 정렬되어 저장되는 방식으로 한 개의 릴레이션에 하나의 인덱스만 생성할 수 있다.

　　• 논클러스터드 인덱스(non-clustered index) : 인덱스의 키값만 정렬되어 있을 뿐 실제 데이터는 정렬되지 않는 방식으로 한 개의 릴레이션에 여러 개의 인덱스를 만들 수 있다.

③ 뷰(VIEW)

　㉠ 개요

　　• 사용자에게 접근이 허용된 자료만 제한적으로 보여 주기 위해 하나 이상의 기본 테이블로 유도된 이름을 가진 가상 테이블이다.

　　• 뷰는 저장장치 내에 물리적으로 존재하지 않지만, 사용자에게는 있는 것처럼 간주된다.

　　• 뷰는 데이터 보정작업, 처리과정 시험 등 임시적인 작업을 위한 용도로 활용한다.

　㉡ 특징

　　• 뷰는 기본 테이블로부터 유도되었기 때문에 기본 테이블과 같은 형태의 구조를 사용하며, 조작도 기본 테이블과 거의 같다.

　　• 뷰는 가상 테이블이기 때문에 물리적으로 구현되어 있지 않다.

　　• 데이터의 논리적 독립성을 제공할 수 있다.

　　• 필요한 데이터만 뷰로 정의해서 처리할 수 있기 때문에 관리가 용이하고 명령문이 간단해진다.

　　• 기본 테이블의 기본키를 포함한 속성(열) 집합으로 뷰를 구성해야 삽입, 삭제, 갱신연산이 가능하다.

　㉢ 장점과 단점

장점	단점
• 논리적 데이터 독립성을 제공한다. • 동일한 데이터에 대해 동시에 여러 사용자의 상이한 응용이나 요구를 지원해 준다. • 사용자의 데이터 관리를 간단하게 해 준다. • 접근제어를 통한 자동 보안이 제공된다.	• 독립적인 인덱스를 가질 수 없다. • 뷰의 정의를 변경할 수 없다. • 뷰로 구성된 내용에 대한 삽입, 삭제, 갱신연산에 제약이 따른다.

1-1. 데이터베이스 객체(database object)의 종류에 관한 설명으로 옳지 않은 것은?

① TABLE : 데이터를 담고 있는 객체
② INDEX : 테이블에 있는 데이터를 바르게 찾기 위한 객체
③ FUNCTION : 일련번호 채번을 할 때 사용되는 객체
④ PACKAGE : 용도에 맞게 함수나 프로시저 하나로 묶어 놓은 객체

1-2. 하나 이상의 기본 테이블로 유도된 이름을 가지는 가상 테이블은?

① 뷰
② 인덱스
③ 트리거
④ 프로시저

|해설|

1-1
FUNCTION : 특정 연산을 하고 값을 반환하는 객체이다.

1-2
VIEW : 사용자에게 접근이 허용된 자료만으로 제한적으로 보여주기 위해 하나 이상의 기본 테이블로 유도된 이름을 가지는 가상 테이블이다.

정답 1-1 ③   1-2 ①

핵심이론 02 공간 데이터베이스의 객체 정의

① 공간 데이터베이스
　㉠ 기하학적 공간에 정의된 객체를 나타내는 공간데이터와 이러한 데이터를 쿼리하고, 분석하는 도구를 포함하도록 향상된 범용 데이터베이스이다.
　㉡ 대부분의 공간 데이터베이스는 점, 선, 다각형과 같은 간단한 기하학적 개체를 표현할 수 있다.
　㉢ 일부 공간 데이터베이스는 3D 개체, 위상범위, 선형 네트워크 및 삼각 불규칙 네트워크와 같은 더 복잡한 구조를 처리한다.

② 지리 데이터베이스
　㉠ 지리 데이터, 즉 지구상의 위치와 관련된 데이터를 저장하고 조작하는 데 사용되는 지리 참조된 공간 데이터베이스이다.
　㉡ 특별히 독점 공간 데이터베이스 형식 세트인 지오데이터베이스(ESRI)를 가리킬 수도 있다.

③ 공간 쿼리
　㉠ 지오 데이터베이스를 포함하여 공간 데이터베이스에서 지원하는 특수한 유형의 데이터베이스가 쿼리이다.
　㉡ 가장 중요한 것은 포인트, 라인 및 폴리곤과 같은 기하학 데이터 유형의 사용을 허용하고, 쿼리가 기하학 간의 공간관계를 고려한다는 점이다.

핵심예제

기하학적 공간에 정의된 객체를 나타내는 공간데이터와 이러한 데이터를 분석하는 도구를 포함하도록 향상된 데이터베이스는?

① 공간 쿼리
② 공간 데이터베이스
③ 지오 데이터베이스
④ 지리 데이터베이스

|해설|

① 공간 쿼리 : 지오 데이터베이스를 포함하여 공간 데이터베이스에서 지원하는 특수한 유형의 데이터베이스가 쿼리이다.
④ 지리 데이터베이스 : 지리 데이터, 즉 지구상의 위치와 관련된 데이터를 저장하고 조작하는 데 사용되는 지리 참조된 공간 데이터베이스이다.

정답 ②

핵심이론 03 공간 데이터베이스 객체의 편집(생성, 수정, 삭제)

① 트리거(trigger)의 개요

  ㉠ 데이터베이스 시스템에서 데이터의 삽입(insert), 갱신(update), 삭제(delete) 등의 이벤트(event)가 발생할 때마다 관련 작업이 자동으로 수행되는 절차형 SQL이다.

  ㉡ 사용자가 직접 호출하는 것이 아니라 데이터베이스에서 자동으로 호출하는 것이 가장 큰 특징이다.

  ㉢ 데이터베이스에 저장되며, 데이터 변경 및 무결성 유지, 로그 메시지 출력 등의 목적으로 사용된다.

  ㉣ 트리거의 구문에는 데이터 제어어(DCL)를 사용할 수 없으며, DCL이 포함된 프로시저나 함수를 호출하는 경우에는 오류가 발생한다.

  ㉤ 트리거에 오류가 있으면 트리거가 처리하는 데이터에도 영향을 미치므로 트리거를 생성할 때 세심한 주의가 필요하다.

② 트리거의 구성

  트리거는 선언, 이벤트, 시작, 종료로 구성되며 시작과 종료 구문 사이에는 제어(CONTROL), SQL, 예외(EXCEPTION)가 포함된다.

  ㉠ DECLARE : 트리거의 명칭, 변수 및 상수, 데이터 타입을 정의하는 선언부이다.

  ㉡ EVENT : 트리거가 실행되는 조건을 명시한다.

  ㉢ BEGIN / END : 트리거의 시작과 종료를 의미한다.

  ㉣ CONTROL : 조건문 또는 반복문이 삽입되어 순차적으로 처리된다.

ⓜ SQL : DML문이 삽입되어 데이터 관리를 위한 조회, 추가, 수정, 삭제하는 작업을 수행한다.

ⓗ EXCEPTION : BEGIN~END 안의 구문 실행 시 예외가 발생하면 이를 처리하는 방법을 정의한다.

③ 트리거의 생성

트리거를 생성하기 위해서는 CREATE TRIGGER 명령어를 사용한다.

〈표기형식〉

```
CREATE [OR REPLACE] TRIGGER 트리거명 동작시기
동작 ON 테이블명
[REFERGENCING NEW | OLD AS 테이블명]
[FOR EACH ROW [WHEN 조건식]]
BEGIN
트리거 BODY;
END;
```

㉠ OR REPLACE : 선택적인(optional) 예약어이다. 이 예약어를 사용하면 동일한 트리거 이름이 이미 존재하는 경우, 기존의 트리거를 대체할 수 있다.

㉡ 동작시기 : 트리거가 실행될 때를 지정한다. 종류에는 AFTER와 BEFORE가 있다.

　• AFTER : 테이블이 변경된 후에 트리거가 실행된다.

　• BEFORE : 테이블이 변경되기 전에 트리거가 실행된다.

㉢ 동작 : 트리거를 실행하게 할 작업의 종류를 지정한다. 종류에는 INSERT, DELETE, UPDATE가 있다.

　• INSERT : 테이블에 새로운 튜플을 삽입할 때 트리거가 실행된다.

　• DELETE : 테이블의 튜플을 삭제할 때 트리거가 실행된다.

　• UPDATE : 테이블 튜플을 수정할 때 트리거가 실행된다.

㉣ NEW | OLD : 트리거가 적용될 테이블의 별칭을 지정한다.

　• NEW : 추가되거나 수정에 참여할 튜플들의 집합 (테이블)을 의미한다.

　• OLD : 수정되거나 삭제되기 전에 대상이 되는 튜플들의 집합(테이블)을 의미한다.

㉤ FOR EACH ROW : 각 튜플마다 트리거를 적용한다는 의미이다.

㉥ WHEN 조건식 : 선택적인(optional) 예약어이다. 트리거를 적용할 튜플의 조건을 지정한다.

㉦ 트리거 BODY

　• 트리거의 본문코드를 입력하는 부분이다.

　• BEGIN으로 시작해서 END로 끝나는데, 적어도 하나 이상의 SQL문이 있어야 한다. 그렇지 않으면 오류가 발생한다.

④ 트리거의 제거

트리거를 제거하기 위해서는 DROP TRIGGER 명령어를 사용한다.

〈표기형식〉

```
DROP TRIGGER 트리거명;
```

3-1. 데이터베이스 시스템에서 삽입, 갱신, 삭제 등의 이벤트가 발생할 때마다 관련 직업이 자동으로 수행되는 절차형 SQL은?

① 함수(function)

② 트리거(trigger)

③ 시퀀스(sequence)

④ 프로시저(procedure)

3-2. 트리거(trigger)를 제거하는 SQL 명령어는?

① ERASE TRIGGER [트리거명];

② DELETE TRIGGER [트리거명];

③ DROP TRIGGER [트리거명];

④ REMOVE TRIGGER [트리거명];

|해설|

3-1

트리거

- 데이터베이스 시스템에서 데이터의 삽입, 갱신, 삭제 등의 이벤트가 발생할 때마다 관련 작업이 자동으로 수행되는 절차형 SQL이다.
- 사용자가 직접 호출하는 것이 아니라 데이터베이스에서 자동적으로 호출하는 것이 가장 큰 특징이다.
- 데이터베이스에 저장되며, 데이터 변경 및 무결성 유지, 로그 메시지 출력 등의 목적으로 사용된다.
- 트리거의 구문에는 데이터 제어어(DCL)를 사용할 수 없으며, DCL이 포함된 프로시저나 함수를 호출하는 경우에는 오류가 발생한다.
- 트리거에 오류가 있으면 트리거가 처리하는 데이터에도 영향을 미치므로 트리거를 생성할 때 세심한 주의가 필요하다.

3-2

트리거를 생성하는 명령어는 CREATE TRIGGER이고, 삭제하는 명령어는 DROP TRIGGER이다.

정답 3-1 ② 3-2 ③

3-4. SQL 작성

핵심이론 01 SQL의 개념

① SQL의 개요

ㄱ 국제 표준 데이터베이스 언어로, 많은 회사에서 관계형 데이터베이스(RDB)를 지원하는 언어로 채택한다.

ㄴ 관계대수와 관계해석을 기초로 한 혼합 데이터 언어이다.

ㄷ 질의어지만 질의기능만 있는 것이 아니라 데이터 구조의 정의, 데이터 조작, 데이터 제어의 기능을 모두 갖추고 있다.

② SQL의 분류

ㄱ DDL(Data Define Language, 데이터 정의어)

- DDL은 SCHEMA, DOMAIN, TABLE, VIEW, INDEX를 정의하거나 변경 또는 삭제할 때 사용하는 언어이다.
- 논리적 데이터 구조와 물리적 데이터 구조의 사상을 정의한다.
- 데이터베이스 관리자나 데이터베이스 설계자가 사용한다.
- DDL의 유형

명령어	기능
CREATE	SCHEMA, DOMAIN, TABLE, VIEW, INDEX를 정의한다.
ALTER	TABLE에 대한 정의를 변경하는 데 사용한다.
DROP	SCHEMA, DOMAIN, TABLE, VIEW, INDEX를 삭제한다.

ㄴ DML(Data Manipulation Language, 데이터 조작어)

- DML은 데이터베이스 사용자가 응용프로그램이나 질의어를 통하여 저장된 데이터를 실질적으로 처리하는 데 사용되는 언어이다.
- 데이터베이스 사용자와 데이터베이스 관리시스템 간의 인터페이스를 제공한다.

• DML의 유형

명령어	기능
SELECT	테이블 조건에 맞는 튜플을 검색한다.
INSERT	테이블에 새로운 튜플을 삽입한다.
DELETE	테이블에서 조건에 맞는 튜플을 삭제한다.
UPDATE	테이블에서 조건에 맞는 튜플의 내용을 변경한다.

ⓒ DCL(Data Control Language : 데이터 제어어)

• DCL은 데이터의 보안, 무결성, 회복, 병행수행 제어 등을 정의하는 데 사용되는 언어이다.

• 데이터베이스 관리자가 데이터 관리를 목적으로 사용한다.

• DCL의 유형

명령어	기능
COMMIT	명령어에 의해 수행된 결과를 실제 물리적 디스크로 저장하고, 데이터베이스 조작작업이 정상적으로 완료되었음을 관리자에게 알려준다.
ROLLBACK	데이터베이스 조작작업이 비정상적으로 종료되었을 때 원래의 상태로 복구한다.
GRANT	데이터베이스 사용자의 사용 권한을 부여한다.
REVOKE	데이터베이스 사용자의 사용 권한을 취소한다.

핵심예제

1-1. SQL의 분류 중에 데이터 조작어(DML)에 해당하지 않는 것은?

① DROP   ② SELECT
③ INSERT   ④ UPDATE

1-2. 데이터 제어언어(DCL)의 기능으로 옳지 않은 것은?

① 데이터의 보안
② 무결성 유지
③ 병행수행제어
④ 논리적, 물리적 데이터 구조 정의

|해설|

1-1
DML의 유형
• SELECT : 테이블 조건에 맞는 튜플을 검색한다.
• INSERT : 테이블에 새로운 튜플을 삽입한다.
• DELETE : 테이블에서 조건에 맞는 튜플을 삭제한다.
• UPDATE : 테이블에서 조건에 맞는 튜플의 내용을 변경한다.

1-2
논리적 데이터 구조와 물리적 데이터 구조의 사상을 정의하는 것은 데이터 정의어(DDL)이다.

정답 1-1 ①   1-2 ④

① 일반형식 (1)

> **SELECT** [PREDICATE] [테이블명.]속성명 [AS 별칭][테이블명.]속성명, …]
> [, 그룹함수(속성명) [AS별칭]]
> [, Window함수 OVER (PARTITION BY 속성명1, … ORDER BY 속성명2, …)]
> **FROM** 테이블명[, 테이블명, …]
> [**WHERE** 조건]
> [GROUP BY 속성명, 속성명, …]
> [HAVING 조건]
> [**ORDER BY** 속성명 [ASC | DESC]];

㉠ SELECT절

- PREDICATE : 불러올 튜플 수를 제한할 명령어를 기술한다.
  - ALL : 모든 튜플을 검색할 때 지정하는 것으로, 주로 생략한다.
  - DISTINCT : 중복된 튜플이 있으면 그중 첫 번째 한 개만 검색한다.
  - DISTINCTROW : 중복된 튜플을 제거하고 한 개만 검색하지만 선택된 속성값이 아닌 튜플 전체를 대상으로 한다.
- 속성명 : 검색하여 불러올 속성(열) 또는 속성을 이용한 수식을 지정한다.
  - 기본 테이블을 구성하는 모든 속성을 지정할 때는 '*'를 기술한다.
  - 두 개 이상의 테이블을 대상으로 검색할 때는 '테이블명.속성명'으로 표현한다.

㉡ FROM절 : 질의에 의해 검색될 데이터들을 포함하는 테이블명을 기술한다.

㉢ WHERE절 : 검색할 조건을 기술한다.

㉣ ORDER BY절 : 특정 속성을 기준으로 정렬하여 검색할 때 사용한다.

- 속성명 : 정렬의 기준이 되는 속성명을 기술한다.

- 'ASC'는 오름차순, 'DESC'는 내림차순이다. 생략하면 오름차순으로 지정된다.

② 일반형식 (2)

> **SELECT** [PREDICATE] [테이블명.]속성명 [AS 별칭][테이블명.]속성명, …]
> [, 그룹함수(속성명) [AS별칭]]
> [, **Window함수** OVER (PARTITION BY 속성명1, … ORDER BY 속성명2, …)]
> FROM 테이블명[, 테이블명, …]
> [WHERE 조건]
> [**GROUP BY** 속성명, 속성명, …]
> [**HAVING** 조건]
> [ORDER BY 속성명 [ASC | DESC]];

㉠ 그룹함수 : GROUP BY절에 지정된 그룹별로 속성값을 집계할 함수를 기술한다.

㉡ WINDOW 함수 : GROUP BY절을 이용하지 않고 속성값을 집계할 함수를 기술한다.

- PARTITION BY : WINDOW 함수가 적용될 범위로 사용할 속성을 지정한다.
- ORDER BY : PARTITION 안에서 정렬 기준으로 사용할 속성을 지정한다.

㉢ GROUP BY절 : 특정 속성을 기준으로 그룹화하여 검색할 때 사용한다. 일반적으로 그룹함수와 함께 사용된다.

구분	내용
COUNT(속성명)	그룹별 튜플 수를 구하는 함수
SUM(속성명)	그룹별 합계를 구하는 함수
AVG(속성명)	그룹별 평균을 구하는 함수
MAX(속성명)	그룹별 최댓값을 구하는 함수
MIN(속성명)	그룹별 최솟값을 구하는 함수

㉣ HAVING절 : GROUP BY와 함께 사용하며, 그룹에 대한 조건을 지정한다.

2-1. 데이터 조작어(DML) 형식 중 질의에 의해 검색될 데이터들을 포함하는 테이블명을 기술하는 것은?

① SELECT절
② HAVING절
③ FROM절
④ WINDOW 함수

2-2. SQL의 집계함수(aggregation function)가 아닌 것은?

① AVG
② SUM
③ COUNT
④ CREATE

|해설|

2-1
② HAVING절 : GROUP BY와 함께 사용하며, 그룹에 대한 조건을 지정한다.
④ WINDOW 함수 : GROUP BY절을 이용하지 않고 속성값을 집계할 함수를 기술한다.

2-2
그룹함수
- COUNT(속성명) : 그룹별 튜플 수를 구하는 함수
- SUM(속성명) : 그룹별 합계를 구하는 함수
- AVG(속성명) : 그룹별 평균을 구하는 함수
- MAX(속성명) : 그룹별 최댓값을 구하는 함수
- MIN(속성명) : 그룹별 최솟값을 구하는 함수

정답 2-1 ③ 2-2 ④

제4절 | 공간정보 융합 콘텐츠 제작

4-1. 지도 디자인

핵심이론 01 지도 부호화 색상

① 지도의 개념

　㉠ 정의

　　• 대상물을 일정한 표현방식으로 축소하여 평면에 그려 놓은 것이다.

대상물	• 지도로 표현하기 위한 지도화의 대상이다. • 일반적으로 지형, 수계, 건물, 도로 등이 포함된다. • 특수한 목적을 위해서는 지하 매설물이나 토지 경계가 그 대상이다.
표현방식	• 지도에서 사용되는 대상물을 그리는 규칙이다. • 지형을 표현하는 등고선, 지물을 표현하는 각종 기호 등이 여기 포함된다.
축소	• 지도의 축척을 의미한다.
평면에 그려 놓은 것	• 지구라는 곡면에 위치한 사물을 지도라는 평면에 옮겨 놓은 것이다. • 하드 카피 출력물뿐만 아니라 디지털 형태의 소프트 카피 형태까지 포함한다.

　　• 지표상에 분포되어 있는 자연현상과 인문현상들의 상호관계, 입지, 속성 등에 관한 정보를 저장·전달·분석하기 위한 수단으로 고안된 것이다.
　　• 지도는 유·무형의 사물에 대한 정보를 표현하려는 표현 수단이다.

② 지도의 구성요소

　㉠ 제목

　　• 지도의 내용과 일치해야 하며, 일반적으로 지도의 상단에 표시한다.
　　• 제목에 따라 지도의 표현방법, 지도의 내용, 사용자의 수준이 결정된다.

　㉡ 축척

　　• 지도에서의 거리와 지표에서의 실제거리와의 비율이다.
　　• 다른 지도와 비교하거나 축소·확대 등을 할 때도 가장 중요한 기준이 된다.

- 축척은 숫자로 표현하거나 막대 형태로 표시하는 것이 일반적이다.
ⓒ 기호와 범례
  - 기호는 지도상에서 여러 가지 건물, 도로 등을 표현하기 위해 통일적으로 쓰는 시각기호이다.
  - 범례는 기호의 뜻을 나타내는 것으로 색상과 형태는 지도의 내용과 일치하여야 하며, 종류별로 묶어 읽기 편하게 나타내야 한다.
ⓔ 방위
  - 공간의 어떤 점이나 방향에 대하여 동서남북으로 나타내는 위치이다.
  - 방위 표시가 없을 때는 지도의 위쪽을 북쪽으로 간주한다.
ⓜ 자료의 출처
  - 일반적으로 지도를 제작하기 위하여 사용한 자료의 출처와 자료시기를 표시한다.
  - 항공사진 촬영시기와 현장 조사시기 기간이 표시되어 있다.
ⓗ 제작자와 제작시기
  - 지도의 내용 문의를 위해 제작자를 표시해야 한다. 이는 지도 제작에 있어 제작자에게 책임과 의무를 부과하는 수단이 되기도 한다.
  - 제작시기는 자료의 취득시기와 다른 경우에 혼동을 피하기 위하여 표기한다.

③ 지도의 기호

지표 위의 건물, 도로, 하천 등 지형과 지물을 지도상에 표시하기 위하여 편의적으로 정한 여러 가지 기호이다.

┼┼┼	국 계	ⅢⅢ	논	∴	명승·고적
-×-◇-×	도 특별시 광역시계	ⅢⅢ	밭	⯊	능 묘
-·-·-	시·군·구계	⌀	과 수 원	⚒	온 천
-·-·-	읍·면계	ⅢⅢ	성	⊙	발 전 소
■-■-	고 속 국 도	♣	학 교	◎	해 수 욕 장
══	국 도	⚥	우 체 국	◈	등 대
┼┼┼┼	철 도	∴∴	폭 포	⚓	항 구
┈┈┈	지 하 철	▲	산	✕	광 산
◎	시·군청·소재지	⧓	다 리	▽	댐
ⵎⵎⵎⵎ	제 방	⅃	절	△	삼 각 점

[그림 지도의 기호]

※ 지도의 표시방법(지도도식규칙 제8조)

지도의 내도곽 안쪽에는 지형·지물·지명 및 행정구역 경계 등과 그에 관한 주기를 표시하고, 외도곽 바깥쪽에는 도엽(축척별로 일정한 크기의 경위도 간격으로 자른 지도 1장을 말한다)의 명칭·번호, 인접지역 색인·행정구역 색인·범례·발행자·편집 연도·수정 연도·인쇄 연도 및 축척 등을 표시한다.

④ 지도의 색상

지도를 쉽게 읽기 위하여 기호와 지형지물을 여러 가지 색으로 구분하여 표시한다.

ⓐ 검은색 : 주로 사람에 의해 만들어진 것을 표현하며 관공서, 건물, 철도, 도로, 경계 등을 나타내는 색이다.

시청   산   학교   소방서   교회   묘지

ⓑ 빨간색 : 돋보여서 강조를 하기 위한 색으로 관광지명과 햇빛에 관련된 기호에 많이 사용되는 색이다.

온천   우체국   절   성곽   등대

ⓒ 파란색 : 물을 표현하는 기호와 색에 사용되며, 옅은 곳은 하늘색으로 나타내며 깊이가 깊어질수록 파란색으로 나타낸다.

폭포   논   우물

ⓓ 갈색 : 지형지물의 높낮이를 표현하는 등고선의 색으로 땅과 관련된 모래, 제방 등의 기호에 사용한다.

등고선   제방   모래

ⓔ 녹색 : 지형이 낮은 평야지역이나 녹지대, 공원 등을 표현하는 색으로 밭, 과수원 등 식물의 기호로 사용한다.

과수원   밭   산림

※ 지하시설물 정위치 편집(공공측량 작업규정 제188조)
정위치 편집한 도면에 표시하는 시설물의 종류별
기본 색상은 다음과 같다.

종류	색상
상수도	청색
하수도	보라색
가스	황색
통신	녹색
전기	적색
송유관	갈색
난방열관	주황색

핵심예제

1-1. 지도의 구성요소가 아닌 것은?

① 축척
② 방위
③ 제작기법
④ 기호와 범례

1-2. 그림지도의 기호 중 ⊥⊥가 의미하는 것은?

① 논
② 밭
③ 과수원
④ 산

|해설|

1-1
지도의 구성요소
• 제목
• 축척
• 기호와 범례
• 방위
• 자료의 출처
• 제작자와 제작시기
• 지도의 기호

1-2
② 밭 : 川
③ 과수원 : ㅇ
④ 산 : ▲

정답 1-1 ③ 1-2 ①

핵심이론 02 지도 디자인의 샘플

① 지도 제작(map making)
  ㉠ 표현하고자 하는 주제와 관련된 자료를 수집, 분석,
     지도 설계, 지도 디자인, 편집을 통해 최종 제작하
     는 일련의 기술적 과정을 포괄한다.
  ㉡ 지도 제작과정의 단계
     • 선택(selection) : 표출될 대상에 대한 선별 및
       결정을 한다.
     • 분류화(classification) : 동일하거나 유사한 대
       상을 그룹으로 묶어서 표현한다.
     • 단순화(simplication) : 분류화 과정을 거쳐 선
       정된 형상들 중에서 불필요한 부분을 제거하고
       매끄럽게 한다.
     • 기호화(symbolization) : 한정적 지면의 크기와
       가독성을 고려해 기호를 통해 대상물을 추상적
       으로 표현한다.
  ㉢ 지도의 디자인 과정에서는 지도의 제작계획, 지도
     의 콘텐츠 내용, 기술적 디자인, 지도요소의 배치,
     일반화 등의 요소를 고려해야 한다.
  ㉣ 비공간정보를 공간정보(일반도 또는 주제도)와 연
     계·융합시켜 시각적으로 표출하는 '공간정보 융
     복합 콘텐츠'의 제작은 일종의 주제도를 만드는 과
     정과 유사하다.
② 지도의 분류
  ㉠ 기능에 따른 분류(사용목적에 따른 분류)
     • 일반도(general map), 기본도
       - 특정목적에 치우치지 않고 누구나 사용하며
         가장 널리 사용된다.
       - 참조도(reference map)라고도 하며 다양한 지
         리적 현상들의 공간적 관계를 나타내는 목적
         으로 제작된 지도이다.

- 국가에서 제작하는 지도를 국가기본도(지형도)라고 하며, 우리나라에서는 국토해양부 국토지리정보원에서 국가기본도를 제작한다.
- 대표적인 예로 국가기본도(지형도), 항공사진 영상지도 등이 있다.
- 주제도(thematic map)
  - 특정 주제에 대한 공간적 구조와 현황, 분포 패턴, 상호 연관성 등을 표출하는 목적으로 제작된 지도이다.
  - 주제의 선정에는 한계가 없으며 그 특성에 따라 지질도, 토지이용도, 관광지도, 도시계획도, 인구통계지도 등으로 구분한다.
  - 기본도 이외에 특정목적에 사용되는 내용을 표시한 지도와 기온분포도, 강수량분포도, 인구분포도, 교통망도, 산업분포도, 버스 노선도, 지하철 노선도 등 특정현상의 분포나 형태를 나타내기 위한 지도가 있다.

ⓒ 축척에 따른 분류
- 대축척지도 : 1 : 5,000 이상의 축척을 가진 지도
- 중축척지도 : 1 : 100,000~1 : 10,000의 축척을 가진 지도(1 : 10,000, 1 : 25,000, 1 : 50,000)
- 소축척지도 : 1 : 100,000 미만의 작은 축척을 가진 지도

ⓒ 제작기법에 따른 분류
- 실측지도 : 실제 측량한 결과를 바탕으로 지도를 제작하는 것으로, 우리나라의 경우 항공사진 측량을 토대로 제작한 1 : 1,000과 1 : 5,000 지형도이다.
- 편집도 : 실측지도를 바탕으로 다시 작성한 지도로 1 : 250,000 지형도 등은 대축척 지도를 축소 · 편집하여 제작한다.
- 사진지도 : 지도와 영상을 합성한 지도이다.
- 집성지도 : 여러 장의 사진을 합쳐 제작한 지도이다.
- 수치지도 : 종이지도를 대체하는 디지털지도로, 현재 우리나라에서 제작되는 지도는 대부분 수치지도로 제작된다.

2-1. 지도 제작과정 단계에서 하는 작업이 아닌 것은?

① 투영화(projection)
② 분류화(classification)
③ 단순화(simplication)
④ 기호화(symbolization)

2-2. 지도의 디자인 과정에서 고려해야 할 요소가 아닌 것은?

① 지도요소 배치
② 기술적 디자인
③ 지도의 내용
④ 기호화

|해설|

2-1
지도 제작과정의 단계
- 선택 : 표출될 대상에 대한 선별 및 결정을 한다.
- 분류화 : 동일하거나 유사한 대상을 그룹으로 묶어서 표현한다.
- 단순화 : 분류화 과정을 거쳐 선정된 형상들 중에서 불필요한 부분을 제거하고 매끄럽게 한다.
- 기호화 : 한정적 지면의 크기와 가독성을 고려해 기호를 통해 대상물을 추상적으로 표현한다.

2-2
지도의 디자인 과정에서 고려해야 할 요소
- 지도의 제작계획
- 지도의 콘텐츠 내용
- 기술적 디자인
- 지도요소의 배치
- 일반화

정답 2-1 ① 2-2 ④

4-2. 주제도 작성

핵심이론 01 표준행정구역 및 주소체계

표준행정구역 및 주소체계는 대한민국의 행정을 분류하고, 주소를 부여하기 위해 사용하는 시스템이다.

① 주소체계

　㉠ 주소는 인간이 살고 있는 장소를 뜻하며, 인간의 사회·경제, 정치활동을 원활하고 편하게 하기 위해 지역 명칭에 숫자를 더해 만든 식별화된 부호체계이다.

　㉡ 주소는 기본적으로 '지역명 + 숫자'로 되어 있지만, 주소의 중심축을 이루는 법정동, 행정동, 도로명이 각기 다른 부호체계와 쓰임새를 갖는다.

　㉢ 지역명은 자연 상태에 존재하는 산, 하천, 호수, 고개, 바다 등을 고려하여 명칭을 정하기도 하지만, 인간이 만든 인공 건축물인 사찰, 행정관청, 랜드마크 등도 참조하여 그 명칭을 정하기도 한다.

　㉣ 대한민국에는 지번 주소, 도로명 주소, 동(洞) 등 3가지 종류의 주소체계가 있다.

② 지번 주소

　㉠ 지번은 토지를 구획할 때 어떤 특정한 토지에 붙이는 번호이고, 필지에 부여하는 지적공부(地籍公簿)에 등록한 번호이다.

　㉡ 지번 주소는 '광역시도-시군구-읍면동-숫자-(건물명-호수)'의 체계를 갖는다.

[지번 주소체계]

　㉢ 특징

　　• 지번 주소는 평면적 구역 개념이다.

　　• 지번은 물리적인 영역기준으로 계층화 구조를 지닌다.

　　• 지번 주소는 범용 목적으로 쓰인다.

　㉣ 지번과 도로명 주소의 비교

구분	지번	도로명 주소
구성	동, 리 + 지번 → 토지 중심	도로명 + 건물번호 → 건물 중심
주된 용도	토지관리(토지번호) → 토지 표시(재산권 보호)	위치 이동(건물번호) → 주소 표시(위치 안내)

　㉤ 기존의 지번 주소를 도로명 주소로 변환할 때, 변환이 안 되는 주소가 다수 발생할 수 있다(건물이 없는 농어촌과 산간 지역의 경우, 지번은 있지만 도로명 주소가 없는 경우).

③ 도로명 주소

　㉠ 도로에는 도로명을 부여하고, 건물에는 도로에 따라 규칙적으로 건물번호를 부여하여 도로명과 건물번호 및 상세 주소로 표기하는 주소제도이다.

　㉡ 도로를 기준으로 일정한 간격마다 번호를 부여한 체계이다.

　㉢ 도로명 주소는 '광역시도-시군구-도로명-(건물)번호-동층호-(법정동)' 체계를 갖는다.

[도로명 주소체계]

　㉣ 장점

　　• 체계적인 도로명 주소의 사용으로 길찾기가 수월해진다.

　　• 화재나 범죄 등 긴급한 상황에서 신속하게 대응할 수 있다.

　　• 세계적으로 보편화된 도로명 주소를 사용함으로써 국가 경쟁력이 높아진다.

　　• 물류비 절감 등 사회·경제적 비용이 줄어든다.

　㉤ 특징

　　• 도로명 주소는 선형적 연속 개념이 강하다.

　　• 도로의 위치와 건물번호의 연속성을 고려해 주소의 정확한 위치를 짐작한다.

　　• 여러 개의 행정구역에서 사용하는 경우, 행정구역이 어디인지 짐작하기 어렵다.

④ 동(洞)을 표현하는 방법

   ⊙ '도로명과 숫자', '법정동+숫자', '행정동+숫자'로 쓰는 것이 가능하다.

   ⊙ 법정동은 지적도와 주소 등 법으로 정한 동이라는 뜻으로, 법으로 정한 행정구역의 단위이다.

   ⊙ 행정동은 주민 수, 면적, 주민들의 거주지역을 행정능률, 주민 편의에 의해 설정한 행정구역의 단위이다.

   ⊙ 법정동과 행정동의 차이

구분	법정동	행정동
설명	• 법률로 지정된 행정구역 단위이다.	• 행정 편의를 위해 지정된 행정구역 단위이다.
용도	• 신분증, 신용카드, 각종 공부 등의 주소에 사용한다. • 도로명 주소 괄호 안 병기 시 사용한다.	• 공부의 보관 및 민원 발급, 주민관리 등의 행정 처리 시 사용한다.
특징	• 거의 바뀌지 않는다.	• 편의에 따라 변경 또는 폐지된다.

핵심예제

1-1. 토지관리와 토지 표시를 주된 용도로 하는 주소체계는?

① 지번 주소
② 도로명 주소
③ 동(洞)을 표현하는 방법
④ 지역명 표시

1-2. 도로명 주소의 특징으로 옳지 않은 것은?

① 도로명 주소는 선형적 연속 개념이 강하다.
② 도로의 위치와 건물번호의 연속성을 고려해 주소의 정확한 위치를 짐작한다.
③ 도로명은 물리적인 영역기준으로 계층화 구조를 갖는다.
④ 여러 개의 행정구역에서 사용하는 경우, 행정구역이 어디인지 짐작하기 어렵다.

|해설|

1-2
물리적인 영역기준으로 계층화 구조를 갖는 것은 지번이다.

정답 1-1 ① 1-2 ③

핵심이론 02 지오코딩의 원리와 절차

① 지오코딩(geocoding)의 주요 개념

   ⊙ 지오코딩은 주소를 지리좌표로 변환하는 과정(프로세스)이다.

   ⊙ 고유 명칭(주소나 산, 호수의 이름 등)으로 위도와 경도의 좌푯값을 얻는 것이다.

      • 이 프로세스를 사용하여 마커를 지도에 넣거나 지도에 배치할 수 있다.

      • 지번 및 도로명 주소 외에도 '서울특별시청'과 같은 주요 지점 명칭(POI)으로도 지리적 좌푯값을 검색할 수 있다.

   ⊙ 일반적으로 지도상의 좌표는 위도, 경도의 순서로 좌푯값을 가지지만 GeoJSON처럼 경도, 위도의 순서로 좌푯값을 표현하는 경우도 있다.

   ⊙ 지오코딩이 가능한 공간정보 소스

      • 법정동 코드 10자리 : 시도(2) + 시군구(3) + 읍면동(3) + 리(2)

      • 행정동 코드 10자리 : 시도(2) + 시군구(3) + 읍면동(3) + 리(2)

      • 연속 지적도 PNU 코드 : 19자리로 구성된 행정구역(시도, 시군구, 읍면동) + 구분 + 본번/부번 필지별 고유코드

      □□ □□□ □□□ □□ □ □□□□ □□□□
      ①   ②   ③   ④ ⑤ ⑥   ⑦

      ① 특별시, 광역시, 도의 코드
      ② 시군구의 코드
      ③ 읍, 면, 동의 코드
      ④ 리의 코드
      ⑤ 번지 구분 코드 : 1 - 일반, 2 - 산
      ⑥ 번지 본번 : 35번지인 경우 0035
      ⑦ 번지 부번 : 35-121번지인 경우 0121

      [연속 지적도 PNU 코드]

② 비공간정보 지오코딩 작업의 절차

비공간 데이터를 획득한다. → 비공간 데이터를 정제한다. → 주소정보를 이용하여 지리적 좌푯값을 도출한다. → 지오코딩 후 처리한다.

③ 역지오코딩(reverse geocoding)

      ㉠ 지오코딩과 반대로, 경위도 등의 지리좌표를 사람이 인식할 수 있는 주소정보로 변환하는 프로세스이다.

      ㉡ 위도와 경도의 값으로부터 고유 명칭을 얻는 것이다. 예를 들어, Google maps geocoding API의 역지오코딩 서비스를 사용하면 지정된 장소 ID에 대한 주소를 찾을 수 있다.

④ 지오태깅(geotagging)

      ㉠ 사진기에 GPS를 내장하고 있어 디지털사진에 위치정보를 기록하는 작업이다.

      ㉡ 지오태깅하는 방법은 카메라 제조사 전용 앱을 이용하거나 지오태깅 앱을 이용한다.

핵심예제

2-1. 경위도 등의 지리좌표를 사람이 인식할 수 있는 주소정보로 변환하는 프로세스는?

① 지오코딩(geocoding)
② 지오태깅(geotagging)
③ 리버스 지오코딩(reverse geocoding)
④ 지오 솔루션(geosolution)

2-2. 사진기에 내장된 GPS 수신기를 통해 촬영한 사진에 위치를 자동으로 표시해 주는 기능은?

① 지오코딩(geocoding)
② 지오태깅(geotagging)
③ 리버스 지오코딩(reverse geocoding)
④ 지오 솔루션(geosolution)

|해설|

2-1
역(리버스)지오코딩은 위도와 경도의 값으로부터 고유 명칭을 얻는 것이다.

2-2
지오태깅(geotagging)
• 사진기에 GPS를 내장하고 있어 디지털사진에 위치정보를 기록하는 작업이다.
• 지오태깅하는 방법은 카메라 제조사 전용 앱을 이용하거나 지오태깅 앱을 이용한다.

정답 2-1 ③ 2-2 ②

핵심이론 03 지오코딩 툴의 사용요령

① GIS S/W에서 제공하는 지오코딩 기능 이용하기

      ㉠ ArcGIS

        • ArcGIS 서버 및 ArcGIS online에서 지오코드 서비스를 제공한다.

        • 전 세계 100여 개국의 주소, 도시, 랜드마크, 기업명 등의 DB를 조회하여 이미 구축해 놓은 x, y 좌푯값을 반환해 준다.

      ㉡ MapInfo : MapInfo Pro v9.5 이상 버전용 플러그인 도구(MIAddress.zip)를 다운받아 활용한다.

      ㉢ QGIS

        • 'RuGeocoder'를 설치한 후 'Convert CSV to SHP'를 실행하여 주소정보를 가지고 있는 CSV 파일을 바탕으로 Shape 포맷 레이어의 속성파일을 생성한다.

        • 생성된 shape 레이어를 이용하여 'RuGeocoder-Batch geocoding'을 실행하면 지도 화면상에 해당 위치가 포인트로 표시된다.

      ㉣ Open Layers : 오픈 소스 웹 브라우저에서 지도데이터를 표시하기 위한 자바스크립트 라이브러리이다. 구글 맵과 같은 웹 기반의 지리응용프로그램에 API를 제공한다.

② 오픈 API에서 제공하는 동적 지오코딩 서비스 호출하기

      ㉠ 공간정보 오픈 플랫폼(V-world) Geocoder API : 지번 주소(행정동명 + 지번) 또는 도로명 주소(도로명 + 건물번호)의 항목을 포함한 URL을 전송하면 EPSG : 4326 타입의 좌표를 XML이나 JSON 포맷으로 반환해 준다.

      ㉡ 구글 맵 Geocoding API : JSON(JavaScript Object Notation) 또는 XML 형식으로 결괏값을 반환해 준다.

      ㉢ 네이버 지도 Geocoding API : 주소를 좌표로 변환하는 API(https://openapi.naver.com/v1/map/geocode)를 제공한다.

ⓔ 다음 지도 Geocoding API : servicies.Geocoder 라이브러리 내 addr2coord, coord2addr, coord-2detailaddr 등의 메서드를 이용하여 주소를 좌표로 변환한다.

③ 지오코딩 전용 유틸리티

　㉠ GeoCoder-Xr(구 GeoService-Xr)
- 민간 GIS 솔루션 전문회사인 (주)지오서비스에서 제작한 상용제품이다.
- 개인, 기관, 연구소에서는 용도 제한 없이 사용할 수 있고, 횟수 제한 없이 주소좌표를 변환할 수 있는 지오코딩 도구이다.
- CSV 포맷의 지번 및 도로명 주소를 WGS84 경위도 좌표계의 SHP 파일로 변환해 주는 기능을 제공한다.

　㉡ XGA(eXtensible Geo-coding & Address cleansing)
- 민간 GIS 솔루션 전문회사인 오픈메이트에서 제작한 도구이다.
- 텍스트로 입력한 주소데이터를 정제하여 표준 행정구역과 주소체계로 표준화하고 이를 지도상의 x, y 좌푯값으로 변환해 준다.

핵심예제

3-1. 지오코딩 서비스를 제공하는 오픈 API 발급기관이 아닌 것은?

① 공간정보 오픈 플랫폼(V-world)
② 구글 맵
③ 네이버 지도
④ QGIS

3-2. 지오코딩 전용 유틸리티 GeoCodar-Xr에 관한 설명으로 옳지 않은 것은?

① 민간 GIS 솔루션 전문회사인 (주)지오서비스에서 제작한 상용제품이다.
② 개인, 기관, 연구소에서는 용도 제한 없이 사용할 수 있다.
③ 횟수 제한 없이 주소 좌표를 변환할 수 있는 지오코딩 도구이다.
④ 표준화한 주소데이터를 지도상의 x, y 좌푯값으로 변환해 준다.

|해설|

3-1
QGIS는 지오코딩 작업을 수행하는 소프트웨어이다.

3-2
GeoCodar-Xr은 CSV 포맷의 지번 및 도로명 주소를 WGS84 경위도 좌표계의 SHP 파일로 변환해 주는 기능을 제공한다.

정답 3-1 ④　3-2 ④

① 주제도 작성(thematic mapping)

ㄱ 주제의 등급이나 값을 표현하기 위해 지도 지형을 그리거나 상징화함으로써 토지 이용, 지질학 또는 인구 분산 같은 지리적 변수나 주제를 기술하는 것이다.

ㄴ 특정 수치값에 비례하여 음영, 컬러를 표시해서 특정 주제도를 생성하는 기능이다.

ㄷ 주제도는 주제(theme) 또는 GIS 데이터베이스에 구축되어 있는 자료의 특성을 반영하는 항목을 중심으로 생성된다.

ㄹ 주제도에서 각 요소의 부호 또는 음영은 데이터베이스의 속성자료를 근거로 생성한다.

② 주제도의 유형(통계지도)

주제도는 표현하고자 하는 내용에 따라 적합한 형식을 취하는 것이 중요한데 대표적인 유형으로 점묘도, 도형표현도, 단계구분도, 등치선도, 유선도 등이 있다.

ㄱ 점묘도(dot map) : 어떤 통계치를 점의 밀도로 표시하는 방식의 지도로, 해당 자료의 정도와 그 위치를 지도에 함께 보여 주는 특징을 가진다. 인구, 가축 수, 각종 농업 생산량 등을 표시하는 데 많이 이용한다.

ㄴ 도형표현도 : 통계치를 원, 다각형, 막대그래프 등의 크기로 표현하는 지도로, 여러 지역 간 자료의 비교에 적합하다.

ㄷ 단계구분도(choropleth map) : 수치에 따른 단계로 통계자료를 구분하여 표현하는 지도로, 보통 명암이나 유사한 색깔의 명도(明度), 채도(彩度) 등으로 표시한다. 보통 각종 인구 비율, 어떤 조건에 대한 정도 등 다양한 통계치에 대해 행정구역 간 비교에 많이 사용된다.

ㄹ 등치선도 : 통계값이 같은 지점들을 지도상에 연결한 지도로 평균기온, 꽃의 개화일 등 각종 기후지도에 많이 이용된다.

ㅁ 유선도 : 어떤 지리적 현상의 이동 현황을 화살표의 방향과 굵기로 표현하는 지도로 주로 전입, 전출, 수출, 수입 등의 현황을 보여 주는 지도에 이용한다.

③ GIS S/W를 이용한 주제도(통계지도) 작성

ㄱ 대부분의 상용 GIS S/W에는 다양한 유형의 평면지도 기반의 주제도(통계지도)를 만들 수 있는 기능이 있다.

ㄴ 장점은 비공간정보의 지오코딩, 다양한 사이트에서 제공하는 웹맵과의 매시업, 로컬 저장소의 자신의 데이터를 가공·융합하기에 제약이 거의 없다는 것이다.

ㄷ 단점은 프로그램 사용권을 확보해야 하는 것과 이용법을 숙지해야 한다는 점이다.

ㄹ 공공 부문에서 서비스하는 웹기반의 인터렉티브 방식의 주제도 제작서비스는 작성에 필요한 기능을 메뉴화하여 비전문가도 쉽게 이용할 수 있는 인터페이스를 제공한다.

- 장점 : 개방된 데이터의 사용에 제약이 없고 별도의 프로그램이나 서버를 갖추지 않아도 된다.
- 단점 : 로컬 저장소에 보관하고 있는 자신의 데이터를 활용하는 데 한계가 있고, 매시업과 추가 설정을 통한 다채로운 데이터의 시각화 작업이 어렵다.

ㅁ 그 밖에 비공간정보를 지도 기반으로 융합하여 원하는 주제의 데이터를 시각적으로 표출할 수 있는 방법은 지오매핑 도구, 통계처리 도구, BI(Business Intelligence) 도구 등이 있다.

④ 수치지도 작성작업에 사용되는 용어

ㄱ 수치지도 : 전산시스템을 이용하여 지표면, 지하, 수중 및 공간의 위치와 지형지물 및 지명 등의 각종 지형 공간정보를 일정한 축척에 따라 디지털 형태로 나타낸 것이다.

ⓛ 수치지도 작성 : 각종 지형 공간정보를 취득하여 전산시스템에서 처리할 수 있는 형태로 제작하거나 변환하는 일련의 과정이다.

ⓒ 속성 : 수치지도에 표현되는 각종 지형지물의 종류, 성질, 특징 등을 나타내는 고유한 특성이다.

ⓔ 도곽(圖廓) : 일정한 크기에 따라 분할된 지도의 가장자리에 그려진 경계선이다.

ⓜ 도엽코드(圖葉code) : 수치지도의 검색·관리 등을 위하여 축척별로 일정한 크기에 따라 분할된 지도에 부여한 일련번호이다.

ⓗ 메타데이터(metadata) : 작성된 수치지도의 체계적인 관리와 편리한 검색·활용을 위하여 수치지도의 이력 및 특징 등을 기록한 자료이다.

4-1. 주제도 작성(thematic mapping)에 관한 설명으로 옳지 않은 것은?

① 특정 수치값에 비례하여 음영, 컬러를 표시해서 특정 주제도를 생성하는 기능이다.

② 주제도는 GIS 데이터베이스에 구축되어 있는 자료의 특성을 제외하여 생성된다.

③ 주제도에서 각 요소의 부호 또는 음영은 데이터베이스의 속성자료를 근거로 생성된다.

④ 지도 지형을 그려 토지 이용, 지질학 또는 인구 분산 같은 지리적 변수나 주제를 기술하는 것이다.

4-2. 주제도의 유형(통계지도)이 아닌 것은?

① 점묘도(dot map)

② 도형표현도

③ 단계구분도(choropleth map)

④ 등고선도(contour map)

|해설|

4-1

주제도는 주제(theme) 또는 GIS 데이터베이스에 구축되어 있는 자료의 특성을 반영하는 항목을 중심으로 생성된다.

4-2

주제도의 유형(통계지도)

• 점묘도

• 도형표현도

• 단계구분도

• 등치선도

• 유선도

정답 4-1 ② 4-2 ④

① 웹 맵서비스(WMS ; Web Map Service)

지도를 이미지 형식으로 제공하는 서비스이다. GIS 데이터에 접근하기 위한 인터페이스로서 웹을 통해 지도를 이미지(형식)로 제공하며, 데이터 서버에 저장된 레이어 또는 분석을 통해 생성된 벡터 및 래스터데이터를 시각화(visualization)하는 서비스이다.

② 웹 피처서비스(WFS ; Web Feature Service)

지리정보에 대한 다양한 처리를 하는 서비스이다. 웹을 통해 벡터 형식으로 GIS 데이터를 제공하기 위한 인터페이스로, 데이터 서버에 저장된 벡터 레이어를 공간 및 속성조건을 이용해서 불러오거나 관리(피처의 추가·수정·삭제)하기 위한 서비스이다.

③ 웹 맵 타일서비스(WMTS ; Web Map Tile Service)

OGC(Open Geospatial Consortium)에서 개발한 표준 프로토콜로, 지리정보를 타일 형식으로 제공하는 서비스이다. WMTS는 지도를 일정한 크기의 타일로 나누어 클라이언트에 전달하여, 지리데이터를 빠르고 효율적으로 시각화한다.

④ 웹 처리서비스(WPS ; Web Processing Service)

지도를 벡터 형식으로 제공하는 서비스이다. 지리정보에 대한 다양한 처리서비스(Geo-Processing Service)를 웹상에서 정의하고 접근할 수 있도록 하기 위한 인터페이스이며, 모든 OGC 표준 웹 서비스들과 호환성을 갖도록 정의되어 있다.

⑤ 웹 커버리지서비스(WCS ; Web Coverage Service)

래스터 형식의 GIS 데이터를 제공하는 서비스이다. 웹을 통해 래스터 형식의 GIS 데이터를 제공하기 위한 인터페이스로 위성영상, DEM 등의 자료를 서비스한다.

5-1. 다음 중 공간정보 웹서비스(WMS, WFS, WCS, WPS)와 관련된 표준을 정의하는 기관은?

① 국제측지학회(IAG ; International Association of Geodesy)
② 개방형 공간정보 컨소시엄(OGC ; Open Geospatial Consortium)
③ 국제표준화기구(ISO ; International Organization for Standardization)
④ 국제사진측량 및 원격탐사학회(ISPRS ; International Society for Photogrammetry and Remote Sensing)

5-2. 다음 보기에서 설명하는 공간정보 웹서비스는?

┌보기┐

GIS 데이터에 접근하기 위한 인터페이스로서 웹을 통해 지도를 이미지(형식)로 제공하며, 데이터 서버에 저장된 레이어 또는 분석을 통해 생성된 벡터 및 래스터데이터를 시각화(visualization)하는 서비스이다.

① WMS(Web Map Service)
② WFS(Web Feature Service)
③ WPS(Web Processing Service)
④ WMTS(Web Map Tile Service)

|해설|

5-1

OGC(Open Geospatial Consortium)는 공간정보 콘텐츠와 서비스, 데이터 처리와 교환을 위한 표준 개발과 지원을 하는 비영리 민관 참여 GIS 관련 국제기구로서, 공간정보 웹서비스에 관한 표준을 정의한다.

5-2

② WFS(Web Feature Service) : 웹을 통해 벡터 형식으로 GIS 데이터를 제공하기 위한 인터페이스로, 데이터 서버에 저장된 벡터 레이어를 공간 및 속성조건을 이용해서 불러오거나 관리(피처의 추가·수정·삭제)하기 위한 서비스이다.
③ WPS(Web Processing Service) : 지리정보에 대한 다양한 처리 서비스(Geo-Processing Service)를 웹상에서 정의하고 접근할 수 있도록 하기 위한 인터페이스이며, 모든 OGC 표준 웹 서비스들과 호환성을 갖도록 정의되어 있다.
④ WMTS(Web Map Tile Service) : OGC(Open Geospatial Consortium)에서 개발한 표준 프로토콜로, 지리정보를 타일 형식으로 제공하는 서비스이다. WMTS는 지도를 일정한 크기의 타일로 나누어 클라이언트에 전달하여, 지리데이터를 빠르고 효율적으로 시각화한다.

정답 5-1 ② **5-2** ①

Win-**Q**

공간정보융합기능사

PART

2

제1회~제3회   실전 모의고사

실전 모의고사

제1회 실전 모의고사

01 공간정보의 역할에 대한 설명으로 가장 거리가 먼 것은?

① 서로 다른 공간분석 모델을 적용하여 분석결과를 비교한다.

② 입지 및 교통, 가시권, 주위 환경관리 등을 위한 분석모델을 개발한다.

③ 업무를 효과적으로 수행할 수 있도록 조직을 체계적으로 운영한다.

④ 관심 지역에 대한 다양한 주제도를 제작하여 그 지역의 특성을 파악한다.

해설
업무를 효과적으로 수행할 수 있도록 조직을 체계적으로 운영하는 것은 경영관리에 해당한다.

02 한 국가의 토지제도를 유지하고 보호하는 도구로서, 토지 현황을 행정자료로 제공하는 토지관리정보는?

① 공간정보

② 지적정보

③ 지자기 정보

④ 실외 공간정보

해설
지적정보는 한 국가의 토지제도를 유지하고 보호하는 도구로서, 토지 현황을 행정자료로 제공하는 토지관리정보를 의미한다.

03 공간정보시스템의 구성요소가 아닌 것은?

① 인적 자원

② 데이터베이스

③ 컴퓨터 하드웨어 및 소프트웨어

④ 공공데이터 정책

해설
공간정보시스템 구성요소
• 컴퓨터 하드웨어 및 소프트웨어
• 데이터베이스
• 인적 자원(휴먼웨어)

04 현실세계에 존재하는 사물, 성질, 환경이나 시스템을 컴퓨터상의 디지털데이터 모델로 가상 공간에 똑같이 표현하여 실시간 상호작용이 가능하도록 구현한 것은?

① 가상현실 　　　② 트윈슈머

③ 사물인터넷 　　④ 디지털 트윈

해설
디지털 트윈 기술은 현실세계에 존재하는 사물 등을 가상 공간에 동일하게 모사하고, 시뮬레이션함으로써 그 결과에 따른 최적화된 대안을 찾을 수 있도록 해 준다.

05 우리나라의 축척 1:5,000 국가기본도 제작 시 전국을 모두 수정하는 주기는?

① 6개월 　　　　② 1년

③ 2년 　　　　　④ 4년

해설
국가기본도는 2년 주기로 전국의 모든 정보를 수정하고, 2주 단위로 대형 건물, 도로 등의 중요 정보를 수정한다.

1 ③　2 ②　3 ④　4 ④　5 ③ **정답**

06 공간정보기술이 융·복합될 수 있는 기술로, 지상과 항공을 연결하는 3차원 도심 항공교통체계로 항공기를 활용하여 사람과 화물을 운송할 수 있는 차세대 교통체계는?

① MMS(Mobile Mapping System)
② UIS(Urban Information System)
③ UAM(Urban Air Mobility)
④ SLAM(Simultaneous Localization And Mapping)

해설
도심항공모빌리티(UAM)는 항공기를 활용하여 사람과 화물을 운송하는 기술로, 도심 상공을 새로운 교통 통로로 이용할 수 있어 도심의 이동 효율성을 높일 수 있는 교통체계이다.

07 평면 위의 위치를 각도와 거리를 사용하여 나타내는 2차원 좌표계로, 반지름 r과 θ로 표현하는 것은?

① 극좌표계
② 직각좌표계
③ 경위도 좌표계
④ 평면직교좌표계

해설
③ 경위도 좌표계 : 지구상 절대적 위치 표시에 일반적으로 가장 널리 이용된다. 경도는 본초자오선을 기준으로 동서쪽으로 0°~180°로 구분하고, 위도는 적도를 기준으로 남북쪽으로 0°~90°로 구분한다.
④ 평면직교좌표계 : 주로 측량범위가 넓지 않은 일반 측량에 사용한다. 좌표원점에서 X축(N : 북+)은 북쪽 방향, Y축(E : 동+)은 동쪽 방향을 표현한다.

08 기존의 지도 등을 디지털화하여 공간데이터를 입력하는 방법은?

① 원격탐사
② 디지타이징
③ 수치지도 작성
④ 수치데이터 변환

해설
공간데이터 입력(디지타이징)
• 기존의 지도 등을 디지털화함으로써 공간데이터를 입력하기도 한다.
• 종이 형태의 지도는 스캐닝하거나 디지타이징 등의 과정을 거쳐 디지털화되고 컴퓨터를 통하여 분석할 수 있는 공간데이터로 활용된다.

09 벡터데이터와 격자(래스터)데이터를 비교 설명한 내용으로 옳지 않은 것은?

① 래스터데이터는 압축되어 사용한다.
② 래스터데이터의 구조가 비교적 단순하다.
③ 래스터데이터가 자료의 조작과정에 효과적이다.
④ 벡터데이터는 객체의 정확한 경계선 표현에 용이하다.

해설
래스터데이터는 압축되어 사용되는 경우가 거의 없다.

10 위상오류 유형 중 다각형 밖으로 뻗어나간 선에 해당하는 것은?

① 언더슈트   ② 오버슈트
③ 슬리버   ④ 스파이크

해설
위상오류의 유형
• 닫혀 있지 않은 다각형
• 중첩된 선(슬리버)
• 다각형 밖으로 뻗어 나간 선(스파이크)
• 다각형 내부에서 잘못 디지타이징된 선
• 언더슈트(라인 사이에 틈이 존재)
• 오버슈트(라인이 접해야 할 다른 라인 너머에서 끝남)

11 지하 공간을 이용 및 관리하는 데 기본이 되는 지하 시설물이 아닌 것은?

① 전기
② 상수도
③ 하수도
④ 지하상가

해설
지하시설물 : 상수도, 하수도, 전기, 통신, 가스, 난방 등

12 API(Application Programming Interface) 중 누구나 무료로 사용할 수 있도록 공개된 것은?

① Web API
② Java API
③ 오픈 API
④ Fress API

해설
오픈 API(open API ; open Application Programming Interface) : 누구나 무료로 상용할 수 있게 공개된 API를 뜻한다. API 중에서 플랫폼의 기능 또는 콘텐츠를 외부에서 웹 프로토콜 (HTTP)로 호출해 사용할 수 있게 개방한 API이다.

13 레이어 중첩 시 입력 피처와 중첩되는 중첩 내 피처나 피처의 일부분이 유지되며, 입력 및 피처의 기하가 같아야 하는 방법은?

① 교차   ② 유니언
③ 지우기   ④ 아이덴티티

해설
② 유니언 : 입력 레이어와 중첩 레이어의 기하학적 유니언이 결과에 포함되고, 모든 피처와 해당 속성이 레이어에 작성된다.
③ 지우기 : 중첩 레이어의 피처와 겹치지 않는 입력 레이어의 피처 또는 피처의 일부가 결과에 작성된다.
④ 아이덴티티 : 입력 피처와 중첩 피처의 피처 또는 일부가 결과에 포함된다. 입력 레이어와 중첩 레이어에 겹치는 피처 또는 피처의 일부가 결과 레이어에 작성된다.

14 지도를 투영면의 종류에 따라 구분할 때 이에 해당하지 않는 것은?

① 원추도법
② 원통도법
③ 직각도법
④ 평면도법

해설
3차원 지구에서의 모든 점이 2차원 평면상인 지도에 접할 수 없기 때문에 투영법을 사용한 지도는 투영면의 종류에 따라 원통·원추·평면도법 등으로 구분한다.

15 좌표계 변환에 대한 설명으로 옳지 않은 것은?

① 3차원 직각좌표와 경위도좌표 간 변환이 있다.
② 2차원 평면에서 극좌표와 직각좌표 간 변환이 있다.
③ 좌표계 변환이란 하나의 좌표계에서 다른 좌표계로의 변환을 의미한다.
④ 좌표계 변환을 위해서는 먼저 변환하려는 데이터의 좌표계 설정은 필요 없다.

해설
좌표계를 변환하는 경우에는 변환하려는 데이터의 좌표계가 설정되어 있어야 한다.

16 다음 중 세계측지계로 알려진 측지기준계가 아닌 것은?

① PZ

② ITRF

③ WGS84

④ NRS80

해설
측지기준계는 구축기법에 따라 세계 대다수 국가가 사용하는 ITRF계, 미국의 GPS 운영측지계인 WGS계, 러시아 GLONASS 운영측지계인 PZ계로 나눌 수 있다.

17 공간 데이터베이스 내에 저장되는 객체가 갖는 정보로, 객체 간 공간상의 위치나 관계성을 좀 더 정량적으로 구현하기 위한 것은?

① 도형정보

② 메타정보

③ 속성정보

④ 위상정보

해설
위상은 서로 연결된 또는 인접한 벡터객체들 사이의 공간적 관계를 의미한다.

18 지리정보시스템(GIS)의 자료 출력용 하드웨어가 아닌 것은?

① 모니터

② 프린터

③ 플로터

④ 디지타이저

해설
디지타이저는 데이터 입력용 하드웨어이다.

19 공간데이터를 병렬로 합치며 기존 속성값을 유지한 상태로 레이어를 결합하는 것은?

① clip

② erase

③ merge

④ eliminate

20 다음 그림과 같이 레이어 중첩 레이어의 피처 일부가 포함되는 것은?

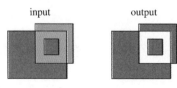

① 교차

② 유니언

③ 지우기

④ 대칭 차집합

해설
대칭 차집합은 중첩되지 않는 입력 레이어와 중첩 레이어의 피처 또는 피처의 일부가 포함된다.

21 지표면 영상 수집 시 플랫폼의 위치, 속도, 자세 등에 따라 발생하는 오차는?

① 기하오차

② 방사오차

③ 복사오차

④ 센서오차

해설

기하오차

• 탐측기 기하 특성에 의한 내부 왜곡으로 영상이 실제 지형과 정확히 일치하지 않는 오차가 발생한다.

• 발생원인 : 위성의 자세, 지구의 곡률, 관측기기의 오차, 지구 자전의 영향

22 방사(복사)오차의 원인이 아닌 것은?

① 지구의 곡률

② 지형의 경사와 향

③ 대기의 산란 및 흡수

④ 대기 중의 먼지와 수증기

해설

지구의 곡률은 기하오차의 원인이다.

23 영상의 기하 보정을 위한 지상기준점으로 옳지 않은 것은?

① 교량의 끝점

② 도로 교차점

③ 해변의 해안선

④ 댐의 좌·우측 코너

해설

지상기준점으로는 모양과 크기 변화가 없는 교량, 교차로, 인공구조물 등과 같은 지형지물을 선택한다.

24 2차원 아핀 변환으로 전단 변환을 나타내는 것은?

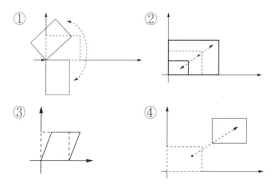

해설

전단 변환은 부등각 사상 변환(affine transform)의 한 종류로, 축 방향으로의 전단(밀림)을 의미한다.

25 3차원 공간의 점들을 2차원의 공간으로 매핑하는 변환은?

① 유사 변환

② 투영 변환

③ 등각사상 변환

④ 부등각사상 변환

해설

② 투영 변환 : 큰 차원 공간의 점들을 작은 차원의 공간으로 매핑하는 변환으로, 3차원 공간을 2차원 평면으로 변환하는 것이다.

③ 등각사상 변환 : 기하적인 각도를 그대로 유지하면서 좌표를 변환하는 방법으로 기본적인 위치 이동, 확대 및 축소, 회전 등과 이들의 조합된 변환방법 등을 고려한다.

④ 부등각사상 변환 : 선형 변환과 이동 변환을 동시에 지원하는 변환으로서, 변환 후에도 변환 전의 평행성과 비율을 보존한다.

26 지구와 지도에서 면적이 크고 작은 정도가 같아 면적이 정확한 투영법은?

① 방위투영법
② 정거투영법
③ 정적투영법
④ 정형투영법

해설

지도가 갖추어야 지도학적 성질에 따라 특정 방향으로 거리가 정확한 정거투영법, 면적이 정확한 정적투영법, 형태가 정확한 정형투영법 등으로 구분한다.

27 상관계수에 대한 설명으로 옳지 않은 것은?

① 상관관계의 단위는 없다.
② 상관계수의 부호는 직선관계의 방향을 나타낸다.
③ 상관계수가 0에 가까워질 때 연관성이 높아지는 경향이 있다.
④ 상관계수의 절댓값 크기는 직선관계에 가까운 정도를 나타낸다.

해설

상관계수는 1에 가까워질수록 연관성이 커진다.

28 영상 필터링에서 그림자를 보는 것과 같은 음영기복효과를 내는 필터는?

① 고대역 필터
② 중대역 필터
③ 중앙값 필터
④ 양각처리 필터

해설

양각처리 필터는 북서 방향 처리 또는 동서 방향 처리 등을 통해 음영기복효과를 낼 수 있다.

29 다양한 영역의 밴드에서 수집된 영상을 임의의 적색, 녹색, 청색으로 조합하는 것은?

① 가색 조합
② 인공색 조합
③ 자연색 조합
④ 천연색 조합

해설

가색 조합

• 단색 화상의 각 픽셀에 대해 그 농도 레벨에 따라 색을 임의로 할당하여 색상을 조합하는 방법이다.
• 전자기 스펙트럼 영역에서 수집된 영상을 임의적 적색, 녹색, 청색으로 조합한다.

30 데이터베이스를 수정 가능한 상태로 변경한 후 속성을 업데이트하는 방법에 관한 설명으로 옳지 않은 것은?

① 속성 데이터베이스를 수정 가능한 상태로 변경하기 위해서 편집 모드를 활성화한다.
② 공간데이터와 외부 데이터베이스의 공통된 키(key)의 조인(join)을 통해 이루어진다.
③ 업데이트를 마친 후 편집된 내용을 저장하면 속성필드는 업데이트된다.
④ 이 과정에서 새롭게 입력되는 속성값은 속성필드의 정의에 따라 입력해야 한다.

해설

②는 외부 데이터베이스와의 조인을 이용한 업데이트에 관한 설명이다.

31 데이터 개체(entity), 속성(attribute), 관계(relationship) 및 데이터 조작 시 데이터값이 갖는 제약조건 등에 관해 전반적으로 정의하는 것은?

① 화소(pixel)

② 행렬(matrix)

③ 스키마(schema)

④ 참조파일(reference file)

해설

스키마

• 데이터베이스의 구조와 제약조건에 관한 전반적인 명세를 기술한 메타데이터의 집합이다.

• 데이터베이스를 구성하는 데이터 개체, 속성, 관계 및 데이터 조작 시 데이터값들이 갖는 제약조건 등에 관해 전반적으로 정의한다.

• 사용자의 관점에 따라 외부 스키마, 개념 스키마, 내부 스키마로 나눈다.

32 점, 선, 면으로 구성된 공간객체 간 위치의 상관관계를 나타내는 것은?

① 속성(attribute)

② 위상(topology)

③ 레이어(layer)

④ 지오메트리(geometry)

해설

위상(topology)

• 연속된 변형작업에도 왜곡되지 않는 객체의 속성에 대한 수학적인 연구로 GIS에서 포인트, 라인, 폴리곤과 같은 벡터데이터의 인접이나 연결과 같은 공간적 관계를 표현한다.

• 위상을 기반으로 하는 데이터는 위치관계적 오류를 찾아내고 이를 수정하기에 매우 유용하다.

• 위상은 피처 사이의 관계를 명시하며, 공간데이터가 좌표를 공유하는 형태도 설명한다.

33 특정한 목적을 위해 기본도 또는 기존 레이어로부터 원하는 영역만 별도의 레이어로 추출하는 것은?

① 분할

② 추출

③ 필터링

④ 타일링

해설

분할은 원하는 영역만을 별도의 레이어로 추출하는 것으로, 영역 분할과 속성 분할로 구분된다.

34 버퍼를 수행하는 점 간 중첩되는 영역에 대해 디졸브를 수행하여 버퍼영역 내의 경계가 병합된 것은?

① 면 버퍼

② 단순 버퍼

③ 복합 버퍼

④ 동심원 버퍼

35 속성값 재분류 유형 중 그룹 내의 분산을 줄이고, 등급 간 분산은 최대화하는 방법은?

① 등분위(quantile)방법

② 등간격(equal interval)방법

③ 자연분류(natural break)방법

④ 표준편차(standard deviation) 방법

해설

③ 자연분류(natural break)방법 : 데이터에 내재된 자연스러운 그룹화를 기반으로 하고, 그룹 내의 분산은 줄이고, 등급 간 분산은 최대화하여 그룹 경계를 결정하는 방법이다.

① 등분위(quantile)방법 : 각 클래스의 동일한 수의 기능을 포함하고, 그룹별 빈도수가 동일하게 그룹의 경계를 결정하는 방법이다.

② 등간격(equal interval)방법 : 동일한 간격으로 그룹 경계를 결정하고, 속성값의 범위를 같은 크기의 하위 범위로 나눈다.

④ 표준편차(standard deviation) 방법 : 표준편차 분류는 위치의 속성값과 평균 간의 차이를 보여 준다. 표준편차 분류를 사용하면 평균보다 큰 값과 작은 값이 강조됨으로써 평균값보다 위 또는 아래에 있는 위치를 손쉽게 나타낼 수 있다.

36 Talen의 접근성 측정방법이 아닌 것은?

① 중력(gravity) 모형

② 커버리지(coverage) 모형

③ 컨테이너(container) 모형

④ 최대거리(maximum distance) 모형

해설
접근성 측정방법
• 컨테이너 모형
• 커버리지 모형
• 최소거리 모형
• 이동비용 모형
• 중력 모형

37 국토지리정보원에서 제작한 연속 수치지형도에 관한 설명으로 옳지 않은 것은?

① 도엽별로 제작하여 제공한다.

② 도형정보와 속성정보를 모두 포함한다.

③ 전국 단위의 대상으로 하는 데이터베이스 구축이 가능하다.

④ 포맷형식으로는 NGI 파일, SHP 파일, NDA 파일 등이 있다.

해설
연속 수치지형도는 도엽 경계 간 정보 단절을 보완하기 위해 레이어 형태의 연속화된 수치지형도로 제공한다.

38 토지관리와 토지 표시를 주된 용도로 하는 주소체계는?

① 지번 주소

② 도로명 주소

③ 지역명 표시

④ 동(洞)을 표현하는 방법

39 기호 ⦙⦙⦙ 가 의미하는 것은?

① 논   ② 밭

③ 산   ④ 과수원

해설
① 논 : ⊔⊔
③ 산 : ▲
④ 과수원 : ○̣

40 지구를 둘러싸는 6개의 GPS 위성궤도는 각 궤도 간 몇 도의 간격을 유지하는가?

① 30°   ② 45°

③ 60°   ④ 90°

41 Java에서 데이터베이스 이용할 수 있도록 제공하는 방식은?

① SQL
② JDBC
③ JBOSS
④ SESSION

해설
JDBC(Java DataBase Connectivity)는 Java에서 데이터베이스에 접근 및 제어할 수 있는 기능을 제공하는 기능이다.

42 Open Street Map에 대한 설명으로 옳지 않은 것은?

① 유료로 사용 가능하다.
② 사용자 참여로 만들어진다.
③ 전 세계를 대상으로 이루어지는 서비스이다.
④ 여러 가지 방법으로 다운로드 받아서 이용 가능하다.

해설
오픈 스트리트 맵(OSM ; Open Street Map)은 누구나 참여할 수 있는 오픈소스 방식의 무료 지도서비스이다.

43 웹에서 지도를 이용할 수 있도록 JavaScript로 이루어진 지도 제작 라이브러리는?

① GeoMap
② Open Layers
③ Open Street Map
④ Open Geospatial Consotium

해설
Open Layers는 지도를 이용할 수 있도록 제작된 오픈소스로 JavaScript 라이브러리이다.

44 공간정보가 아닌 것은?

① 집 주소
② 지적데이터
③ 스마트폰 번호
④ 위치정보가 포함된 사진

해설
공간정보는 위치를 특정할 수 있거나 지도에 표현 가능한 데이터이다.

45 active 센서와 위성의 특징이 아닌 것은?

① 태양의 여부와 관계없이 밤낮으로, 전천후 관측이 가능하다.
② 물체가 자체적으로 발산하는 에너지를 관측하는 시스템이다.
③ 마이크로파 파장대와 같이 지구복사에너지가 약한 영역에서 활용한다.
④ 위성에서 직접 신호를 송신하고 물체에 반사되어 돌아오는 신호를 측정한다.

해설
물체가 자체적으로 발산하는 에너지를 관측하는 시스템은 passive 위성이다.

46 수동형 원격탐사에 사용되는 전자파 에너지에 포함되지 않는 것은?

① 레이더 ② 자외선

③ 적외선 ④ 가시광선

해설

능동형 원격탐사의 대표적인 예로 라이다와 레이더가 있다.

47 지표가 아닌 건물의 높이까지 포함한 지형 모델링은?

① DEM ② DSM

③ DTM ④ TIN

해설

건물의 높이를 포함한 지형모델링은 DSM(수치표면모델)으로, 인공지물과 식생이 있는 지구 표면의 표고를 표현하기 위해 일정 간격의 격자점마다 수치로 기록한 표고 모형이다.

48 선분이나 원호로 연결된 노드들이 존재할 때, 이 노드 간의 순차적인 연결을 의미하는 것은?

① indexing

② topology

③ geometry

④ spatial reference system

해설

① indexing : 정보 검색을 위하여 보조기억장치에 들어 있는 파일에 대해 찾아보기 파일을 만들어 내는 것이다.

② topology : 연속된 변형작업에도 왜곡되지 않는 객체의 속성에 대한 수학적인 연구로 GIS에서 포인트, 라인, 폴리곤과 같은 벡터데이터의 인접이나 연결과 같은 공간적 관계를 표현한다.

49 지형을 가장 작은 면 단위인 삼각형으로 표현하는 방법으로, 지형모델의 표현에 사용되는 것은?

① DEM ② DSM

③ DTM ④ TIN

해설

① DEM : 지표면 자체에 나타난 연속적인 기복 변화를 수치적으로 표현하여 모델링한 것으로, 실세계 지형정보 중 건물, 수목, 인공구조물 등을 제외한 지형 부분을 표현하는 수치 모형이다. 강이나 호수의 DEM 높이값은 수표면을 나타낸다.

② DSM : 지형뿐만 아니라 나무, 건물, 인공구조물 등의 높이까지 모든 공간상의 표면 형태를 수치적으로 표현한 3차원 모델로 원거리통신관리, 산림관리, 3D 시뮬레이션 등에 이용된다.

③ DTM : DEM과 유사한 뜻으로 사용되지만, 지형을 좀 더 정확하게 묘사하기 위해 불규칙적으로 간격을 갖는 불연속선이 존재한다는 것이 다르다. 최종적인 결과는 특정 지형을 명확히 묘사하는 것이며, 등고선은 지형의 실제 형태에 가깝도록 DTM으로부터 생성한다.

50 등퍼텐셜면이라고도 하며, 지구를 물로 덮었다고 가정했을 때의 자구의 형태를 나타내고 있는 것은?

① 지오이드

② 원형 타원체

③ 지구 타원체

④ 지구중심좌표계

해설

지오이드 : 지구의 평균 해수면과 일치하는 등퍼텐셜면(위치에너지가 같은 면)을 육지까지 연장하여 지구 전체를 덮어 싸고 있다고 가정한 가상의 면이다.

51 오차 및 정확도와 정밀도에 관한 설명으로 옳지 않은 것은?

① 정밀도는 측정의 균질성을 의미하며, 관측장비와 관측방법에 의존한다.

② 체계적 오류는 일정한 값이나 비율로 측정에 영향을 주는 오류이다.

③ 정확도는 참값과 얼마나 가까운가에 대한 정도를 표현하는 데 사용된다.

④ 무작위 오류는 측정할 때마다 임의로 발생하는 것으로, 예측 가능한 오류이다.

> **해설**
> 무작위 오류는 측정할 때마다 임의로 발생하는 것으로, 예측할 수 없는 오류이다.

52 공간자료의 모델에 관한 설명으로 옳지 않은 것은?

① 공간자료는 도형자료와 속성자료로 구분한다.

② 공간자료 모델은 벡터 모델과 래스터 모델이 있다.

③ 공간자료는 시간에 따른 동적 변화의 기록이 필요 없다.

④ 공간자료의 분석을 위해서는 위치적 상관관계에 관한 토폴로지(topology)가 필요하다.

> **해설**
> 공간자료는 시간에 따른 동적 변화의 기록을 통해 시계열 분석 등 다양한 분석이 가능하다.

53 공간자료의 특징에 관한 설명으로 옳지 않은 것은?

① 다양한 통계자료로부터 공간자료가 수집되고 변환된다.

② 종이지도로부터 공간자료를 수집하는 것은 불가능하다.

③ 공간자료는 현실세계로부터의 모델링을 통해 그 대상이 정의된다.

④ 현실세계의 모델링 과정에서 공간자료는 래스터자료와 벡터자료의 두 가지 유형으로 구분된다.

> **해설**
> 지형도와 같은 종이지도는 스캐닝하여 기존의 많은 공간정보를 수집할 수 있다.

54 측량결과에 따라 공간상의 위치와 지형 및 지명 등 여러 공간정보를 일정한 축척에 따라 기호나 문자 등으로 표시한 것은?

① 지도

② 구글 맵

③ 브이월드

④ 국가공간정보포털

> **해설**
> 실세계로부터 수집된 다양한 공간정보는 지도의 형식에 따라 표현한다.

55 DML에 해당하는 SQL 명령어로만 나열된 것은?

① DROP, INSERT, GRANT, CREATE

② SELECT, INSERT, DELETE, UPDATE

③ COMMIT, SELECT, CREATE, DELETE

④ COMMIT, GRANT, REVOKE, ROLLBACK

56 SQL의 분류 중 DDL에 해당하지 않는 것은?

① DROP

② ALTER

③ CREATE

④ UPDATE

57 객체지향기법에 대한 설명으로 옳지 않은 것은?

① 소프트웨어의 재사용률이 높아진다.

② 소프트웨어의 유지·보수성이 향상된다.

③ 프로시저에 근간을 두고 프로그래밍을 구현하는 기법이다.

④ 현실세계를 모형화하여 사용자와 개발자가 쉽게 이해할 수 있다.

해설
객체지향기법은 객체를 만들어 객체를 근간으로 프로그램을 구현한다.

58 시스템 프로그래밍에 적합한 언어는?

① C

② COBOL

③ Pascal

④ Fortran

해설
C언어는 시스템 소프트웨어를 개발하기 편리하여 시스템 프로그래밍 언어로 널리 사용된다.

59 'A와 B가 같지 않다.'의 의미를 갖는 관계연산자는?

① A != B

② A ◇ B

③ A ?= B

④ A &= B

해설
관계(비교)연산자

연산자	의미	
==	같다.	
!=	같지 않다.	
>	크다.	관계연산자는 왼쪽을 기준으로 '왼쪽이 크다.', '왼쪽이 크거나 같다.'로 해석한다.
>=	크거나 같다.	
<	작다.	
<=	작거나 같다.	

60 C언어 데이터 유형(data type) 중 메모리를 가장 많이 차지하는 것은?

① int

② char

③ long

④ double

해설
④ double : 8byte

① int : 4byte

② char : 1byte

③ long : 4byte

01 공간정보에 대한 설명으로 옳지 않은 것은?

① 하드웨어, 소프트웨어 및 네트워크 등을 사용한다.

② 위치정보를 가진 도형정보와 문자나 숫자로 된 속성정보를 갖는다.

③ 벡터, 래스터, 불규칙 삼각망 등의 구조를 지닌 도형정보를 분석에 사용한다.

④ 공간정보는 CAD와 같이 위상관계가 없어 자료구조와 형식이 단순하고 간단하다.

해설
공간정보는 CAD와 달리 위상관계를 갖고 있어 자료구조가 복잡하고 다양하다.

02 CAD와 공간정보시스템의 차이점은?

① 대용량의 도면정보를 다룬다.

② 위상관계를 바탕으로 공간분석을 수행한다.

③ 사용자 요구에 따른 정보를 선택하여 추출할 수 있다.

④ 사용자의 필요에 따라 원하는 축척으로 자료를 변환할 수 있다.

03 지하 공간 시설물에 3차원의 가상 이미지를 중첩하여 하나의 영상으로 볼 수 있도록 해 주는 기술은?

① 가상현실

② 메타버스

③ 증강현실

④ 텔레메틱스

해설
증강현실(AR ; Augmented Reality) : 사용자가 눈으로 보는 현실 세계에 가상물체를 겹쳐 보여 주는 기술이다. 가상현실은 자신(객체)과 배경, 환경이 모두 현실이 아닌 가상의 이미지를 사용하는데 반해, 증강현실은 현실의 이미지나 배경에 3차원 가상 이미지를 겹쳐서 하나의 영상으로 보여 주는 기술이다.

04 공간데이터 구축의 가장 기본이 되는 법령은?

① 수치지도 작성 작업규칙

② 3차원 국토공간정보구축 관리지침

③ 항공사진측량 작업 및 성과에 관한 규정

④ 공간정보의 구축 및 관리 등에 관한 법률

05 시간의 흐름에 따라 기록된 데이터를 통해 토지 이용의 변화 상황을 파악하려고 할 때 적합한 분석기법은?

① 군집분석

② 시계열 분석

③ 네트워크 분석

④ 입지적합성 분석

해설
시계열 분석 : 어떤 현상에 대하여 과거부터 현재까지의 시간 흐름에 따라 기록된 데이터를 바탕으로 미래의 변화에 대한 추세를 분석하는 기법이다.

1 ④ 2 ② 3 ③ 4 ④ 5 ② **정답**

06 GPS에서 기준으로 사용하는 타원체는?

① WGS72

② WGS84

③ GRS80

④ GRS70

해설
- WGS84 : 미 국방성이 군사 및 GPS 운용을 목적으로 구축한 지구 타원체이다.
- GRS80 : 국제측지학협회와 국제측지학 및 지구물리학연합에서 채택한 지구 타원체이다.

07 데이터 추출, 전환, DB 적재단계 시 필요로 하는 검증방법은?

① 값 검증

② 로그 검증

③ 기본 항목 검증

④ 응용데이터 검증

해설
검증방법에 따른 분류

로그 검증	기본 항목 검증	응용프로그램 검증	응용데이터 검증	값 검증
추출, 전환, 적재 로그 검증	별도로 요청된 검증 항목 검증	응용프로그램을 통해 데이터 전환의 정합성 검증	업무규칙을 기준으로 정합성 검증	숫자 항목, 코드데이터의 범위, 속성 변경 검증

08 자료구조 중 벡터형 자료구조의 특징으로 옳지 않은 것은?

① 그래픽의 정확도가 높다.

② 중첩기능을 수행하기 어렵다.

③ 데이터베이스 구조가 단순하다.

④ 격자(래스터)자료 방식보다 압축되어 간결하다.

해설
벡터형 자료구조는 격자(래스터)구조보다 훨씬 복잡하다.

09 공간데이터의 위상오류가 아닌 것은?

① 언더슈트

② 스파이크

③ 중첩된 선

④ 이어진 노드

해설
위상오류의 종류
- 닫혀 있지 않은 다각형
- 중첩된 선(슬리버)
- 다각형 밖으로 뻗어 나간 선(스파이크)
- 다각형 내부에서 잘못 디지타이징된 선
- 언더슈트(라인 사이에 틈이 존재)
- 오버슈트(라인이 접해야 할 다른 라인 너머에서 끝남)

10 국토교통부에서 2012년부터 오픈 API 방식으로 3차원 공간정보를 서비스하고 있는 시스템은?

① 구글 맵

② 브이월드

③ 코리아 오픈 맵

④ 3차원 공간지도

해설
브이월드는 국토교통부에서 2012년부터 오픈 API 방식으로 국가가 보유한 공간정보를 누구나 쉽게 다양한 분야에 이용할 수 있도록 지원하는 지원체계이다.

11 메타데이터에 속하는 항목들로 이루어진 것은?

① 건물명, 도로명

② 지물의 x, y 좌표

③ 레이어코드, 지형코드

④ 데이터 생성시간, 데이터 품질정보

해설
메타데이터의 요소
- 공간데이터의 구조(래스터 또는 벡터)
- 투영법 및 좌표계
- 데이텀 변환(예 NAD27에서 NAD83)
- 데이터의 공간적 범위
- 데이터 생산자
- 원데이터의 축척
- 데이터 생성시간
- 데이터 수집방법
- 데이터베이스(속성정보)의 열(column) 이름과 그 값들
- 데이터 품질(오류 및 오류에 대한 기록)
- 데이터 수집에 사용된 도구(장비)의 정확도와 정밀도

12 2005년 영국에서 출범한 개방형 자료를 이용해 최신 항공사진이나 기술 분야 지도를 사용하는 오픈 소스 지도 서비스는?

① 구글 맵

② 브이월드

③ 네이버 맵

④ 오픈 스트리트 맵

해설
오픈 스트리트 맵은 2005년에 설립되어 비영리 단체인 오픈 스트리트 맵 재단이 운영하고 있으며, 누구나 참여할 수 있는 오픈소스 방식의 무료 지도서비스이다.

13 임의의 점에서 접선과 90°로 교차하는 법선이 적도면과 이루는 각은?

① 지심위도　　　　② 천문위도

③ 측지위도　　　　④ 화성위도

해설
① 지심위도 : 지구상 임의의 점에서 지구 중심과 연결한 직선이 적도면과 이루는 각
② 천문위도 : 지구상 임의의 점에서 연직선(지오이드면과 직교하는 선)이 적도면과 이루는 각
④ 화성위도 : 지구 중심으로부터 장반경을 반경으로 하는 원과 지구 사이의 한 점을 지나는 종선의 연장선과 지구 중심을 연결한 직선이 적도면과 이루는 각

14 우리나라 지형도에서 사용하고 있는 평면좌표의 투영법은?

① 등거투영　　　　② 등각투영

③ 등적투영　　　　④ 복합투영

해설
등각투영은 우리나라 지형도에서 사용하고 있는 평면좌표의 투영법으로, 중·대축척 지형도 제작에 사용한다.

15 지형이나 지물과 같은 공간정보의 위치와 거리를 나타내는 기준은?

① 측지계

② 동경원점

③ 중부원점

④ 전자기준점

해설
측지계는 지형이나 지물과 같은 공간정보의 위치와 거리를 나타내는 기준으로, 지역측지계와 세계측지계로 구분한다.

16 피처 클래스의 구성요소로 옳지 않은 것은?

① 면 피처

② 선 피처

③ 점 피처

④ 합 피처

해설
피처 클래스의 구성요소 : 점, 선, 면

17 실세계에 존재하는 피처정보를 GIS에서 활용 가능한 객체(object)로 변환하는 것은?

① 세분화   ② 일반화

③ 추상화   ④ 통합화

해설
추상화 : 실세계에 존재하는 지형지물을 지리정보시스템에서 활용할 수 있는 객체로 변환하는 것이다.

18 공간데이터의 재분류 등을 통해 얻은 유사하거나 동일한 값의 폴리곤들을 합쳐 하나의 폴리곤으로 만드는 기능은?

① 삭제(erase)

② 통합(union)

③ 자르기(clip)

④ 디졸브(dissolve)

해설
디졸브 : 재분류 이후 동일한 속성을 지닌 경계 공유 및 겹치는 영역을 삭제하여 하나로 합치는 것이다. 공통 필드값을 교차하거나 공유하는 영역 피처를 병합하여 인접 피처 또는 멀티 파트 피처를 생성한다.

19 선형 피처 편집에서 보기의 설명에 해당하는 피처 작업은?

┌**보기**┐
하나의 피처로 입력된 2km 구간의 2차선 도로가 공사로 인해 1km 구간은 4차선으로 확장되었고, 나머지 1km 구간은 기존대로 2차선 도로로 존재할 경우
└─────┘

① 병합(merge)

② 합집합(union)

③ 분할(separate 또는 explode)

④ 삭제(erase)

해설
보기의 경우 선형 피처를 분리해야 한다. 하나의 선형 피처를 2개 이상으로 분리하는 것을 분할이라고 한다.

20 지리정보자료에 대한 설명으로 옳지 않은 것은?

① 직업별 평균소득 정보

② 행정구역별 인구밀도 정보

③ 지역별 연평균 강우량 정보

④ 대상 지역의 경사도분포 정보

해설
직업별 평균소득 정보는 위치와 연관이 없으므로 지리정보자료와 관계가 없다.

21 기하오차의 원인에 대한 설명으로 옳지 않은 것은?

① 지구의 곡률

② 지형의 경사와 향

③ 센서 자체의 상대적인 위치 변이

④ 플랫폼의 위치, 속도, 자세 등에 대해 제어할 수 없는 변이

해설

지형의 경사와 향은 방사(복사)오차의 원인이다.

22 수집된 영상의 일부 영역에 발생하며, 영상의 전송 과정에서 자료 손실로 인해 발생하는 오류는?

① 정적 오류

② 국소적 오류

③ 광역적 오류

④ 주기적 오류

해설

③ 광역적 오류 : 영상 전체에 임의로 발생하는 오류이다.

④ 주기적 오류 : 영상 전체에 일정한 간격을 두고 반복적으로 발생하는 오류이다.

23 보기의 (   ) 안에 들어갈 용어로 옳은 것은?

┌─ 보기 ├─
공간 해상도 10m급 미만 위성영상의 오차 허용범위는 (   ) 이내 이어야 한다.
└─────────

① 0.5화소

② 1화소

③ 1.5화소

④ 2화소

해설

공간 해상도 위성영상의 오차 허용범위

• 10m급 미만 : 2화소 이내

• 20m급 미만 : 1.5화소 이내

• 20m급 이상 : 1화소 이내

24 다음 그림이 의미하는 공간연산함수는?

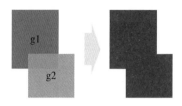

① Difference

② Intersection

③ Union

④ Buffer

해설

문제의 그림은 g1과 g2 합집합의 결과를 나타낸 것이다.

25 기하 보정을 위한 보간법 중 가장 가까운 거리에 근접한 화솟값을 택하는 방법은?

① 입방 회선법

② 공일차 내삽법

③ 최근린 내삽법

④ 3차 회선 보간법

해설

보간방법

• 최근린 내삽법(이웃 화소 보간법) : 가장 가까운 위치에 있는 화소의 값을 참조하는 방법이다.

• 양선형 보간법 : 실수좌표로 계산된 4개의 화솟값에 가중치를 곱한 값들의 선형 합으로 결과 영상의 화솟값을 결정한다.

• 3차 회선 보간법 : 고차 다항식을 이용한 보간법에서는 가중치 함수를 정의하고 원본 영상의 주변 화솟값에 가중치를 곱한 값을 모두 합하여 화솟값을 계산한다.

26 두 지점 간에 거리를 측정하는 목적으로 지도를 선택할 경우 적합한 투영법은?

① 방위투영법
② 정거투영법
③ 정적투영법
④ 정형투영법

해설
지도가 갖추어야 지도학적 성질에 따라 특정 방향으로 거리가 정확한 정거투영법, 면적이 정확한 정적투영법, 형태가 정확한 정형투영법 등으로 구분한다.

27 히스토그램 활용의 예로 적합하지 않은 것은?

① 위상관계 편집
② 영상의 밝기 조정
③ 영상의 화질 개선
④ 수집된 광학 다중분광 영상의 품질 평가

해설
영상의 히스토그램은 위상과는 연관성이 적으므로 위상관계 편집과는 거리가 멀다.

28 영상을 다양한 주파수 요소로 분리하는 수학적 기법을 적용하여 공간영역에서는 수행하기 어려운 필터링을 주파수 영역에서 하는 방법은?

① 푸리에 변환
② 영상 평활화
③ 저주파수 필터
④ 라플라시안 필터

해설
푸리에 변환
• 수치 영상처리에서 널리 사용된다.
• 한 함수를 인자로 받아 다른 함수로 변환하는 선형 변환의 일종이다.
• 시간에 대한 함수를 주파수에 대한 함수로 변환한다.

29 건강한 식물이 스트레스받는 식물보다 더 많이 반사하며 강하게 반사하는 분광영역은?

① 녹색 영역
② 적색 영역
③ 근적외선 영역
④ 장파 적외선 영역

해설
건강한 식물은 다른 영역보다 근적외선 영역에서 분광영역을 훨씬 강하게 반사한다.

30 공간자료 모델 중 벡터자료의 구성요소가 아닌 것은?

① 화소(pixel)
② 다각형(polygon)
③ 다중점(multipoint)
④ 선 문자열(linestring)

해설
화소, 격자, 그리드 또는 셀은 래스터자료의 구성요소이다.

31 변위 링크를 통해 보정을 수행하는 경우, 전반적인 보정이 얼마나 잘 이루어졌는지에 대해 파악할 수 있는 지표는?

① 잔차
② 변위 링크
③ 링크 테이블
④ 평균 제곱근 오차

해설
실행된 각각의 보정이 얼마나 잘 이루어졌는지는 잔차를 통해 알 수 있고, 전반적인 보정이 얼마나 잘 이루어졌는지에 대해서는 평균 제곱근 오차를 통해 판단한다.

32 위상관계 규칙을 적용하여 오류를 확인하고 수정하는 과정은?

① 공간 위치 수정
② 변위 링크 생성
③ 벡터-래스터 변환
④ 데이터 유효성 검사

해설
데이터 유효성 검사는 위상관계 규칙을 벗어나는 객체 및 오류를 확인하고, 이를 수정하거나 예외로 지정하는 등의 과정을 거치도록 하는 작업이다.

33 동일한 좌표계를 갖는 여러 레이어를 사용하여 가중치를 부여하거나 산술연산, 논리연산 등을 적용하여 새로운 레이어를 생성하는 분석기능은?

① 버퍼분석
② 상관분석
③ 중첩분석
④ 회귀분석

해설
중첩분석
• GIS 분석기능 중 가장 중요한 기능 중 하나로, 한 레이어와 다른 레이어를 이용하여 두 주제 간의 관계를 분석하고 이를 지도학적으로 표현하는 것이다.
• 여러 레이어에 대해 해당 조건을 만족하는 지역을 찾아내는 과정을 의미하며 여러 레이어를 사용하여 가중치를 부여하거나 산술연산, 논리연산 등을 적용하여 새로운 레이어를 생성한다.

34 속성의 명칭이나 값을 변경하는 것으로 속성자료의 범주를 변화시키는 과정은?

① 디졸브
② 재분류
③ 재부호화
④ 레이어 중첩

해설
① 디졸브 : 재분류 이후 동일한 속성을 지닌 경계 공유 및 겹치는 영역을 삭제하여 하나로 합치는 것이다.
② 재분류 : 재부호화 후 개체들을 병합하는 과정으로, 속성데이터 범주의 수를 줄임으로써 데이터베이스를 간략화하는 기능이다.
④ 레이어 중첩 : 둘 이상의 레이어를 하나의 단일 레이어로 결합하는 것이다.

35 버퍼(buffer)에 관한 설명으로 옳지 않은 것은?

① 버퍼링한 결과는 모두 폴리곤으로 표현된다.
② 버퍼링은 점, 선, 면 모든 객체에 생성할 수 있다.
③ 공간 형상의 둘레에 특정한 폭을 가진 구역을 구축하는 것이다.
④ 버퍼는 래스터데이터를 제외한 벡터데이터에만 적용할 수 있다.

해설
버퍼는 래스터데이터와 벡터데이터에 모두 적용할 수 있다.

36 근접성 분석의 필요요소가 아닌 것은?

① 관측자

② 관측 단위

③ 목표지점

④ 분석 대상 지역

해설

근접성 분석의 필요요소
- 목표지점
- 관측 단위
- 근접 계산 기능
- 분석되어야 할 지역

37 주제도 작성(thematic mapping)에 관한 설명으로 옳지 않은 것은?

① 특정 수치값에 비례하여 음영, 컬러를 표시해서 특정 주제도를 생성하는 기능이다.

② 주제도는 GIS 데이터베이스에 구축되어 있는 자료의 특성을 제외하여 생성된다.

③ 주제도에서 각 요소의 부호 또는 음영은 데이터베이스의 속성자료를 근거로 생성된다.

④ 지도 지형을 그려 토지 이용, 지질학 또는 인구분산 같은 지리적 변수나 주제를 기술하는 것이다.

해설

주제도는 주제(theme) 또는 GIS 데이터베이스에 구축되어 있는 자료의 특성을 반영하는 항목을 중심으로 생성된다.

38 지도 제작과정 단계에서 수행하는 작업이 아닌 것은?

① 기호화(symbolization)

② 단순화(simplication)

③ 분류화(classification)

④ 투영화(projection)

해설

지도 제작과정 : 선택 → 분류화 → 단순화 → 기호화

39 등고선 중 주곡선 간격의 1/2의 거리를 가는 긴 파선으로 표시하는 등고선은?

① 간곡선

② 계곡선

③ 반곡선

④ 조곡선

해설

등고선의 종류
- 주곡선 : 등고선의 가장 기준이 되는 곡선으로 가는 실선으로 표시한다.
- 간곡선 : 주곡선을 2등분하는 곡선으로 가는 긴 파선으로 표시한다.
- 조곡선 : 간곡선을 2등분하는 곡선으로 가는 짧은 파선으로 표시한다.
- 계곡선 : 주곡선 중 5개마다 개의 굵은 실선으로 표시한다.

40 우리나라 평면직각좌표계의 명칭과 투영점의 위치(동경)가 옳은 것은?

① 중부좌표계의 투영점의 위치는 동경 125°이다.

② 동부좌표계의 투영점의 위치는 동경 127°이다.

③ 동해좌표계의 투영점의 위치는 동경 131°이다.

④ 서부좌표계의 투영점의 위치는 동경 135°이다.

해설

- 서부원점 : 북위 38°, 동경 125°
- 중부원점 : 북위 38°, 동경 127°
- 동부원점 : 북위 38°, 동경 129°
- 동해원점 : 북위 38°, 동경 131°

41 DBMS의 종류가 아닌 것은?

① Java

② Oracle

③ MySQL

④ PostgreSQL

해설

Java는 선 마이크로시스템즈의 제임스 고슬링과 다른 연구원들이 개발한 객체지향적 프로그래밍 언어이다.

43 사용자 인터페이스를 뜻하며, 일반적으로 서비스가 이루어지는 화면을 의미하는 용어는?

① UI

② CSS

③ SQL

④ HTML

해설

UI(User Interface)

• 사용자 인터페이스란 뜻으로 일반적으로 서비스가 이루어지는 화면의 디자인과 구성을 의미한다.

• 사용자와 시스템 간의 상호작용이 원활하게 이뤄지도록 도와주는 장치나 소프트웨어이다.

44 라이다(LiDAR)의 활용 분야로 가장 적절하지 않은 것은?

① 영상자료 획득

② 영상의 기하 보정

③ 영상자료 자동 분류

④ 가상현실 및 증강현실과 GIS 결합

해설

라이다는 영상자료 획득 및 자동 분류, 가상현실 및 증강현실과 GIS 결합 등에 활용 가능하다.

42 라이브러리에서 사용자들이 정해진 명령어에 따라 프로그래밍을 제어할 수 있도록 제공하는 약속어들의 모음은?

① API

② CODE

③ DOCS

④ EXAMPLES

해설

API : Application Programming Interface의 약자로 프로그래밍을 제어하도록 라이브러리가 제공하는 명령어, 약속어들의 모음이다.

45 다음 중 영상 기하 보정이 필요한 이유로 옳지 않은 것은?

① 지구의 곡률

② 파노라믹 왜곡

③ 지구의 공전효과

④ 스캔시간 뒤틀림

해설

영상에서는 지구의 공전효과보다는 지구의 자전효과가 영향을 미친다.

41 ① 42 ① 43 ① 44 ② 45 ③ **정답**

46 표고점에 해당하는 연속 수치지형도의 코드는?

① A001　　　② E001

③ F002　　　④ G002

해설
① A001 : 도로 경계
② E001 : 하천 경계
④ G002 : 행정 경계(시도)

47 '1호선 수원역에서 서울역까지 연결하는 지하철 경로'를 모델링하기 가장 적절한 공간데이터 타입은?

① 면　　　　② 선

③ 원　　　　④ 면

해설
역과 같은 다수의 포인트를 연결해 주는 것은 선으로 모델링하는 것이 적절하다.

48 관계형 데이터베이스 관리시스템(RDBMS)의 데이터를 관리하기 위해 설계된 특수목적의 프로그래밍 언어는?

① SQL

② QGIS

③ ArcGIS

④ geometry

해설
SQL(Structured Query Language) : 데이터베이스를 사용할 때 데이터베이스에 접근할 수 있는 데이터베이스 하부 언어로, 관계형 데이터베이스 관리시스템(RDBMS)의 데이터를 관리하기 위해 설계된 특수목적의 프로그래밍 언어이다.

49 지형 모델에 관한 설명으로 옳지 않은 것은?

① DEM은 래스터자료 모델이다.

② DHM은 지표면 자체의 높이를 구체적으로 표현하는 모델이다.

③ DTM은 벡터자료 모델로 특이한 지형의 변화를 벡터자료를 사용하여 표현한다.

④ DSM은 라이다 관측에 의한 것으로, 지면 위의 자연물이나 인공구조물을 표현한다.

해설
DHM은 지표면 위의 자연물이나 인공구조물의 높이 계산을 위해 사용한다.

50 공간자료의 가공과정 중 자료의 연혁, 제작과정에서의 이력사항, 논리적 일관성, 자료의 완전성 등을 확인하는 과정은?

① 검수과정

② 수정과정

③ 입력과정

④ 편집과정

51 공간자료 모델에 대한 설명으로 옳은 것은?

① 불규칙 삼각망(TIN)은 기본적으로 래스터자료이다.

② 벡터자료의 기본 단위요소는 픽셀(pixel)이다.

③ 지형과 같이 점진적으로 변화되는 값의 표현에는 벡터자료의 표현이 적합하다.

④ 벡터자료와 래스터자료는 모두 자료를 구성하고 있는 객체의 수, 즉 해상도에 따라 표현 결과가 달라진다.

해설
④ 벡터자료는 포인트의 수에 따라, 래스터자료는 가로×세로, 즉 해상도에 따라 표현결과가 달라진다.
① TIN은 벡터자료이다.
② 벡터자료는 점, 선, 면 등을 기본요소로 하고 있다.
③ 점진적으로 변화될 때에는 래스터자료 모델이 적합하다.

52 공간자료의 자료 수집방법에 관한 설명으로 옳지 않은 것은?

① GNSS에 의한 공간정보의 수집은 특정 지점의 위치좌표를 얻는 데 유용하다.

② 인공위성으로부터 스테레오 영상을 수집하여 3차원 지형정보를 생성할 수 있다.

③ 라이다 센서에 의해 특정 물체에 대한 정보를 수집할 때, 그 물체까지의 거리도 계산할 수 있다.

④ 지표투과레이더(GPR) 장비는 가시광선을 사용하므로, 지표면 아래의 상황을 쉽게 볼 수 있다.

해설
지표투과레이더(GPR) 장비는 마이크로웨이브 영역의 레이더를 사용한다.

53 공간자료의 수집에 관한 설명으로 옳지 않은 것은?

① 항공레이저 자료를 수집하는 현지 측량은 1차 자료 수집이다.

② 원격탐사에 의해 수집된 위성영상은 1차 자료 수집이라고 할 수 있으며, 벡터자료이다.

③ 1차 자료 수집은 직접 수집, 2차 자료 수집은 기존의 수집된 자료를 변환하는 간접 수집을 의미한다.

④ 지형도를 스캔하여 표고정보를 추출하고, 이를 다시 불규칙 삼각망(TIN) 자료로 변환하는 것은 2차 자료 수집이다.

해설
위성영상은 기본적으로 래스터자료이다.

54 데이터베이스 시스템에서 삽입, 갱신, 삭제 등의 이벤트가 발생할 때마다 관련 작업이 자동으로 수행되는 절차형 SQL은?

① 잠금(lock)

② 복귀(rollback)

③ 무결성(integrity)

④ 트리거(trigger)

55 DCL(Data Control Language) 명령어가 아닌 것은?

① GRANT

② SELECT

③ COMMIT

④ ROLLBACK

해설
데이터 제어어인 DCL의 종류로는 COMMIT, GRANT, REVOKE, ROLLBACK이 있다.

56 스크립트 언어가 아닌 것은?

① PHP

② Basic

③ COBOL

④ Python

해설
COBOL은 사무처리용 언어이다.

57 C언어에 대한 설명으로 옳지 않은 것은?

① 기계어에 해당한다.

② 이식성이 높은 언어이다.

③ 다양한 연산자를 제공한다.

④ 시스템 프로그래밍이 용이하다.

해설
C언어는 기계어로 번역해야 실행할 수 있는 컴파일러 방식의 언어이다.

58 나머지를 구하는 연산자는?

① ?　　　　　② !

③ #　　　　　④ %

59 C언어에서 문장을 끝마치기 위해 사용되는 기호는?

① 온점(.)

② 콤마(,)

③ 콜론(:)

④ 세미콜론(;)

해설
세미콜론(;)이 없으면 컴파일 시 에러가 발생한다.

60 다음 중 C언어의 데이터 형식에 해당하지 않는 것은?

① char

② long

③ double

④ unsigned

해설
C언어에서 unsigned는 부호 없는 정수 변수를 선언할 때 사용하는 예약어이다.

제3회 실전 모의고사

01 객체지향 개념 중 하나 이상의 유사한 객체를 묶어 공통된 특성을 표현한 데이터 추상화를 의미하는 것은?

① 메시지(message)

② 메서드(method)

③ 클래스(class)

④ 캡슐화(encapsulation)

해설
① 메시지 : 객체가 어떤 행위를 하도록 지시하는 방법이다.
② 메서드 : 클래스로부터 생산된 객체를 사용하는 방법이다.
④ 캡슐화 : 서로 관련성이 많은 데이터와 관련된 함수를 하나의 묶음으로 처리하는 기법이다.

03 SQL의 분류 중 DDL에 해당하지 않는 것은?

① DROP

② ALTER

③ CREATE

④ UPDATE

해설
DDL 명령어에는 CREATE, ALTER, DROP, TRUNCATE가 있다. UPDATE는 DML 명령어이다.

02 객체지향기법의 캡슐화(encapsulation)에 대한 설명으로 옳지 않은 것은?

① 인터페이스가 단순화된다.

② 소프트웨어 재사용성이 높아진다.

③ 변경 발생 시 오류의 파급효과가 작다.

④ 상위 클래스의 모든 속성과 연산을 하위 클래스 가 물려받는 것을 의미한다.

해설
상위 클래스의 모든 속성과 연산을 하위 클래스가 물려받는 것은 객체지향기법의 상속성이다.

04 릴레이션을 구성하는 요소 중 튜플의 개수를 의미 하는 것은?

① 차수(degree)

② 타입(type)

③ 스키마(schema)

④ 카디널리티(cardinality)

해설
카디널리티(cardinality)는 행(row, tuple)의 수이고, 차수(degree) 는 속성의 수이다.

05 다음 C언어 프로그램이 실행되었을 때의 결과는?

```
#include <stdio.h>
int main(){
    int a=10;
    int b;
    b = (a++)+3;
    printf("%%d", b);
    return 0;
}
```

① 7　　　　　　　　　② 10

③ 13　　　　　　　　④ 16

해설

int a=10;	정수형 변수 a 선언 및 10으로 초기화
int b;	정수형 변수 b 선언
b = (a++)+3;	a값과 10과 3을 더하고 bdp 13을 대입하고 a값을 1 증가시킴
printf("%%d", b);	b를 출력

06 다음 보기의 C언어 연산자 우선순위가 높은 순에서 낮은 순으로 옳게 나열된 것은?

┌─ 보기 ├─
㉠ ( )　　　　㉡ ==　　　㉢ <
㉣ <<　　　㉤ ‖　　　㉥ /

① ㉠, ㉡, ㉢, ㉣, ㉤, ㉥

② ㉠, ㉥, ㉣, ㉢, ㉡, ㉤

③ ㉠, ㉣, ㉥, ㉢, ㉤, ㉡

④ ㉠, ㉥, ㉣, ㉤, ㉡, ㉢

해설
연산자 우선순위는 증감, 산술, 시프트, 관계, 비트, 논리, 삼항, 대입 순이다.
문제 보기의 우선순위는 ( ) → /(산술연산자) → <<(시프트연산자) → <(관계연산자) → ==(관계연산자) → ‖(논리연산자) 순이다.

07 다음 중 다른 릴레이션의 기본키를 참조하는 것은?

① 슈퍼키　　　　　　② 외래키

③ 필드키　　　　　　④ 후보키

해설
외래키는 테이블 간의 참조 데이터 무결성을 위한 제약조건이고, 한 릴레이션의 칼럼이 다른 릴레이션의 기본키로 이용된다.

08 사진 촬영 시 내장된 GPS 수신기를 통해 촬영 위치를 자동으로 표시해 주는 기능은?

① 지오코딩(geocoding)

② 지오태깅(geotagging)

③ 리버스 지오코딩(reverse geocoding)

④ 지오 솔루션(geosolution)

해설
지오태깅(geotagging)
• 사진기에 GPS가 내장되어 있어 디지털사진에 위치정보를 기록하는 작업이다.
• 지오태깅하는 방법은 카메라 제조사 전용 앱을 이용하거나 지오태깅 앱을 이용한다.

09 항공 라이다(LiDAR)의 기본 구성요소로 옳지 않은 것은?

① GPS(Global Positioning System)

② SAS(Simulation Adjustment System)

③ INS(Inertial Navigation System)

④ 항공 레이저 스캐너(airborne laser scanner)

해설
항공 라이다(LiDAR) : GPS, INS, 레이저 스캐너를 항공기에 장착하여 레이저 펄스를 지표면에 주사하고, 반사된 레이저 펄스의 도달시간 및 강도를 측정하여 반사지점의 3차원 위치좌표와 지표면에 대한 정보를 추출하는 측량기법이다.

10 규칙적인 셀(cell)의 격자를 통해 형상을 묘사하는 자료구조는?

① 속성 자료구조
② 벡터 자료구조
③ 필지 자료구조
④ 래스터 자료구조

해설
래스터 자료구조는 동일한 크기의 셀 격자를 통해 공간의 형상을 표현한다.

12 논리연산(AND) 처리 후 ①~④의 결괏값을 순서대로(①-②-③-④) 나타낸 것은?

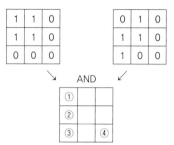

① 1-1-1-0
② 0-1-0-1
③ 1-0-1-0
④ 0-1-0-0

해설
AND 연산자의 결과는 두 연산항 중 어느 하나가 false이면 모두 false이고, true이면 모두 true가 된다. 비트연산의 경우에는 두 비트가 1인 경우에만 1이며, 나머지 경우는 0이다.

1	1	0
1	1	0
0	0	0

AND

0	1	0
1	1	0
1	0	0

→

0	1	0
1	1	0
0	0	0

11 다음 중 GIS 주요기능으로 옳지 않은 것은?

① 자료 복원
② 자료 입력
③ 자료처리
④ 자료 출력

해설
GIS의 주요기능 : 자료 입력, 자료처리, 자료 출력

13 다음 중 래스터데이터 형식의 자료가 아닌 것은?

① 그리드
② 폴리곤
③ 정사 영상
④ 격자 DEM

해설
래스터데이터 형식의 자료는 화소(pixel), 그리드(grid) 또는 셀(cell)로 구성되며, 정사 영상은 화소(pixel)로 표현한다. 폴리곤은 벡터데이터 형식이다.

14 메타데이터에 대한 설명으로 옳지 않은 것은?

① 도형정보와 속성정보로 구성되어 있다.

② 데이터의 공유, 교환, 유통 등을 용이하게 한다.

③ 데이터의 내용, 품질, 특징 등을 저장한 데이터
이다.

④ 공간 참조를 위한 좌표계, 지도투영법 등을 포함
한다.

해설
메타데이터는 도형정보와 속성정보로 구성된 것이 아니라 모든
데이터를 포함한다.

15 언더슈트(undershoot)나 오버슈트(overshoot)가
발생하는 작업은?

① 벡터데이터의 편집

② 래스터데이터의 편집

③ DEM을 이용한 3차원 모델링

④ 위성영상을 이용한 주제도 작성

해설
벡터데이터의 편집과정에서 발생하는 오류에는 언더슈트(under-
shoot), 오버슈트(overshoot), 슬리버 폴리곤(sliver polygon),
오버래핑(overlapping), 스파이크(spike)가 있다.

16 SQL의 특징에 대한 설명으로 옳지 않은 것은?

① 사용자가 데이터베이스에 접근하여 대화식으로
사용할 수 있다.

② 데이터 정의어, 데이터 조작어, 데이터 제어어를
모두 지원한다.

③ 접근방식, 경로 지정 등의 처리 절차를 기술하는
것이 불필요하다.

④ 집합 단위의 연산방식이 아닌 레코드 단위의 연
산방식을 사용한다.

해설
SQL은 레코드 단위의 연산방식이 아닌 집합 단위의 연산방식을
사용한다.

17 데이터베이스관리시스템(DBMS)에 대한 설명으로
옳지 않은 것은?

① 데이터에 대한 일관성 유지가 가능하다.

② 데이터의 무결성과 보안성 유지가 용이하다.

③ 구축비용이 많이 소요되는 하드웨어 시스템이다.

④ 중앙집약적 구조이므로 데이터 관리의 위험 부담
이 크다.

해설
데이터베이스관리시스템(DBMS) 장단점

장점	단점
• 자료의 통합성을 증진시키고, 데이터를 표준화할 수 있다.	• 데이터베이스의 전문가가 부족하다.
• 데이터의 논리적 · 물리적 독립성이 보장된다.	• 전산화 비용이 증가한다.
• 데이터의 중복을 제어하고 중앙집중식 통제를 통해 데이터의 일관성을 유지할 수 있다.	• 시스템이 복잡하다. • 파일의 예비(backup)와 회복(recover)이 어렵다. • 중앙집중관리로 인한 취약점이 존재한다.
• 데이터베이스가 생성 · 조작될 때마다 제어기능을 통해 그 유효성을 검사함으로써 데이터의 무결성을 유지할 수 있다.	
• 권한에 맞게 데이터 접근을 제한하거나 데이터를 암호화시켜 저장하여 데이터 보안을 강화한다.	
• 데이터의 중복을 피할 수 있어 기억 공간이 절약된다.	
• 데이터를 동시에 공유할 수 있다.	
• 응용프로그램 개발비용이 줄어든다.	

18 공간분석기법과 적용 분야의 연결로 옳지 않은 것은?

① 중첩 분석 – 적지 선정
② 버퍼 분석 – 인접 지역 분석
③ 네트워크 분석 – 최단 경로 분석
④ 불규칙 삼각망 분석 – 상수도관망 분석

> **해설**
> 불규칙 삼각망 분석은 연속적인 삼각면으로 지표면을 표현하는 것으로, 삼각형으로 구성된 세 점에서 해당 지점의 고도값을 표현하는 분석방법이 아니다.
> 불규칙 삼각망(TIN ; Triangulated Irregular Network) : 불규칙적으로 존재하는 일련의 삼각형을 생성하여 배열한 것이다. 표면은 표본 추출된 표고점들을 선택적으로 연결시켜 형성된 겹치지 않는 부정형 삼각형으로 이루어진 모자이크식으로 표현한다.

19 데이터에 대한 정보로서 데이터의 내용, 품질, 조건 및 기타 특성 등을 저장한 것은?

① 관계데이터
② 메타데이터
③ 속성데이터
④ 위성데이터

> **해설**
> 메타데이터는 데이터의 내용, 품질, 조건 및 특징 등을 저장한 데이터로 레이어, 속성, 공간현상 등과 관련된 정보를 제공하며, 데이터의 특성을 설명하는 이력서라고 할 수 있다.

20 공간객체의 모양을 표현하기 위해 점, 선, 면 등의 벡터데이터 도형정보를 저장하는 파일 확장자는?

① .shp
② .shx
③ .dbf
④ .prj

> **해설**
> ① .shp : 지리적인 객체 모양을 표현하기 위한 점, 선, 면 등의 도형정보 파일
> ② .shx : 공간자료와 속성자료를 링크(index)해 주는 파일
> ③ .dbf : 속성정보를 제공하는 데이터베이스 파일(엑셀 또는 액세스에서 열 수 있다)
> ④ .prj : 투영정보를 저장하고, 좌표계 정보를 가지고 있는 파일

21 벡터라이징(vectorizing)에 대한 설명으로 옳지 않은 것은?

① 자동방식보다는 반자동방식이 많이 사용된다.
② 종이로 된 도면을 스캐닝하는 과정을 의미한다.
③ 래스터로 저장된 필지 경계선을 벡터 형태로 추출하는 것이다.
④ 후처리 단계에서 경계선의 중복이나 단절과 같은 오류를 수정해야 한다.

> **해설**
> 종이로 된 도면을 스캐닝하는 것은 래스터데이터 작성과정이다. 벡터라이징은 래스터데이터를 벡터데이터로 처리하는 과정이다. 스캐닝하여 얻어진 래스터자료를 벡터라이징 소프트웨어를 이용하여 반자동 및 자동방법으로 벡터라이징한다.

22 벡터데이터 모델에 대한 설명으로 옳지 않은 것은?

① 점은 1차원이다.

② 점은 하나의 좌표를 가진다.

③ 면은 최소 세 개의 선에 의해 폐합된다.

④ 선은 노드(node)와 버텍스(vertax)로 구성된다.

해설
점은 공간상의 위치를 표현하며 범위를 갖지 않는 0차원의 공간객체이다.

23 전 지구적 위성항법체계(GNSS)와 그 운영 주체의 연결로 옳지 않은 것은?

① BEIDOU – 일본

② GALILEO – 유럽연합

③ GLONASS – 러시아

④ NAVSTAR GPS – 미국

해설
북두위성항법시스템(BEIDOU)은 중국이 안보와 경제, 사회 개발에 따른 필요에 의해 독자적으로 구축하고 운영하는 시스템으로 compass 위성이라고도 한다.

24 다음 중 공간정보의 취득방법의 성격이 다른 것은?

① COGO

② LiDAR

③ remote sensing

④ aerial photogrammetry

해설
COGO(COordinate GeOmetry)는 실제현장에서 측량한 결과로 얻어진 자료를 이용하여 수치지도를 작성하는 방식이다. 원격 탐측(remote sensing), 항공사진(aerial photogrammetry), 항공라이다(LiDAR)는 항공기에 탑재된 탐측기를 이용하여 정보를 추출하는 측량기법이다.

25 3차원 국토공간정보구축 작업규정상 3차원 국토공간정보 표준 데이터셋이 아닌 것은?

① 3차원 교통데이터

② 3차원 건물데이터

③ 3차원 수자원데이터

④ 3차원 지하시설물 데이터

해설
3차원 국토 공간정보 표준 데이터셋(3차원 국토공간정보구축 사업관리지침 제2조) : 3차원 국토공간정보의 지형지물 분류체계로 3차원 지형데이터, 3차원 교통데이터, 3차원 건물데이터 및 3차원 수자원데이터로 구성된다.

26 도로명 주소를 이용하여 해당하는 지점의 좌표를 취득하는 과정은?

① 스캐닝(scanning)

② 클리핑(clipping)

③ 지오코딩(geocoding)

④ 리샘플링(resampling)

해설
지오코딩(geocoding)
• 주소를 지리좌표로 변환하는 과정(프로세스)이다.
• 고유 명칭(주소나 산, 호수의 이름 등)으로 위도와 경도의 좌푯값을 얻는 것이다.
• 일반적으로 지도상의 좌표는 위도, 경도의 순서로 좌푯값을 가지지만 GeoJSON처럼 경도, 위도의 순서로 좌푯값을 표현하는 경우도 있다.

27 다음 중 공간 보간법에 해당하지 않는 것은?

① 크리깅(kriging)

② 필터링(filtering)

③ 스플라인(spline)

④ 역거리가중치(IDW)

해설

공간 보간법에는 다항식 보간, 크리깅, 역거리가중치, 스플라인이 있다. 필터링은 영상에서 원하는 정보만 통과시키고 나머지는 걸러내어 영상을 수정하거나 영상의 품질을 향상시키기 위한 기법으로, 격자 영상에 생긴 잡음과 결점을 제거하고 연속적이지 않은 외곽선을 연속적으로 이어 주는 영상처리 과정이다.

28 센서가 얼마나 세밀하게 서로 다른 파장대의 전자파 에너지를 관측할 수 있는지를 나타내는 해상도로서, 밴드의 수로 표현하는 것은?

① 공간 해상도

② 주기 해상도

③ 분광 해상도

④ 방사 해상도

해설

분광 해상도는 센서가 감지할 수 있는 파장대의 너비를 나타내는 척도이다. 하나의 검지소자에 의해 기록되는 파장의 범위로, 일반적으로 밴드폭이라고도 한다. 센서가 관측하는 전자기파 파장의 범위를 뜻하며, 관측하는 물체의 해당 파장대에 대한 특성을 보여 준다.

29 수치표고모형(DEM ; Digital Elevation Model)으로부터 추출 가능한 정보가 아닌 것은?

① 필지 경계(parcel boundary)

② 표고(elevation)

③ 경사도(slope)

④ 경사 방향(aspect)

해설

필지 경계(parcel boundary)는 토지의 법적 경계를 나타내는 것으로, 일반적으로 토지 등록정보나 토지 이용계획 등과 같은 다른 자료원을 통해 획득한다.

30 입력 레이어, 연산 레이어, 산출 레이어가 다음과 같을 때 적용된 폴리곤 중첩연산자는?

〈입력 레이어〉　　〈연산 레이어〉　　〈산출 레이어〉

① 지우기(erase)

② 자르기(clip)

③ 결합(union)

④ 버퍼링(buffering)

해설

자르기(clip)는 입력 레이어를 연산 레이어의 경계에 맞추어 잘라내고 연산 레이어 경계 내에 있는 입력 레이어 부분만 남긴다.

31 Java에서 사용되는 출력함수가 아닌 것은?

① System.out.print()

② System.out.printf()

③ System.out.println()

④ System.out.printing()

해설

메서드 앞에 클래스명인 System.out을 사용해야 한다.

• print() : 값을 출력함

• println() : 값을 출력한 후 커서를 다음 줄의 처음으로 옮김

• printf() : 서식을 지정하여 출력함

32 래스터자료의 격자별 속성값에 대하여 격자별로 수학적 연산을 수행하는 방법은?

① 모자이크(mosaic)

② 지도대수법(map algebra)

③ 지도정합(map join)

④ 지도투영법(map projection)

해설

지도대수법 : 래스터데이터에 적용되는 산술적 또는 대수적 국지 연산으로 공간정보의 종합이나 분석에 이용되는 대수이다.

• 래스터데이터의 산술적 연산을 통한 중첩과정이다.

• 동일한 셀의 크기를 가지는 래스터데이터를 이용하여 덧셈, 뺄 셈, 곱셈, 나눗셈 등 다양한 수학연산자를 사용해 새로운 셀값을 계산한다.

• 입력 레이어와 산출 레이어에서 각 셀의 위치는 동일하며, 산출 레이어의 각 셀에는 연산된 새로운 값이 부여된다.

33 건물, 수목, 인공구조물 등의 높이까지 반영하여 연속적인 변화를 표현하는 3차원 지형 모형은?

① DEM(Digital Elevation Model)

② TIN(Triangulated Irregular Network)

③ DSM(Digital Surface Model)

④ DLG(Digital Line Graph)

해설

DSM은 실세계의 모든 정보, 즉 지형, 수목, 건물, 인공구조물 등을 표현한 모형이다.

34 Java 프로그래밍 언어의 정수데이터 타입 중 long 의 크기는?

① 1byte

② 2byte

③ 4byte

④ 8byte

해설

• 문자 : char(2byte)

• 정수 : byte(1byte), short(2byte), int(4byte), long(8byte)

• 실수 : float(4byte), double(8byte)

• 논리 : boolean(1byte)

35 Java에서 사용하는 접근제어자가 아닌 것은?

① alter

② default

③ public

④ protected

해설

Java의 접근제어자에는 public, default, private, protected 등이 있다.

36 지리정보시스템(GIS)의 공간 및 속성자료 분석기 능 중 여러 가지 종류의 객체를 합쳐서 상위 수준의 클래스로 만드는 기능으로, 대축척 지도로부터 소 축척 지도를 만드는 과정에도 적용되는 것은?

① 분류(classification)

② 중첩(overlay)

③ 추상화(abstraction)

④ 일반화(generalization)

해설

일반화(generalization) : 상위 개념으로 일반화하는 기능이다. 공간데이터 처리에 있어서 세밀한 항목을 줄이는 과정으로, 큰 공간에서 다시 추출하거나 선에서 점을 줄이는 것을 의미한다.

37 DCL(Data Control Language) 명령어가 아닌 것은?

① GRANT

② SELECT

③ COMMIT

④ ROLLBACK

해설
• DDL(데이터 정의어) : CREATE, ALTER, DROP
• DML(데이터 조작어) : SELECT, INSERT, UPDATE, DELETE
• DCL(데이터 제어어) : COMMIT, GRANT, REVOKE, ROLL-BACK

38 다음 보기에서 설명하는 시스템은?

┤보기├

네트워크 및 인터넷의 발전과 활용에 힘입어 web GIS 및 open GIS가 각광을 받고 있다. 국토교통부에서는 2012년부터 다양한 공간정보 데이터를 오픈 애플리케이션 프로그램 인터페이스(open API) 방식으로 일반인에게 제공하고 있다.

① 구글 맵(google map)

② 에스 맵(S-map)

③ 브이월드(V-world)

④ 케이 오픈 맵(K-openmap)

39 메타데이터(metadata)에 해당하는 항목으로 이루어진 것은?

① 건물명, 도로명

② 지물의 x, y 좌표

③ 지형코드, 레이어코드

④ 데이터 품질정보, 데이터 연혁정보

해설
메타데이터의 요소
• 공간데이터 구조(래스터 또는 벡터)
• 투영법 및 좌표계
• 데이텀 변환(예 NAD27에서 NAD83)
• 데이터의 공간적 범위
• 데이터 생산자
• 원데이터의 축척
• 데이터의 생성시간
• 데이터의 수집방법
• 데이터베이스(속성정보)의 열(column) 이름과 그 값들
• 데이터의 품질(오류 및 오류에 대한 기록)
• 데이터 수집에 사용된 도구(장비)의 정확도와 정밀도

40 다음 중 GNSS의 구성요소가 아닌 것은?

① 대기 부문

② 우주 부문

③ 제어 부문

④ 사용자 부문

해설
GNSS(전 지구적 위성항법체계)는 크게 우주 부문, 제어 부문, 사용자 부문으로 구성되어 있다.

41 지리학적 경위도, 높이 및 중력 측정 등 3차원의 정보를 기준으로 사용하기 위하여 설치한 국가기준점은?

① 수준점
② 삼각점
③ 위성기준점
④ 통합기준점

해설
통합기준점은 지리학적 경위도, 직각좌표, 지구중심 직교좌표, 높이 및 중력 측정을 기준으로 사용하기 위하여 위성기준점, 수준점 및 중력점을 기초로 한다. 공간적 위치를 통합적으로 관측하기 위해 수평 위치, 높이값, 중력값을 같이 측정해 놓은 다기능 국가측량기준점이다.

42 지리정보시스템(GIS)에서 위상(topology)의 개념에 관한 설명으로 가장 옳은 것은?

① 공간객체 간 거리와 방향의 관계를 정의한다.
② 공간객체들 사이의 상대적인 위치를 정량적으로 분석한다.
③ 공간데이터 간의 인접성, 연결성, 포함성과 같은 공간적 관계를 정의한다.
④ 지형의 높이와 경사를 표현하는 데 사용된다.

해설
위상(topology)은 GIS에서 매우 중요한 개념으로, 공간객체 간의 인접성, 연결성, 포함관계 등의 상대적인 위치관계를 기술한다.

43 프로그램 언어를 번역방법에 따라 구분 시 인터프리터 언어에 해당하는 것은?

① C
② C++
③ Python
④ Assembly

해설
프로그램 언어를 번역방법에 따라 구분할 때 Python은 대표적인 인터프리터 언어로, 소스코드를 한 줄씩 읽어 실행한다. C와 C++는 컴파일러 언어이다. Assembly는 어셈블러를 사용하여 기계어로 변환된다.

44 릴레이션에 대한 설명으로 옳지 않은 것은?

① 한 릴레이션에 포함된 튜플은 모두 상이하다.
② 한 릴레이션에 포함된 튜플 사이에는 순서가 있다.
③ 애트리뷰트는 논리적으로 쪼갤 수 없는 원자값으로 저장한다.
④ 튜플의 삽입, 삭제 등의 작업으로 인해 릴레이션은 시간에 따라 변한다.

해설
릴레이션에 포함된 각 튜플 사이에는 순서가 없다.

45 래스터자료의 구성요소로 옳은 것은?

① 라인
② 픽셀
③ 폴리곤
④ 빅데이터

해설
래스터자료의 주요 구성요소는 픽셀 또는 셀이다. 픽셀은 이미지의 가장 작은 단위로 각 픽셀은 색상값이나 수치정보를 포함하며, 이 정보는 위치의 지리적 특성을 나타낸다.

46 벡터데이터 모델의 특징으로 옳지 않은 것은?

① 공간 해상도에 좌우되지 않는다.

② 속성정보의 입력, 검색, 갱신이 용이하다.

③ 실세계의 이산적 현상 표현에 효과적이다.

④ 항공 영상, 위성 영상 등 디지털자료를 저장할 때 사용한다.

해설
항공 영상, 위성 영상 등의 자료 유형은 래스터데이터 구조의 자료 유형이다.

47 양극(남극, 북극)의 좌표를 표시하기 위해 고안된 독립좌표계는?

① 극좌표계

② UPM 좌표계

③ UTM 좌표계

④ UPS 좌표계

해설
UPS(Universal Polar Stereographic, 국제심입체좌표) 좌표계 : UTM 좌표계가 표현하지 못하는 남위 80°부터 남극까지, 북위 80°부터 북극까지의 양극 지역좌표를 표시하는 좌표계이다.

48 수치지형모형(DTM)으로부터 추출할 수 있는 정보가 아닌 것은?

① 경사분석도

② 사면방향도

③ 토지이용도

④ 가시권분석도

해설
DTM은 지형만 표현한 것으로, 토지이용도와 같은 피복의 활용 상태는 추출할 수 없다.

49 GPS에서 사용하는 좌표계는?

① PZ30

② VDA84

③ WGS84

④ BESSEL

해설
WGS84 좌표계는 미 국방성이 군사 및 GPS 운용을 목적으로 구축한 지구 타원체이다.

50 C언어에서 사용할 수 없는 변수명은?

① school2024

② _survey

③ spatial−information

④ static

해설
변수명에는 공백이나 *, +, −, / 등의 특수문자를 사용할 수 없다.

51 다음 중 수치 영상의 영상 변환방법이 아닌 것은?

① 월시(walsh) 변환

② 특성(character) 변환

③ 푸리에(fourier) 변환

④ 호텔링(hoteling) 변환

해설
수치영상처리에서 공간영역과 주파수영역 간의 기본적인 연결을 구성하는 방법에는 푸리에 변환, 호텔링 변환, 월시 변환이 있다.

52 다음 보기의 (   ) 안에 들어갈 내용으로 가장 옳은 것은?

> ┌보기┐
> 후보키는 릴레이션에 있는 모든 튜플에 대하여 (   )과 최소성을 모두 만족한다.

① 유일성　　　　　② 유한성
③ 중복성　　　　　④ 통일성

해설
후보키는 릴레이션을 구성하는 속성 중 유일하게 튜플을 식별하기 위해 사용되는 속성들의 부분집합이다. 또한 기본키로 사용할 수 있는 속성을 의미하며, 유일성과 최소성을 모두 만족해야 한다.

54 다음 릴레이션의 degree와 cardinality는?

학과	학년	학번	이름
건설	2학년	20104	김민지
전기	3학년	30207	남예준
컴퓨터	1학년	10112	류선재

① degree : 3, cardinality : 4
② degree : 4, cardinality : 3
③ degree : 4, cardinality : 4
④ degree : 4, cardinality : 12

해설
릴레이션의 degree는 속성의 개수를 의미하고, cardinality는 튜플의 수를 의미한다. 따라서 degree(속성)는 4개, cardinality(튜플)는 3개가 된다.

53 벡터자료를 저장하는 파일형식으로 구성된 것은?

① dem, tiff, tiger
② dxf, shape, dlg
③ gif, dwg, bmp
④ png, vpf, pdf

해설
벡터자료를 저장하는 파일형식에는 shape, coverage, cad(dwg, dxf 등), dlg, vpf, tiger 등이 있다.

55 영상 분류(image classification)에서 감독 분류(supervised classification)기법을 사용하기 위해 필요한 사항은?

① 수치지도
② 좌표변환식
③ 지상 측량 성과
④ 표본 영상자료

해설
감독 분류는 해석자가 사전에 분류 항목별로 기준이 될 만한 통계적 특성들을 규정짓고, 이를 근거로 분류하는 기법이다. 감독 분류로 분류를 수행할 경우 영상을 구분하기 위해 기본이 되는 표본 영상자료 확보가 필요하다.

56 본초자오선은 영국의 그리니치 천문대를 통과하는데 이 자오선을 기준으로 경도를 측정하는 좌표계는?

① 극좌표계　　　② 지리좌표계

③ 평면좌표계　　④ UTM 좌표계

해설

본초자오선(prime meridian)은 경도 0°로 정의하며, 영국의 그리니치 천문대를 통과한다. 이 자오선을 기준으로 하는 좌표계는 지리좌표계로 지구상의 위치를 위도와 경도로 표현한다.

57 영상처리 내용 중 방사 보정(radiometric correction)에 해당하지 않는 것은?

① 지형 경사에 대한 보정

② 대기의 산란광 영향 보정

③ 기복 변위에 의한 왜곡 보정

④ 태양 고도각의 차이에 의한 영향 보정

해설

방사 보정에는 센서의 감도 특성에 따른 보정, 태양 고도 보정, 지형 경사 보정, 대기(흡수, 산란 영향) 보정 등이 있다. 기복 변위에 의한 왜곡 보정은 기하 보정에 해당한다.

58 수치 영상에서 표정을 자동화하기 위하여 필요한 방법은?

① 영상 분류　　　② 영상 압축

③ 영상 융합　　　④ 영상 정합

해설

수치사진 측량에서 상호 표정의 자동화를 위해 요구되는 기법은 영상 정합이다. 영상 정합은 하나의 입체 영상에서 특정 위치에 해당하는 대상물이 다른 입체 영상에서는 어느 위치에 형성되었는가를 발견하는 작업이다.

59 입력격자상에서 가장 가까운 영상소의 값을 이용하여 출력격자로 변환하는 방법은?

① 공일차 보간법

② 공이차 보간법

③ 공삼차 보간법

④ 최근린 보간법

해설

최근린 보간법은 입력격자상 가장 가까운 영상소의 밝기를 이용하여 출력격자로 변환하는 방법이다. 쿼리지점에 가장 가까운 입력 샘플 부분집합을 넣고 비례영역을 기반으로 가중치를 적용하여 값을 보간한다.

60 C언어에서 비트연산자에 해당하지 않는 것은?

① ~　　　　　② ^

③ &　　　　　④ ?

해설

비트연산자는 비트별(0, 1)로 연산하여 결과를 얻는다.

연산자	의미	비고
&	and	모든 비트가 1일 때만 1
^	xor	모든 비트가 같으면 0, 하나라도 다르면 1
|	or	모든 비트 중 한 비트라도 1이면 1
~	not	각 비트의 부정, 0이면 1, 1이면 0
≪	왼쪽 시프트	비트를 왼쪽으로 이동
≫	오른쪽 시프트	비트를 오른쪽으로 이동

합 격 의
공 식
시대에듀
S D E D U

얼마나 많은 사람들이 책 한권을 읽음으로써

인생에 새로운 전기를 맞이했던가.

– 헨리 데이비드 소로 –

Win-Q

공간정보융합기능사

PART

3

최근 기출복원문제

2023년 제4회 최근 기출복원문제

01 벡터데이터와 래스터데이터를 비교 설명한 내용으로 옳지 않은 것은?

① 벡터데이터의 구조는 간단하다.

② 벡터데이터는 현상적 자료구조의 표현 및 이해가 용이하다.

③ 래스터데이터는 지도중첩에 용이하다.

④ 래스터데이터는 첨단기술이나 고가의 장비를 사용하지 않아도 된다.

> **해설**
> 벡터데이터의 자료구조는 복잡하고, 래스터데이터의 자료구조는 간단하다.

02 다음 Java 프로그램이 실행되었을 때의 결과는?

```java
public class Soojebi{
    public static void main(String[] args){
    int x=5, y=0, z=0;
    y = x++;
    z = --x;
    System.out.println(x +","+y+","+z);
    }
}
```

① 5, 5, 5   ② 5, 6, 5

③ 6, 5, 5   ④ 5, 6, 4

> **해설**
>
> | int x = 5, y = 0, z = 0; | x = 5, y = 0, z = 0 |
> |---|---|
> | y = x++;
z = --x; | x를 먼저 y에 대입한 후에 x가 1 증가됨(x = 6, y = 5, z = 0)
x를 1 감소시킨 후에 z에 대입 (x = 5, y = 5, z = 5) |
> | System.out.println (x +","+y+","+z); | 출력 5, 5, 5 |

03 등고선의 성질에 대한 설명으로 옳지 않은 것은?

① 절벽은 등고선이 서로 만나는 곳에 존재한다.

② 등고선은 도면 내외에서 폐합하는 폐곡선이다.

③ 지표면상의 경사가 급한 경우 간격이 넓고, 완경사지는 좁다.

④ 등고선 사이의 최단 거리 방향은 그 지표면의 최대 경사 방향을 향한다.

> **해설**
> 등고선은 경사가 급할수록 간격이 좁고, 완만할수록 간격이 넓다.

04 다음 중 우선순위가 가장 높은 연산자는?

① *   ② >>

③ &   ④ =

> **해설**
> 연산자는 단항, 산술, 시프트, 관계, 비트, 논리, 조건, 대입연산자 순으로 우선순위가 낮아진다. 따라서 산술연산자인 '*'이 우선순위가 가장 높다.

1 ① 2 ① 3 ③ 4 ① **정답**

05 관계 데이터베이스에서 하나의 애트리뷰트(attribute)가 취할 수 있는 같은 타입의 원자값의 집합은?

① 튜플(tuple)

② 도메인(domain)

③ 스키마(schema)

④ 인스턴스(instance)

> **해설**
> • 레코드 = 행 = 튜플(tuple)
> • 필드 = 열 = 속성(attribute)
> • 도메인(domain) : 하나의 속성이 취할 수 있는 속성값들의 집합 (범위)
> • 차수(degree) : 속성의 개수
> • 기수(cardinality) : 튜플의 개수

06 데이터 정의어(DDL)에 해당하는 SQL 명령은?

① UPDATE

② CREATE

③ INSERT

④ SELECT

> **해설**
> 데이터 정의어(DDL)는 테이블을 생성, 변경, 삭제하는 명령어이다.
> • DDL(데이터 정의어) : CREATE, ALTER, DROP
> • DML(데이터 조작어) : SELECT, INSERT, UPDATE, DELETE
> • DCL(데이터 제어어) : COMMIT, GRANT, REVOKE, ROLL-BACK

07 다음 보기에서 설명하는 정보는?

┌ **보기** ┐
지상, 지하, 수상, 수중 등 공간상에 존재하는 자연적 또는 인공적인 객체에 대한 위치정보 및 이와 관련된 공간적 인지 및 의사결정에 필요한 정보
└────────┘

① 가상정보

② 공간정보

③ 토지정보

④ 측량정보

08 3단계 스키마의 종류에 해당하지 않는 것은?

① 정의 스키마

② 개념 스키마

③ 외부 스키마

④ 내부 스키마

> **해설**
> 사용자 관점에 따라 분류하는 스키마는 외부 스키마, 개념 스키마, 내부 스키마 등이 있다.

09 벡터데이터의 장점으로 옳지 않은 것은?

① 위상관계의 정의 및 분석이 가능하다.

② 고해상도 자료의 공간적 정확성이 높다.

③ 저장 공간이 많이 필요하다.

④ 실세계 묘사가 가능하며 시각적 효과가 높다.

> **해설**
> 벡터데이터는 저장 공간을 적게 차지한다.

10 다음 그림에서 폴리곤 중첩연산의 유형에 해당하는 것은?

① 자르기
② 지우기
③ 결합
④ 교차

해설
지우기는 두 번째 레이어를 이용하여 첫 번째 레이어의 일부분을 지우는 것이다.

11 지오이드(geoid)에 대한 설명으로 옳지 않은 것은?

① 지오이드상에서 모든 점의 표고는 0m이다.
② 지구중력장이론에 근거하여 물리적으로 정의한다.
③ 지오이드는 지구 타원체를 기준으로 대륙에서는 지구 타원체보다 낮다.
④ 지구의 평균 해수면과 일치하는 등퍼텐셜면을 육지까지 연장한 가상의 면을 뜻한다.

해설
지오이드면은 기준 타원체면과 일치하지 않고 약간 어긋나 있으며 육지에서는 타원체면 위에 있고, 바다에서는 타원체면 아래에 있다.

12 다음 그림에서 위상관계 연산자로 옳은 것은?

① equals
② contains
③ overlaps
④ intersects

해설
contains는 한 공간객체가 완전히 다른 공간객체 안에 포함된 경우 참값을 반환한다.

13 어떤 지점의 타원체고는 153.8m, 정표고는 53.7m 라면 이 지점의 지오이드고는?

① 100.1m
② 103.8m
③ 207.5m
④ 261.2m

해설
지오이드고는 타원체고에서 정표고를 뺀 것이다.
153.8 − 53.7 = 100.1m

14 다음 그림에 해당하는 투영법은?

① 원통도법
② 원추도법
③ 원형도법
④ 평면도법

해설
3차원 지구를 2차원 평면지도로 변환하는 방법은 원통면에 투영하는 원통도법이다.

15 투영 성질에 따른 투영법으로 넓이가 정확하게 나타나는 도법은?

① 정거도법
② 정면도법
③ 정적도법
④ 정형도법

해설
지도학적 성질에 따라 면적이 정확하게 나타나는 도법을 정적투영법이라고 한다.

16 속성데이터의 종류 중 조사 대상의 범주를 구분하기 위한 목적으로 만들어진 것은?

① 등간데이터
② 명목데이터
③ 비율데이터
④ 서열데이터

해설
② 명목데이터 : 관측 대상을 범주로 나눠 분류한 후 기호나 숫자를 부여하는 데이터로, 사용되는 숫자는 양적인 의미가 아니라 데이터 속성을 구분하기 위한 용도이다.
① 등간데이터 : 비계량적 변수를 정량적으로 측정하기 위한 것으로, 절대 0값을 갖지 않는 수치데이터이다. 숫자 간의 간격이 동일하다.
③ 비율데이터 : 절대 0값을 갖는 수치데이터로, 두 측정값의 비율이 의미를 갖는다.
④ 서열데이터 : 관측 대상을 상대적으로 비교하여 순위를 정해 관측한 데이터이다.

17 기하오차의 발생원인이 아닌 것은?

① 지구의 곡률
② 위성의 자세
③ 지구 자전의 영향
④ 지형의 경사나 방향

해설
지형의 경사나 방향은 방사오차의 발생원인이다. 기하오차의 원인에는 위성의 자세, 지구의 곡률, 지구의 자전, 관측기기의 오차 등이 있다.

18 다음 중 GIS를 구축하고 활용하기 위한 기본적인 구성요소가 아닌 것은?

① 하드웨어
② 소프트웨어
③ 공간 분석기술
④ 공간 데이터베이스

해설
GIS 구성요소 : 하드웨어, 소프트웨어, 데이터베이스, 휴먼웨어(인적 자원)

19 수치표고모형(DEM)으로부터 얻을 수 있는 자료들로 짝지어진 것은?

① 수계도, 토지피복도
② 표고분석도, 역세권분석도
③ 가시권에 대한 분석도, 도로망도
④ 사면방향도, 경사도에 대한 분석도

해설
DEM은 경사도, 사면방향도, 단면 분석, 절·성토량 산정 등의 다양한 분야에서 활용된다.

20 지리정보시스템의 자료구조 중 간단한 구조를 가지고 있고 중첩에 대한 조작이 용이하여 매우 효과적인 것은?

① 내부데이터
② 외부데이터
③ 벡터데이터
④ 래스터데이터

21 다음 중 지형기반분석의 종류가 아닌 것은?

① 단면 분석
② 1차원 분석
③ 등고선 생성
④ 경사도/향 분석

해설

지형기반분석에는 경사도/향 분석, 등고선 생성, 단면 분석, 3차원 분석, 가시권 분석, 일조 분석 등이 있다.

22 공간 데이터베이스 내에 저장되는 객체가 갖는 정보로서 객체 간, 공간상의 위치나 관계성을 정량적으로 구현하기 위한 것은?

① 객체정보
② 도형정보
③ 속성정보
④ 위상정보

해설

위상정보는 각 요소의 접속관계 등의 다양한 지도정보 기본자료의 상호관계를 해석하는 경우 등에 사용된다.

23 어떤 위치의 속성을 그 위치에서 가장 가까운 지점의 값으로 지정할 수 있도록 구역을 설정하는 점대면 보간방법으로 강우량 자료 보간에 많이 쓰이는 방법은?

① DEM
② TIN
③ kriging
④ thiessen polygon

해설

티센 폴리곤 보간법은 가장 가까운 한 점을 지정하여 다각형으로 영역을 경계 짓고 지역을 분할하는 방법이다. 티센 다각형에 의한 점 보간방법은 최근린 보간법이다.

티센 폴리곤

• 점들 사이의 거리에 근접한 삼각형을 연결하여 들로네 삼각형을 작도한 후에 삼각형 중첩이 되는 가운데 점을 연결한 것이 티센 폴리곤이다. 티센 폴리곤이 생성되면 각 위치에서 가장 가까운 점의 값을 할당하는 것은 어렵지 않다.
• 일련의 점데이터가 주어졌을 때, 각 위치에 어떤 점의 값을 할당해야 하는지를 결정할 때 유용하게 활용한다.

24 GIS의 장점이 아닌 것은?

① 수치데이터로 구축되어 출력물의 축척 변환이 용이하다.
② 기존의 수작업을 컴퓨터로 손쉽게 할 수 있다.
③ GIS 데이터는 CAD와 비교하여 데이터 형식이 간단하여 취급하기 쉽다.
④ 다양한 공간적 분석이 가능하여 도시계획, 환경, 생태 등 다양한 분야에서 의사결정에 활용될 수 있다.

해설

GIS 데이터는 CAD와 비교하여 데이터 형식이 복잡하다.

25 우리나라의 직각좌표계에서 사용하고 있는 지도투영법은?

① 심사투영

② 구드투영

③ 람베르트 정각 원추투영

④ TM(Transverse Mercator) 투영

해설

횡축 메르카토르도법(TM ; Transverse Mercator) : 회전 타원체에서 평면으로 횡축 등각원통도법을 통해 투영하는 방법이다. 우리나라의 지형도 제작에 이용되었으며, 우리나라와 같이 남북으로 긴 형상의 나라에 적합하다.

26 다음 보기의 (   ) 안에 들어갈 용어로 옳은 것은?

┌─ 보기 ┐

종이지도나 영상자료로부터 객체정보를 추출하여 GIS에 입력하기 위해 (   )작업을 수행한다. (   ) 작업은 사람에 의해 수동으로 진행되기 때문에 많은 시간과 노력이 필요하다는 단점이 있지만, 비교적 작업과정이 단순하여 소규모 GIS 프로젝트에서 활용된다.

① GPS(Global Positioning System)

② 스캐닝(scanning)

③ 원격탐사(remote sensing)

④ 디지타이징(digitizing)

해설

디지타이징(digitizing, 공간데이터 입력)
- 디지타이저라는 기기를 이용하여 필요한 주제의 형태를 컴퓨터에 입력시키는 방법이다.
- 자료의 입력 형태는 벡터 형식이다.
- 디지타이징의 효율성은 작업자의 숙련도에 따라 결정된다.
- 낡은 도면도 입력이 가능하다.
- 수동방식으로 시간이 많이 소요된다.
- 기존의 지도 등을 디지털화하여 공간데이터를 입력하기도 한다.
- 종이 형태의 지도는 스캐닝하거나 디지타이징 등의 과정을 거쳐 디지털화되고 컴퓨터를 통하여 분석할 수 있는 공간데이터로 활용된다.

27 불규칙 삼각망을 이용하여 수치지형을 표현하는 모델은?

① DEM

② DSM

③ DTM

④ TIN

해설

불규칙 삼각망(TIN ; Triangulated Irregular Network) : 불규칙적으로 존재하는 일련의 삼각형을 생성하여 배열한 것이다. 표면은 표본 추출된 표고점들을 선택적으로 연결시켜 형성된 겹치지 않는 부정형 삼각형으로 이루어진 모자이크식으로 표현한다.

28 래스터자료의 압축방법이 아닌 것은?

① 블록코드

② 체인코드

③ 픽셀코드

④ 런렝스코드

해설

래스터자료의 압축방법에는 런렝스코드기법, 체인코드기법, 블록코드기법, 사지수형기법 등이 있다.

29 필지 간의 위상관계 중 연속 지적도에서 특정 대지에 접해 있는 이웃 대지의 정보를 얻기 위해 사용하는 것은?

① 방향성

② 연결성

③ 인접성

④ 포함성

해설

인접성은 서로 이웃하는 폴리곤 간의 관계를 의미한다.

30 GIS 구축의 목적(의의)에 대한 설명으로 옳지 않은 것은?

① 공간정보 이용자의 범위 확대
② 공간정보의 효율적 관리수단
③ 객관적 분석을 통한 공간 의사결정
④ 공간정보 구축 및 활용시장의 축소

해설
지리정보시스템(GIS) : 지구, 지표, 공간 등 인간이 활동하는 모든 공간의 지리공간정보를 디지털화하여 수치지도로 작성하고, 이를 컴퓨터에 입력하여 연계적으로 처리하는 시공간적 분석을 통해 자료의 효율성을 극대화시키는 정보시스템이다. GIS를 활용하여 GIS 애플리케이션 개발, 모바일 GIS 등 GIS 시장이 다양하게 확대되고 있다.

31 데이터베이스 구축 후 효율적인 유지관리 방안으로 옳지 않은 것은?

① 데이터베이스의 현재성을 유지한다.
② 사용자들의 추가적인 요구사항을 반영한다.
③ 관리체계가 구축된 후 변화들에 대한 신속하고 지속적인 모니터링을 한다.
④ 전산체계의 갱신, 운영, 관리의 효율성 확립을 위한 시스템을 재개발한다.

해설
데이터베이스 구축 후에는 시스템을 재개발하지 않으며, 추가적인 요구사항을 반영하여 시스템을 개선한다.

32 지구 형상에 대한 설명으로 옳지 않은 것은?

① 지오이드는 지구의 형상에 가까운 등퍼텐셜면이다.
② 중력은 등퍼텐셜면에 직교하는 방향으로 지구 중심을 향한다.
③ 지오이드는 육지에서 대륙의 물질에 대한 인력으로 지구 타원체보다 하부에 존재한다.
④ 지구 타원체는 지표의 기복과 지하물질의 밀도차가 없다고 가정하며, 등퍼텐셜면과 일치하지 않는다.

해설
지오이드는 중력에 수직인 선으로, 대륙에서는 일반적으로 타원체 위에 위치하고 해양에서는 타원체 아래에 위치한다.

33 애트리뷰트에 대한 설명으로 옳지 않은 것은?

① 애트리뷰트는 개체의 특성을 기술한다.
② 애트리뷰트의 수를 cardinality이라고 한다.
③ 애트리뷰트는 데이터베이스를 구성하는 가장 작은 논리적 단위이다.
④ 애트리뷰트는 파일구조상의 데이터 항목 또는 데이터 필드에 해당한다.

해설
애트리뷰트의 수는 차수(degree)이고, 튜플의 수는 카디널리티(cardinality)이다.

30 ④ 31 ④ 32 ③ 33 ② **정답**

34 원격탐사의 활용 분야와 가장 거리가 먼 것은?

① 환경오염을 감시한다.
② 토지 이용 현황을 파악한다.
③ 해수면의 온도를 측정한다.
④ 정확한 토지 면적을 산출한다.

해설
원격탐사에 의해 토지 면적은 산정 가능하지만, 정확한 산출은 어렵다.

35 벡터데이터 모델에서 한정되고 연속적인 2차원적 표현이며, 경계를 포함하는 것과 포함하지 않는 것으로 나뉘는 도형요소는?

① 점   ② 선
③ 면   ④ 영상소

해설
벡터데이터 모델의 기하학 정보인 점, 선, 면 중 2차원적 표현요소는 면이다.

36 다음 중 수치 영상의 영상 변환방법이 아닌 것은?

① 월시(walsh) 변환
② 색상(color) 변환
③ 푸리에(fourier) 변환
④ 호텔링(hoteling) 변환

해설
수치 영상처리에서 공간영역과 주파수영역 간의 기본적인 연결을 구성하는 방법에는 월시 변환, 푸리에 변환, 호텔링 변환이 있다.

37 다음 Java 프로그램은 학생의 국어, 영어, 수학 점수의 평균을 계산하고 출력한다. 다음 빈칸에 들어갈 코드로 옳은 것은?(단, 평균 점수는 소수점까지 정확히 계산되어야 한다)

```java
public class ScoreAverage {
    public static void main(String[] args) {
        int korean = 90;
        int english = 80;
        int math = 95;

        double average = [_____];

        System.out.println("평균 점수 : " +
        average);
    }
}
```

① (average math) / 3
② (korean + english + math) / 3.0
③ (korean * english * math) / 3.0
④ (korean / 1 + english / 2 + math / 3)

해설
• 평균은 국어, 영어, 수학의 점수를 더한 후에 과목 수로 나누는 것이다.
• 평균을 계산할 때 정확한 소수점 결과를 얻기 위해서는 나누는 수가 실수이어야 한다.
• 문제에서 '단, 평균 점수는 소수점까지 정확히 계산되어야 한다.'라고 하였으므로 실수로 계산해야 한다.
• 3.0을 사용하면 나눗셈이 실수연산으로 처리되기 때문에 평균이 정확하게 계산된다.

38 항공사진 측량의 특징으로 옳지 않은 것은?

① 축척 변경이 가능하다.
② 정량적 및 정석적 측정이 불가능하다.
③ 초기 시설비가 많이 들며 외업이 적다.
④ 비교적 대규모 지역의 측량에 적합하다.

해설
항공사진 측량은 사진기를 유인 또는 무인 항공기에 탑재하고 공중에서 지상사진을 촬영하여 측량 결과물을 얻는 것으로, 정량적 및 정성적 측정이 가능하다.

39 다음 중 관계형 데이터베이스를 위한 대표적인 언어는?

① DDL ② DML
③ SQL ④ COGO

해설
SQL(표준질의어)은 비과정 질의어의 대표적인 예로, 관계형 데이터베이스의 표준언어이다.

40 원격탐사자료를 표준 지도투영에 맞추어 보정하는 것으로 지표면에 반사, 방사 및 산란된 측정값을 평면 위치에 투영하는 것은?

① 기하 보정(geometric correction)
② 대기 보정(atmospheric correction)
③ 방사 보정(radiometric correction)
④ 산란 보정(scattering correcting)

해설
기하 보정 : 인공위성 영상자료에 대하여 위성의 자세 등에 의한 오차를 제거하고, 지리좌표계와 일치시키는 과정이다. 지표면에 반사, 방사 및 산란된 측정값을 평면 위치에 투영하여 지도상에서 정확한 위치를 파악한다.

41 SQL의 표준 구문으로 옳은 것은?

① SELECT "item명" FROM "table명" WHERE "조건절"
② SELECT "table명" FROM "item명" WHERE "조건절"
③ SELECT "조건절" FROM "table명" WHERE "item명"
④ SELECT "item명" FROM "조건절" WHERE "table명"

해설
SELECT 선택 컬럼 FROM 테이블 WHERE 컬럼에 대한 조건값이다.
∴ SELECT "item명" FROM "table명" WHERE "조건절"

42 지리정보시스템(GIS)의 중첩 분석방법 중 교통로와 도시 팽창 지역 사이의 관계를 설명하기 위하여 사용하는 방법은?

① 점과 점의 중첩
② 폴리곤 간의 중첩
③ 폴리곤과 선의 중첩
④ 폴리곤과 점의 중첩

해설
교통로(선 사상)와 도시 팽창(면 사상)의 중첩이다.

43 파일헤더에 위치참조정보를 가지고 있으며 주로 지리정보시스템(GIS) 데이터로 사용하는 래스터 파일 형식은?

① bmp
② gif
③ jpg
④ geotiff

해설
래스터 형식 포맷 : 래스터 형식의 포맷으로는 .tif(geotiff)가 가장 많이 사용된다. 래스터 형식의 상용 파일 포맷으로는 .jpg, .gif, .bmp 등 많은 파일 포맷이 존재하지만, 래스터 파일을 저장하는 .tif 파일에 좌표정보를 삽입할 수 있는 geotiff가 널리 사용된다. 여기에는 데이터, 좌표계, 타원체, 투영법 등 부가적인 정보를 삽입할 수도 있다.

44 적색복사속과 근적외선복사속으로 정규식생지수 (NDVI ; Normalized Difference Vegetation Index)를 구하는 식은?

① $NDVI = \dfrac{근적외선복사속 - 적색복사속}{근적외선복사속 + 적색복사속}$

② $NDVI = \dfrac{근적외선복사속 + 적색복사속}{근적외선복사속 - 적색복사속}$

③ $NDVI = \dfrac{적색복사속 - 근적외선복사속}{적색복사속 + 근적외선복사속}$

④ $NDVI = \dfrac{적색복사속 + 근적외선복사속}{적색복사속 - 근적외선복사속}$

해설

식생지수(NDVI)는 위성데이터를 이용하여 식생의 활력도를 나타내는 단위가 없는 지수이다. NDVI는 적색광(red) 파장과 근적외선 (NIR) 파장의 차이를 이용하여 산출한다.

정규화 식생지수(NDVI ; Normalized Difference Vegetation-Index)

• 원격탐사장비로 얻은 영상을 이용하여 식물의 분포 상황을 파악하고 대상 식생의 활력을 지수로 나타낸 것이다.

• 가시광선(보통 적색 밴드)과 근적외선 밴드의 두 영상으로부터 차이를 구하여 식생의 반사 특성을 강조하는 방법이다.

• 일반적으로 식생지수는 위성 영상이나 항공사진의 밴드를 이용하여 계산한다.

$$NDVI = \dfrac{NIR - VIS}{NIR + VIS}$$

여기서, NIR : 근적외선 영역에서 얻은 분광반사율(관측치)

VIS : 가시광선 영역에서 얻은 분광반사율(관측치)

45 다음 보기에서 설명하는 것은?

┌ 보기 ┐
• 파일 처리방식에서 한 단계 진보된 자료관리 방식
• 자료의 접근뿐 아니라 모든 입력, 출력, 저장 관리
• 데이터베이스를 구성하는 지리정보시스템(GIS) 소프트웨어의 한 부분
└──────┘

① 공간자료교환표준(SDTS)
② 공간자료처리언어(SDML)
③ 의사결정 지원체계
④ 데이터베이스 관리체계(DBMS)

해설

데이터베이스 관리체계는 파일 처리방식의 단점을 보완하기 위해 도입되었고, 데이터베이스를 다루는 일반화된 체계이므로 표준형식의 데이터베이스 구조를 만들 수 있다. 자료 입력과 검토, 저장, 조회, 검색, 조작할 수 있는 도구를 제공한다.

46 지형 분석, 토지의 이용, 개발, 행정, 다목적 지적 등 토지 자원과 관련된 문제해결을 위한 정보분석체계는?

① 도시정보체계(UIS)
② 토지정보체계(LIS)
③ 위성측위체계(GPS)
④ 환경정보체계(EIS)

해설

토지정보체계(LIS ; Land Information System) : 토지와 관련된 위치정보와 속성정보를 수집, 처리, 저장, 관리하기 위한 정보체계이다.

47 메타데이터(metadata)에 대한 설명으로 옳지 않은 것은?

① 자료에 관한 내용, 품질, 사용조건 등을 기술한다.
② 정확한 정보를 유지하기 위해 수정 및 갱신이 불가능하다.
③ 자료를 생산, 유지, 관리하는 데 필요한 정보를 담고 있다.
④ 일련의 자료에 대한 정보로서 자료를 사용하는 데 필요하다.

해설

메타데이터 : 데이터(data)에 대한 데이터이다. 즉, 정보를 부가적으로 추가하기 위해 그 데이터 뒤에 함께 따라가는 정보이다. 데이터에 관한 구조화가 되어 있고, 다른 데이터를 설명해 준다. 데이터베이스, 레이어, 속성 등의 공간 형상과 관련된 정보가 정확성을 유지할 수 있도록 일정주기로 수정 및 갱신을 해야 한다.

48 공간연산방법 중에서 공간연산 후에 연산에 참여한 모든 데이터가 결과파일에 나타나는 것은?

① union
② overlay
③ difference
④ intersection

해설

union은 2개 이상의 레이어에 OR 연산자를 적용하여 합병하는 방법으로, 두 개의 레이어를 교차하였을 때 중첩된 모든 지역을 포함하고, 모든 속성을 유지한다. 입력 레이어의 모든 정보가 결과 레이어에 포함된다.

49 다음과 같이 A 벡터레이어에서 B 벡터레이어를 만들 때 공간연산기법으로 옳은 것은?

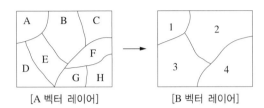

[A 벡터 레이어] → [B 벡터 레이어]

① buffer
② clip
③ dissolve
④ intersection

해설

dissolve : 재분류 이후 동일한 속성을 지닌 경계 공유 및 겹치는 영역을 삭제하여 하나로 합치는 것이다. 공통 필드값을 교차하거나 공유하는 영역 피처를 병합하여 인접 피처 또는 멀티 파트 피처를 생성한다. 입력은 영역 피처의 단일 레이어여야 한다.

50 Java 프로그래밍 언어의 정수형 타입이 아닌 것은?

① int
② byte
③ float
④ short

해설

Java 데이터 타입의 크기

종류	데이터 타입	크기
논리형	boolean	1byte
문자형	char	2byte
정수형	byte	1byte
	short	2byte
	int	4byte
	long	8byte
실수형	float	4byte
	double	8byte

51 격자구조에서 벡터구조로 변환하는 것을 벡터화라고 한다. 일반적인 벡터화 과정을 순서대로 나열한 것은?

① 필터링–세선화–벡터화 단계–후처리 단계
② 필터링–벡터화 단계–세선화–후처리 단계
③ 후처리 단계–벡터화 단계–필터링–세선화
④ 세선화–후처리 단계–벡터화 단계–필터링

해설
• 필터링은 스캐닝된 래스터자료에 존재하는 여러 종류의 잡음을 제거하고 이어지지 않은 선을 연속적으로 이어 주는 처리과정이다.
• 세선화는 필터링 단계를 거친 두꺼운 선을 가늘게 만들어 처리할 정보의 양을 감소시키고, 벡터자료의 정확도를 높인다. 벡터의 자동화처리에 따른 품질에 많은 영향을 미친다.

52 TIN에 대한 설명으로 옳지 않은 것은?

① 등고선 자료로부터 DEM을 제작하는 데 사용된다.
② 불규칙한 표고자료로부터 등고선을 제작하는 데 사용된다.
③ 격자형 DEM보다 데이터 용량은 크지만, 지형을 더욱 정확하게 표현할 수 있다.
④ 삼각형 외접원 안에 다른 점이 포함되지 않도록 하는 델로니 삼각망을 주로 사용한다.

해설
TIN 데이터
• 해상도가 같은 경우 격자형 DEM보다 데이터 용량이 작다.
• 주로 델로니 삼각망을 사용한다.
• 벡터구조로 위상정보를 가지고 있다.
• 적은 자료로 복잡한 지형을 효율적으로 나타낼 수 있다.
• 세 점으로 연결된 불규칙한 삼각형으로 구성된 삼각망이다.

53 다음과 같이 A와 B를 이용한 래스터계산 결과인 C에 해당하는 논리연산자는?

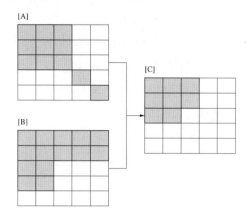

① A OR B
② A AND B
③ A NOT B
④ A XOR B

해설
두 비트가 모두 1인 경우에만 1을 나타내고, 그렇지 않은 경우에는 모두 0이다. 이는 연산자 중 AND에 해당하는 것으로 두 연산항 중 어느 하나가 false이면 무조건 false이고, 모두 true이면 true가 된다.

54 벡터데이터 모델에서 속성정보가 가질 수 있는 척도가 아닌 것은?

① 가치척도
② 등간척도
③ 비율척도
④ 서열척도

해설
자료의 척도
• 명목척도 : 대상을 구분하는 데 사용되는 척도
• 서열척도 : 대상을 크기나 순서에 따라 나열하는 데 사용되는 척도
• 등간척도 : 대상의 크기나 순서의 차이를 나타낼 수 있는 척도
• 비율척도 : 등간척도의 크기를 절대적으로 나타낼 수 있는 척도

55 동일한 사상이나 위치를 나타내는 기준점을 이용하여 두 지도의 좌표체계를 일치시키는 방법은?

① 내삽(interpolation)

② 노드스냅(node snapping)

③ 러버시팅(rubber sheeting)

④ COGO(COordinate GeOmetry)

해설

러버시팅은 지정된 기준점에 지도나 영상을 맞추기 위해 기하학적 과정을 물리적으로 왜곡하거나 지도가 기준점에 맞도록 조정하여 원래 형상과 일치시키는 방법이다.

56 관계형 데이터베이스에서 키(key)의 종류가 아닌 것은?

① 기본키   ② 대체키

③ 필드키   ④ 후보키

해설

키(key)는 데이터베이스에서 조건에 만족하는 튜플을 찾거나 순서대로 정렬할 때 기준이 되는 속성으로 종류에는 슈퍼키(super key), 후보키(candidate key), 기본키(primary key), 대체키(alternate key), 외래키(foreign key) 등이 있다.

57 다음의 Java 코드를 실행한 결과는?

```
int x = 1, y = 6;
while(y--){
    x++;
}
System.out.println("x ="+ x + "y ="+ y);
```

① x = 7, y = 0

② x = 6, y = −1

③ x = 7, y = −1

④ unresolved compilation problem 오류 발생

해설

Java의 경우 while의 결괏값이 boolean 타입이 아니면 오류가 발생한다. y는 int형이므로 증감연산자를 사용한 y−도 int형에 해당한다. 따라서 결괏값이 boolean형에 해당되지 않으므로 오류가 발생한다.

58 DBMS 분석 시 고려사항으로 옳지 않은 것은?

① 성능

② 가용성

③ 상호 호환성

④ 네트워크 구성도

해설

DBMS 현행 시스템 분석 고려사항에는 가용성, 성능, 상호 호환성, 기술 지원, 구축비용 등이 있다.

59 점, 선, 면으로 표현된 객체 간의 공간관계를 설정하여 객체 간의 인접성, 연결성, 포함성 등에 관한 정보를 파악하기 쉽고, 다양한 공간 분석을 효율적으로 수행할 수 있는 자료구조는?

① 위상(topology)구조
② 그리드(grid)구조
③ 래스터(raster)구조
④ 스파게티(spaghetti)구조

> **해설**
> 위상구조는 공간관계를 명시적으로 정의하는 것으로 수학적 방법으로, 입력된 자료의 위치를 좌푯값으로 인식하고 자료 간의 정보를 상대적 위치로 저장하여 특성들 간의 관계나 영역을 정의하는 것을 의미한다. 위상을 기반으로 하는 데이터는 위치관계적 오류를 찾아내고 이를 수정하기에 매우 유용하다.

60 다음의 Java 프로그램이 실행했을 때의 결과는?

```java
public class Soojeb{
  public static void main(String[] args){
    int cnt = 0;
    do{
      cnt++;
    } while (cnt < 0);
    if(cnt==1)
      cnt++;
    else
      cnt = cnt + 3;
  System.out.printf("%d",cnt);
  }
}
```

① 2   ② 3
③ 4   ④ 5

> **해설**
> • do−while 구문은 1번 실행하므로 cnt++이 실행되어 1이 된다.
> • if문에서 cnt가 1이므로 cnt++이 실행되어 2가 된다.

int cnt = 0;	정수형 변수 cnt 선언과 동시에 0을 대입
do{	do−while 구문을 수행
cnt++;	cnt 값을 1 증가시킴
} while (cnt < 0);	cnt가 0보다 작을 때까지 반복
if(cnt==1) cnt++;	cnt가 1이면 cnt 값을 1 증가시킴
else cnt = cnt + 3;	cnt가 1이 아니면 cnt에 3을 더한 후 cnt에 대입
System.out.printf ("%d",cnt);	cnt를 화면에 출력함

┤유의사항├

※ 본 문제는 2023년도 신설 종목 응시 수험자들의 시험 유형 및 출제기준에 대한 이해를 돕고자 제공하는 예시 문항(총 9문항)로 실제 시험 문제와는 상이할 수 있습니다.

※ 기능사 등급의 경우 별도의 과목 구분없이 60문제로 구성되며, 총 60문제 중 36문제 이상을 맞춘 경우 합격(60점 이상)에 해당합니다.

---

01 지오이드(geoid)에 대한 설명으로 옳지 않은 것은?

① 지구중력장이론에 근거하여 물리적으로 정의한다.

② 지오이드상에서 모든 점의 표고는 0m이다.

③ 지오이드는 지구 타원체를 기준으로 대륙에서는 지구 타원체보다 낮다.

④ 지구의 평균 해수면과 일치하는 등퍼텐셜면을 육지 내부까지 연장한 가상의 면을 뜻한다.

출제 기준	주요항목	세부항목	세세항목
	1. 공간정보 기초	4. 지도와 좌표계	2. 좌표계의 정의

해설

지오이드면은 지각의 인력으로, 대륙에서 지구 타원체보다 높으며 해양에서 지구 타원체보다 낮다.

---

02 우리나라의 측량원점 중 다음의 설명에 해당하는 것은?

우리나라 모든 수직 위치의 기준점으로 인천의 인하공업전문대학에 설치되어 있다. 1914~1916년까지는 인천만 조위 관측소에서 평균 해면을 측량하였으나 후에 이를 내륙으로 이동하여 설치하였다. 제주도, 울릉도, 독도는 별도의 이 원점을 가지고 있다.

① 경위도원점

② 수준원점

③ 중력원점

④ 도로원점

출제 기준	주요항목	세부항목	세세항목
	1. 공간정보 기초	4. 지도와 좌표계	2. 좌표계의 정의

해설

대한민국의 수준원점은 수치 표고를 기준으로 인천의 인하공업전문대학에 설치되어 있다. 일반적으로 수준원점은 평균 해수면을 기준으로 설정되며, 높이 측정을 위한 시작점으로 사용된다.

---

1 ③ 2 ② **정답**

03 다음의 그림에 해당하는 투영법은?

① 원통도법　　　② 원추도법
③ 평면도법　　　④ 입체도법

출제기준	주요항목	세부항목	세세항목
	3. 공간정보 편집	2. 좌표계 설정	2. 투영좌표계

해설
3차원 지구를 2차원 평면지도로 변환하는 방법의 하나로 원통면에 투영하는 원통도법이다.

04 원격탐사 영상의 품질을 평가하는 기준 중 영상에서 한 픽셀에 해당하는 실제 지상거리를 뜻하는 것은?

① 공간 해상도　　　② 분광 해상도
③ 방사 해상도　　　④ 시간 해상도

출제기준	주요항목	세부항목	세세항목
	4. 공간영상처리	4. 영상 변환	3. 분광 해상도

해설
공간 해상도(spatial resolution)는 영상이나 사진에서 지표물을 인식하고 분류할 수 있는 기본척도로, 공간적으로 아주 가까운 별도의 물체를 구분할 수 있는 최소의 거리이다.

05 다음과 같이 실세계의 공간객체(왼쪽)들을 오른쪽과 같이 표현하는 데이터 방식은?

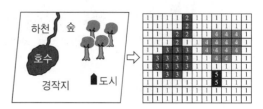

① 벡터데이터　　　② 감마데이터
③ 래스터데이터　　④ 빅데이터

출제기준	주요항목	세부항목	세세항목
	1. 공간정보 기초	2. 공간데이터	공간데이터의 종류와 형태

해설
래스터데이터는 픽셀이나 셀로 구성된 그리드 형태로 지리적 정보를 나타낸다. 각 픽셀은 특정한 위치를 나타내며, 각 셀에는 색상, 밝기, 높이 등과 같은 특정한 수치가 할당된다.

06 TIN에 대한 설명으로 옳지 않은 것은?

① 일반적으로 TIN은 DEM에 비해 저장용량이 작다.
② TIN에서 상세한 정보가 필요하고 기복이 심한 지역은 작은 삼각형으로 표현하고, 평탄한 지역은 상대적으로 큰 삼각형으로 표현한다.
③ TIN은 극지역을 제외한 전 세계 지역에 대하여 90m의 공간 해상도를 가지는 SRTM이라는 자료를 통하여 구축되었다.
④ TIN은 샘플링된 고도값에 기반을 두어 삼각망을 형성하는 벡터 형태의 데이터이다.

출제기준	주요항목	세부항목	세세항목
	6. 공간정보 분석	4. 지형 분석	4. TIN 생성

해설
SRTM(Shuttle Radar Topography Mission) 데이터는 DEM 형식으로 제공되며, TIN 형식으로는 제공되지 않는다.

07 프로그래밍 언어 중 인터프리터 방식의 특징으로 옳은 것은?

① 전체 프로그램을 스캔하여 한 번에 번역한다.
② 명령어 코드를 한 줄씩 해석하고 실행한다.
③ 개발언어를 컴파일된 실행파일로 수행하므로 실행속도가 빠르다.
④ C, C++, Fortran 같은 언어가 이와 같은 분야이다.

출제기준	주요항목	세부항목	세세항목
	7. 공간정보 기초 프로그래밍	1. 프로그래밍 개요	2. 프로그래밍 언어 유형

해설
① 컴파일러 방식의 특징이다. 인터프리터 방식은 프로그램 명령문 한 줄 단위로 번역·실행한다.
③ 컴파일러 방식의 특징이다. 인터프리터 방식은 컴파일된 실행파일을 생성하지 않으며 일반적으로 컴파일러 방식보다 실행속도가 느리다.
④ C, C++, Fortran은 컴파일러를 사용하는 언어이다.

08 다음과 같이 복잡한 실제 지하철 노선에서 개발에 대해 필요한 관점만 추출한 과정은?

① 매개변수 선언
② 추상화(abstraction)
③ 다차원배열(multi-dimensional array)
④ 형 변환(type casting)

출제기준	주요항목	세부항목	세세항목
	8. 공간정보 UI 프로그래밍	1. 객체지향 프로그래밍	7. 추상클래스와 인터페이스

해설
추상화 과정은 불필요한 세부사항을 제거하여 중요한 정보에 초점을 맞추고 복잡한 현실을 단순화시켜 표현함으로써 사용자가 정보를 더 쉽게 이해하고 사용할 수 있도록 하는 것이다.

09 데이터베이스에 사용되는 키의 종류 중 다음 설명에 해당하는 것은?

> 릴레이션(relation)을 구성하는 속성 중 유일하게 튜플(tuple)을 식별하기 위해 사용하는 속성들의 부분집합으로, 모든 튜플(tuple)에 대해 유일성, 최소성을 만족해야 한다.

① 슈퍼키　　　　　② 후보키
③ 기본키　　　　　④ 대체키

출제기준	주요항목	세부항목	세세항목
	9. 공간정보 DB 프로그래밍	2. 공간데이터베이스 생성	3. 공간데이터베이스 구성

해설
후보키는 릴레이션을 구성하는 속성 중 유일하게 튜플을 식별하기 위해 사용되는 속성들의 부분집합으로, 유일성과 최소성을 모두 만족해야 한다. 또한 기본키로 사용할 수 있는 속성들을 의미한다.

참 / 고 / 문 / 헌

- 수치지도 갱신에 따른 변화정보 제공방안.
- 이강원, 손호웅. **지형공간정보체계 용어사전**. 구미서관.
- 주현승. **지오인포매틱스**. 이담북스.
- 한국공간정보학회. **공간정보학**. 푸른길.
- John R. Jensen, Ryan R. Jensen. **지리정보시스템**. 시그마프레스.

참 / 고 / 사 / 이 / 트

- 공간정보교육포털
- 국가공간정보포털
- 국토교통부
- 국토지리정보원
- NCS
  - LM1402030403_21v2_공간정보+편집
  - LM1402030404_21v2_공간정보+데이터+수집처리가공
  - LM1402030405_21v2_공간영상+처리
  - LM1402030407_21v2_공간정보분석
  - LM1402030409_21v2_공간정보+융합콘텐츠+시각화
  - LM1402030416_21v1_공간정보+기초+프로그래밍
  - 5. 원격탐사 영상처리 및 분석(1402030405_15v1.1)
- 법제처
  - 공간정보의 구축 및 관리 등에 관한 법률
  - 3차원 국토공간정보구축 작업규정

합 격 의
공 식
시대에듀

S D E D U

교육이란 사람이 학교에서 배운 것을 잊어버린 후에 남은 것을 말한다.

– 알버트 아인슈타인 –

합격 의
공 식
시대에듀
S D E D U

우리 인생의 가장 큰 영광은 결코 넘어지지 않는 데 있는 것이 아니라

넘어질 때마다 일어서는 데 있다.

– 넬슨 만델라 –

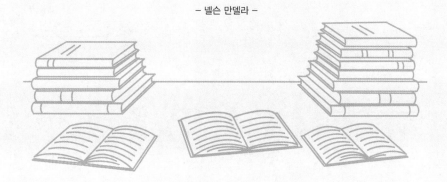

합 격 의
공 식
시대에듀
S D E D U

실패하는 게 두려운 게 아니라 노력하지 않는 게 두렵다.

– 마이클 조던 –

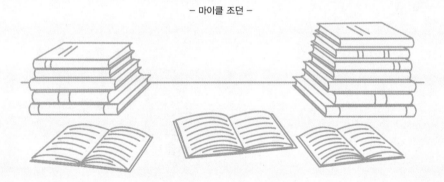

Win-Q 공간정보융합기능사 필기 단기합격

개정1판1쇄 발행	2024년 08월 05일 (인쇄 2024년 06월 18일)
초 판 발 행	2023년 08월 10일 (인쇄 2023년 07월 04일)
발 행 인	박영일
책 임 편 집	이해욱
편 저	심다빈
편 집 진 행	윤진영, 최영, 이정현
표지디자인	권은경, 길전홍선
편집디자인	정경일, 심혜림
발 행 처	(주)시대고시기획
출 판 등 록	제10-1521호
주 소	서울시 마포구 큰우물로 75 [도화동 538 성지 B/D] 9F
전 화	1600-3600
팩 스	02-701-8823
홈 페 이 지	www.sdedu.co.kr

I S B N	979-11-383-7377-7(13530)
정 가	22,000원

※ 저자와의 협의에 의해 인지를 생략합니다.
※ 이 책은 저작권법의 보호를 받는 저작물이므로 동영상 제작 및 무단전재와 배포를 금합니다.
※ 잘못된 책은 구입하신 서점에서 바꾸어 드립니다.

시대에듀가 만든

기술직 공무원 합격 대비서

테크바이블 시리즈!
TECH BIBLE

기술직 공무원 건축계획
별판 | 30,000원

기술직 공무원 전기이론
별판 | 23,000원

기술직 공무원 전기기기
별판 | 23,000원

기술직 공무원 화학
별판 | 21,000원

기술직 공무원 재배학개론+식용작물
별판 | 35,000원

기술직 공무원 환경공학개론
별판 | 21,000원

www.sdedu.co.kr

한눈에 이해할 수 있도록
체계적으로 정리한 핵심이론

철저한 시험유형 파악으로
만든 필수확인문제

국가직·지방직 등
최신 기출문제와 상세 해설

기술직 공무원 기계일반
별판 | 24,000원

기술직 공무원 기계설계
별판 | 24,000원

기술직 공무원 물리
별판 | 23,000원

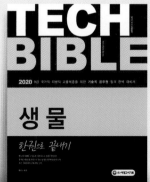

기술직 공무원 생물
별판 | 20,000원

TECH BIBLE 임업경영

기술직 공무원 임업경영
별판 | 20,000원

기술직 공무원 조림
별판 | 20,000원

※도서의 이미지와 가격은 변경될 수 있습니다.

전기 분야의 필수 자격!

전기(산업)기사
전기공사(산업)기사 필기/실기

시대에듀

전기전문가의 확실한 합격 가이드

전기기사 · 산업기사[필기]
전기자기학

4X6 | 352p | 18,000원

전기기사 · 산업기사[필기]
전력공학

4X6 | 316p | 18,000원

전기기사 · 산업기사[필기]
전기기기

4X6 | 364p | 18,000원

전기기사 · 산업기사[필기]
회로이론 및 제어공학

4X6 | 420p | 18,000원

전기기사 · 산업기사[필기]
전기설비기술기준

4X6 | 392p | 18,000원

전기기사 · 산업기사[필기]
기출문제집

4X6 | 1,504p | 38,000원

전기기사 · 산업기사[실기]
한권으로 끝내기

4X6 | 1,180p | 40,000원

전기공사기사 · 산업기사[필기]
전기응용 및 공사재료

4X6 | 444p | 18,000원

전기공사기사 · 산업기사[실기]
한권으로 끝내기

4X6 | 880p | 32,000원

▶ 시대에듀 동영상 강의와 함께하세요! www.sdedu.co.kr

최신으로 보는
저자 직강

최신 기출 및 기초 특강
무료 제공

1:1 맞춤학습
서비스

※도서의 이미지와 가격은 변경될 수 있습니다.